utb 5259

Eine Arbeitsgemeinschaft der Verlage

Böhlau Verlag · Wien · Köln · Weimar
Verlag Barbara Budrich · Opladen · Toronto
facultas · Wien
Wilhelm Fink · Paderborn
Narr Francke Attempto Verlag / expert verlag · Tübingen
Haupt Verlag · Bern
Verlag Julius Klinkhardt · Bad Heilbrunn
Mohr Siebeck · Tübingen
Ernst Reinhardt Verlag · München
Ferdinand Schöningh · Paderborn
transcript Verlag · Bielefeld
Eugen Ulmer Verlag · Stuttgart
UVK Verlag · München
Vandenhoeck & Ruprecht · Göttingen
Waxmann · Münster · New York
wbv Publikation · Bielefeld
Wochenschau Verlag · Frankfurt am Main

Andrea Breitenbach ist wissenschaftliche Mitarbeiterin am Institut für Soziologie der Philipps-Universität Marburg. Sie forscht und lehrt u.a. im Bereich Methoden der empirischen Sozialforschung und Statistik, Familiensoziologie, Umweltsoziologie und Didaktik der Statistik. In der Lehre erprobt sie digitale Lehrmethoden, wie das Inverted Classroom, welche sie für Einführungen in Statistikprogramme wie Stata anwendet.

Andrea Breitenbach

Einführung in STATA

UVK Verlag · München

Umschlagmotiv: © iStockphoto, ansonmiao

Bibliografische Information der Deutschen Nationalbibliothek
Die Deutsche Nationalbibliothek verzeichnet diese Publikation in der Deutschen Nationalbibliografie; detaillierte bibliografische Daten sind im Internet über http://dnb.dnb.de abrufbar.

– ein Unternehmen der Narr Francke Attempto Verlag GmbH + Co. KG
Dischingerweg 5 · D-72070 Tübingen

Internet: www.narr.de
eMail: info@narr.de

Einbandgestaltung: Atelier Reichert, Stuttgart
CPI books GmbH, Leck

utb-Nr. 5259
ISBN 978-3-8252-5259-5 (Print)
ISBN 978-3-8385-5259-0 (ePDF)

Inhalt

Vorwort

Stellen Sie sich, vor jemand fragt Sie, was für Dinge Sie besonders interessieren und faszinieren – was antworten Sie? Statistik, Computerprogramme, digitale Lehre, Forschen und vieles mehr gehören zu meinen Interessen. Nicht alle Leserinnen und Leser dieses Buchs werden diese Vorlieben teilen und vielleicht denken, ein Nerd hat dieses Buch verfasst. Ich kann Sie beruhigen, dem ist nicht so. Zwar ist Stata ein Statistikprogramm und kein Buch über ein solches Programm kann ohne statistische Begriffe und Formeln auskommen. Im Gegenteil, die Benutzung eines Statistikprogramms ohne statistisches Wissen kann zu schwerwiegenden Fehlinterpretationen führen. Dennoch ist das Buch für Einsteiger mit geringen Statistikkenntnissen geeignet. Im Vordergrund stehen die Interpretationen der Ergebnisse, nicht die statistischen Verfahren: Bei allen Analyseverfahren spielt die Frage, was die Zahlen aussagen und welche Schlüsse wir anhand der Ergebnisse ziehen können, eine wichtige Rolle.

An dieser Stelle möchte ich mich sehr herzlich bei einer Reihe von Personen bedanken, die mich beim Schreiben dieses Buchs unterstützt haben. Vermutlich fehlen bei der nachfolgenden Aufzählung weitere Personen, sie mögen dies entschuldigen. Vielen Dank an alle, vor allem: Nur Demir für das Lesen der Kapitel, die Hinweise auf Fehler, Unstimmigkeiten und didaktische Probleme etc. Ebenso wie Antje Röder und Randy Stache für Ihre Tipps, Hinweise und Anregungen, aber auch Kommentare bezüglich meiner statistischen Erläuterungen. Verena Artz und Sonja Rothländer, die mir die Chance boten dieses Buch zu veröffentlichen und immer ansprechbar waren. Jürgen Schechler für die Unterstützung bei der Herausgabe und Geduld bis zur Fertigstellung.

Computerprogramme arbeiten mit Datensätzen. Die für dieses Buch verwendeten Daten basieren vor allem auf realen Datensätzen. Besonderer Dank gebührt denen, die diese Datensätze zur Verfügung gestellt haben und es ermöglichen, den Lesern damit zu arbeiten: Vielen Dank an GESIS, insbesondere Pascal Siegers sowie der zentralen Steuerungsgruppe des European Social Survey und Michael Weinhardt. Ebenso wie dem Bundesministerium für Umwelt, Naturschutz, Bau und Reaktorsicherheit (BMUB), besonders Dieter Leutert. Meine Anerkennung und mein Dank gebühren auch der ganzen Stata Community und Stata selbst. Auf der Homepage von Stata finden sich zahlreiche Informationen und Tipps, die sehr nützlich sind und auch die Diskussionsbeiträge des Stata Formus sind an dieser Stelle hervorzuheben.

Zum Schluss aber nicht zuletzt: Thoralf, Jack und Jargo, meinen Freunden und meiner Familie danke ich von ganzem Herzen für die Geduld und Unterstützung während der langen Tage und Abende, die sie auf mich zugunsten des Buches verzichten mussten!

1. Einführung

Stata ist eine statistische Software mit sehr umfangreichen Tools, die im Laufe der letzten Jahre stetig an Bedeutung gewonnen hat und mittlerweile in Politikwissenschaft, Soziologie, Pädagogik, Ökonomie, Medizin und anderen Fächern Anwendung findet. Das Programm bietet zahlreiche Vorteile gegenüber Programmen wie SPSS und R, besonders die sehr stringente Syntax, die zahlreichen implementierten Analyseverfahren und nützliche Befehle für die Datenaufbereitung sind neben vielen anderen hervorzuheben. Die wichtigsten Befehle lassen sich meistens in kurzer Zeit erlernen, so dass der Einstieg schnell gelingt.

Das vorliegende Buch richtet sich vorwiegend an Studierende der Sozialwissenschaften, kann aber auch von Studierenden anderer Fachbereiche oder Dozierende usw. gewinnbringend genutzt werden. Die im Buch gezeigten Beispiele beziehen sich auf Themen, die in verschiedenen sozialwissenschaftlichen Bereichen eine Rolle spielen, aber auch für Leser anderer Disziplinen leicht nachvollziehbar sind. Für die Analysen werden überwiegend reale Daten, wie die deutschen Datensätze des European Social Survey (ESS), die Umweltbewusstseinsstudie und eine verkleinerte Stichprobe des Allbus Compact verwendet. Wenige Beispiele beruhen auf Übungsdatensätzen, wenn es einfacher ist die Verfahren damit nachzuvollziehen. Die gezeigten Beispiele und Daten bieten zugleich die Möglichkeit, praxisnah zu arbeiten, und daraus Fragestellungen für Seminar- oder Abschlussarbeiten zu entwickeln.

Das Buch bietet eine leicht verständliche Einführung in Stata, die es dem Leser ermöglicht, sich das Programm selbstständig zu erarbeiten. Wie für jedes Statistikprogramm benötigt man auch für Stata Statistikkenntnisse – Statistik bereitet manchem Leser wenig Spaß, dennoch kann in einem solchen Buch nicht darauf verzichtet werden. Deshalb erläutern wir zusätzlich die wichtigsten statistischen Verfahren (deskriptive und Inferenzstatistik) knapp. Statistische Fachbegriffe werden – sofern sie unumgänglich sind – erläutert und es finden sich nur Formeln, die für die Arbeit mit Stata nötig sind. Leser, die bereits über ein entsprechendes statistisches Hintergrundwissen verfügen, können diese Abschnitte überspringen und sich nur die wesentlichen Befehle und Ausgaben anschauen.

In diesem Stata Buch wird an vielen Stellen mit Grafiken und vor allem Screenshots gearbeitet. Die Screenshots zeigen in Kapitel 2 vor allem die Programmoberfläche und in den weiteren Kapiteln die Ergebnis-Outputs. Im Text werden die Outputs beschrieben und interpretiert. Über Zahlen oder andere visuelle Symbole sind die Erläuterungen im Text den einzelnen Elementen eines Outputs zugewiesen. So kann man bildlich sehen, was im Text erklärt wird. Befehle sind grafisch herausgehoben und am Ende der Kapitel in einer Übersicht zusammengefasst. Am Ende eines Kapitels oder Unterkapitels stehen

Übungsaufgaben zur Anwendung des in den jeweiligen Kapiteln erlernten Stoffes zur Verfügung. Für die Übungsaufgaben stellen wir Musterlösungen bereit. Alle Syntaxbefehle, Datensätze, Musterlösungen etc. sind mittels Links im Internet jederzeit abrufbar.

1.1. Aufbau

Am Anfang des nächsten Kapitels (Kapitel 2.1) beschreiben wir die Programmoberfläche, d.h. die Menüleiste, die Toolbar und Fenster von Stata. Die Fenster z. B. haben unterschiedliche Funktionen. So erlaubt beispielsweise das Variablenfenster nach Variablennamen zu filtern, was die Suche von Variablen in großen Datensätzen immens vereinfacht. Die Kenntnis der Aufgaben der einzelnen Fenster ist für die Bedienung des Programms unerlässlich.

Im Anschluss (Kapitel 2.2) wird der Aufbau der Stata-Syntax erklärt und erste Syntaxkenntnisse aufgezeigt. Dabei beginnen wir mit einfachen Befehlen, um auf dieser Basis erste Analysen durchzuführen (Kapitel 2.3). Im dritten Kapitel geht es um komplexere Datenaufbereitungsverfahren, die als Basis für die weiteren Kapitel dienen.

Die statistischen Verfahren kommen in der Reihenfolge vor, in der sie typischerweise in Statistikbüchern stehen und gelehrt werden. Dementsprechend widmen sich Kapitel 4 und 5 den wichtigsten Verfahren der deskriptiven und bivariaten Datenanalyse mit Stata: Häufigkeitstabellen, Lage- und Streuungsmaße, Zusammenhangsmaße, sowie dazugehörige Grafiken. Kapitel 6 beschäftigt sich mit Korrelationen und linearen Regression, während in Kapitel 7 die logistische Regressionsanalyse behandelt wird. Der Aufbau aller vier Kapitel ist identisch: Am Anfang werden die (mathematischen) Grundlagen der jeweiligen Datenanalyseverfahren erläutert, allerdings nur soweit wie sie für das Verständnis der Berechnungen erforderlich sind. Die notwendigen Syntaxbefehle zur Berechnung der statistischen Kennwerte werden anhand von Beispielen aufgezeigt, auf die bei Bedarf Unterbefehle oder dazugehörige Grafiken folgen. In Form von Screenshots bilden wir den Stata Output, wobei an viele Stellen Symbole und Markierungen zur Beschreibung und Interpretation dienen. Anschließend findet sich ein Verweis auf weiterführende Literatur, für interessierte Leser oder zum Auffrischen von Kenntnissen. Am Ende eines Kapitels zeigt eine Übersicht die behandelten Syntaxbefehle in ihrer Grundstruktur und erweiterten Optionen auf. Den Abschluss bilden wie in den anderen Kapiteln Übungsaufgaben.

Kapitel 8 erlaubt einen knappen Einblick in die zentralen inferenzstatistischen Berechnungen wie Signifikanztests, Konfidenzintervalle, Mittelwertvergleiche und nicht parametrische Testverfahren. Kenntnisse statistischen Schließens sind unter anderem erforderlich, wenn von Stichprobendaten auf die Grundgesamtheit geschlossen wird. Ein Teil der hier vorgestellten Kennwerte ist auch für die anderen Kapitel relevant.

Das neunte Kapitel widmet sich verschiedenen Arten von Grafiken und zeigt auf, wie diese durch Befehle aber auch über den Graph Editor einfach zu verändern sind. Diese Grafiken finden sich teilweise in den Kapitel 5 bis 7 – sollen dort aber nicht im Mittelpunkt stehen. Für die ausführliche Darstellung wurde aus diesem Grund ein extra Kapitel gewählt. Im letzten Kapitel erfolgt ein Vergleich von Stata und SPSS Befehlen, für diejenigen, die bereits mit SPSS gearbeitet haben.

1.2. Begleitmaterialien zum Buch

Dieses Buch basiert auf Stata Version 15, im Folgenden werden wir nur von Stata sprechen, ohne auf die Versionsnummer einzugehen. Stata bringt etwa alle zwei Jahre neue Versionen heraus, die zusätzliche Funktionen bieten, sich aber meistens nicht grundlegend von den älteren Versionen unterscheiden. Nutzer der Stata Version 14 und 16 können die Datensätze und Do-Files der Version 15 verwenden. Stata ab Version 14 unterstützt Unicode, ältere Versionen von Stata nicht, deshalb werden bei älteren Versionen Umlaute nicht korrekt angezeigt. Stata in den Versionen 11 bis 13 unterscheidet sich hinsichtlich der Datensätze, für Nutzer dieser Versionen stellen wir Datensätze im entsprechenden Format zur Verfügung[1].

Das vorliegende Buch basiert auf der Windows-Version. Für Mac oder Unix/Linux Anwender kann die Oberfläche etwas anders aussehen, auch bei den unterschiedlichen Versionen ist dies der Fall. Unter Windows erstellte Datensätze, Do-Files, Graphiken und alle anderen Dateien, die Stata verwendet oder erzeugt, laufen auch unter Mac oder Unix/Linux und umgekehrt.

Für die Stata Versionen 11 bis 16 finden Sie die im Buch verwendeten Datensätze, Fragebögen und Do-Files unter folgenden Links zum Download, wenn Sie online sind. Nach dem Ausführen des ersten Kommandos über die Kommandozeile (Command) können Sie sich mit Klicken auf das blaue Wort „datav16“, das unterhalb von **net describe** steht, die Dateiliste für Version 16 anzeigen lassen usw. Die Dateien werden mit dem zweiten Kommando direkt in Ihr Standardverzeichnis geladen. Beachten Sie, unter welchem Pfad Stata die Daten auf Ihrem Rechner standardmäßig speichert (vergleiche

---

[1] Small Stata kann nur 99 Variablen und 1200 Fälle berücksichtigen. Wenn Sie diese Version verwenden, kontaktieren Sie uns bitte unter: stata@abreitenbach.de

Kapitel 2.2.2 „Datensätze einlesen“). Hier finden sich die notwendigen Kommandos zum Dateidownload[2]:

Für Version 14 bis 16:

```
net from http://www.uvk.digital/9783825252595/v16
net get datav16
```

Für Version 12 und 13:

```
net from http://www.uvk.digital/9783825252595/v13
net get datav13
```

Für Version 11:

```
net from from http://www.uvk.digital/9783825252595/v11
net get datav11
```

Falls der Download nicht funktioniert, können Sie die Dateien direkt als .zip Datei herunterladen. Am besten entpacken Sie diese und speichern sie anschließend in Ihrem Standardverzeichnis ab, dann kann Stata direkt darauf zugreifen:

Version 14 bis 16:

http://www.uvk.digital/9783825252595/v16_zip

Version 12 und 13:

http://www.uvk.digital/9783825252595/v13_zip

Version 11:

http://www.uvk.digital/9783825252595/v11_zip

Auch die Do-Files der Musterlösungen erhalten Sie mittels der Links. Viele Kommandos bauen auf vorherige auf bzw. beziehen sich auf neu erstellte Variablen.

Ab Kapitel 3 gehen wir davon aus, dass Sie die Kommandos in Do-Files abspeichern, somit können Sie immer wieder auf die notwendigen Arbeitsschritte etc. zurückgreifen.

---

[2] Die Namen der Datensätze werden beim direkten Download in den Versionen 11 bis 14 in Kleinbuchstaben gespeichert. Beim Öffnen der Datensätze spielt die Groß-und Kleinschreibung keine Rolle. Die Namen der Übungs-Do-Files erscheinen in diesen Versionen ohne Umlaute, was beim Öffnen keine Rolle spielt.

Falls Sie uns Fehler übermitteln, Verbesserungsvorschläge oder Hinweise geben möchten, schreiben Sie eine E-Mail an: stata@abreitenbach.de

1.3. Konventionen

Im Nachfolgenden sind die Konventionen aufgelistet, die im gesamten Buch Anwendung finden. Wenn Sie das Buch durchblättern, sehen Sie verschiedene Schriftarten im Text:

`Courier New:` Kommandos, Befehle und Syntax sind in dieser Schriftart dargestellt. Beispielsweise der Befehl für eine Häufigkeitstabelle, der in Stata `ta` heißt:

```
ta stflife
```

Die Schreibweise der Kommandos mit einem vorangestellten Punkt und Leerzeichen ist eine Konvention, welche Stata zur Kennzeichnung der Syntax verwendet. Es ist nicht notwendig den Punkt anzugeben – wir verwenden ihn zum Hervorheben der Syntax, aber nicht in Do-Files (siehe Kapitel 2). Lassen Sie den Punkt und das Leerzeichen am besten weg. Wichtig ist die korrekte Schreibweise der Befehle, wobei Stata Case sensitiv ist: Groß- und Kleinschreibung ist zu beachten.

Microsoft Sans Serif: Wenn wir wichtige Begriffe zum ersten Mal angeben oder das Arbeiten über die Stata Menüleiste beschreiben, erscheint dies in der Schriftart Microsoft Sans Serif: Exemplarisch zeigen wir das Vorgehen an Menüpunkten wie das Öffnen eines Datensatzes: Durch klicken auf **Data > Data Editor > Data Editor (edit)** öffnet sich der Dateneditor im Bearbeitungsmodus (siehe Abbildung 1.1)

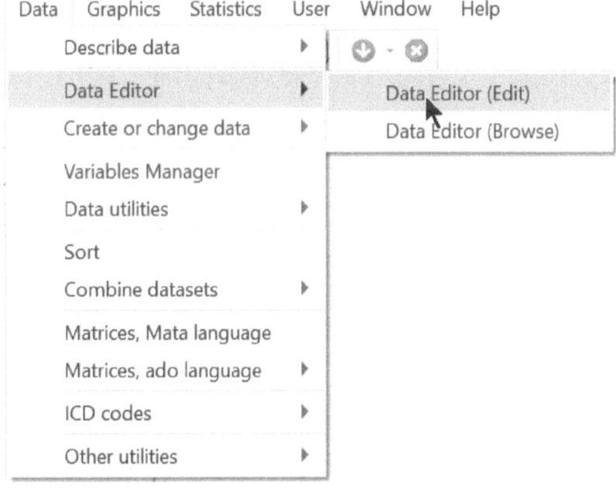

Abbildung 1.1: Stata Menüleiste

Garamond: Variablennamen sind zur besseren Kennzeichnung kursiv dargestellt. Stata ist case sensitiv, Groß- und Kleinschreibung sind zu beachten, sonst kommt es zu

Fehlermeldungen. Wenn wir beispielsweise das arithmetische Mittel des Alters (*agea*) aus dem Datensatz ESS8DE berechnen, kennzeichnen wir das mit kursiver Schrift. Mit dieser Schrift werden die verwendeten Namen der Variablen im Fließtext, aber nicht in Kommandos hervorgehoben. Als Kommando zur Berechnung des arithmetischen Mittels schreiben wir Folgendes:

```
summarize agea
```

☞ Das Fingersymbol verweist auf den jeweilig zugrundeliegenden Datensatz für die gezeigten Berechnungen. Der Datensatz selbst wird mit fetter Schrift hervorgehoben. Verwenden wir zur Illustration den Datensatz ESS8DE. Dann sieht der Verweis auf den Datensatz wie folgt aus:

☞ Wir verwenden die Datei **ESS8DE.dta**

Schrift in Graubox: Besonders wichtige Information ist grau hintelegt. Zur Illustration zeigen wir an dieser Stelle einen Ausschnitt aus Kapitel 3. Hier sehen Sie (wie eine Seite zuvor) auch die Anwendung der Schriftart **Microsoft Sans Serif** für wichtige Inhalte:

Bitte beachten Sie, dass bei `if`-Bedingungen **fehlende Werte** (sogenannte **Missing Values** – siehe Kapitel 3.5) manchmal Probleme verursachen. In Stata werden fehlende Werte auf + ∞ gesetzt und deshalb nicht automatisch bei Berechnungen ausgeschlossen, wie beispielsweise bei SPSS.

2. Erste Schritte

Liebe LeserInnen, viele von Ihnen haben vermutlich einen Führerschein. Erinnern Sie sich noch an Ihre erste Fahrstunde? Wenn ich an meine zurückdenke, denke ich mit Schrecken an einige Details: Die Fahrschule befand sich in der Stadtmitte einer Großstadt. Dort traf ich mich mit dem Fahrlehrer zu meiner ersten Fahrstunde an einem Samstagmittag. Wir stiegen in das Auto ein und der Fahrlehrer sagte, ich solle in Richtung Banhofstraße fahren. Verwundert schaute ich ihn an und wollte wissen, wie das Auto zu bedienen sei. Er blickte mich erstaunt an, denn er wusste nicht, dass ich tatsächlich noch nie Auto gefahren war. Dennoch musste ich mich nach kurzer Anweisung in die Bedienung der Instrumente und Steuerung auf den Weg durch die überfüllte Innenstadt begeben.

Dieses Szenario mag mancher vor Augen haben, wenn er sich in neue Software einarbeiten soll, insbesondere wenn dies Statistik-Programme sind. Wenn Sie Stata zum ersten Mal öffnen, erscheint Ihnen die Oberfläche vielleicht kompliziert und die Befehle schwierig. Sollten Sie bereits mit dem Statistik-Programmen SPSS oder SAS gearbeitet haben, werden Ihnen einige Elemente der Stata-Oberfläche vertraut erscheinen, andere wiederum nicht. Dennoch ist die Oberfläche sehr übersichtlich aufgebaut und die Befehlssprache schnell zu erlernen. Besonders vorteilhaft ist die einfache und stringente Befehlsstruktur. Diese Eigenschaften erleichtern es, sich das Programm anzueignen. Gelegentlich werden sich Fehler in Ihre Befehlssyntax einschleichen, was darin resultiert, dass das Programm die gewünschten Analysen nicht durchführt. Lassen Sie sich davon nicht demotivieren, diese Erfahrung sammeln alle Einsteiger mit neuen Programmen. Aus diesem Grund beschreiben wir in diesem Kapitel die zentralen Elemente des Programms sehr ausführlich anhand zahlreicher Abbildungen. Der Fokus liegt dabei auf den zentralen Elementen der Programmoberfläche gerichtet, deren Funktionen und einfachen Berechnungen. Nach Vorstellung der Stata-Oberfläche folgt ein Überblick über den Aufbau von Stata-Kommandos und grundlegenden Befehlen für die Datenanalyse. Für die Analysen verwenden wir zunächst kleine Übungsdatensätze, während wir in den nachfolgenden Kapiteln mit realen Datensätzen arbeiten. Nachfolgend finden Sie Befehle zum Erstellen erster Analysen bis hin zur Erzeugung von eignen Datensätzen.

2.1. Die Stata Oberfläche

Nach dem Starten des Programms sehen Sie folgende Programm-Oberfläche in Windows (siehe Abbildung 2.1):

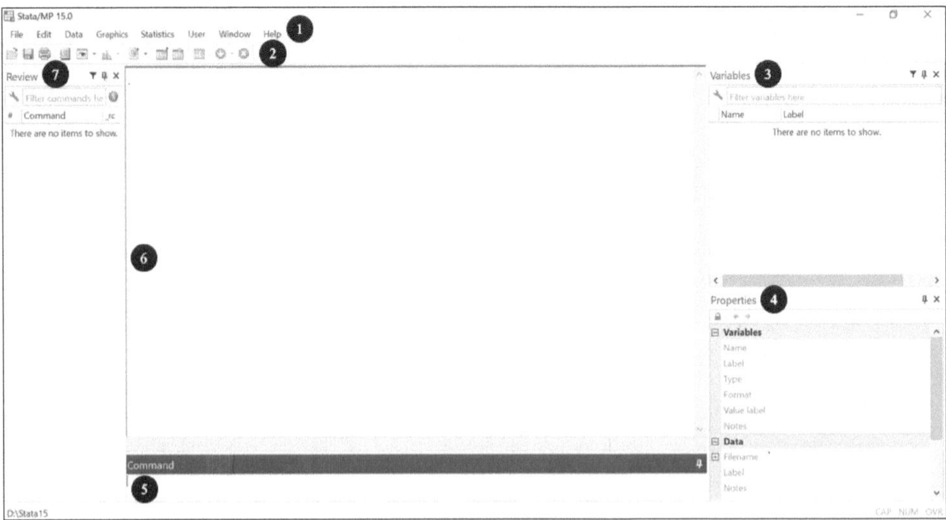

Abbildung 2.1: Stata Oberfläche Windows

Im Einzelnen sind das die Menüleiste, Toolbar und eine Reihe von Fenster. Diese werden nachfolgend erläutert und deren zentrale Funktionen vorgestellt.

❶ Menüleiste (siehe unten)

❷ Toolbar (siehe Abschnitt 2.1.1)

Stata Fenster (siehe Abschnitt 2.1.2):

❸ Variablenfenster

❹ Variableneigenschaftsfenster

❺ Kommandofenster

❻ Ergebnisfenster

❼ Review Fenster

Sobald Sie eine Grafik erstellen, erscheint ein separates **Grafik Fenster**, das eine Menüleiste und Toolbar enthält.

Die **Menüleiste** ist ähnlich strukturiert, wie die von anderen Computer-Programmen und setzt sich aus acht Pull-down Menüs zusammen:

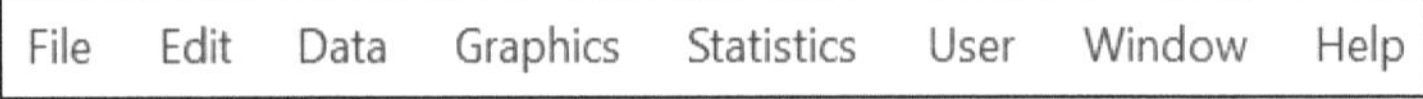

File ermöglicht es unter anderem, Datensätze zu öffnen, zu speichern oder den Inhalt des Ergebnisfensters auszudrucken, aber auch **Do-**files aufzurufen (siehe Abschnitte 2.1.1 und 2.2.2). Das Untermenü **Log** dient dazu, sogenannte Logfiles zu erstellen. Diese Protokolldateien sind eine Kopie von allen an das Ergebnisfenster gesendeten Ausgaben. Sie können dadurch all Ihre Schritte in Stata protokollieren: Befehle, Fehlermeldungen etc. (siehe ausführlich Abschnitt 2.2.3).

Import erlaubt es, Datensätze aus anderen Formaten, wie Excel oder dem XML Format, zu importieren und mit **Export** zu exportieren. Mittels **Example datasets** ist es möglich über zwanzig Beispieldatensätze und den integrierten **Statauser's Guide** öffnen (siehe Help). In **Recent datasets** befindet sich eine Liste der zuletzt verwendeten Datensätze.

Edit enthält Werkzeuge zum Editieren von Inhalten im Ergebnisfenster, sowie ein Werkzeug zum Kopieren. Durch klicken auf **Find** ist es möglich nach Begriffen im Ergebnisfenster zu suchen und mit **Preferences** Voreinstellungen für verschiedene Fenster ändern.

Data, Graphics, Statistics – diese Menüs enthalten Untermenüs zum Bearbeiten von Datensätzen, zum Erstellen von Grafiken und Durchführen von statistischen Analysen. Falls Sie bereits mit SPSS gearbeitet haben, sind Ihnen diese Funktionen vertraut. Viele SPSS Nutzer arbeiten mit solchen Schaltflächen, Stata-Anwender hingegen selten. Die Bedienung dieser Menüs ist kompliziert und die Ergebnisse sind schwer dokumentier- und replizierbar. In der wissenschaftlichen Praxis werden diese Funktionen deshalb kaum genutzt. Wir gehen aus diesem Grund nicht weiter darauf ein, sondern verweisen auf das Stata PDF Manual. Über die Stata Hilfe (siehe Abschnitt 2.1.3) können Sie das Manual für Ihre Stata-Version öffnen: **Help > PDF documentation**.

User bietet Programmierern an dieser Stelle Platz, um ihre eigenen Befehle bzw. Menüoptionen zu erstellen – im Augenblick enthält die Schaltfläche nur einige leere Untermenüs.

Window dient dazu, Stata Fenster zu öffnen, beispielsweise, wenn Sie diese aus Versehen geschlossen haben. In der Regel handelt es sich dabei um folgende Fenster: **Viewer, Data Editor, Do-File Editor** und **Variables Manager**. Diese Spezialfenster können Sie auch durch Anklicken der entsprechenden Symbole in der Toolbar öffnen (siehe unten).

Help gestattet es, zahlreiche Hilfedateien und die PDF Dokumentation zu öffnen. Diesem Menüpunkt kommt besondere Bedeutung zu, denn Stata bietet mit einer über 14.000 Seiten starken PDF Dokumentation und mehr als 2.000 Hilfedateien eine allumfassende Unterstützung zu vielen relevanten Fragen: „we have probably explained how to do whatever you want. The documentation is filled with worked examples that you can run on supplied datasets" (Stata Programm Version 15). Weitere Informationen finden Sie im Menüpunkt **Advice**. Für die Suche in der Dokumentation und im Web bietet es sich an, den Menüpunkt **Search** zu verwenden, für die gezielte Suche nach Stata-Kommandos bzw. bestimmten Statistischen Prozeduren **Stata commands**.

2.1.1. Die Toolbar

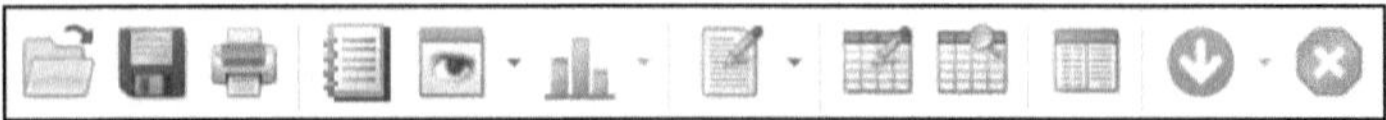

Die **Toolbar** besteht aus Schaltflächen, die einen schnellen Zugriff auf die häufigsten Funktionen von Stata bieten. Sollten Sie vergessen haben, welche Funktionen sich hinter den Symbolen verbergen, ist es möglich mit dem Mauszeiger darüberfahren und Sie bekommen die entsprechende Information angezeigt. Alle Schaltflächen, die sowohl ein Symbol als auch einen Pfeil enthalten, besitzen Untermenüs. So können Sie zum Beispiel in ein bereits geöffnetes Do-File direkt von der Stata-Oberfläche gelangen und müssen es nicht über die Taskleiste öffnen. Nachfolgend finden Sie eine Übersicht der Schaltflächen und deren Funktionen:

Open Öffnet eine Dialogbox zur Auswahl einer Datei, beispielsweise Stata-Datensätze, Do-Files etc. (Dateiname .dta).

Save Speichert einen in Stata geladenen Datensatz. Wenn Sie auf das Symbol klicken, erscheint „Replace Existing file…?". Beachten Sie, dass mit klicken auf „Yes" der geöffnete Datensatz überschrieben wird.

Print Results zeigt an, welche Fenster geöffnet sind. Durch Klicken auf das Zielfenster können wir dessen Inhalt ausdrucken.

Log erstellt ein neues **Logfile** (siehe Log-Files unter Abschnitt 2.2.3) oder hält es an, setzt es fort oder schließt es.

New Viewer öffnet den **Viewer** (siehe Abschnitt 2.1.3). Er ist ein Multi-Tool, das unter anderem Log und Hilfedateien enthält.

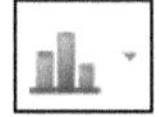 **Graph** öffnet das Grafik Fenster, insofern zuvor Grafiken erzeugt wurden.

New Do-File öffnet einen neuen Do-File-Editor, in den Sie Stata-Kommandos eintippen und für erneute Analysen abspeichern. Durch Anklicken des Pfeils können Sie bereits geöffnete Do-Files in den Vordergrund holen oder sie schließen (siehe Abschnitt 2.2).

Data Editor (edit) öffnet einen leeren Datensatz oder einen geladenen Datensatz, dieser kann nun bearbeitet werden. Falls Sie noch keinen Datensatz geladen haben, können Sie mit dieser Funktion einen Datensatz selbst erstellen, (siehe Kapitel 2.4).

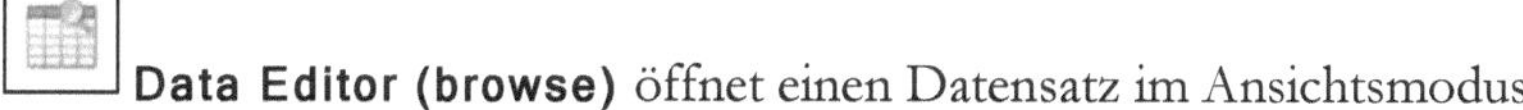 **Data Editor (browse)** öffnet einen Datensatz im Ansichtsmodus.

Variable Manager öffnet den **Variablen Manager**. Er zeigt die u. a. vorhandenen Codierungen der Variablen an. Weiterhin ist es möglich manuell Variablen- und Wertelabels zu erstellen oder sie zu bearbeiten etc.

Clear more condition Sie dient dazu, überlange Ausgaben des im Viewer anzuzeigen.

 **Break** stoppt die aktuelle Ausgabe im Ergebnisfenster.

2.1.2. Die Stata Fenster

Beim ersten Starten von Stata erscheinen fünf Fenster: Kommando-, Ergebnis-, Review, -Variablen- und Variableneigenschaftsfenster (siehe weiter unten). Die Fenster lassen sich an verschiedenen Stellen platzieren, indem Sie an der oberen, blauen Leiste des jeweiligen Fensters ziehen. Im Stata Manual (**Help > PDF documentation**) wird das Vorgehen ausführlich beschrieben: Schauen Sie unter **Interface features nach** und klicken auf **[GS] Chapter 2 (GSM, GSU, GSW).**

Manche Fenster enthalten folgende Schaltfläche oder eine Schaltfläche, die eines oder mehrere dieser Symbole enthält:

Sie enthalten die Symbole Filter, Stecknadel und Kreuz. Der Filter dient zum Filtern von Inhalten, die Stecknadel zu temporären schließen des Fensters und das Kreuz permanenten schließen des Fensters. Bevor Sie die Stata-Fenster inspizieren, empfiehlt es sich, einen Datensatz zu öffnen:

☞ Geben Sie in das Kommandofenster das nachfolgende Kommando ein und drücken Sie anschließend die Eingabetaste:

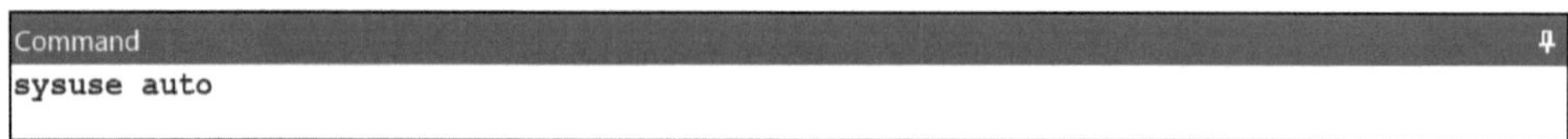

Nun sehen Sie, wie die Fenster aussehen, wenn ein Datensatz geladen wurde. Die Funktionen der Fenster werden nachfolgend erläutert. Dabei können Sie zum Üben in die Fenster tippen und deren nachfolgend beschriebene Funktion ausprobieren. Geben Sie folgendes Kommando ein:

Es erscheint folgendes Ausgabe im Ergebnisfenster:

```
. summarize price

    Variable |        Obs        Mean    Std. Dev.       Min        Max
-------------+---------------------------------------------------------
       price |         74    6165.257    2949.496       3291      15906
```

Im Review Fenster sehen Sie Folgendes:

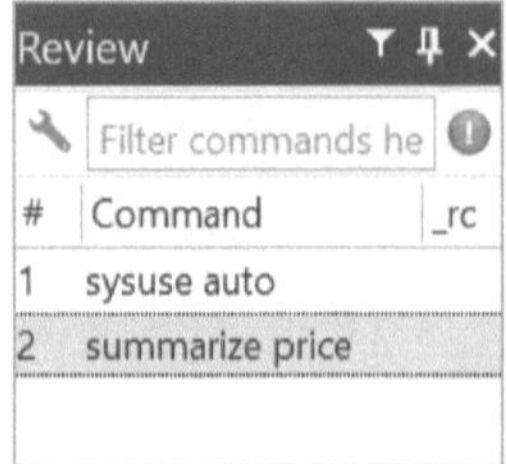

Nachfolgend beschreiben wir die fünf Fenster.

Das Kommandofenster

Wie bereits beschrieben, nutzen wir dieses Fenster um Kommandos bzw. Befehle einzutippen, die das Programm durch Drücken der Eingabetaste ausführt. `Summarize price` ist ein solches Kommando, der deskriptive Statistiken ausgibt. Sobald

Sie ein Kommando durch die Eingabe abschließen, erscheint es im Ergebnis- und Review-Fenster (siehe oben). Das Anklicken des Kommandos im Review-Fenster erlaubt es, das Kommando aufzurufen, es zu bearbeiten oder erneut abzusenden.

Die meisten Befehle setzen voraus, dass angegeben wird, für welche Variable die Berechnung erfolgen soll. Es ist möglich den Variablennamen entweder eintippen (dabei Klein- und Großschreibung beachten) oder Variablen aus der Liste im Variablenfenster mit Klicken auf die entsprechende Zeile einzugeben. Mittels der Tab Taste können Sie nach Eingabe der Anfangsbuchstaben einer Variable die meisten Variablennamen automatisch ergänzen. Zur Illustration geben wir `summarize` ein und den Buchstaben `t`:

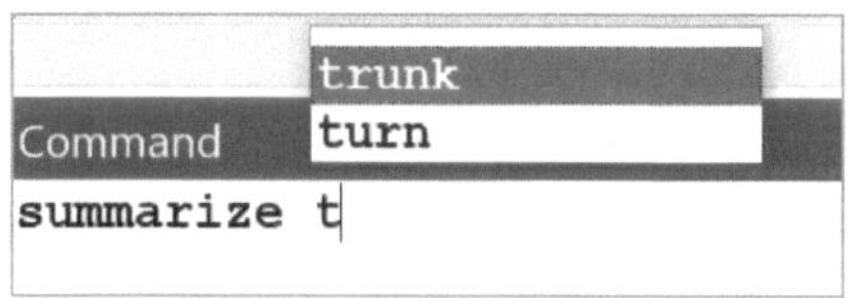

Ein anderer Weg, Stata-Kommandos auszuführen, bietet das Schreiben der Kommandos in **Do-Files** (siehe Kapitel 2.2.2). Zum Üben oder um schnell einige Berechnungen durchzuführen ist es einfacher mit dem Kommando, als mit Do-Files zu arbeiten.

Das Ergebnisfenster

Alle an in Stata abgeschickten Kommandos und deren Ergebnisse erscheinen im Ergebnisfenster. Falls Sie sich vertippen oder Befehle nicht korrekt schreiben, erscheint eine Fehlermeldung im Ergebnisfester in der Farbe **Rot**, korrekte Ausgaben hingegegen sind **schwarz** und Hinweis-Links **blau** gekennzeichnet. Klicken Sie auf den Hinweis-Link im Ergebnisfenster, werden entsprechende Information im Viewer Fenster angezeigt. Über die Menüleiste **Edit > Clear Results window** lässt sich das Fenster unwiderruflich leeren. Ebenso, wenn Sie im Ergebnisfenster mit der rechten Maustaste klicken und **Clear Results** auswählen. Bei Bedarf können Sie die Ausgabe in diesem Fenster als Text, Bild etc. kopieren oder ausdrucken, indem Sie die Ausgabe markieren, die rechte Maustaste drücken und die entsprechende Option wählen.

Das Review Fenster

Das Review Fenster zeigt alle zuvor verwendeten Kommandos an. Klicken auf eine Zeile schreibt ihn erneut in das Kommandofenster und Doppelklicken führt das Kommando erneut aus. Mit einem Rechtsklick auf die Kommando-Zeile, können Sie unter anderem Kommandos noch einmal ausführen, kopieren, löschen oder an ein Do-File senden:

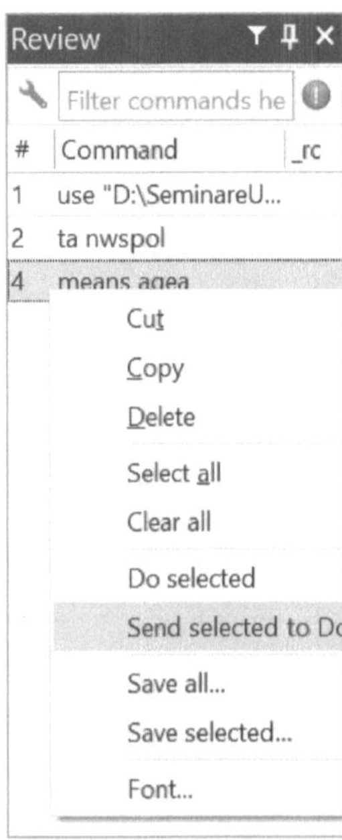

Mit dem Symbol Filter suchen Sie innerhalb dieses Fensters nach eingegebenen Kommandos oder Variablennamen etc.

Klicken auf das Ausrufezeichen blendet rot markierte Fehlermeldungen ein oder aus.

Das Variablenfenster

Wichtige Angaben zu den im Datensatz vorhandenen Variablen finden Sie an dieser Stelle: In der Voreinstellung sind das jeweils der Variablenname und das Label der im Datensatz vorhandenen Variablen. Ein Rechtsklick auf „Name" oder „Label" und Wertelabels, Variablentyp und Variablenformat werden angezeigt.

Das Filtersymbol ermöglicht Ihnen eine Auswahl aus der Variablenliste zu treffen. Diese Funktion erweist sich als besonders nützlich, um die für Analysen notwendigen Variablen in großen Datensätzen zu suchen. Die Suche kann sowohl mittels Variablennamen, als auch Variablenlabels erfolgen. Möchten Sie zum Beispiel Variablen suchen, die Einstellungsfragen zur Zufriedenheit der Befragten mit verschieden Themen aufzeigen, so tippen Sie den Begriff „Zufriedenheit" ein und erhalten alle Variablen, die im

Variablenlabel das eingegebene Wort enthalten. Durch Doppelklicken mit der Maustaste auf Variablennamen kopieren Sie den Variablennamen in das Kommandofenster.

☞ In unserem Datensatz üben wir das mit einzelnen Buchstaben. Tippen Sie den Buchstaben „m“ ein und schauen Sie was passiert.

Das Variableneigenschaftsfenster

Dieses Fenster, das die Bezeichnung **Properties** trägt, zeigt verschiedene Eigenschaften der Variablen- und des Datensatzes an.

[← →] Wenn Sie auf die kleinen Pfeile in diesem Fenster tippen oder die Zeile mit den Variablennamen im Variablenfenster markieren, zeigt das Fenster Format, Label, Namen etc. der im Datensatz vorhandenen Variablen an. Klicken auf das Schloss-Symbol [🔒] entsperrt das Fenster und erlaubt es, Eigenschaften der Variablen wie Name oder Label usw., zu verändern. Alle Änderungen erscheinen anschließend im Ergebnis- und Review Fenster.

2.1.3. Viewer und Stata Hilfe

Durch Anklicken des **Viewers** öffnet sich ein Übersichtsfenster mit Links zu Hilfedateien.

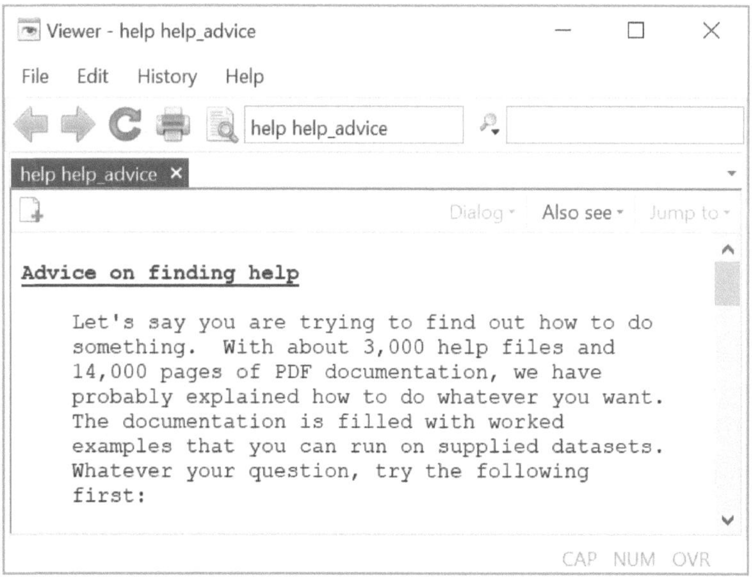

Die vielfältigen Funktionen der **Stata Hilfe** erhalten Sie über die Schaltfläche **Help** (siehe Help unter Abschnitt 2.1) öffnen. Besonders nützlich ist die `search`-Funktion : Damit lässt sich nach Schlüsselwörtern suchen, wie zum Beispiel Information zu Grafiken oder der Regression[1]:

```
. search graph
. search ttest
```

Weiterhin kann dieses Fenster wie eine Suchmaschine genutzt werden: Durch Eintippen von Begriffen in das Suchfenster links erscheint eine ausführliche Dokumentation mit weiterführenden Links. Nach dem eintippen von `summarize` (für diverse deskriptive Statistiken) erscheint in der Farbe **Blau** ein **[R]** und der jeweilige Befehl. Durch Klicken auf die blaue Schrift wird die dazugehörige PDF Dokumentation angezeigt. Unter dem blauen Text finden sich im Viewer vielfältige Informationen, wie zur Befehls Syntax von Stata-Kommandos (siehe Abschnitt 2.2.1), zur Art des Befehls, Links zu einem **Beispielvideo** etc. Statt über die linke Suchleiste zu suchen, können Sie die Schaltfläche **Help > Stata command** verwenden oder Sie tippen das Wort `help` und das gesuchte Kommando im Kommandofenster ein.

Die Eingabe eines Begriffs in das rechte Suchfenster sucht nach diesem Wort in allen Quellen der Stata-Dokumentation, wie Hilfedateien, FAQ, Beispielen und zeigt verfügbare Links etc. an. Die ausführliche PDF Dokumentation Ihrer Stata-Version öffnen Sie mit **Help > PDF documentation**.

2.2. Erste Syntax

Sie haben bereits kennengelernt, dass wir Kommandos über das Kommandofenster an Stata übermitteln. Es ist jedoch auch möglich, eine Textdatei mit Kommandos zu erstellen und Stata anzuweisen, die in dieser Datei gespeicherten Kommandos auszuführen. Solche Dateien werden als **Do-Files** bezeichnet, da der Befehl, mit dem sie ausgeführt werden, „do“ heißt. Sowohl das Arbeiten mit Kommandos als auch mit Do-Files bietet jeweils Vor- und Nachteile, so bleibt es den Nutzerinnen überlassen, welches Verfahren sie wählen. Anhand eigener Erfahrungen empfehlen wir folgendes Vorgehen: Für unerfahrene Stata-Anwender ist es einfacher mit dem Kommandofenster zu arbeiten, bis sie eine gewisse Routine aufweisen. Am Anfang kommt es häufiger vor, dass man sich vertippt etc. und folglich ist es notwendig, Kommandos zu korrigieren. Kommandos aus dem Review

---

[1] Wir schreiben die Kommandos mit dem Punkt, damit es sich von dem Fließtext abhebt.

Fenster oder der Ausgabe können trotzdem in Do-Files übertragen und im entsprechenden Format abgespeichert werden. Dagegen bieten Do-Files die Möglichkeit, neben Berechnungen auch Kommentare einzufügen und die Kommandos abzuspeichern. Ohne eine gute Dokumentation lassen sich Analysen in der Regel nur schwer oder mit hohem Zeitaufwand reproduzieren. Zur Sicherung guter wissenschaftlicher Praxis ist es notwendig, alle Schritte der Datenanalyse nachvollziehbar und reproduzierbar zu machen. Das Arbeiten mit Do-Files ist zu diesem Zweck unerlässlich. Bevor wir das Arbeiten mit dem Kommando und Do-Files üben, wenden wir uns dem Aufbau der Stata-Kommandos zu.

2.2.1. Syntax Aufbau

Stata-Kommandos weisen das Programm an, etwas auszuführen, das kann eine Berechnung, das Erstellen einer neuen Variable oder Grafik etc. sein. Wie unsere Alltagssprache auch, folgen die Kommandos in Stata einer Grundstruktur, die weitestgehend identisch bleibt: **Befehl**, **Variablenliste**, **Bedingungen** und **Optionen**. Befehle, Bedingungen und Optionen sind stets kleinzuschreiben, bei Variablennamen muss die Schreibweise exakt der im Datensatz entsprechen.

☞ Klicken Sie in der Menüleiste auf **Help > Stata command** und tippen Sie `summarize` ein oder schreiben Sie ins Kommandofenster `help summarize`. Unter Syntax finden Sie die Syntax-Grundstruktur dieses Stata-Kommandos:

`summarize` [*varlist*] [*if*] [*in*] [*weight*] [, *options*]

Alle Elemente, die notwendig sind, um das Kommando auszuführen stehen außerhalb von Klammern. Optionale Elemente innerhalb von Klammern. Meistens sind mehrere optionale Elemente miteinander kombinierbar, andernfalls gibt die Syntax-Grundstruktur darüber Auskunft. Am Beispiel der Syntax Grundstruktur von `summarize`, sehen Sie, dass wir das Kommando ohne Angabe eine Variable oder Variablenliste ausführen können (siehe anschließende Übung).

Befehle bestehen aus einem oder mehreren Worten, in unserem Fall erhalten Sie mit dem `summarize`-Befehl zusammenfassende Maßzahlen, wie das arithmetische Mittel, die Standardabweichung etc. Der Teil-Strich unter `summarize` gibt an, dass Sie den Befehl auf maximal zwei Buchstaben (`su`) abkürzen können. Die meisten Befehle lassen sich abkürzen, Angaben dazu finden Sie in der Online Hilfe des jeweiligen Befehls.

Varlist steht als Platzhalter für eine Variablen-Liste. Die Variablen sind durch Leerzeichen voneinander getrennt einzugeben. Eine größere Anzahl von Variablen kann durch Angabe der ersten und letzten Variable mit einem Bindestrich getrennt eingetippt werden, analog zur Reihenfolge der Sortierung im Datensatz: zum Beispiel: *var12-var18*. Viele Kommandos erlauben es, Variablenlisten wegzulassen, die Analysen schließen dann alle Variablen des Datensatzes ein. Schreibt ein Befehl zwingend Variablenlisten vor, so steht der Ausdruck *varlist* außerhalb der eckigen Klammer. Gelegentlich steht im Befehl statt *varlist* die Bezeichnung *varname* oder *depvar*, in diesem Fall können Sie nur eine Variable auswählen.

If/In sind **Bedingungen**, sie dienen dazu, Befehle nur für bestimmte Beobachtungen auszuführen (siehe ausführlich Abschnitte 3.1.1 und 3.1.2).

Optionen verändern Stata-Befehle und sind durch ein Komma von den voranstehenden Befehlsnamen zu trennen. Nicht alle Optionen sind optional, gelegentlich sind sie zwingend vorgeschrieben, dann stehen sie außerhalb der eckigen Klammer. Anhand des `summarize` Befehls lässt sich die Bedeutung einer Option anschaulich darstellen: Unter `options` finden Sie im Viewer der Stata Online Hilfe Angaben dazu, welche Optionen erlaubt sind: Beispielsweise ist beim `summarize`-Befehl die Option `detail` erlaubt und erweitert den Befehl, sodass Stata erweiterte statistische Analysen durchführt.

Stata umfasst sehr viele Befehle, die meisten finden Sie über die Stata-Hilfe, weiterhin entwickeln Experten stetig neue Befehle, die sie teilweise im Internet veröffentlichen. Eine Auswahl der wichtigsten in Stata implementierten Befehle und deren Abkürzungen finden Sie hier:

Befehl	Funktion
clonevar	Erstellt eine Kopie der Variable
codebook	Beschreibung von Variablen wie im Codebuch
codebook *varlist*, **compact**	Kompakter Bericht der Variable
correlate	Korrelation (Pearson)
describe	Beschreibung des Datensatzes
generate	Erzeugt neue Variable
graph	Befehl für Grafiken
help	Online Hilfe öffnen
recode	Kodiert Variable um
regress	Lineare Regression
tabulate	Häufigkeitstabelle
summarize	Zusammenfassende Statistik (arith. Mittel etc.)

Tabelle 2.1: Wichtige Stata Befehle

☞ **Übung 01** Öffnen Sie den Stata eigenen Datensatz **auto** und tippen Sie im Kommandofenster folgende Kommandos nacheinander ein. Nach jedem Kommando drücken Sie die **Eingabetaste**. Mit dem ersten Befehl öffnen Sie den in Stata implementierten Beispieldatensatz.

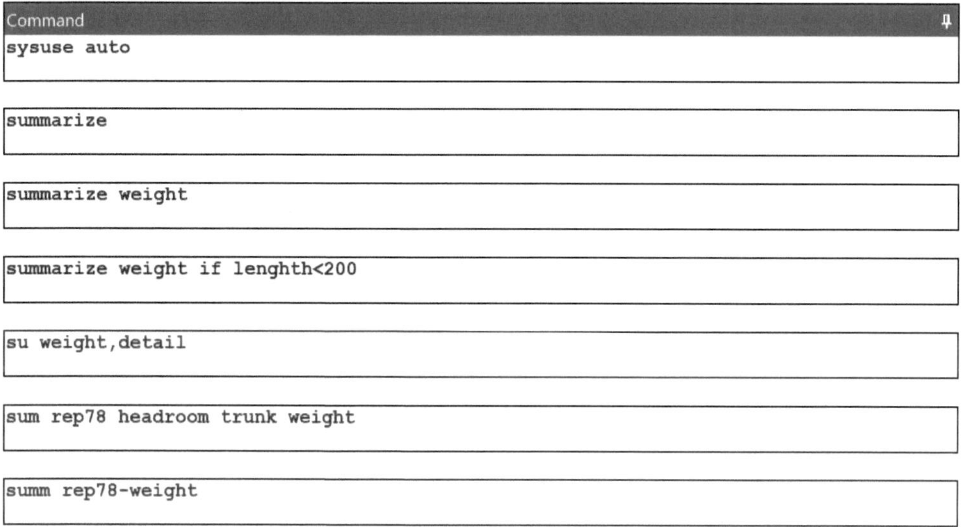

Command

```
sysuse auto
```

```
summarize
```

```
summarize weight
```

```
summarize weight if lenghth<200
```

```
su weight,detail
```

```
sum rep78 headroom trunk weight
```

```
summ rep78-weight
```

Nun haben Sie erste Analysen mit dem Kommandofenster durchgeführt. Sehen Sie sich die Ausgaben im Ergebnisfenster an. Dort erscheint vor den Kommandos ein Punkt und ein Leerzeichen. Wir schreiben die Kommandos mit dem Punkt, damit es sich von dem Fließtext abhebt. Wenn Sie Kommandos eingeben, lassen Sie den Punkt und das Leerzeichen weg und beachten Sie bitte die exakte Schreibweise. Falls Ihre Kommandos nicht ausgeführt werden, überprüfen Sie zuerst, ob die Schreibweise korrekt ist, bei Bedarf empfiehlt es sich die Stata Hilfe (Abschnitt 2.1.3) zu Rate zu ziehen Weitere Information zum Arbeiten mit diesem Fenster erhalten Sie in Abschnitt 2.1.2.

2.2.2. Do-Files

Statistische Analysen usw. führen Sie anhand des Kommandofensters, über die Menüleiste oder mit **Do-Files** durch. Wie bereits erläutert, sollten Sie alle für Ihre Analysen relevanten Kommandos mittels Do-Files abspeichern. Nach dem Schließen von Stata werden die ausgeführten Kommandos gelöscht, es sei denn, Sie speichern sie mittels Log-Files oder durch in einem Do-File ab. Do-Files wurden (vergleiche Kapitel 2.2) speziell für das Aufbewahren von Stata-Kommandos entwickelt, vergleichbar mit dem Syntax Editor in SPSS.

☞ Geben Sie `doedit` in die Kommandozeile ein oder klicken Sie in der Toolbar auf das Do-File Symbol 

Ein neues **Do-File** öffnet sich:

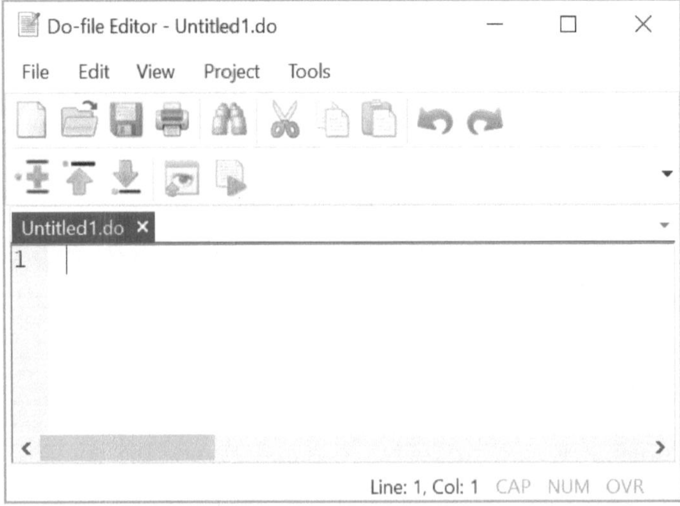

In der oben gezeigten Übung haben wir im Kommandofenster Kommandos eingetippt, diese lassen sich ebenso im Do File ausführen. Hierbei ist zu beachten, dass jedes Kommando in einer Zeile stehen muss – in Stata enden Kommandos in der Regel mit einem Zeilenwechsel. Das Ausführen von Stata-Kommandos erfolgt durch klicken auf folgendes Symbol aus der **Do-File Toolbar** (siehe unten):

Alternativ drücken Sie **STRG** und **D**, nun werden alle Kommandos im Do-File ausgeführt. Falls Sie einzelne Kommandos ausführen, wird das entsprechende Kommando mit der Maus markiert und anschließend ablaufen lassen. Eine andere Möglichkeit besteht darin, im Kommandofenster den Befehl do gefolgt von dem Dateinamen einzutippen und anschließend die Enter-Taste zu drücken. Nun werden alle Kommandos im Do-File ausgeführt (siehe Kapitel 2: S15).

Praktische Tools

- **Kommentare**

Zur Dokumentation Ihrer Analysen können Sie Kommentare in das Do-File einfügen, Stata führt diese dann nicht aus. Es stehen Ihnen drei Arten von Kommentar Funktionen zur Verfügung, diese werden mit der Farbe Grün als Kommentar gekennzeichnet: Separate Kommentarzeilen werden mit einem oder mehreren Sternchen oder Schrägstrichen eingeleitet:

```
* oder // oder ///
```

Folgenden Zeichen leiten Kommentare über eine oder mehrere Zeilen ein:

```
/* Text */
```

Auf diese Weise auch kann ein Kommentar auch nach einem Kommando eingefügt werden, genauso funktioniert das mit zwei Schrägstrichen. Folgen zwei Schrägstriche nach einem Kommando, ist es möglich den Kommentar nur über eine Zeile zu schreiben (Do-File Kommentarfunktion.do).

Do-file Editor - Kommentarfunktion.do*

File Edit View Project Tools

Kommentarfunktion.do* Untitled.do

```
*Wir testen die Kommentarfunktion in Stata,
//dafür stehen verschiedene
/// Möglichkeiten zur Auswahl

/*Dieser Kommentar kann
sich über mehrere
Zeilen erstrecken*/

summarize/*dies ein Befehl
für für deskriptive
Statistiken*/

summarize//Befehl für deskriptive Statistiken/*
```

Line: 15, Col: 1 CAP NUM OVR

- **Farben im Do-File**

Standardmäßig stellt Stata die Elemente der Do-File Kommandos in verschiedenen **Farben** dar, diese Funktion erleichtert das Auffinden von Fehlern: **Befehle** werden in **Dunkelblau**; **Kommentare** und **Kommentarzeilen** in **Grün**, **Variablennamen** und **Optionen** schwarz und **Variablenlabels** in **Dunkelrot** per Voreinstellung angezeigt.

- **Zeilennummern**

Im Do-File erscheinen beim Eintippen der Kommandos Zeilennummern. Sie lassen sich jedoch bei Bedarf abschalten. Bei langen Dateien erleichtern die Zeilennummern das Auffinden von Kommandos etc. Weitere praktische Funktionen finden Sie in der dazugehörigen Toolbar:

- **Do-File Toolbar**

Die meisten Symbole kennen Sie bereits aus Textbearbeitungsprogrammen, einige sind nur in Stata implementiert. Folgende Symbole erweisen sich als besonders nützlich oder werden häufig verwendet: Mit dem dritten Symbol (Diskette) werden Do-Files mit der Abkürzung `.do` gespeichert. Das Fernglas dient dazu, nach Begriffen in der Syntax zu suchen.

Erstellt **Bookmarks** und mit den Pfeilsymbolen springt der Cursor zu den markierten Stellen. Das erlaubt das Auffinden wichtiger Kommandos.

- **Do-Files in Texteditoren**

Den Inhalt von Do-Files und des Ergebnisfensters können Sie bei Bedarf in Texteditoren wie Word speichern. Eine andere Möglichkeit besteht darin, Kommandos in Texteditoren zu erstellen, zu bearbeiten und anschließend mit Copy & Paste in ein Do-File einzufügen.

Nützliche Kommandos

Neben den vielfältigen Funktionen des Do-File Editors sind eine Reihe von Kommandos für die Arbeit mit Stata besonders hervorzuheben.

- **Kommandos über mehrere Zeilen**

Sollte eine Zeile für ein Kommando nicht ausreichen oder sollten Sie lange Kommandos über mehrere Zeilen aufteilen wollen, können Sie dabei aus zwei Varianten wählen, und zwar:
drei Schrägstrichen

```
///
```

oder dem Befehl `delimit`-Befehl

Folgen drei Schrägstriche nach dem Kommando, wird die nächste Zeile als Teil des Kommandos einbezogen. Per Voreinstellung schließen Kommandos mit einem Zeilenwechsel ab. Diese Voreinstellung lässt sich mit dem Befehl `#delimit` dahingehend ändern, dass ein Semikolon das Kommandoende markiert. Der Befehl lautet:

```
#delimit ;
```

Alle Kommandos können danach beliebig viele Zeilen umfassen und müssen mit einem Semikolon abschließen. Diese Funktion wird mit

```
#delimit cr
```

wieder auf den Zeilenwechsel als Kommandoende zurückgesetzt.

☞ **Übung 02** Erzeugen Sie in ein neues Do-File das folgende Schritte enthält:

- Einen Kommentar in der ersten Zeile.
- Den Stata eigenen Datensatz **auto.dta** öffnet.
- Mittelwerte für die Variablen *price* und *mpg* über zwei Zeilen berechnet.
- Mittelwerte für die Variable *weight* und *lenght* über zwei Zeilen berechnet.
- Lassen Sie das Do-File ablaufen.

Die Lösung finden Sie unter Kapitel 2.7 (**DoFile01.do**).

- **Versionsnummer angeben: version**

Zu Beginn eines Do-Files ist es zweckmäßig, die Versionsnummer des Stata-Programms, mit der Sie arbeiten anzugeben. Wenn Sie mit einer neuen Stata-Version arbeiten, vermeiden Sie dadurch mögliche Komptabilitätsprobleme: Stata führt Befehle in neueren Versionen so durch, wie sie in der angegebenen Version. Das heißt, die Syntax bleibt auch nach der Einführung neuer Stata-Versionen kompatibel, falls Stata Änderungen an Befehlen vornimmt. Wir arbeiten in diesem Buch mit der Version 15, somit lautet der dazugehörige Befehl: `version 15.`

- **Datensätze einlesen: use**

Datensätze lassen sich über die Menüleiste und Toolbar öffnen, aber auch mit dem Befehl `use`. Nach Angabe des Befehls folgt der Pfad und der Name des zu verwendeten Datensatzes, außer die Datensätze liegen im Standardverzeichnis (**C:\Users\username\Documents** – siehe unten), siehe Kapitel 2: S.18. Möchten Sie beispielsweise den Datensatz **allbus2012_red** vom Laufwerk D im Ordner **Daten** einlesen, so lautet das Kommando

```
. use D:/Daten/allbus2012_red
```

Das Kommando mit dem Schrägstrich funktioniert bei allen Betriebssystemen, auch Mac und Unix. Windows-Anwender können statt dem umgedrehten Backslash (/) den Backslash (\) verwenden:

```
. use D:\Daten\allbus2012_red
```

Enthalten Ihre Verzeichnisnamen Leerzeichen, so müssen Sie den Pfad mit Anführungszeichen schreiben:

```
. use "D:/Daten/allbus2012_red"
```

Dieses Kommando lässt sich mit der Option `,clear` erweitern, dadurch wird der Arbeitsspeicher von Stata geleert. Somit wird der zuvor geladene Datensatz nach dem Einlesen des neuen Datensatzes entfernt. Der `use`-Befehl lautet in diesem Fall:

```
. use D:\Daten\allbus2012_red, clear
```

Achtung! Verwenden Sie `use` und die `clear` Option, gehen Änderungen am zuvor geladenen Datensatz beim Öffnen eines neuen Datensatzes verloren, außer wir speichern den Datensatz zuvor ab.

- **Wechsel des Verzeichnisses der Daten: cd**

Stata greift bei Windows meistens auf das Verzeichnis **C:\Users\username\Documents** als Standardverzeichnis zu (siehe Kapitel 2: S.19). Falls Sie Ihre Datensätze dort ablegen, können Sie diese mit `use` und `filename`, d. h. dem Namen des Datensatzes einlesen. In unserem Beispiel:

```
. use allbus2012_red
```

Auf welches Verzeichnis Sie beim Öffnen von Stata zugreifen, sehen Sie unten ganz links in der grauen Leiste. Das Verzeichnis lässt sich mit dem Befehl `cd` (change directory) ändern. Sind die Daten beispielsweise unter Laufwerk D im Ordner **Daten** gespeichert, ändert folgender Befehl das ursprüngliche Verzeichnis in das ausgewählte:

```
. cd D:/Daten
```

Anschließend benötigen Sie zum Einlesen des Datensatzes nur noch den oben beschriebenen Befehl:

```
. use allbus2012_red
```

- **Speichern von Datensätzen: save**

Datensätzen speichern Sie über die Menüleiste unter **File > save** oder **File > save as** (siehe Kapitel 2.1). Durch die erste Variante werden bereits vorhandene Datensätze, überschrieben, mit der zweiten unter einem anderen Namen oder Dateiformat in einem Ordner Ihrer Wahl abgespeichert. Der Befehl zum Speichern von Datensätzen lautet `save`. Wenn Sie nur diesen Befehl eingeben, ist es notwendig den Datensatz unter einem anderen Namen im gleichen Ordner abzuspeichern oder mit dem gleichen Namen in einem anderen Ordner. Stata überschreibt mit diesem Befehl keine bestehenden Datensätze. Als Beispiel dient folgendes Kommando:

```
. save D:/Daten2/allbus2012_neu
```

Mit der Option `replace` können wir Datensätze zu überschreiben:

```
. save D:/Daten2/allbus2012_neu, replace
```

Dieser Befehl ersetzt den ursprünglichen Datensatz unwiderruflich durch den geöffneten Datensatz. Aus diesem Grund ist der Befehl nur mit Vorsicht anzuwenden! In vielen Fällen ist es nicht notwendig, neue Datensätze zu erzeugen, denn mittels Do-Files können Sie alle durchgeführten Schritte, die für die Datenaufbereitung notwendig sind, abspeichern und jederzeit erneut ausführen.

- **Anzeige „more" in der Ausgabe ausschalten**

Umfangreiche Ausgaben werden im Ergebnisfenster manchmal nicht komplett angezeigt: Wenn die Ausgaben nicht ganz ins Ergebnisfenster passen, zeigt Stata einen Teil im Fenster an und gibt in der unteren linken Ecke des Ergebnisfensters das Wort „more" an. Durch Klicken auf den Begriff „more" im Ergebnisfenster oder mittels des Symbols können Sie die komplette Ausgabe betrachten. Mit folgendem Befehl wird diese Funktion während der Stata Sitzung ausgeschaltet:

```
. set more off
```

Das dauerhafte Ausschalten ist mit der Option `permanently` möglich:

```
. set more off, permanently
```

Beim erneuten Öffnen von Stata wird diese Einstellung beibehalten, bis Sie diese ändern mit:

```
. set more on
```

Dieses Kommando können Sie auch anwenden, wenn Sie die Ausgabe zuvor nur temporär umgestellt haben.

☞ **Übung 03** Schreiben Sie ein Do-File, welches folgende Aufgaben ausführt:

- Öffnet den Datensatz **allbus2012_red.dta**
- Berechnet eine Häufigkeitstabelle für „Wichtigkeit von Toleranz"
- Berechnen den Mittelwert des Alters der Befragten

Die Lösung finden Sie unter Abschnitt 2.7.

2.2.3. Log Files

Mit Stata kann eine vollständige Kopie von allem, was im Ergebnisfenster erscheint, erstellen. Die erzeugte Datei heißt **Log File** und ist eine Protokolldatei.

Log Files erzeugen

Statt mit Do-Files zu arbeiten, können Sie Log Files erzeugen und diese in ähnlicher Weise wie Do-Files nutzen. Besonders für Anfänger ist diese Funktion empfehlenswert, um die durchgeführten Schritte besser nachvollziehen. In dieser Datei werden sowohl alle Kommandos als auch Ausgaben und Fehlermeldungen etc. aufgezeichnet, die im Ergebnisfenster erscheinen. Um eine Protokolldatei zu erstellen, tippen Sie auf die Schaltfläche:

Datei > Log > Begin oder

Dadurch erscheint eine Dialogbox, in der das Logfile gespeichert wird. In der Voreinstellung speichert Stata die Datei als **.smcl Datei**, einem Stata eigenen Format. Um sie anderen Programmen verfügbar zu machen, ist es möglich die Datei als **.log Datei** abzuspeichern. Dazu wird im Feld **Dateityp** auf **Log** geklickt. Diese Dateien können Sie anschließend beispielsweise mit einem Texteditor öffnen. Logfiles können Sie jederzeit anhalten und später wieder fortsetzen oder schließen. Am einfachsten geht das über die Schaltfläche (siehe Bild). Dann erscheint folgende Auswahl:

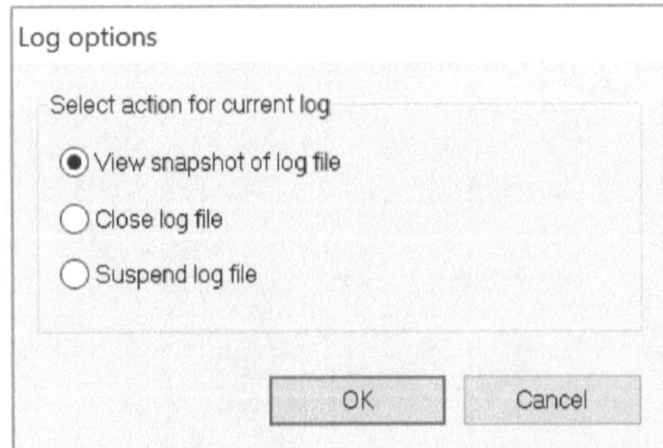

Alternativ können Sie das Kommando `log off` zum Anhalten der Datei, `log on` zum Fortsetzen und `log close` zum Schließen verwenden. Auch über die Menüleiste finden Sie diese Optionen. Mittels des Menüs **Datei > Log > View** wird die Datei geöffnet. Möchten Sie bestimmte Kommandos in ein Do-File übertragen, markieren Sie dies und kopieren sie anschließend in das Do-File.

Automatisch Do-Files erzeugen

Während der Befehl `log` sowohl Kommandos als auch Ausgaben aufzeichnet, gibt es in Stata einen Befehl, der nur die ausgeführten im Hintergrund Kommandos erfasst und als Do-File abspeichert. Dieser Befehl heißt **cmdlog**. Zum Aufzeichnen der Kommandos in Do-Files ist es notwendig, `cmdlog using` ins Kommando-Fenster zu schreiben und den gewünschten Dateinamen (`filename`) mit der Endung `.do` anzugeben, zum Beispiel:

```
. cmdlog using test.do
```

Nun erstellt Stata ein Do-File im voreingestellten Verzeichnis (siehe Abschnitt 2.2.2). Alternativ geben Sie an, in welchem Ordner Sie die Datei speichern, beispielsweise:

```
. cmdlog using "D:\Datensätze\test.do
```

Bereits vorhandene Dateien werden mit diesem Kommando nicht überschrieben, Sie müssen bei Bedarf den Namen der Datei ändern[2].

Die Do Files lassen sich nun mit folgendem Befehl über das Kommandofenster ausführen:

```
. log using filename, replace
```

Die Aufzeichnung können Sie bei Bedarf anhalten:

```
. cmdlog off
```

Und anschließend wieder starten:

```
. cmdlog on
```

Zum Endgültigen Schließen des Log Files schreiben wir:

```
. cmdlog close
```

2.3. Erste Analysen

An dieser Stelle beginnen wir mit einfachen Analysen und zeigen Ihnen erste Schritte der Datenaufbereitung, die Ihnen den Einstieg in das Programm mit wenigen Kommandos näherbringen. Das anschließende Kapitel widmet sich intensiv dem Thema Datenaufbereitung. Dieses Thema nimmt einen großen Teil der Arbeit mit quantitativen Daten ein. Bevor wir damit beginnen, werfen wir einen Blick auf die Struktur von Datensätzen im Stata-Format.

---

[2] Mit der `replace`-Option könnten Sie Dateien überschreiben, aber das ist nicht sinnvoll. Überschriebene Dateien können Sie nicht wiederherstellen.

2.3.1. Dateneditor

☞ Öffnen Sie die Datei **polpart.dta**

☞ Nun öffnen Sie den Dateneditor (siehe Abbildung 2.2) im Bearbeitungsmodus oder tippen Sie folgenden Befehl in das Kommandofenster ein:

```
. edit
```

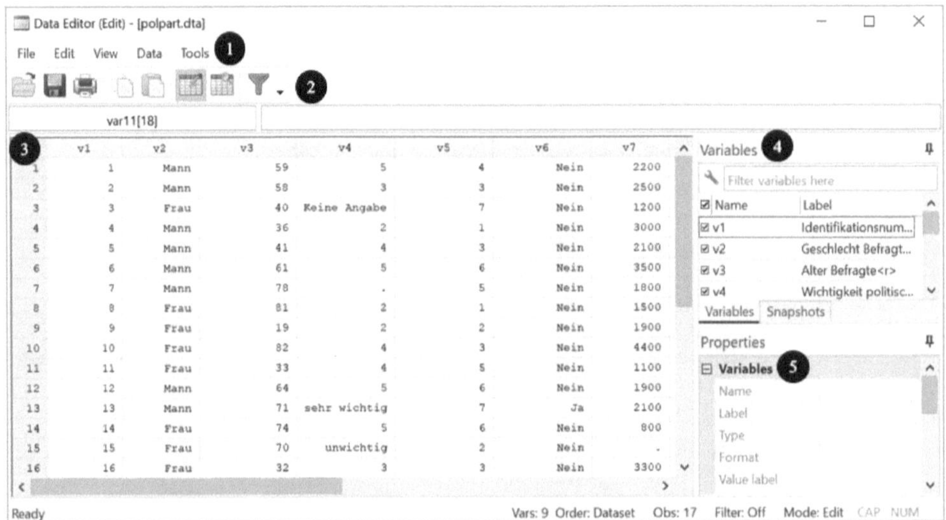

Abbildung 2.2: Dateneditor

Folgende Werkzeuge sind im Dateneditor (vergleiche Abbildung 2.1) sichtbar:

❶ Menüleiste

❷ Toolbar

❸ Datenmatrix

❹ Variablenfenster

❺ Variableneigenschaftsfenster

Die Struktur der Datenmatrix in Stata entspricht annähernd der Struktur einer Datenmatrix, wie sie Ihnen aus Statistikbüchern bekannt sein sollte (vergleiche Diaz-Bone 2013, 24, 28). In der Datenmatrix stehen im Tabellenkopf (grau) die **Variablennamen** und darunter in Spalten die Ausprägungen der jeweiligen Variablen. Die Spalten repräsentieren eine Variable (auch Merkmal oder Stimuli bezeichnet), die Zeilen den Untersuchungsgegenstand (auch Beobachtungen, Fälle, Merkmalsträger oder Objekt genannt) – hier befragte Personen. Oft arbeiten wir mit Querschnittsdaten, dann stellt eine Zeile die Beobachtungen dar, in der Regel die Antworten eines Befragten und eine Spalte entspricht einer Frage bzw. Variable.

Betrachten wir die obenstehende Datenmatrix (siehe Abbildung 2.2), die Daten einer Umfrage zu politischen Partizipation erfasst, wir entnehmen daraus folgende Information: In einer Zeile steht die gesamte Information zum Untersuchungsgegenstand, der befragten Person: deren Geschlecht, Alter usw. Die Spalte mit der Variable *v4* enthält die Nummern und Angaben wie „sehr wichtig" etc. Die Variable *v3* nur Nummern, zum Beispiel 19. Die Bedeutung des Texts hinter der Variable *v2* lässt sich leicht ableiten, bei den anderen Variablennamen ist das jedoch nicht der Fall. Um herauszufinden, was mit den Bezeichnungen *v1* bis *v9* gemeint ist, besteht eine Möglichkeit darin im Variablenfenster unter **Label** nachzuschauen: Hier finden Sie das sogenannte **Variablenlabel**, ein Etikett, das die Variable genauer beschreibt. Bei Umfragedaten ist dies meist eine Kurzfassung der gestellten Frage. Statt mit dem Variablenfenster zu arbeiten, ist es möglich, sich mit dem Befehl `describe` das Variablenlabel und weitere Information zur Variable anzeigen zu lassen. Für die Variable *v4* lautet das Label „Wichtigkeit politisches Engagement".

In der Datenansicht erscheinen momentan die **Wertelabels**, die den Variablen vergeben wurden in blauer Farbe. Wertelabels sind auch Etiketten. Sie verbalisieren aber die Merkmalsausprägungen von Variablen. Folgender Befehl schaltet die Ansicht von Wertelabels auf numerische Werte bzw. Merkmalsausprägungen um:

```
. edit, nolabel
```

In der jetzigen Ansicht sind nur Wertelabels zu sehen und bei den meisten Variablen lässt sich nicht erkennen, was diese Werte aussagen. Welche Bezeichnungen hinter den Werten stehen, zeigen wir im nächsten Abschnitt.

Variablen-Manager

Der **Variablen-Manager** ermöglicht es, Eigenschaften für eine oder mehrere Variablen zu verändern. Zu den Eigenschaften der Variablen gehören Variablenname, Variablenlabel, Format, Wertelabel etc. Um den Variablen-Manager zu öffnen klicken Sie **auf Data > Variables Manager** oder führen folgenden Befehl aus:

```
. varmanage
```

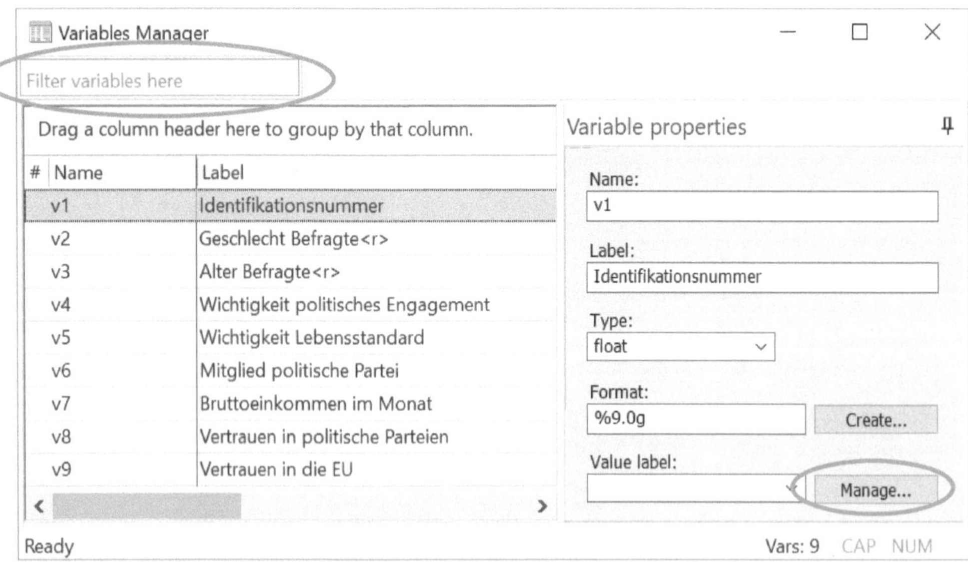

Oben links sehen Sie ein Filter Fenster, das es erlaubt mit Buchstaben, Wörtern oder Zahlen gezielt Variablen zu suchen. Wenn Sie das Wort „Identi" eingeben, erhalten Sie eine Liste der Variablen, die diese Buchstaben im Variablenlabel enthalten. Die Schaltfläche Manage öffnet ein weiteres Fenster:

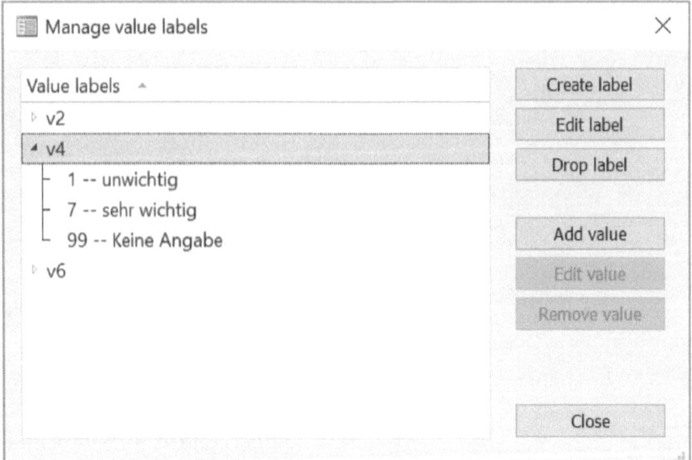

Klicken Sie nun unter **Value Labels** auf *v4*: Dort steht der Wert 1 für „unwichtig", 7 für „sehr wichtig" und 99 für „keine Angabe". Die dort aufgeführten Wertelabels entsprechen in der Regel der Antwortskala der Umfrage, aus der die Daten stammen. In unserem Fall wurde die Frage „Wie wichtig ist es Ihnen, sich politisch zu engagieren?" gestellt und die Befragten konnten folgende Antworten wählen 1" unwichtig", 2, 3, 4, 5, 6, 7 "sehr wichtig"

und 99 "keine Angabe". Die Wertelabels entsprechen folglich dem Anfangs- und Endpunkten der Antwortskala.

Ein anderer Weg, sich Wertelabels anzeigen zu lassen, ist über das **Variableneigenschaftsfenster** (siehe weiter unten), wenn Sie den Datensatz im Bearbeitungsmodus öffnen. Dazu ist es notwendig, im Variablenfenster auf die relevante Variable, hier *v4,* und dann im Variableneigenschaftsfenster auf die Zeile *Value Labels* zu tippen. Durch Klicken auf die Schaltfläche mit den Pünktchen öffnet sich wiederum der **Variablenmanager**.

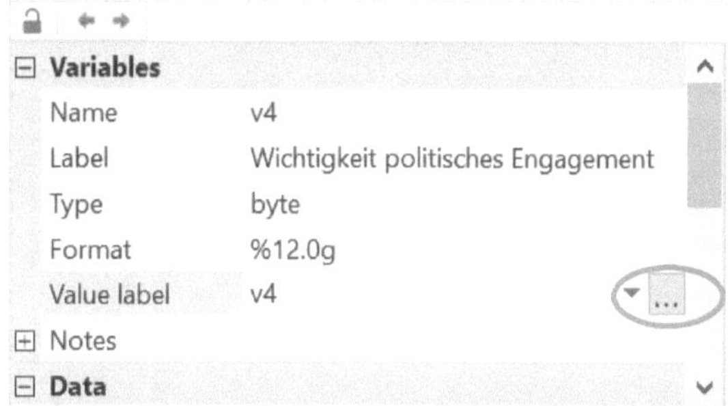

In ähnlicher Weise gibt der Stata-Befehl `label list` eine Liste der Wertelabels der Variable aus:

```
. label list v4
```

Bei den Variablen *v4* und *v7* sehen Sie in der Datenmatrix (vergleiche Abbildung 2.2) weiterhin, dass nicht für jeden der 17 Befragten Werte vorhanden sind. Bei beiden Variablen fehlt jeweils ein Wert, die Punkte stellen „systembedingte fehlende Werte" dar. In den meisten Analysen und Berechnungen werden fehlende Werte per Voreinstellung ausgeschlossen. Im dritten Kapitel finden sich ausführliche Information zu diesem Thema (siehe Kapitel 3.5).

2.3.2. tabulate Befehl

Häufigkeitstabellen verwenden wir in der deskriptiven Statistik regelmäßig, um Verteilungen zu beschreiben. Die in der Häufigkeitstabelle dargestellten Variablen sollten nur eine überschaubare Anzahl an Ausprägungen aufweisen, da ansonsten die Tabelle schnell unübersichtlich wird. In Stata lautet der Befehl für Häufigkeitstabellen `tabulate`.

☞ Anhand des Datensatzes **polpart02.dta** lassen wir uns die Häufigkeitstabelle für die Variable v8 ausgeben, tippen Sie dazu in das Kommandofenster folgendes ein:

```
. tabulate v8
```

Im Ergebnisfenster sehen Sie die von Stata erstellte Häufigkeitstabelle:

Vertrauen in politische Parteien	Freq.	Percent	Cum.
kein Vertrauen	2	12.50	12.50
2	3	18.75	31.25
3	4	25.00	56.25
4	4	25.00	81.25
5	2	12.50	93.75
grosses Vertrauen	1	6.25	100.00
Total	16	100.00	

☞ Wie Sie sehen, werden nicht nur die Werte der Variable im Ergebnisfenster angezeigt, sondern auch die Wertelabels. Die Variable weist zwei Wertelabels auf, die für die Werte 1 und 7 vergeben wurden. Eine Häufigkeitstabelle, die nur Variablenwerte anzeigt, erhalten Sie mit der Option `nolabel`. Den `tabulate`-Befehl kürzen wir in unserem Beispiel ab:

```
. ta v8, nolabel
```

Sogleich erzeugt Stata folgende Häufigkeitstabelle:

Vertrauen in politische Parteien	Freq.	Percent	Cum.
1	2	12.50	12.50
2	3	18.75	31.25
3	4	25.00	56.25
4	4	25.00	81.25
5	2	12.50	93.75
7	1	6.25	100.00
Total	16	100.00	

2.3.3. Variablen erstellen

Wenn wir Daten aufbereiten, müssen wir in der Regel neue Variablen erstellen. Stata stellt verschiedene Befehle dazu bereit. Ein gängiger Befehl lautet **generate**, dieser wird meistens in Kombination mit **replace** verwendet. Der Befehl `generate` erzeugt eine neue Variable, kann aber bestehende Variablen nicht überschreiben. Dagegen ersetzen wir mit `replace` nur Variablenwerte, wenn die Variable bereits existiert. Dieses Vorgehen hat den Vorteil, dass wir vorhandene Variablen nicht versehentlich unwiderruflich verändern. Mit der Stata Hilfe erhalten Sie die Information zu den Befehlen:

```
. help generate
```

Die Syntax-Grundstruktur der beiden Befehle ist fast identisch. Zuerst wird der Befehl geschrieben, gefolgt vom Variablenamen, einem Gleichheitszeichen und anschließend folgt ein Ausdruck bzw. eine arithmetische Operation (`exp`). Es ist möglich, die Berechnung unter verschiedenen Bedingungen auszuführen. Hierfür stehen `if` und `in` zur Verfügung. Durch die Optionen `before()` und after`()` können wir angeben, vor welcher oder nach welcher Variable die neu erstellte eingefügt werden soll. Die Syntax-Grundstrukturen lauten:

```
generate [type] newvar =exp [if] [in] [, before(varname) |
after(varname)]

replace oldvar =exp [if] [in] [, nopromote]
```

Die Bezeichnung `newvar` steht als Platzhalter für den Namen der neuen Variable und `oldvar` für den Namen, der bereits vorhandenen Variable, deren Werte wir durch `replace` ersetzen. Neue **Variablennamen** dürfen bis zu 32 Zeichen umfassen. Die Zeichen wiederum können Buchstaben des Alphabets und die Ziffern 0-9 enthalten, wobei Zahlen nicht vor Buchstaben stehen dürfen. Groß- und Kleinbuchstaben sind in Stata erlaubt, aber es einfacher, nur Kleinschreibung zu anzuwenden[3], da in Stata die exakte Schreibweise zu beachten ist. Weiterhin ist es sinnvoll kurze Variablennamen zu verwenden, in manchen Ausgaben oder Tabellen kann Stata die Namen nicht anschaulich darstellen, sollten diese zu lang sein.

☞ Öffnen Sie den Datensatz **polpart.dta** und tippen Sie in das Kommandofenster folgendes ein:

```
. generate v10=0
```

Im Variablenfenster und anhand der Angaben im Ergebnisfenster sehen Sie, dass eine neue Variable mit dem Namen v10 erzeugt wurde. Der `tabulate`-Befehl gibt die dazugehörige Häufigkeitstabelle aus:

```
. tabulate v10
```

[3] Zu Übungszwecken verwenden wir in diesem Kapitel Groß- und Kleinbuchstaben, damit Sie den Umgang mit unterschiedlichen Schreibweisen kennen lernen.

v10	Freq.	Percent	Cum.
0	17	100.00	100.00
Total	17	100.00	

Nun ersetzen wir den Wert 0 durch den Wert 1 und lassen uns eine Häufigkeitstabelle ausgeben:

```
. replace v10=1
. tabulate v10
```

v10	Freq.	Percent	Cum.
1	17	100.00	100.00
Total	17	100.00	

Auf den ersten Blick erscheint die Berechnung vielleicht unsinnig. Das Beispiel soll jedoch veranschaulichen, wie Stata mit dem `replace`-Befehl arbeitet. Wir ersetzten den Wert 0 durch 1, falls das Geschlecht der Befragten (*v2*) den Wert 1 aufweist.

```
. replace v10= 1 if v2==1
. ta v10
```

v10	Freq.	Percent	Cum.
0	8	47.06	47.06
1	9	52.94	100.00
Total	17	100.00	

Wir haben gezeigt, wie man eine neue Variable erstellen und ihr numerische Werte zuweist. Neue Variablen können auch unter Verwendung arithmetischer Operatoren oder Funktionen erstellt werden. An dieser Stelle finden Sie eine Auswahl der wichtigsten Operationen, weitere stehen in der Online-Hilfe oder im Handbuch unter **[U] 13 Functions and expressions**.

Symbol	Operation	Beispiel
+	Addition	*v4+v5*
-	Subtraktion	*v2-1*
*	Multiplikation	*v3*2*
/	Division	*v4/7*
^	Exponentiation	*v3^2*
log(x)	Natürlicher Logarithmus	*log(v7)*
exp(x)	Exponentialfunktion	*exp(v3)*
abs(x)	Absolutbetrag	*abs(v8)*
sqrt(x)	Quadratwurzel	*sqrt(v7)*

Tabelle 2.2: Wichtige Operationen

Bei komplizierten bzw. langen Ausdrücken empfiehlt es sich, Klammern zu setzen, um Fehler bei der Erstellung neuer Variablen zu vermeiden.

☞ Öffnen Sie den Datensatz **polpart.dta** und tippen Sie in das Kommando-Fenster folgende Kommandos ein:

```
. generate index= v4 + v5
```

Dieses Kommando erzeugt eine neue Variable aus der Summe von *v4* und *v5*. Die Variable *v4* enthält einen fehlenden Wert, entsprechend weist auch die neue Variable einen fehlenden Wert auf. Im Ergebnisfenster sehen wird dies durch den Text „`1 missing value generated`" angezeigt. Um den Wertebereich anzupassen, bilden wir eine neue Variable und dividieren die Summe durch 2.

```
. generate index2= (v4 + v5)/2
```

Zum gleichen Ergebnis führt dieses Kommando:

```
. generate index2= index/2
```

Falls Sie beide Schritte genauso wie oben beschrieben ausführen, erhalten Sie eine Fehlermeldung „`variable index2 already defined`". Wie Sie sehen, überschreibt Stata mit `generate` keine Variablenwerte. Die neue Variable muss einen anderen Namen erhalten, als die zuvor erzeugte.

Häufig wird für Analysen das Alter der Befragten quadriert. Beispielsweise wenn bei der linearen Regression kein linearer Zusammenhang vorliegt, sondern ein hyperbolischer. Wir wenden dieses Vorgehen auf die Variable Alter an (*v3*):

```
. generate age2=v3^2
```

Im nächsten Schritt verwenden wir eine Funktion, um das Einkommen zu logarithmieren. Dabei werden fehlende Werte erzeugt, falls das Einkommen null oder einen fehlenden Wert aufweist.

```
. generate logincome=log(v7)
```

☞ Speichern Sie den Datensatz unter dem Namen **polpart03** ab.

2.3.4. Variablenbeschriftung

Im Kapitel 2.3.1 haben wir anhand der Datenmatrix (siehe Abbildung 2.2) gezeigt, dass Variablen im Datensatz nicht nur Namen und Ausprägungen aufweisen, sondern auch **Variablenlabels** und **Wertelabels**. Variablenlabels beschreiben die Variable, um dem Anwender ein besseres Verständnis der hinter der Variable stehenden Frage zu vermitteln. Wertelabels helfen die der Variablen zugeordneten Werte zu erläutern. Welche Wertelabels eine Variable zugeordnet sind, sehen Sie über den `label list`-Befehl oder den Variablen Manager. Beim Erstellen neuer Variablen ist es zweckmäßig, den Variablen Variablenlabels und Wertelabels zuzuordnen.

Variablenlabels

Variablenlabels dürfen maximal 80 Zeichen umfassen. Umlaute oder „ß“ können nur verwendet werden, wenn die im Ergebnisfenster angezeigte Schriftart diese Zeichen kennt. Die Schriftart lässt sich im Ergebnisfenster mit **Rechtsklick > Font** ändern. Bei älteren Stata-Versionen (vor Stata 14) kann es allerdings zu Problemen mit diesen Buchstaben kommen, weshalb es besser ist, auf sie zu verzichten. Mit dem Befehl `label variable` erstellen wir Variablenlabels. Nach dem Befehl ist der Name der Variable anzugeben, die ein Label erhält. Anschließend folgt die Beschriftung. Falls im Label Leerzeichen enthalten sind, müssen Sie den Text in Anführungszeichen schreiben. Die Syntax-Grundstruktur lautet:

```
label variable varname ["label"]
```

☞ Öffnen Sie den Datensatz **polpart02.dta**, falls er nicht mehr in Stata geöffnet ist. Für die Variable *age2* ordnen Sie das Label „Quadriertes Alter des Befragten“ zu. Dazu schreiben Sie folgendes Kommando ins Kommando-Fenster:

```
. label variable age2 "Quadriertes Alter des Befragten"
```

Im Variablen- und Variableneigenschaftsfenster sehen Sie nun das vergebene Label.

Wertelabels

Die Vergabe von Wertelabels durch Kommandos erscheint auf den ersten Blick kompliziert, denn sie erfolgt in zwei Schritten[4]. Zuerst wird ein frei gewählter Name als Container für die Wertelabels vergeben und die Variablenwerte werden mit Labels verknüpft. Im zweiten Schritt wird der Label Container mit einer oder mehreren Variablen verbunden. Es empfiehlt sich, Labels in Anführungszeichen zu schreiben und Umlaute zu vermeiden. Ein Beispiel verdeutlicht die Vorgehensweise: Die Variable *v8* soll folgende Wertelabels erhalten: 1="gar kein Vertrauen" 7="sehr grosses Vertrauen". Im Kommandofenster tippen Sie den Befehl `label define` ein und geben dem Container den Namen *trust*:

```
. label define trust 1"gar kein Vertrauen" 7"grosses
  Vertrauen"
```

Im Variablenmanager unter **Manage value labels** erscheint nun der Container *trust* mit den Labels und Werten.

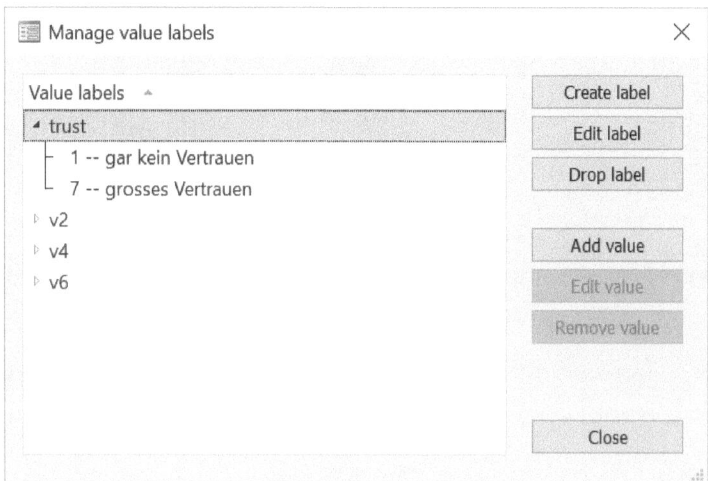

Jetzt folgt die Verknüpfung der Variable mit dem Label Container, mit dem Befehl `label values`:

```
. label values v8 trust
```

Im **Variablenmanager** (siehe Abbildung unten) ist nun die Zuordnung sichtbar und in statistischen Analysen erscheinen die Wertelabels.

---

[4] Sie können statt der Kommandos auch mit dem Variablenmanager arbeiten, aber das Vorgehen gestaltet sich etwas umständlich, aus diesem Grund zeigen wir es nicht.

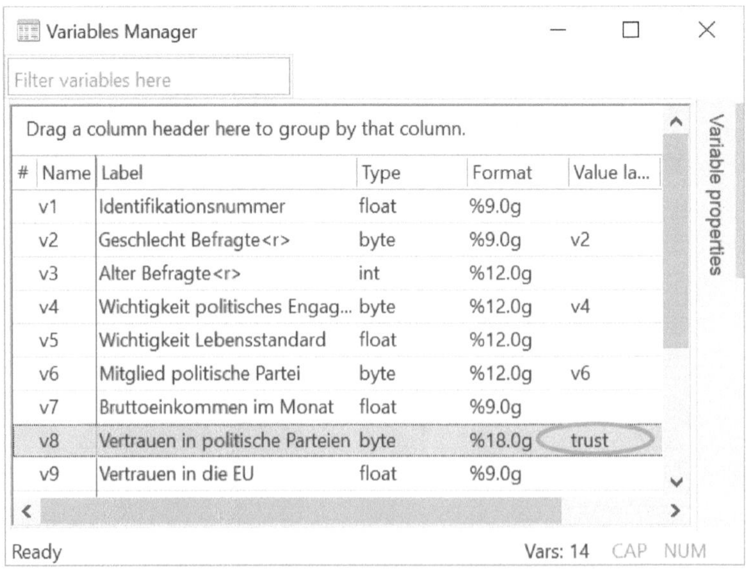

Der Befehl `label list` zeigt nun die erstellten Container (`trust`) an:

```
. label list trust
```

```
trust:
           1 gar kein Vertrauen
           7 grosses Vertrauen
```

Das zweistufige Vorgehen, bei der Beschriftung der Variablen mit Wertelabels hat den Vorteil, dass es möglich ist, mehreren Variablen ein identisches Label zuzuweisen. Dazu wird der Label Container einer Variable zugeordnet.

☞ In unserem Datensatz **polpart03.dta** beschreiben die Variablen *v4* und *v5* zwei Einstellungen. Der Wertebereich umfasst jeweils 1-7, bei Variable *v4* ist zudem der Wert 99 enthalten. Allerdings besitzt nur die Variable *v4* ein Wertelabel, die Variable *v5* nicht. Die Wertelabels sollen nun bei beiden Variablen identisch sein. Dazu ist es notwendig, die Variable *v5* mit dem Container der Variable *v4* zu verbinden. Dazu verwenden Sie folgendes Kommando:

```
. label values v5 v4
```

Im Variablenmanager sehen Sie die Veränderung:

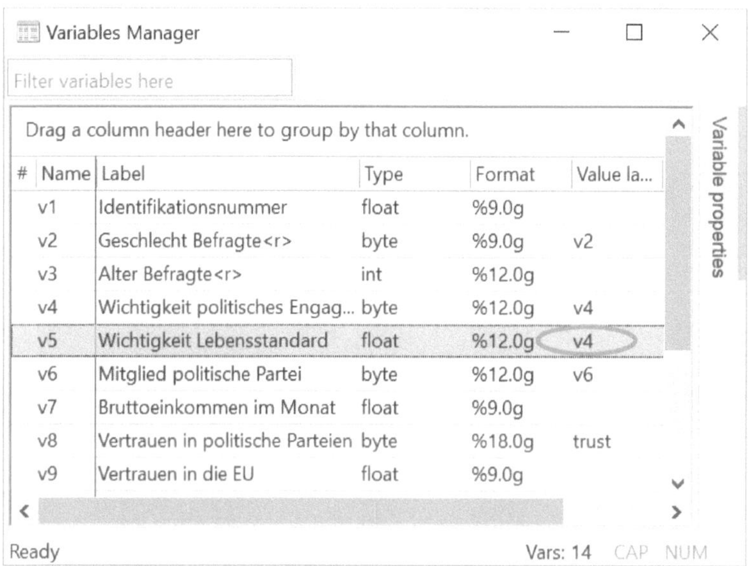

Die Zuordnung von Labels auf andere Variablen lässt sich ebenfalls im **Variableneigenschaftsfenster** (vergleiche Abbildung unten) ändern, und zwar durch Klicken der Schaltfläche mit dem Pfeil (siehe Abschnitt 2.3.1). Dazu muss der Datensatz im Bearbeitungsmodus des Dateneditors geöffnet sein.

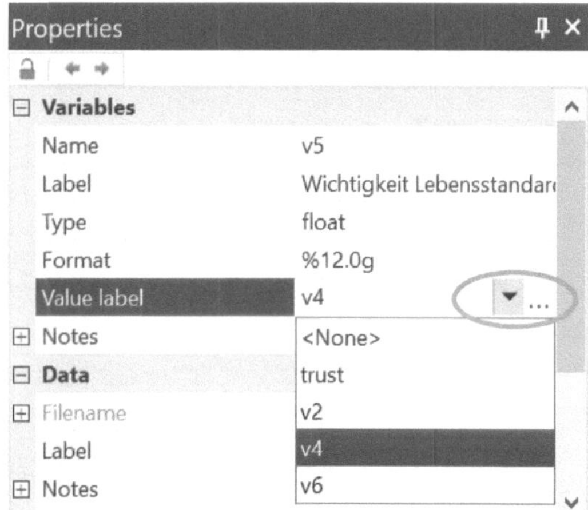

2.4. Datensätze erzeugen

Mit Stata besteht nicht nur die Möglichkeit mit bereits vorhandenen Datensätzen zu arbeiten, sondern auch eigene Datensätze zu erstellen. Dafür stehen verschiedene Vorgehensweisen zur Verfügung, von denen wir zwei an dieser Stelle zeigen. Das Erstellen über den Dateneditor und den Befehl `input`. Ein Beispiel soll dies verdeutlichen: In einem

Forschungsprojekt wurden anhand eines Fragebogens Informationen zu sieben Teilnehmern eines Tutoriums ermittelt. Die Daten finden sich in der nachfolgenden Datenmatrix. In der ersten Zeile stehen die Variablennamen, in der zweiten die Variablenlabels.

id	**age**	**sex**	**eduyears**	**grade**
Identifikationsnummer	Alter des Befragten	Geschlecht des Befragten	Schulbildung Vater in Jahren	Abipunkte in Mathematik
1	19	m	10	10
2	18	m	13	8
3	20	m	10	6
4	21	w	9	8
5	18	w	13	13
6	19	m	13	12
7	20	w	10	11

Tabelle 2.3: Übungsdaten

Wie aus der Information in der Datenmatrix ein Datensatz erstellt wird, zeigen wir anhand der beiden genannten Verfahren.

Dateneingabe im Editor

☞ Löschen Sie den Arbeitsspeicher von Stata mit dem Befehl `clear`:

```
. clear
```

☞ Nun öffnen Sie den Dateneditor im Bearbeitungsmodus oder tippen in das Kommando-Fenster folgenden Befehl ein:

```
. edit
```

Es erscheint der Dateneditor, der eine leere Datenmatrix aufweist:

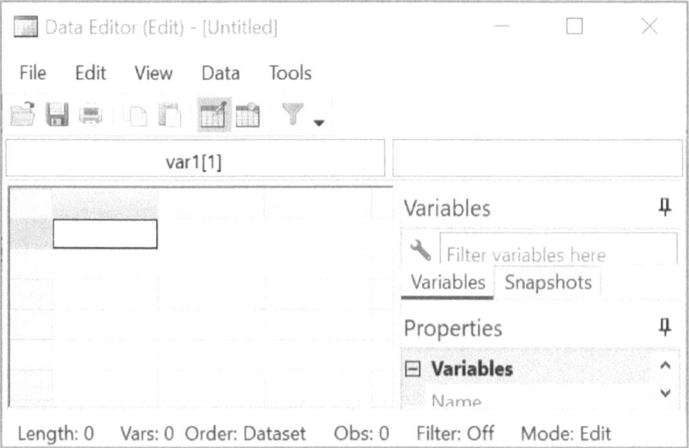

Ähnlich wie in Tabellenprogrammen werden die Variablenwerte in die Spalten eingetippt. In der ersten Spalte sollen die Variablenwerte der Variable *id* stehen. Tippen Sie die Zahl 1 in die erste Zelle der ersten Spalte und drücken Sie anschließend die Eingabetaste, sogleich steht die erste Zahl in der Zelle und über der Spalte erscheint der Variablenname *var1*. Sie können nun die nächste Zahl in die Spalte eingeben. Bei den Werten der restlichen vier Variablen ist das Verfahren identisch.

Nun fehlen noch die Variablennamen und Variablenlabels aus unserer Tabelle. Diese erstellen wir über das Variablenfenster und Variableneigenschaftsfenster (siehe unten) oder ein Kommando (vergleiche Abschnitt 2.3.4). Über die Stata-Fenster gehen Sie wie folgt vor:

Im Variablenfenster wird der zu bearbeitende Variablenname angeklickt.

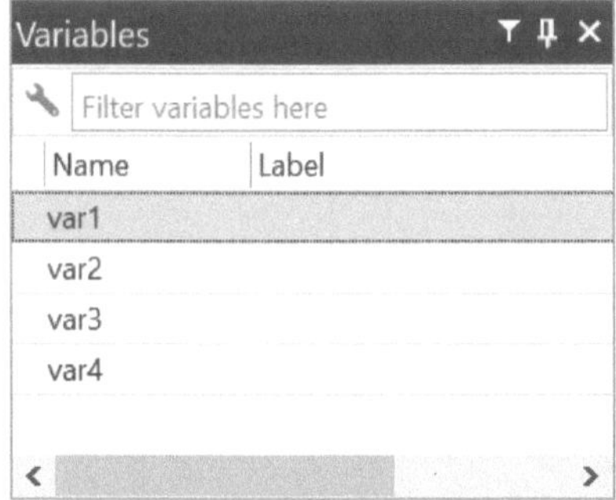

Anschließend wird im Variableneigenschaftsfenster das Schloss durch Anklicken entsperrt. In der Zeile *Name* markieren Sie den alten Variablennamen und überschreiben ihn: Im Augenblick steht in der ersten Zeile *var1*, dieser Name wird durch klicken auf die Zeile gekennzeichnet und schreiben Sie stattdessen *id*. Das Variablenlabel (*Identifikationsnummer*) ergänzen Sie in der Zeile *Label*.

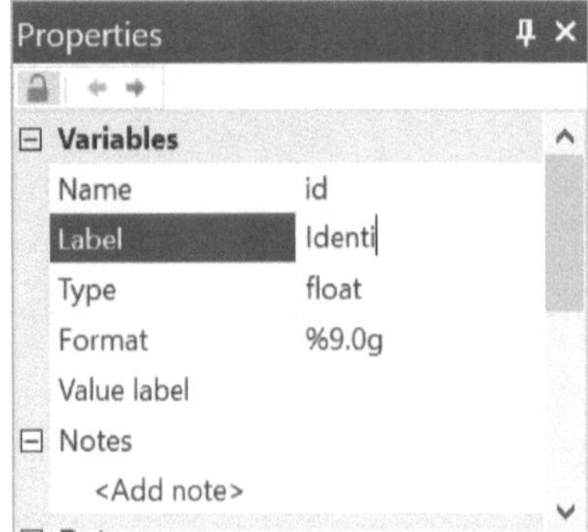

Für alle anderen Variablennamen und Variablenlabels gehen Sie nun gleichermaßen vor.

Mit den entsprechenden Stata-Befehlen geht das Beschriften mit neuen Variablennamen mit dem `rename`-Befehl:

```
. rename var1 id
```

Die Vergabe von Variablenlabels haben wir bereits oben erläutert. Das Kommando für unser Beispiel lautet entsprechend:

```
. label variable id Identifikationsnummer
```

Wertelabels vergeben Sie anschließend mit dem passenden Befehl (siehe Abschnitt 2.3.4).

☞ Speichern Sie den Datensatz unter dem Namen **survey.dta** ab.

Dateneingabe mit Input

Die Eingabe von größeren Datenmengen in den Dateneditor ist aufwendig. Als Alternative steht der **Input**-Befehl zur Verfügung. Dieser umfasst mehrere Zeilen, weswegen es sich anbietet es sich, ihn in einem Do-File zu schreiben.

☞ Löschen Sie den Arbeitsspeicher von Stata mit dem Befehl `clear` und öffnen Sie ein **Do-File**

In der ersten Zeile steht `input` gefolgt von den zu erstellenden Variablennamen. In den nächsten Zeilen stehen die Variablenwerte, jeweils eine Zeile steht für eine Person bzw. Untersuchungsgegenstand. Zwischen den Variablenwerten muss mindestens ein Zeichen Abstand bestehen. Als Abschluss folgt in der letzten Zeile `end`.

Stata kann mit dem Input Befehl nur numerische Werte einlesen. In unserem Fall müssen wir entweder die Buchstaben „*m*" und „*w*" für das Geschlecht der Befragten als nummerische Werte schreiben oder diese Variablenwerte mit dem Wort `str` für **String Variablen** kennzeichnen. Wie Sie sehen, bereiten diese Variablentypen, sogenannte alphanumerische Variablen, gelegentlich Probleme, in vielen Fällen ist es deshalb einfacher numerische Variablenwerte zu vergeben. An dieser Stelle zeigen wir beide Optionen auf und beginnen mit der Eingabe der numerischen Werte. Die Variable Geschlecht erhält bei Frauen die Zahl 1 und bei Männern die Zahl 2. Im Do-File sieht das wie folgt aus:

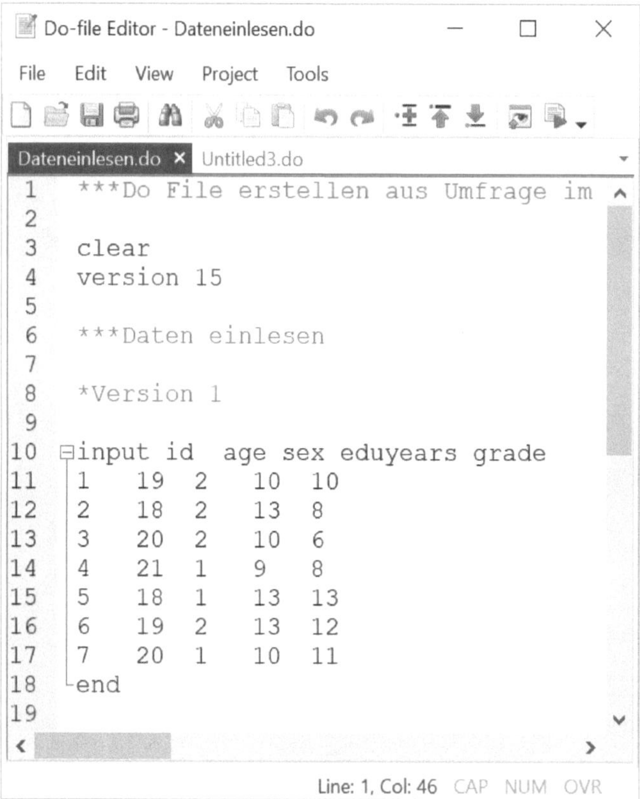

Lassen Sie das Do-File ablaufen und schauen Sie sich die Ergebnisse im Dateneditor an. Nun verwenden Sie den String-Befehl: Nach dem Wort `str` geben Sie die maximale Länge der Variablenwerte an, diese kann zwischen 1 und 2045 Zeichen umfassen. Je nachdem, wie viele Zeichen die Variablen maximal enthalten soll, folgt nach dem Befehl die entsprechende Angabe in Zahlen. Es empfiehlt sich nicht, jedes Mal `strg2045` zu schreiben, da mit der Anzahl der Zeichen der Speicherplatzbedarf steigt. Bei Eingabe der Variablenwerte von String-Variablen sind diese mit Anführungszeichen zu schreiben. Im Do-File steht nun:

```
*Version 2

clear

input id  age str4 sex eduyears grad
1    19  "m" 10  10
2    18  "m" 13  8
3    20  "m" 10  6
4    21  "w" 9   8
5    18  "w" 13  13
6    19  "m" 13  12
7    20  "w" 10  11
end
```

☞ Speichern Sie das Do-File unter dem Namen **survey.do** und den Datensatz unter **survey02.dta** ab.

Beide gezeigten Do-Files sind gemeinsam unter dem Do-File „**Dateneinlesen.do**" abgespeichert. Wenn Sie den Befehl `list` eingeben, gibt Stata im Ergebnisfenster eine Darstellung des Datensatzes aus:

```
. list
```

	id	age	sex	eduyears	grade
1.	1	19	m	10	10
2.	2	18	m	13	8
3.	3	20	m	10	6
4.	4	21	w	9	8
5.	5	18	w	13	13
6.	6	19	m	13	12
7.	7	20	w	10	11

Dieser Befehl schreibt die Variablenliste für alle Variablen und Beobachtungen ins Ergebnisfenster. Bei größeren Datensätzen sollten Sie die Ausgabe auf eine bestimmte Anzahl von Fällen einschränken (siehe „in-Befehl" in Kapitel 3.1.2).

2.5. Zusammenfassung der Befehle

Befehl	Beschreibung
#delimit ;	Ändert Befehlsabschluss in Strichpunkt
#delimit cr	Ändert Befehlsabschluss in Zeilenende
cd	Wechselt das Arbeitsverzeichnis
clear	Löscht Datensatz aus Arbeitsspeicher
cmdlog using/on/off/close	Öffnet/schließt ein interaktives Do-File
codebook	Beschreibt Variablen wie ein Codebuch
describe	Beschreibt den Datensatz
doedit	Öffnet ein neues Do-File
edit	Öffnet den Dateneditor im Bearbeitungsmodus
edit, nolabel	Öffnet Dateneditor im Bearbeitungsmodus, ohne Labels
generate	Erstellt neue Variablen
input	Liest Daten in den Dateneditor ein
label define	Definiert Container für Wertelabels
label list	Zeigt Variablencontainer an
label variable	Vergibt Variablenlabels
label value	Ordnet Variablenwerte zu
list	Listet Variablen oder gesamten Datensatz auf
log using	Führt Do-File aus
rename	Überschreibt Variablennamen
replace	Überschreibt Variablenwerte bestehender Variablen
save	Speichert Datensatz unter neuem Namen
set more off/on	Stellt Ausgabe im Ergebnisfenster ein
summarize	Berechnet univariate Statistiken (z. B.: arithm. Mittel)
sysuse dataset	Öffnet Stata eigenen Datensatz
tabulate	Erstellt Häufigkeitstabellen
use	Lädt Datensatz in den Arbeitsspeicher
varmanage	Öffnet Variablenmanager
version	Gibt die Stata Versionsnummer an

2.6. Übungsaufgaben

1. Öffnen Sie den Datensatz **allbus2012_red** und suchen Sie anhand der Variablenlabels die folgenden Variablennamen heraus: Geschlecht, Nettoeinkommen des Befragten, „frau, lieber mann bei d. karriere helfen?“, „frau, nicht arbeiten bei kleinkind?“, „frau, zu hause bleiben+kinder versorgen?“, „frau, bessere mutter bei berufstaetigk?“ und „frau, nach heirat arbeitspl. freimachen?“. Wie gehen Sie vor?
2. Öffnen Sie den Dateneditor im Bearbeitungsmodus mit einem Stata-Befehl. Schalten Sie anschließend von der ursprünglichen Ansicht (Wertelabels) auf die Datenansicht ohne Wertelabels um. Sie sollten nun nur numerische Werte sehen.
3. Welche Wertelabels hat die Variable „frau, lieber mann bei d. karriere helfen?“?
4. Lassen Sie sich die Häufigkeitstabelle für das Geschlecht ausgeben und kopieren Sie diese als Bild in eine Word-Tabelle.
5. Berechnen Sie das arithmetische Mittel für die Fragen v57 bis V63. Zeigen Sie hierfür zwei verschiedene Möglichkeiten auf, wie der Befehl aussehen kann.
6. Suchen Sie über einer Stata-Hilfsfunktion die Grundstruktur des Befehls `summarize` heraus und kopieren Sie diese in Word.
7. Erstellen Sie ein Do-File mit folgender Information:

a) Kommentar „Übungsaufgabe 1 aus Stata Einführung“
b) Der Stata Versionsnummer
c) Berechnen Sie eine neue Variable, die aus der Summe der Einstellungsvariablen aus Aufgabe 1 und teilen Sie die Summe durch die Anzahl der Variablen.
d) Benennen Sie die Variable mit „Index Einstellung Rolle Frau“ und vergeben Sie Wertelabels: 1“stimme voll zu“ 4“stimme gar nicht zu“. Lassen Sie sich die Häufigkeitstabelle für die neue Variable ausgeben.
e) Erstellen Sie eine neue Variable aus der zuvor berechneten (Index) und weisen Sie dieser Variable das Wertelabel von „*v103*“ zu
f) Berechnen Sie das arithmetische Mittel des Nettoeinkommens des Befragten. Der Befehl soll in zwei Zeilen stehen.
g) Erstellen Sie eine neue Variable, die den Wert 2 erhält. Im zweiten Schritt ersetzen Sie die Variablenwerte durch 1 und lassen sich deren Häufigkeitstabelle ausgeben.

8. Erstellen Sie einen Datensatz für die nachfolgende Datenmatrix:

id	name	alter	einkommen
1	Meier	33	2600
2	Schmitt	29	1800
3	Kiel	66	3400
4	Wagner	58	4100

Lösungen der Übungsaufgaben:

1. Öffnen über das Symbol Menüleiste, Toolbar oder mit dem Kommando:
   `. use "Pfad/Datensatz"`

Sie tippen im Variablenfenster auf das Filter-Symbol und geben den Namen der gesuchten Variablen ein. Sodann erscheint eine Auswahl, aus der Sie die gesuchten Variablennamen ermitteln:

Geschlecht *v217*, Nettoeinkommen *v344*, „Frau…“ *v103 v103 v104 v105 v106 v107.*

2. Kommando: Zuerst `edit` und dann nochmals `edit, nolabel` eintippen. Oder nur `edit, nolabel`.
3. Kommando `label list v103` oder `tabulate v103` oder über den **Variablen-manager > Manage**: 0 trifft nicht zu, 1 stimme voll zu, 2 stimme eher zu, 3 stimme eher nicht zu, 4 stimme gar nicht zu, 8 weiss nicht, 9 keine Angabe.
4. Kommando: `tabulate v217`
   Im Ergebnisfenster **Tabelle markieren > rechte Maustaste > Copy table**
5. Kommando: `summarize v57 v58 v59 v60 v61 v62 v63` ; Kommando: `summarize v57-v63`.
6. **Help > Stata command**: `summarize` eintippen oder in `help summarize` ins Kommandofenster eintippen. Die Grundstruktur lautet: `summarize [varlist] [if] [in] [weight] [, options]`
7. Do-File öffnen (**Übung01A07.do**) mit den Muster Kommandos und diese ausführen:
8. Eingabe über den Dateneditor: `clear` und `edit`, Dateneingabe von Hand. Oder per Do-File (**Übung01A08.do**)

2.7. Lösung Do-Files

An dieser Stelle finden Sie jeweils die eine Abbildung der Do-Files zu den Übungen im ersten Kapitel und den Verweis auf den Namen der dazugehörigen Dateien:

Lösung zu Übung 02: DoFile01.do

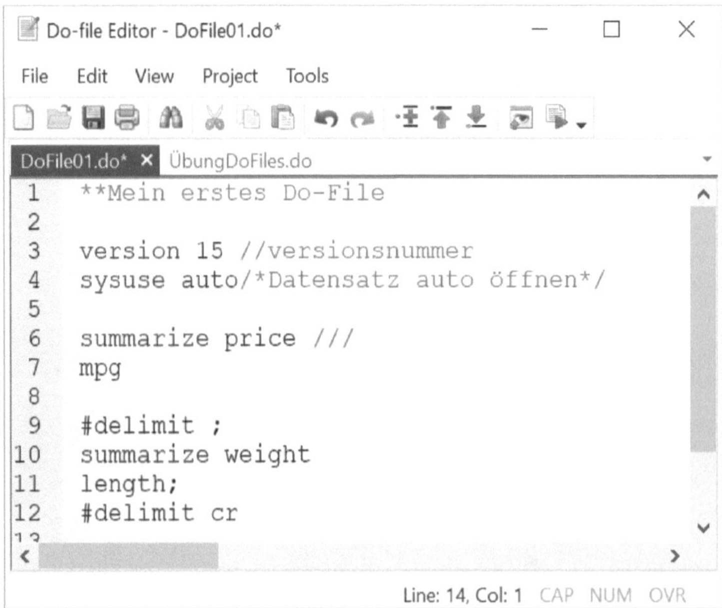

Lösung zu Übung 03 (siehe Abschnitt 2.2.2): **ÜbungDoFiles.do**

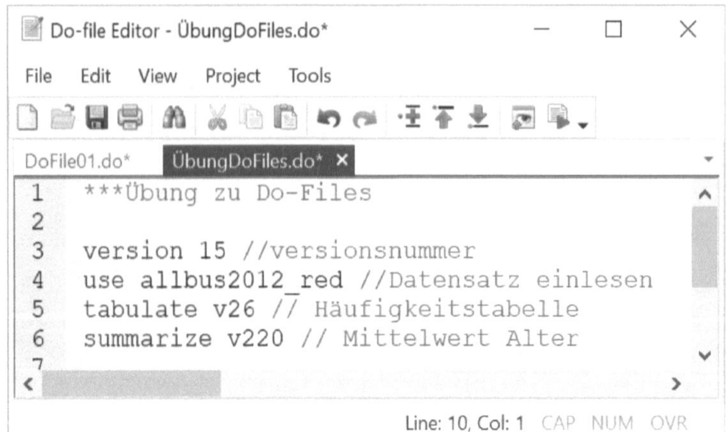

3. Datentransformationen

Im Kapitel 2 haben Sie bereits erste Schritte zur Aufbereitung und Auswertung von Daten kennengelernt. Bevor wir mit der Datenanalyse beginnen, müssen wir in der Regel die Variablen aufbereiten, die wir verwenden. Dies umfasst Variablentransformationen, wie das Erstellen neuer Variablen, die Vergabe von Variablen- und Wertelabels, das Definieren von fehlenden Werten etc. Diese Schritte nehmen meistens mehr Zeit in Anspruch, als vermutet. Dennoch ist eine gewissenhafte Datenaufbereitung unerlässlich, um Fehler zu vermeiden, welche nachfolgend die Analysen verfälschen. Die wichtigsten Befehle zur Datentransformation zeigen wir in diesem Kapitel auf. Das sind unter anderem Berechnungen unter Bedingungen, Umcodieren von Variablen, der Ausschluss von Werten als fehlende Werte bis hin zur Gewichtung von Variablen.

Ab diesem Kapitel raten wir dazu, die Kommandos in Do-Files abzuspeichern. Zahlreiche Kommandos bauen auf vorhergehende auf bzw. beziehen sich auf neu erstellte Variablen. Durch das Erstellen der Syntax in Do-Files können Sie notwendige Arbeitsschritte und Kommandos immer wieder ablaufen lassen und müssen nicht alle Kommandos noch einmal eintippen, wenn Sie Ihre Arbeit unterbrechen.

☞ Wir verwenden in diesem Kapitel größtenteils die Datei **Allbus2016_red.dta**. Öffnen Sie die Datei über die Menüleiste oder geben Sie zum Öffnen der Datei folgenden Befehl ein[1]:

```
. use Allbus2016_red.dta
```

3.1. Berechnen unter Bedingungen

Wenn wir Daten aufbereiten, kommt es häufig vor, dass wir Variablen unter einer Bedingung berechnen oder Analysen auf bestimmte Beobachtungen beschränken, dazu stehen in Stata die `if`- und `in`-Bedingung zur Verfügung.

3.1.1. if-Bedingung

Wir möchten das Einkommen von Personen berechnen, die in Vollzeit arbeiten oder das arithmetische Mittel des Einkommens von Frauen. In beiden Fällen beschränken wir die Analyse auf eine Gruppe von Beobachtungen. In Stata steht dafür die **if-Bedingung** zur

---

[1] Siehe Kapitel 2: Datensätze einlesen: use.

Verfügung: Anweisungen an das Programm, wie Berechnungen oder Analysen, werden durch `if`-Bedingungen auf ausgewählte Beobachtungen beschränkt. Mit dem Kommando `help if` wird Online Hilfe geöffnet und die Grundstruktur der `if`-Bedingung angezeigt:

```
command if exp
```

Als Platzhalter für Kommandos steht der Begriff `command`, `if` repräsentiert die Bedingung („falls") und `exp` für Ausdruck („expression"). Kommandos werden nur ausgeführt, falls die Bedingung, die nach dem `if`-Befehl steht, zutrifft. In Programmiersprachen wird statt „zutreffen" meistens der Begriff „wahr" verwendet. Anhand eines Beispiels zeigen wir die Funktion der `if`-Bedingung. Im unten aufgeführten Kommando berechnet Stata die neue Variable Vollzeiteinkommen nur, falls die Variable Berufstätigkeit (*work*) die Ausprägung für „Vollzeit" (hier 1) enthält, die dazugehörige Syntax lautet.

```
. generate ftincome= di01a if work==1
```

Der Ausdruck nach der `if`-Bedingung enthält den **relationalen Operator** (siehe Operatorentabelle) für gleich, den wir in Stata mit zwei Gleichheitszeichen == schreiben. Im nächsten Beispiel steht in der `if`-Bedingung der relationale Operator für kleiner:

```
. generate empincome= di01a if age <66
```

Das Kommando berechnet eine neue Variable (*empincome*) für Befragte, die jünger als sechsundsechzig Jahre alt sind, nur für diese Gruppen von Befragten ist die Bedingung wahr, trifft also zu.

Die `if`-Bedingung ist bei jedem Befehl erlaubt, der im Syntaxdiagramm [`if`] enthält, bei Bedarf können wir mehrere Bedingungen miteinander verknüpfen. Dafür stehen die **logischen Operatoren** „und/oder" als Zeichen & und | zur Verfügung. Mit dem Kommando `help operators` zeigt Stata sie in der Online-Hilfe an. In der nachfolgenden Tabelle gibt einen Überblick über die, für `if`-Bedingungen relevanten Operatoren.

Logische Operatoren		Relationale Operatoren	
Stata Ausdruck	Operator	Stata Ausdruck	Operator
&	und	==	gleich
|	oder	<	kleiner
!	nicht	<=	kleiner gleich
~	nicht	>	größer
		>=	größer gleich
		!=	ungleich
		~=	ungleich

Tabelle 3.1: Logische und Relationale Operatoren

In den vorhergehenden Beispielen haben wir neue Variablen unter einer Bedingung berechnet. Wir können aber auch Analysen unter einer oder mehreren Bedingungen durchführen:

```
. summarize di01a if age < 66
```

Variable	Obs	Mean	Std. Dev.	Min	Max
di01a	**190**	**1590.126**	**1132.97**	**50**	**6000**

Das `summarize`-Kommando gibt das arithmetische Mittel und andere deskriptive Statistiken für die Variable Nettoeinkommen (*di01a*) unter der Bedingung aus, dass die Variable Alter (*age*) kleinere Werte als sechsundsechzig annimmt. Wie sie sehen, sind 190 Befragte jünger als 66 Jahre und haben ihr Einkommen angegeben. Durch die Verwendung anderer Operatoren verändern wir die nun das Kommando:

```
. summarize di01a if age >=20 & age <= 65
```

In der Ausgabe erscheinen deskriptiven Statistiken für das Einkommen von Personen, die mindestens zwanzig aber höchstens fünfundsechzig Jahre alt sind.

☞ **Übung:** Öffnen Sie dafür die Datei **Allbus2016_red.dta**

Tippen Sie folgende Kommandos nacheinander in die Kommandozeile[2] ein:

```
. gen sex02=1 if sex==2

. replace sex02=0 if sex==1

. tab1 sex sex02

. summarize di01a if sex02==1 & age>=20 & age<66
```

Sie haben durch die ersten beiden Kommandos eine neue Variable für das Geschlecht der Befragten erstellt, wobei Frauen der Wert 1 und Männern der Wert 0 zugewiesen wird, eine sogenannte **Dummyvariable** (siehe auch Kapitel 6.5.3). Das dritte Kommando erzeugt eine Häufigkeitstabelle für die neue Variable (*sex02*):

[2] Sie können das Kommando auch in ein Do-File einfügen. Zur einfacheren Darstellung werden die meisten Kommandos nur als Syntax dargestellt.

```
-> tabulation of sex

GESCHLECHT,  |
BEFRAGTE<R>  |      Freq.     Percent        Cum.
-------------+-----------------------------------
        MANN |        169       48.42       48.42
        FRAU |        180       51.58      100.00
-------------+-----------------------------------
       Total |        349      100.00

-> tabulation of sex02

      sex02  |      Freq.     Percent        Cum.
-------------+-----------------------------------
          0  |        169       48.42       48.42
          1  |        180       51.58      100.00
-------------+-----------------------------------
      Total  |        349      100.00
```

Anhand der Häufigkeitstabelle überprüfen wir, ob die neue Variable korrekt erstellt wurde. Dieses Vorgehen empfiehlt sich bei der Berechnung neuer Variablen mit einer begrenzten Anzahl an Ausprägungen. Als Letztes haben wir mit dem vierten Kommando deskriptive Statistiken für das Nettoeinkommen der weiblichen Befragten (`sex02==1`) die mindestens 20 und maximal 65 Jahre alt sind berechnet.

Wichtig: Bitte beachten Sie, dass bei `if`-Bedingungen **fehlende Werte** (sogenannte **Missing Values** (siehe Kapitel 3.5)) manchmal Probleme verursachen. In Stata werden fehlende Werte auf $+\infty$ gesetzt und deshalb nicht automatisch bei Berechnungen ausgeschlossen, wie beispielsweise bei SPSS. Besonders bei den relationalen Operatoren > oder >= kann das zu Fehlern führen: Fehlende Werte in `if`-Bedingungen werden als wahr angenommen und bei Berechnungen und Analysen eingeschlossen. Bei `if`-Bedingungen müssen Sie folglich stets überlegen, ob Stata fehlende Werte einbeschließt. Die Bedingung `if !(missing varname)` kann in diesem Fall nützlich sein (siehe unten und ausführlich in Kapitel 3.5).

☞ Falls Sie zu dieser Problematik ein Beispiel berechnen möchten, öffnen Sie den Datensatz **Allbus2016_red.dta** und führen Sie das nachfolgende Kommando aus, um sich eine Häufigkeitstabelle für die den Gesundheitszustand (*hs01*) von Befragten mit einem Nettoeinkommen (*di01a*) von mindestens sechstausend Euro, ausgeben zu lassen:

```
. ta hs01 if di01a >=6000
```

Sie sehen die Angaben von 84 Befragten zu ihrem Gesundheitszustand.

GESUNDHEITSZUSTAN D BEFR.	Freq.	Percent	Cum.
SEHR GUT	15	17.86	17.86
GUT	37	44.05	61.90
ZUFRIEDENSTELLEND	26	30.95	92.86
WENIGER GUT	4	4.76	97.62
SCHLECHT	2	2.38	100.00
Total	84	100.00	

Lassen Sie sich nun eine Häufigkeitstabelle für Befragte mit einem Nettoeinkommen von mindestens sechstausend Euro ausgeben:

```
. ta di01a if di01a >=6000
```

In der Häufigkeitstabelle (hier nicht abgebildet) erscheint nur das Einkommen von zwei Personen. Warum werden in der ersten Häufigkeitstabelle die Angaben von 84 Personen angezeigt und in dieser nur von zwei Befragten? Das liegt daran, dass die Variable Nettoeinkommen 82 fehlende Werte aufweist und Stata beim `if`-Befehl mit dem Operator größer-gleich (>=) diese Personen nicht ausschließt. Bei der Einkommensvariable sind fehlende Werte mit *.c*, *.n* und *.o* gekennzeichnet. Wir können uns diese mit folgendem Kommando anzeigen lassen:

```
. ta di01a if di01a >=6000,missing nolabel
```

BEFR.: NETTOEINKOM MEN, OFFENE ABFRAGE	Freq.	Percent	Cum.
6000	2	2.38	2.38
.c	61	72.62	75.00
.n	1	1.19	76.19
.o	20	23.81	100.00
Total	84	100.00	

Die oben gezeigte Tabelle zum Gesundheitszustand der Befragten mit einem Einkommen über 6000 € enthält folglich einen Fehler, es sollten nur die Angaben von zwei Befragten berücksichtigt werden. Den Fehler beseitigen wir, indem die fehlenden Werte explizit ausgeschlossen werden (siehe auch Kapitel 3.5). Wir fügen deshalb eine weitere Bedingung ein, die besagt, dass die Werte der Einkommensvariable kleiner als die fehlenden Werte (+ ∞) sein sollen. Fehlende Werte können wir mit einem Punkt oder einem dem `missing`-Befehl ausschließen:

```
. ta di01a if di01a >=6000 & di01a<.

. ta di01a if di01a >=6000 & !missing(di01a)
```

Die Häufigkeitstabelle sieht nun wie folgt aus:

GESUNDHEITSZUSTAN D BEFR.	Freq.	Percent	Cum.
GUT	2	100.00	100.00
Total	2	100.00	

3.1.2.in-Bedingung

Die **in-Bedingung** dient dazu, Befehle auf bestimmte Beobachtungen zu reduzieren. Ebenso wie die `if`-Bedingung ist sie in allen Befehlen, die im Syntaxdiagramm [`in`] enthalten, erlaubt. Im Gegensatz zu `if` können Bedingungen nicht miteinander verknüpft, sondern Berechnungen und Analysen nur auf bestimmte Beobachtungsbereiche eingeschränkt werden. Jeder Beobachtung im Datensatz ist eine Zeilennummer zugeordnet, diese beginnt mit eins (vergleiche Datenmatrix in Abschnitt 2.3.1) Angabe der Zeilennummer wird der Beobachtungbereich der `in`-Bedingungen definiert. Zur Illustration lassen wir uns eine Liste der Befragtennummer, des Alters und Einkommens für die siebte Person im Datensatz ausgeben:

```
. list respid sex age di01a in 7
```

	respid	sex	age	di01a
7.	64	FRAU	57	820

Ganze Beobachtungsbereiche kennzeichnen wir mit einem Schrägstrich (siehe Nummernliste in Abschnitt 3.6.1.

```
. summarize age in 20/40
```

Sie erhalten deskriptive Statistiken für das Alter der Befragten mit der Zeilennummer zwanzig bis vierzig. Es ist nicht möglich mehrere Bereiche miteinander zu kombinieren, so kann Stata folgende Kommandos nicht ausführen:

```
. summarize age in 20/40 80/90

. summarize age in 20/40 80
```

Wichtig: Bei der in-Bedingung legt die Sortierung des Datensatzes, den Beobachtungbereich fest. Sobald Sie den Datensatz nach bestimmten Kriterien sortieren, ändert sich die Reihenfolge und folglich werden Befragten andere Zeilennummern zugeordnet. Weiterhin müssen beim Arbeiten mit Beobachtungsbereichen zuerst die niedrigen Werte angegeben werden und nach dem Schrägstrich die höheren.

Aus den genannten Gründen ist es folglich nicht zulässig folgendes Kommando zu schreiben:

```
. list sex in 30/20
```

Wenn Sie den Datensatz sortieren und das zuerst gezeigte Kommando erneut ausführen, erhalten Sie folglich eine Liste mit Angaben zu einer anderen Person:

```
. sort age
. list respid sex age di01a in 7
```

in-Bedingung sind in fast allen Stata Befehlen erlaubt, beispielsweise auch für das Erstellen von neuen Variablen oder um komplexe Analysen auf ausgewählte Fälle zu beschränken. Eine neue Variable für das Alter der Befragten zwischen 110 bis 130 berechnen wir mit folgendem Kommando:

```
. generate age02=age in 110/130
```

Bereiche am unteren oder oberen Ende der Datenmatrix können mit den Buchstaben f und l gekennzeichnet werden. f steht für „first" die erste Beobachtung und l für „last" die letzte Beobachtung im Datensatz. Zwei Beispiele zeigen das Vorgehen auf:

```
. sum age in f/10
. sum age in 340/l
```

Während wir Bereiche am Ende der Datenmatrix mit negativen Werten kennzeichnen. Ein Minuszeichen signalisiert Stata, dass es sich um Werte am Ende der Datenmatrix handelt. -1 steht für die letzte Beobachtung, -2 für die vorletzten etc. Wenn Sie mit Minuszeichen arbeiten, müssen Sie wiederum beachten, dass wir Bereiche nur aufsteigend angeben können, zum Beispiel:

```
. list age in -10/-1
```

3.2. Variablen löschen

Gelegentlich ist es notwendig, Variablen oder Beobachtungen aus Datensätzen zu löschen. Beispielsweise wenn wir Variablen erstellen, die wir im Rahmen einer Berechnung, aber nicht für weitere Analysen benötigen. In anderen Fällen reduzieren wir umfangreiche Datensätze, auf die für unsere Analysen relevante Variablen. Für diese Fälle stellt Stata zwei Befehle zur Verfügung: `keep` und `drop`. Der erste Befehl dient dazu, Variablen oder Fälle zu löschen, mit dem zweiten Befehl werden Variablen oder Fälle im Datensatz behalten. Nach dem jeweiligen Befehl geben wir entweder eine Variable oder mehrere Variablen an, auch ganze Variablenlisten sind möglich.

☞ Der Datensatz **Allbus2016_red.dta** dient im Folgenden als Übungsdatensatz.

☞ Speichern Sie die Änderungen im Anschluss nicht ab, sonst fehlen gelöschte Variablen für weitere Berechnungen. Geben Sie folgende Kommandos nacheinander ins Kommandofenster ein:

```
. describe, short
. drop fr01
. drop fr02-fr04b
. drop fr05b-fr12 lp06 id01
. describe, short
```

Das erste Kommando und letzte gibt eine kurze Übersicht des Datensatzes, nun sehen wir, wie viele Variablen der Datensatz enthält. Das zweite Kommando löscht eine Liste von Variablen und das dritte eine Variablenliste und einzelne Variablen. Analog dazu funktioniert der `keep`-Befehl. Zuerst behalten wir im Datensatz eine Liste von Variablen, dann eine kleine Liste und eine einzelne Variable. Zum Schluss wird nur eine Auswahl von Variablen behalten, die den Datensatz auf sechs Variablen reduziert:

```
. keep mi01-mc04
. keep mi01-sex age
. keep mi01 mi02 mi03 mi04 sex age
. describe, short
```

Mehrere Variablen mit denselben Anfangsbuchstaben kann man gleichzeitig gelöschen, wenn nach den Buchstaben ein Sternchen (`*`) gesetzt wird. Damit die Variablen *mi01- mi04* gelöscht werden, schreiben wir:

```
. drop mi*
```

Einzelne oder mehrere Beobachtungen löschen bzw. behalten wir ebenso mittels der beiden Befehle. Dafür ist es notwendig die `in`- oder `if`-Bedingung einzubeziehen. Zur Illustration werden Befragte über achtzig Jahre aus dem Datensatz gelöscht. Entweder verwenden wir das erste oder das zweite Kommando[3]:

```
. keep if age < 80

. drop if age > 80
```

Der `in`-Befehl in Kombination mit `keep` oder `drop` erlaubt es den Datensatz auf einen Bereich von Beobachtungen zu beschränken.

```
. keep if sex in 10/30
```

Dieses Kommando löscht alle Personen, außer die zehnte bis dreißigste, anders ausgedrückt verbleiben diese Beobachtungen im Datensatz. Mit dem nächsten Befehl werden die restlichen Fälle aus dem Datensatz gelöscht. Wir geben dazu die Zahlen 1 bis 21 ein, da im Datensatz nur noch 21 Beobachtungen enthalten sind:

```
. describe, short

. drop if sex in 1/21

. describe, short
```

3.3. Spezielle Befehle zur Variablenerstellung

Bereits in Abschnitt 2.3.3 haben Sie Befehle zum Erstellen von Variablen kennengelernt. Mit dem Befehlspaar `generate` und `replace` erzeugen wir eine neue Variable. Stata bietet eine Reihe von weiteren Befehlen an, um Variablen zu erstellen oder verändern. Die am häufigsten genutzten Befehle zeigen wir in diesem Kapitel auf.

☞ Wir verwenden den Datensatz **Allbus2016_red.dta**

3.3.1. Variablen umcodieren: recode

Wenn wir Daten aufbereiten, kommt es vor, dass wir Variablen umcodieren, sei es um Variablenwerte zusammenzufassen oder um Werte „umzupolen". Der `recode`-Befehl wird hierfür eingesetzt. Aus dem Datensatz **Allbus2016_red.dta** wählen wir die Variable Zufriedenheit mit dem Beruf *I023* aus. Die Variable weist einen Wertebereich von 1 („völlig

[3] Falls fehlende Werte im Datensatz enthalten sind, müssen wir das bei der `if`-Bedingung mit dem relationalen Operator größer oder größer gleich beachten und fehlende Werte entsprechend ausschließen.

zufrieden“) bis 7 („völlig unzufrieden“). auf. Folgende Variablenausprägungen fassen wir zusammen: „völlig zufrieden“ bis „ziemlich zufrieden“ und „ziemlich unzufrieden“ bis „völlig unzufrieden“. Nun stehen verschiedene Möglichkeiten zur Umsetzung mit dem `recode`-Befehl zur Wahl, unter anderem sind das:

```
. recode I023 (1 2 3 =1)(4=2)(5 6 7=3), gen(satj)

. recode I023 (1/3 =1)(4=2)(5/7=3), gen(satj02)

. recode I023 (min/3 =1)(4=2)(5/max=3), gen(satj03)

. recode I023 (3 2 1 =1)(4=2)(7 6 5=3), gen(satj04)

. recode I023 (7 6 5=3)(3 2 1 =1)(4=2), gen(satj05)
```

Der `recode`-Befehl weist Stata an, numerischen Variablen neue Werte zuzuordnen. Die Zuordnung erfolgt dabei den entsprechend spezifizierten Regeln, die in Klammern stehen. Mit der Option `generate()` erzeugt Stata im Anschluss eine neue Variable. Ohne Angabe der Option wird die alte Variable unwiderruflich überschrieben. Aus diesem Grund empfiehlt es sich `generate()` stets zusammen mit `recode` zu verwenden. Variablenwerte die wir im `recode`-Befehl nicht angeben, bleiben unverändert erhalten. Das betrifft auch fehlende Werte, denen wir mit dem Wort `missing` neue Werte zuweisen. Es gibt viele verschiedene Regeln für die Zuordnung der Variablenwerte, die meisten haben wir im vorangegangenen Beispiel erläutert: Im ersten Beispielkommando werden die umzucodierenden Werte angegeben und durch ein Leerzeichen voneinander getrennt. Einfacher ist, es Bereiche „von...bis“ mit einem Schrägstrich anzugeben, wie im zweiten Kommando. Statt kleinste oder größte Variablenwerte zu benennen, verwenden wir folgende Begriffe: `min` steht für den kleinsten Wert und `max` für den größten Wert der jeweiligen Variablen. **Fehlende Werte** werden mit `max` nicht einbezogen, d. h. Stata ordnet ihnen beim `recode`-Befehl mit `max` keine neuen Werte zu. Die Reihenfolge, mit der die Zuordnung der ursprünglichen Variablenwerte erfolgt, spielt beim `recode`-Befehl keine Rolle, das zeigt die letzten beiden Kommandos auf. Zur Darstellung der fünf mit dem Befehl erzeugten Variablen, in Form von Häufigkeitstabellen, geben Sie `tab1` und die Variablennamen (*satj-satj05*) ein:

```
. tab1 I023 satj-satj05
```

Sie erhalten nun fünf Häufigkeitstabellen, die identische Werte aufweisen. Die Letzte sieht wie folgt aus:

```
RECODE of   |
I023 (WIE   |
ZUFRIEDEN   |
IN BERUF?)  |      Freq.     Percent        Cum.
------------+-----------------------------------
          1 |        100       86.21       86.21
          2 |          9        7.76       93.97
          3 |          7        6.03      100.00
------------+-----------------------------------
      Total |        116      100.00
```

Sollen einzelne Werte nicht umcodiert werden, so bleiben die ursprünglichen Variablenwerte erhalten, wenn wir diese im `recode`-Befehl[4] nicht angegeben:

```
. recode I023 (min/3 =1)(4=2), gen(satj06)

. ta satj06
```

Mit dieser Syntax erstellt Stata die neue Variable `satj07`, und ordnet nur den Werten von 1 bis 4 neue Werte zu.

Wenn Sie bereits mit SPSS gearbeitet haben, kennen Sie vermutlich die Angabe „`else`": Allen Variablenwerte, die nicht bereits im `recode`-Befehl durch Zuordnungsregeln erfasst wurden, ordnen wir in einem Schritt neue Werte zu. In Stata steht für dieses Vorgehen `nonmiss` zur Verfügung:

```
. recode I023 (1 2 3 =1)(4=2) (nonmiss=3), gen(satj07)

. recode I023 (1 2 3 =1)(4=2) (5 6 7=3), gen(satj08)
```

Das erste Kommando ist identisch mit dem zweiten. In beiden Fällen wird den ursprünglichen Variablenwerten 5 bis 7 der Wert 3 zugeordnet. Enthält eine Variable fehlende Werte, so weisen wir diesen neue Werte zu. In unserem Beispiel enthält die Variable *I023* insgesamt 233 fehlende Werte. Wollen wir den fehlenden Werten die Zahl 99 zuweisen, so schreiben wir folgendes Kommando:

```
. recode I023 (1 2 3 =1)(4=2) (nonmiss=3)

. (missing=99), gen(satj10)

. ta satj10
```

---

[4] Bitte beachten: Der `recode`-Befehl unterscheidet sich hier vom Statistikprogramm SPSS, welches in diesem Fall fehlende Werte zuordnet.

Die Begriffe `missing`, `nonmissing` und `else` dürfen nur als zuletzt genannte Regeln im `recode`-Befehl stehen. Das Wort `else` können wir nicht mit `missing` oder `nonmissing` kombinieren.

Darüber hinaus ist es möglich, mehrere Variablen in einem Schritt durch Angabe einer Variablenliste umzucodieren, insofern wir identische Variablenwerte zusammenfassen. Auch hierfür gibt es verschiedene Möglichkeiten, die zum gleichen Ergebnis führen:

```
. recode ep01 ep03 ep04 ep06(1/2=1)(3=2)(4/max=3), gen (eco01
  eco02 eco03 eco04)

. recode ep01-ep06(1/2=1)(3=2)(4/max=3), gen (eco0102 eco0202
  eco0302 eco0402)

. recode ep* (1/2=1)(3=2)(4/max=3), gen (eco0103 eco0203
  eco0303 eco0403)
```

☞ Lassen Sie sich bei Bedarf die Häufigkeitstabellen der neu erstellten Variablen ausgeben und vergleichen Sie die Ergebnisse.

Vielleicht ist Ihnen aufgefallen, dass die neuen Variablen keine Wertelabels enthalten. Wir müssen diese nicht mit einem extra Befehl erstellen, sondern können sie im `recode`-Befehl zuweisen. Dazu schreiben wir nach der Zuordnungsregel die Wertelabel in Anführungszeichen:

```
. recode sex(2=0 "f")(1=1 "m"), gen(gender_d)

. ta gender_d
```

Falls gewünscht, fügen wir in die Wertelabels Zahlen ein:

```
. recode sex(2=0 "0 f")(1=1 "1 m"), gen(d_gender)

. label list d_gender
```

Weiterhin ist es möglich, die if- und in-Bedingung auf diesen Befehl anzuwenden. So kann eine neue Variable für die Zufriedenheit mit dem Beruf *I023* nur für Personen, die zwischen 20 und 65 Jahre alt sind, erstellt werden:

```
. recode I023 (1 2 3 =1)(4=2) (5 6 7=3)if age > 20 & age <66,
  gen(satem)
```

3.3.2. Variablen klonen: clonevar

Neben dem `generate`-Befehl bietet Stata mit `clonevar` eine weitere Möglichkeit an, neue Variablen zu erzeugen. Nach dem Befehl wird ein neuer Variablenname angegeben.

Mit einem Gleichheitszeichen kopiert Stata die Variablenwerte einer vorhandenen Variablen. Die Syntax-Grundstruktur lautet:

```
clonevar newvar = varname [if] [in]
```

Die neue Variable stellt eine exakte Kopie der alten Variablen dar. Dementsprechend weist diese Variable dieselben Werte und Labels ebenso den Speichertyp und das Format etc. wie die ursprüngliche Variable auf. Das Prinzip zeigen wir anhand der Variablen, die den höchsten Schulabschluss der Befragten angibt:

```
. clonevar school= educ
```

Mit dem `tabulate`-Befehl, lassen wir uns die Häufigkeitstabellen der beiden Variablen ausgeben:

```
. tab1 educ school
```

Auch für dieses Kommando gilt die `if`- und `in`-Bedingung, sodass wir den Befehl auf bestimmte Beobachtungen beschränken können. Für die Variable Schulbildung soll ein Klon erstellt werden, für Befragte, die nicht mehr zur Schule gehen oder die Ausprägung „anderer Schulabschluss“ aufweisen. Dazu ändern wir unsere Syntax ab:

```
. clonevar school01= educ if educ < 6

. ta school01
```

ALLGEMEINER SCHULABSCHLUSS	Freq.	Percent	Cum.
OHNE ABSCHLUSS	3	0.88	0.88
VOLKS-,HAUPTSCHULE	99	28.95	29.82
MITTLERE REIFE	130	38.01	67.84
FACHHOCHSCHULREIFE	20	5.85	73.68
HOCHSCHULREIFE	90	26.32	100.00
Total	342	100.00	

Die Werte sechs und sieben sind nun nicht in der neuen Variablen vorhanden, alle anderen Werte, der Variablenlabel und die Wertelabels bleiben erhalten.

3.3.3. Erweiterung von generate: egen

Der `egen`-Befehl stellt eine Erweiterung des `generate`-Befehls (=extensions to generate) dar. Über die Online Hilfe erhalten Sie weitere Information zum Befehl:

```
. help egen
```

Klicken Sie auf den Buchstaben **[D] egen** so erscheint die noch ausführlichere PDF-Dokumentation. Die Syntax-Grundstruktur dieses Stata Kommandos lautet:

egen [*type*] *newvar* = fcn(*arguments*) [*if*] [*in*] [, *options*]

Wie Sie sehen, ist der Befehl ähnlich wie der `generate`-Befehl aufgebaut. Nach dem Befehlsnamen kann der Variablentyp[5] optional angegeben werden, dann folgt der Name der neuen Variablen, gefolgt von einem Gleichheitszeichen, danach die Angabe welche Funktion Stata ausführen soll und im Anschluss diverse Optionen. Im Gegensatz zu `generate` sind bei `egen` nur Funktionen erlaubt, die speziell für diesen Befehl geschrieben wurden, umgekehrt sind die `egen`-Funktionen nicht auf andere Befehle anwendbar. Beispiele für diese Funktionen sind Mittelwertberechnungen, Zählen von fehlenden Werten einer Liste von Variablen etc. Nehmen wir an, Sie möchten eine Konstante erzeugen, die das arithmetische Mittel einer bestehenden Variablen repräsentiert, so lautet die Funktion `mean(exp)`. Anhand des Pro-Kopf-Einkommens (*di07*) zeigen wir das Prinzip.

```
. egen pincome=mean(di07)

. ta pincome
```

pincome	Freq.	Percent	Cum.
1257.843	349	100.00	100.00
Total	349	100.00	

Anhand der Ausgabe sehen Sie, dass Stata für alle Befragten eine Konstante ausgibt, das arithmetische Mittel. Allerdings auch für diejenigen Beobachtungen, die bei der Variable Pro-Kopf-Einkommens (*di07*) einen fehlenden Wert aufweisen.

Wichtig: Der `egen`-Befehl ordnet **fehlenden Werten** die Zahl null zu. Damit diese nicht berücksichtigt werden, müssen wir sie ausschließen (Baum 2016, S. 53).

Aber: Schließen wir bei den Funktionen `anycount()`, `anymatch()` und `tag()` Beobachtungen mit den Bedingungen `if` oder `in` aus, setzt Stata diese auf 0 (nicht fehlend). In diesem Fall empfiehlt es sich zuerst eine Variable, mit Information zur Anzahl der fehlenden Werte (siehe unten), zu berechnen.

Wir modifizieren dazu das Kommando und lassen uns im Anschluss deskriptive Statistiken mit dem `summarize`-Befehl anzeigen:

```
. egen pincome02=mean(di07) if !missing(di07)
```

[5] Auch beim `generate`-Befehl ist die Angabe des Variablentyps, der erzeugt werden soll, möglich.

```
. summarize pincome02
```

Variable	Obs	Mean	Std. Dev.	Min	Max
pincome02	312	1257.843	0	1257.843	1257.843

Möchten Sie die (Zeilen-) Summe aus verschiedenen Variablen berechnen, kommt Funktion `rowsum(varlist)` zum Einsatz. In Kapitel 2 haben wir bereits mit dem `generate`-Befehl eine solche Berechnung zur Erstellung eines Summenindexes durchgeführt, indem wir die Variablenwerte aufsummiert haben. Nun möchten wir einen Summenindex aus zwei Fragen zur Rolleneinstellung (*fr01 fr05a*) erzeugen. Einmal mit dem `generate`- und einmal mit dem `egen`-Befehl. Anschließend lassen wir uns die beiden Häufigkeitstabellen ausgeben:

```
. generate attchild= fr01+ fr05a

. egen attchild02=rowtotal(fr01 fr05a) if !missing(fr01,
  fr05a)

. tab1 attchild attchild02
```

Damit Sie identische Ergebnisse erhalten, schließen wir beim `egen`-Befehl fehlende Werte aus, sonst wird ihnen der Wert 0 zugeordnet und sie werden als gültige Werte angesehen. Die Häufigkeitstabellen enthalten bei beiden Variablen identische Werte, hier sehen Sie die Ausgabe für *attchild02*:

attchild02	Freq.	Percent	Cum.
2	49	26.92	26.92
3	50	27.47	54.40
4	44	24.18	78.57
5	24	13.19	91.76
6	11	6.04	97.80
7	3	1.65	99.45
8	1	0.55	100.00
Total	182	100.00	

Eine weitere wichtige Funktion ist `anycount(varlist)`. Wir bilden damit eine Variable, die angibt, wie oft ein bestimmter Wert in einer Liste von Variablen vorkommt. Als Beispiel erstellen wir eine Variable, die darstellt, wie viele Befragte und deren Väter die Hochschulreife besitzen, d. h. den Wert 5 bei den Variablen *educ* und *feduc* aufweisen. Dazu schreiben wir folgendes Kommando:

```
. egen educrf=anycount(educ feduc), values(5)

. ta educrf
```

educ feduc == 5	Freq.	Percent	Cum.
0	244	69.91	69.91
1	76	21.78	91.69
2	29	8.31	100.00
Total	349	100.00	

Wir sehen, dass neunundzwanzig Befragte und deren Väter einen Hochschulzugang aufweisen und 76 Befragte oder deren Väter die Schule mit Hochschulreife abgeschlossen haben. **Fehlende Werte werden hierbei berücksichtigt, deshalb stimmen die Angaben für die Werte 0 und 1 nicht mit den Angaben im Datensatz überein** – das lesen wir an der Gesamtfallzahl (349) der Häufigkeitstabelle ab. Insgesamt enthält unser Datensatz 349 Befragte, aber nicht alle Befragten haben die Frage nach dem Schulabschluss des Vaters (*feduc*) beantwortet. Nun fragen Sie sich vielleicht, warum wir fehlende Werte nicht mit der `if`-Bedingung ausgeschlossen haben.

Wichtig: Falls wir bei der `anycount`-Funktion die `if`- oder `in`-Bedingung, verwenden um fehlende Werte auszuschließen, so werden diese als Wert 0 aufgefasst und fließen trotzdem in die Berechnung ein.

Wir behelfen uns mit der `egen`-Funktion `rowmiss(varlist)`. Diese Funktion zählt die Anzahl der fehlenden Werte von Variablenlisten zeilenweise:

```
. egen educm=rowmiss(educ feduc)
```

Möchte man nun wissen, wie viele Befragte Väter mit einer Hochschulreife besitzen und in wie vielen Fällen einer von beiden oder keiner eine aufweisen, lassen wir uns die Häufigkeitstabelle für die neue Variable mit der `if`-Bedingung ausgeben:

```
. ta educrf if educm==0
```

educ feduc == 5	Freq.	Percent	Cum.
0	201	66.56	66.56
1	72	23.84	90.40
2	29	9.60	100.00
Total	302	100.00	

Wie Sie sehen, haben wird nun die Information von 302 Befragten ausgegeben, denjenigen, die bei beiden Variablen keine fehlenden Werte aufweisen. Bei 72 Befragten hat entweder der Befragte oder dessen Vater eine Hochschulreife. Diese `egen`-Funktion ist auch zur

Fallzahlangleichung nützlich (siehe Kapitel 3.5). Eine andere Variante ist die Konstruktion einer neuen Variablen mit dem generate-Befehl und der if-Bedingung. Im Anschluss lassen wir uns die Häufigkeitstabelle anzeigen:

```
. generate educrf02=educrf if educm==0
```

```
. ta educrf02
```

educrf02	Freq.	Percent	Cum.
0	201	66.56	66.56
1	72	23.84	90.40
2	29	9.60	100.00
Total	302	100.00	

Die Inhalte der Tabelle entsprechen denen der vorhergehenden Tabelle, die wir mit der if-Bedingung erstellt haben. Allerdings haben wir nun eine neue Variable mit benötigten Informationen erzeugt und können bei Bedarf mit dieser weiter arbeiten etc.

Wie Sie gesehen haben, ist es möglich mit den Befehlen generate und egen eine Vielzahl von Variablen zu berechnen. help generate und help egen zeigen die zahlreichen Möglichkeiten der beiden Befehle an. Außerdem schrieb Nicholas J. Cox (2000), ein Stata-Anwender egenmore-Befehl , der zahlreiche weitere Funktionen zur Verfügung stellt, die für die Datenaufbereitung nützlich sind. Geben Sie dazu

```
. ssc install egenmore, replace
```

in das Kommandofenster ein. Dadurch installiert Stata die neuen Funktionen. Sollte diese Erweiterung bereits auf Ihrem Rechner installiert sein, so werden durch den replace-Befehl die neuesten Updates von Cox hinzugefügt.

```
. help egenmore
```

zeigt die Information für diesen Befehl an.

3.3.4.Dummyvariablen

Variablen mit den Werten 0 und 1, sogenannte „Dummy-Variablen“ benötigen wir häufig in der Datenanalyse. Eine Reihe von Befehlen dienen dazu, anhand der Ausprägungen einer Variable Dummyvariablen zu erstellen, so auch den recode-Befehl und sowie generate-Befehle in Kombinationen mit der if-Bedingung. Eine andere Möglichkeit den Befehl generate mit den Funktionen (Programming functions) inlist und inrange anzuwenden. Die Erzeugung mehrere Dummyvariablen auf Grundlage der Ausprägungen einer Variablen, erläutern wir im Abschnitt 6.5.4.

Aus der Variablen, die den Inglehart-Index (*ingle*) widerspiegelt, generieren wir eine 0/1 codierte Variable, wobei den Postmaterialisten der Wert 0 und den restlichen Befragten der Wert 1 zugeordnet wird. Dazu schreiben wir folgende Kommandos:

```
. gen mat=1 if ingle >1 & ingle<5

. replace mat=0 if ingle ==1

. ta mat
```

Schneller geht das mit `inlist(z,a,b,...)` oder `inrange(z,a,b,...)`:

```
. gen mat02=inlist(ingle,2,3,4) if ! missing(ingle)

. gen mat03=inrange(ingle,2,4) if ingle <5

. tab1 mat mat03 mat03
```

Die Häufigkeitstabellen weisen identische Werte auf. Sie sehen nachfolgend die Häufigkeitstabelle für die Variable *mat03*:

mat03	Freq.	Percent	Cum.
0	104	30.06	30.06
1	242	69.94	100.00
Total	346	100.00	

Bei der `inlist`-Funktion wird geprüft, ob die Werte von *z* in den Argumenten *a*, *b* etc. vorhanden sind, dann wird der Wert 0 vergeben, ansonsten 1. In unserem Beispiel bedeutet das, wenn die Variablenwerte der Variable *ingle* den Werten 2, 3 oder 4 entsprechen, wird der Wert 1 vergeben, ansonsten 0. Zusätzlich schließen wir mit der `if`-Bedingung fehlende Werte aus.

Die `inrange`-Funktion arbeitet ähnlich: Wenn $a <= z <= b$ wird der Wert 1 vergeben sonst 0. Wenn die Variable *ingle* Werte zwischen 2 und 4 aufweist, so erhält die neue Variable den Wert 1, sonst 0.

Die `inlist`-Funktion kann auch angewendet werden, um Variablenwerte in Variablenlisten zu identifizieren: Den Wert 1 erhalten wir, wenn die Variable den Wert aufweist, für alle anderen Beobachtungswerte wird der Wert 0 zugeordnet. Wir konstruieren eine Variable, die den Wert 1 enthält, falls die Befragten in mindestens einem Bereich (Familie, am Arbeitsplatz etc.) Kontakt zu Ausländern aufweisen. Dazu schreiben wir folgende Syntax:

```
. gen cforeigners=inlist(1, mc01, mc02, mc03, mc04) if
  !missing(mc01-mc04)
```

```
. ta cforeigners
```

cforeigners	Freq.	Percent	Cum.
0	78	23.85	23.85
1	249	76.15	100.00
Total	327	100.00	

Wir erhalten folgende Häufigkeitstabelle, die uns aufzeigt, dass von allen 349 Befragten 249 mindestens in einem von den vier genannten Bereichen Kontakt zu Ausländern haben, was 71,35 % der Befragten entspricht.

Eine andere Möglichkeit 0/1 codierte Variablen zu konstruieren, besteht darin, den `generate`-Befehl zu modifizieren. Die Zuordnung des Wertes 1 erfolgt mit einem relationalen Operator (vergleiche Abschnitt 3.1.1) nach dem Variablennamen der alten Variablen, alle anderen Variablenwerten wird der Wert 0 zugeordnet. **Fehlende Werte** schließt der Befehl ein, weswegen wir sie explizit im Kommando ausschließen müssen. Für die aufgezeigte Variablenkonstruktion zum Inglehart-Index lautet das Kommando wie folgt:

```
. gen mat04= ingle==2 | ingle==3 | ingle==4 if !
  missing(ingle)
```

oder kürzer mit dem relationalen Operator für ungleich:

```
. gen mat05= ingle !=1 if ingle <5
```

3.3.5. Variablenwerte zusammenfassen

In Abschnitt 3.3.1 haben wir bereits mit dem `recode`-Befehl Ausprägungen von Variablen zusammengefasst. Häufigkeitstabellen, beispielsweise für das Alter oder das Einkommen, zu erstellen macht meistens keinen Sinn. Durch die vielen Ausprägungen stetiger Variablen werden Tabellen oder Grafiken zu unübersichtlich oder zu schwer zu interpretieren. Die Werte in eine kleinere Anzahl von Klassen umzucodieren, kann dieses Problem lösen. In der Literatur finden sich für das Zusammenfassen von Variablenwerten auch die Begriffe *klassieren*, *gruppieren*, und *kategorisieren*. Manche Autoren sprechen bei metrischen Variablen von „klassieren" und bei nominalen und ordinalen Variablen von „gruppieren".

Nehmen wir als erstes Beispiel die ordinale Variable „allgemeine Lebenszufriedenheit" (*ls01*). Wenden wir den `tabulate`-Befehl an, so sehen wir die Anzahl der gültigen Ausprägungen, die einen Bereich von 0 bis 10 umfassen:

```
. ta ls01
```

Die Anzahl der Variablenwerte reduzieren wir nun von 11 auf 5 Klassen und fassen die Werte 0-1, 2-3, 4-6, 7-8 und 9-10 zusammen. Dazu schreiben wir den `recode`-Befehl:

```
. recode ls01(0/1=1)(2/3=2)(4/6=3)(7/8=4)(9 10=5), gen(sat)
```

Im nächsten Schritt verwenden wir die `recode()`-Funktion in der Kombination mit dem `generate`-Befehl:

```
. generate sat02= recode(ls01,1,3,6,8,10)

. tab1 sat sat02
```

-> tabulation of sat

RECODE of ls01 (ALLGEMEINE LEBENSZUFRIEDENHEIT)	Freq.	Percent	Cum.
1	4	1.15	1.15
2	10	2.87	4.01
3	58	16.62	20.63
4	152	43.55	64.18
5	125	35.82	100.00
Total	349	100.00	

-> tabulation of sat02

sat02	Freq.	Percent	Cum.
1	4	1.15	1.15
3	10	2.87	4.01
6	58	16.62	20.63
8	152	43.55	64.18
10	125	35.82	100.00
Total	349	100.00	

Anhand der Tabellen wird die Vorgehensweise der `recode()`-Funktion deutlich. Die Ausprägungen der in Klammern genannten Variable werden wie folgt in Klassen zusammengefasst: Die erste Klasse umfasst alle Fälle, vom niedrigsten Wert (0) bis zur angegeben Klassengrenze (1), die zweite Klasse alle Werte, die über der ersten Klassengrenze liegen (2) bis zur folgenden Klassengrenze (3) etc. Falls die letzte Klassengrenze unter dem höchsten Wert/Maximum liegt, ordnet Stata die Beobachtungen in die letzte Klasse ein. Ein weiteres Beispiel veranschaulicht das Prinzip:

```
. generate sat03= recode(ls01,1,3,6)

. ta sat03
```

sat03	Freq.	Percent	Cum.
1	4	1.15	1.15
3	10	2.87	4.01
6	335	95.99	100.00
Total	349	100.00	

In Gruppe 6 werden nun alle Werte, die größer als drei sind zusammengefasst.

Hinweis: **Fehlende Werte** werden bei dieser Funktion nicht berücksichtigt und in ihrer ursprünglichen Codierung beibehalten.

Ein ähnliches Vorgehen finden wir bei der `irecode()`-Funktion. Allerdings werden bei dieser Funktion nicht die Klassengrenzen als Variablenwerte zugeordnet, sondern fortlaufende Zahlen von 0 aufsteigend vergeben. Die oben aufgeführte Zusammenfassung in fünf Gruppen lautet mit dieser Funktion wie folgt:

```
. generate sat04= irecode(ls01,1,3,6,8,10)

. ta sat04
```

sat04	Freq.	Percent	Cum.
0	4	1.15	1.15
1	10	2.87	4.01
2	58	16.62	20.63
3	152	43.55	64.18
4	125	35.82	100.00
Total	349	100.00	

Bei dieser Funktion werden Variablenwerte, die über der zuletzt genannten Klassengrenzen liegen, in einer weiteren Klasse zusammengefasst. Dementsprechend sind die Ergebnisse des folgenden Kommandos identisch mit dem zuvor gezeigten:

```
. generate sat05= irecode(ls01,1,3,6,8)
```

Die Variablenwerte versehen wir, wie bereits im letzten Kapitel gezeigt, mit Wertelabels. Zum Beispiel wie folgt:

```
. label define sat05_lb  0"1-2 ganz bis sehr unzufrieden" 1
  "2-3" 2 "4-6" 3"7-8" 4"9-10 sehr bis vollkommen zufrieden"

. label values sat05 sat05_lb

. ta sat05
```

sat05	Freq.	Percent	Cum.
1-2 ganz bis sehr unzufrieden	4	1.15	1.15
2-3	10	2.87	4.01
4-6	58	16.62	20.63
7-8	152	43.55	64.18
9-10 sehr bis vollkommen zufrieden	125	35.82	100.00
Total	349	100.00	

Ausführliche Information zum Zusammenfassen von Variablen, insbesondere bei metrischem Skalenniveau finden Sie im nächsten Kapitel (siehe Abschnitt 4.1.3 Häufigkeitstabellen für gruppierte Daten). Dort stehen zudem ausführliche Informationen zu verschiedenen Arten von Häufigkeitstabellen bereit.

3.4. String Variablen

In den bisherigen Beispielen haben wir nur numerische Variablen, d. h. Variablen betrachtet, deren Ausprägungen aus Zahlen bestehen. Es gibt aber auch Variablen die aus Zeichenketten (z. B. Buchstaben, Ziffern, Sonderzeichen etc.) bestehen, diese nennt man String Variablen. Dieser Variablentyp verursacht häufig Probleme, da man mit String Variablen keine Berechnungen durchführen kann und sie nur in wenigen Befehlen erlaubt sind. Wir widmen uns an dieser Stelle verschieden Möglichkeiten String Variablen umzucodieren.

☞ Wir verwenden in diesem Kapitel die Datei **fstudy.dta**. Öffnen Sie die Datei über die Menüleiste oder geben Siefolgendes Kommando ein[6]:

```
. use fstudy.dta
```

Geben Sie nun folgendes Kommando ein:

```
. recode gndr ("m"=2), gen(gndr02)
```

Wie Sie sehen, erscheint die Fehlermeldung: „`recode only allows numeric variables`". Der `recode`-Befehl funktioniert nicht mit der String Variable *gndr*, allerdings kann der `generate`-Befehl mit diesem Variablentyp arbeiten. Wir können für das Umcodieren von String Variablen andere Befehle benutzen. Verschiedene Möglichkeiten zeigen wir nachfolgend auf.

[6] Siehe Kapitel 2: Datensätze einlesen: use.

generate-Befehl

Ein Weg, String-Variablen umzucodieren besteht darin, den `generate`-Befehl zusammen mit einer `if`-Bedingung anzuwenden. Wir schreiben die Variablenausprägungen, die umcodiert werden sollen, in Anführungszeichen, dabei ist auf Klein- und Großschreibung zu achten:

```
. gen gndr02=2 if gndr=="m"
. replace gndr02=1 if gndr=="f"
. tab1 gndr gndr02
```

Anhand der Häufigkeitstabelle sehen Sie die Veränderungen:

-> tabulation of gndr

gndr	Freq.	Percent	Cum.
.	1	9.09	9.09
f	4	36.36	45.45
m	6	54.55	100.00
Total	11	100.00	

-> tabulation of gndr02

gndr02	Freq.	Percent	Cum.
1	4	40.00	40.00
2	6	60.00	100.00
Total	10	100.00	

Im Variablen und Variableneigenschaftsfenster sehen wir nun, dass der Variablentyp („Type") *float*" heißt. Das ist ein Stata Format für numerische Variablen. String Variablen werden in Stata mit „*str*" gekennzeichnet. Die Beschreibung der Formate können wir uns auch mit dem `describe`-Befehl ausgeben lassen:

```
. describe gndr gndr02
```

Wenn Sie 0/1 codierte Variablen anhand von String Variablen erzeugen, ist es möglich den modifizierten `generate`-Befehl (siehe Abschnitt 3.3.4) zu verwenden. Dabei wird der nach dem Gleichheitszeichen angegebenen Ausprägung (hier *m*) der Wert 1 zugeordnet, allen übrigen Ausprägungen der Wert 0.

Bitte beachten: Punkte werden bei String Variablen nicht als fehlender Wert angesehen, deshalb schließt Stata sie bei Berechnungen nicht automatisch aus. Leerzeichen werden allerdings als fehlende Werte berücksichtigt.

Wenn die Variable *gndr* umcodiert werden soll, ist dies zu beachten, sie enthält einen Punkt. Bei der Variablen *sex* sind in einer Zelle der Datenmatrix Leerzeichen enthalten. Diese werden von den Berechnungen automatisch ausgeschlossen. Als Beispiel verwenden wir den modifizierten `generate`-Befehl mit der Variable *gndr* und schreiben folgendes Kommando, um eine Variable mit identischer Codierung wie *gndr02* zu erhalten:

```
. generate gndr03=gndr=="m" if gndr!="."
```

Enthalten die String Variablen Buchstaben, Ziffern oder andere Zeichen, wie die Variable *sex* können wir den `generate`-Befehl nicht wie zuvor anwenden, ansonsten wird allen Ausprägungen außer „m" der Wert 0 zugeordnet. Wir lassen uns die Häufigkeitstabelle dieser Variable ausgeben:

```
. ta sex, missing
```

sex	Freq.	Percent	Cum.
	1	9.09	9.09
1	1	9.09	18.18
boy	1	9.09	27.27
f	3	27.27	54.55
m	5	45.45	100.00
Total	11	100.00	

Wir sehen, dass ein fehlender Wert vorhanden ist. Dieser kommt dadurch zustande, dass die Variable bei einer Beobachtung keine Zeichen enthält. Neben den Buchstaben „m" und „f" kommen die Ziffer 1 und die Buchstaben „boy" vor. Den Ausprägungen 1 und „f" ordnen wir den Wert 0 zu und „boy" und „m" den Wert 1. Für die Neuberechnung der Variable geben wir das Zeichen „m" mit `generate`-Befehl an und weisen im Anschluss „boy" mit `replace` den Wert 1 zu:

```
. gen sex02=sex=="m" if sex !=""

. replace sex02=1 if sex=="boy"
```

Eine andere Variante lautet:

```
. gen sex03=1 if sex=="m" | sex=="boy"

. replace sex03=0 if sex=="f" | sex=="1"

. tab1 sex02 sex03
```

```
-> tabulation of sex02
```

sex02	Freq.	Percent	Cum.
0	4	40.00	40.00
1	6	60.00	100.00
Total	10	100.00	

```
-> tabulation of sex03
```

sex03	Freq.	Percent	Cum.
0	4	40.00	40.00
1	6	60.00	100.00
Total	10	100.00	

Die Ergebnisse der Häufigkeitstabellen sind identisch. Anhand der Beispiele sehen Sie, dass die Transformation in numerische Werte mit den `generate`-Befehlen umständlich ist, vor allem, wenn String Variablen verschiedene Zeichen enthalten. Nach weiteren Beispielen zeigen wir zwei andere Wege auf, um String Variablen umzucodieren: `destring` und `encode`.

String functions

An dieser Stelle widmen wir uns einer anderen Möglichkeit String Variablen umzucodieren, wenn diese Groß- und Kleinbuchstaben enthalten. Dazu verweden wir die Funktionen für String Variablen. Weitere Information zu diesen Funktionen finden Sie in der Online Hilfe mit:

```
. help string functions
```

Beispielsweise weist die Variable *month* für den Monat Juni die Zeichen „jun“ und „Jun“ auf und für März die Zeichen „MAR“ und „Mar“. Mit den Funktionen `strupper` und `strlower` erreichen wir, dass Stata verschiedene Schreibweisen akzeptiert. Die Funktion `strlower`

Verwenden wir `strlower`, so müssen wir die Zeichen der umzucodierenden Variablen kleinschreiben, bei `strupper` groß:

```
. ta month

. gen month02=6 if strlower(month)=="jun"

. replace month02=3 if strupper(month)=="MAR"

. ta month02
```

month02	Freq.	Percent	Cum.
3	2	50.00	50.00
6	2	50.00	100.00
Total	4	100.00	

Mit der `strproper`-Funktion gleichen wir bei String Variablen mit Groß- und Kleinbuchstaben deren Schreibweise an, indem bei jedem Wort der erste Buchstabe groß und die anderen klein geschrieben werden, wie beim Monat „Juni“ Wir schreiben dazu folgendes Kommando:

```
. gen month03=strproper(month) if month!="."
```

encode und destring

Bei String Variablen mit vielen unterschiedlichen Ausprägungen empfiehlt es sich die Befehle `destring` und `encode` zu verwenden. Der `encode`-Befehl erzeugt anhand der Zeichen von String Variablen aufsteigende Werte, mit dem Wert 1 beginnend. Dabei wird die alphabetische Reihenfolge der Zeichen der String Variable berücksichtigt und nicht die Reihenfolge im Datensatz. Bei diesem Befehl bleiben die Zeichen der Ursprungsvariable als Wertelabels erhalten. Wir erproben den Befehl an der Variable *name* aus und lassen uns die Häufigkeitstabelle anzeigen:

```
. encode name, gen(name02)

. tab name02
```

name02	Freq.	Percent	Cum.
Dave	1	10.00	10.00
Jason	1	10.00	20.00
Julia	2	20.00	40.00
Laura	1	10.00	50.00
Mike	1	10.00	60.00
Nicole	1	10.00	70.00
Pete	1	10.00	80.00
Prad	1	10.00	90.00
Randy	1	10.00	100.00
Total	10	100.00	

Bei der Tabelle werden die Wertelabels der 10 gültigen Beobachtungen ausgegeben. Falls wir die Tabelle mit Variablenwerten generieren wollen, muss beim `tabulate`-Befehl die Option `nolabel` ergänzt werden. Alternativ zeigt Stata mit dem Befehl `label list` den Inhalt des Label Containers an:

```
. label list name02

1 Dave
2 Jason
3 Julia
4 Laura
5 Mike
6 Nicole
7 Pete
8 Prad
9 Randy
```

Stata hat 9 Werte für die 10 Beobachtungen vergeben: *Julia* kommt zweimal vor. Probleme bereitet der Befehl bei Ziffern und anderen Zeichen, wie dem Punkt „." bei der Variable *gndr* oder der Ziffer 1 bei der Variablen *sex*. `encode` kann bei String Variablen den Unterschied zwischen verschiedenen Zeichen, wie Ziffern und Buchstaben nicht erkennen. Wenn Sie ein Beispiel ausprobieren möchten, wandeln Sie die Variablen *gndr* und *sex* in numerische Variablen um:

```
. encode gndr, gen(gndr04)

. encode sex, gen(sex04)

. label list gndr04 sex04

gndr04:
           1 .
           2 f
           3 m
sex04:
           1 1
           2 boy
           3 f
           4 m
```

Bei der neuen Variable *gndr04* wird dem Punkt der Wert 1 zugeordnet, denn Punkte sieht Stata bei String Variablen nicht als fehlenden Wert an, sie enthalten ein Zeichen. Bei der Variable *sex04* vergibt Stata vier Werte für die vier unterschiedlichen Zeichen. Besonders problematisch ist der Befehl bei numerischen String Variablen. Stata erkennt die Ziffern nicht und ordnet ihnen nicht der Rangfolge entsprechend Werte zu. Zur Illustration dient im Datensatz die Identifikationsnummer der Befragten, die als String Variable codiert wurde. Unser Datensatz enthält für alle elf Beobachtungen der Variable *id* verschiedene Ziffern. Mit dem `encode`-Befehle wird der numerische String als Wertelabel übernommen. Allerdings ordnet Stata den Ausprägungen mit den meisten Ziffern (1123456716) nicht den höchsten Wert zu, sondern der Beobachtung mit der Ausprägung 223456718. In diesem Fall sollten wir deshalb besser den `destring`-Befehl anwenden. Hierbei werden String Variablen mit Ziffern, in numerische Variablen überführt. Bei numerischen String Variablen, wie der Variable *id*, werden den Ziffern entsprechende numerische Werte zugeordnet.

Leerzeichen oder Punkte behandelt der Befehl wie fehlende Werte. Enthält eine numerische String Variable nicht nur Ziffern, so müssen diese Zeichen mit der Option `ignore()` entfernt werden, dazu geben wir die Zeichen in der Klammer an der `ignore()`-Option an. Der Befehl ist ähnlich wie der `encode`-Befehl aufgebaut:

```
. destring id, gen(id02)
```

Da die Variable in sehr viele Ziffern enthält, ändern wir das Format im Datensatz so, dass mehr Ziffern angezeigt werden, danach lassen wir uns mit dem `tabulate`-Befehl eine Tabelle der neuen Variablen ausgeben:

```
. format %20.0g id02
```

```
. tabulate id02
```

id02	Freq.
123456710	1
123456711	1
123456712	1
123456713	1
123456714	1
123456715	1
123456717	1
123456720	1
123456789	1
223456718	1
1123456716	1

Stata bietet zahlreiche Möglichkeiten zur Umcodierung von String Variablen an. Da wir an dieser Stelle nur eine Auswahl an Befehlen darstellen können, sei auf die Stata Hilfe verwiesen. Informationen zu String Variablen Funktionen erhalten wir mit folgendem Kommando:

```
. help string functions
```

Einige weitere Beispiele finden Sie auch bei Kohler und Kreuter (2017, 118f.).

Numerische Variablen zu String Variablen

Wollen wir numerische Variablen in String Variablen überführen, so sind die Befehle `decode` oder `tostring` in ähnlicher Weise wie die beiden zuvor aufgezeigten Befehle zu verwenden. Wir gehen nicht weiter darauf ein, denn die Umwandlung in String Variablen findet selten Anwendung. Für weitere Information empfehlen wir die Stata Hilfe oder Dokumentation:

```
. help tostring
```

```
. help decode
```

Ebenso gehen wir an dieser Stelle nicht auf Stata Formate oder die Behandlung von Datums- und Zeitangaben ein. Wir empfehlen hierfür Kapitel 5.7 in Kohler und Kreuter 2017, 127ff.

3.5. Fehlende Werte

Variablen können fehlende Werte aufweisen, diese bezeichnen wir häufig mit dem englischen Begriff **missing values**. Stata bietet die Möglichkeit, fehlende Werte mit unterschiedlichen Codes zu versehen oder Werte als missing values zu definieren. In den bisherigen Kapiteln haben wir eine spezielle Art von fehlenden Werten kennengelernt: Bei numerischen Variablen weisen die Werte einen Punkt oder auch einen Punkt und einen Buchstaben auf (siehe Abschnitt 3.1.1), bei String Variablen enthalten die Zellen der Datenmatrix Leerzeichen (vergleiche Kapitel 3.4). Dementsprechend codierte Variablenwerte werden bei den meisten Analysen ignoriert. In Stata wird der Punkt in der Regel bei numerischen Variablen für **systembedingte Fehlende Werte** verwendet. Diese Art von fehlenden Werten entsteht beispielsweise, wenn wir Berechnungen Konstellationen entstehen, die nicht sinnvoll sind, wie das Ergebnis einer Division durch Null. Im Zuge der Dateneingabe oder Bereinigung kann es vorkommen, dass Werte nicht im Datensatz erscheinen und dadurch als fehlend vom Programm gekennzeichnet werden.

Die zweite Art von fehlenden Werten wird manchmal als **benutzerdefinierte fehlende Werte** bezeichnet. Das sind Variablenausprägungen, die wir bewusst bei Analysen ausschließen, indem wir ihnen fehlende Werte zuweisen. Zum Beispiel gibt es in Umfragen Befragte die Antworten verweigern (im Fragebogen meistens mit „keine Angabe" gekennzeichnet) oder es entstehen fehlende Antworten aufgrund von Filterführungen im Fragebogen. Ob eine Frage verweigert wurde oder ein Befragter keine Meinung zu einem Thema vertritt („weiß nicht"), kann für die Analyse von Interesse sein, deshalb ist es sinnvoll diese Antwortkategorien mit unterschiedlichen Missing Value Codes zu versehen. Die Antwortkategorien in Umfragedaten sind mit Ausprägungen versehen, die deutlich machen, dass es sich um Werte handelt, die wir als fehlend definieren. Im European Social Survey wird die Antwortkategorie „weiß nicht" meistens mit 8 oder 88 codiert und „keine Angabe" mit 7 oder 77. Diesen Werten können wir bei Bedarf unterschiedliche missing values zuweisen. Das ist mit Stata möglich: Das Programm stellt für numerische Variablen 27 verschiedene Arten von Codes für fehlende Werte bereit. Den Punkt und 26 verschiedene Arten von **„erweiterten missing values"** bezeichnet, die mit einem Punkt beginnen und einem der 26 Buchstaben des Alphabets ergänzt werden. Die 26 erweiterten missing values dienen der Unterscheidung von fehlenden Werten.

Im European Social Survey ist es möglich bestimmte Variablenwerte stets mit identischen missing values zu versehen, zum Beispiel „nicht zutreffend" mit *.a* oder „weiß nicht" mit *.c*, dafür stehen Do-Files bereit. Für den ALLBUS gibt es entsprechende Do-Files ab dem ALLBUS 2016. Die Nutzer können dadurch bestimmte Variablenausprägungen in missing values umcodieren, die Do-Fils sind bei GESIS erhältlich. Wenn wir ALLBUS Datensätze vor 2016 verwenden, müssen wir die Codierungen von nicht systembedingten missing values selbst vornehmen. Für den ESS wird zu jedem Datensatz ein entsprechendes Do-File angeboten, wenn Sie als angemeldete Nutzer Datensätze im Stata Format herunterladen.

Warum sollten wir den Codierungen von Variablenwerten und fehlenden Werten besondere Aufmerksamkeit schenken? Ignorieren wir welche Ausprägungen die Variablen aufweisen, kann dies zu schwerwiegenden Fehlern führen, folgendes Beispiel veranschaulicht das Problem: Im ALLBUS 2014 wurden Antwortverweigerungen („keine Angabe") bei der Frage nach dem monatlichen Nettoeinkommen mit dem Wert 99999 codiert. Schließen wir diese Werte nicht aus, führt das zu Verzerrungen der Analysen, denn der Wert 99999 wird als korrekte Angabe berücksichtigt. Wurden missing values definiert können sie bei Analysen wiederum zu Problemen führen, da Stata sie als große numerische Zahlen ansieht. Bei `if`-Bedingungen ist das zu berücksichtigen (siehe Abschnitt 3.1.1).

Fehlende Werte definieren

☞ Wir verwenden die Datei **Allbus2016_redm.dta**

Der `codebook`-Befehl kann genutzt werden, um zu überprüfen, ob eine Variable fehlende Werte aufweist. Wir betrachten die Variable Schulabschluss (*educ*):

```
. codebook educ
```

```
-------------------------------------------------------------------------------
educ                                                 ALLGEMEINER SCHULABSCHLUSS
-------------------------------------------------------------------------------

                  type:  numeric (byte)
                 label:  educ

                 range:  [1,7]                        units:  1
         unique values:  7                        missing .:  0/349

            tabulation:  Freq.   Numeric  Label
                             3         1  OHNE ABSCHLUSS
                            99         2  VOLKS-,HAUPTSCHULE
                           130         3  MITTLERE REIFE
                            20         4  FACHHOCHSCHULREIFE
                            90         5  HOCHSCHULREIFE
                             4         6  ANDERER ABSCHLUSS
                             3         7  NOCH SCHUELER
```

Diese Variable enthält keine fehlenden Werte, wir sehen unter „missing" die Zahl 0/349. Für weitere Analysen möchten wir die Ausprägungen von Befragten, die noch zur Schule gehen oder einen anderen Schulabschluss besitzen, als fehlende Werte definieren. Mit einer if-Bedingung erzeugen wir fehlende Werte, die einen Punkt enthalten. Eine Variante lautet:

```
. gen educ02=educ if educ <=5
. ta educ02
```

Statt des codebook-Befehls betrachten wir die Variablenwerte mit dem tabulate-Befehl und der missing-Option, wodurch in der Tabelle auch fehlende Werte anzeigt werden:

```
. ta educ02, missing
```

educ02	Freq.	Percent	Cum.
1	3	0.86	0.86
2	99	28.37	29.23
3	130	37.25	66.48
4	20	5.73	72.21
5	90	25.79	97.99
.	7	2.01	100.00
Total	349	100.00	

Durch die if-Bedingung enthält die neue Variablen nur die Angaben von Befragten, die kleinere Werten als 6 bei der Variable *educ* aufweisen, alle anderen Beobachtungen werden durch einen Punkt fehlende Werte zugewiesen. Nun zeigen wir ein Beispiel mit **erweiterten Missing values:** Nehmen wir die Variable *ma13*, die Einstellungen von Befragten zum Thema „kulturelle Vielfalt" im ALLBUS 2016 erfragt:

```
. codebook ma13
```

Bei dieser Variablen haben 8 Befragte mit *„weiß nicht"* (Wert *-8*) oder *„keine Angabe"* (*-9*) geantwortet. Wir wollen diesen Ausprägungen nun folgende fehlende Werte zuweisen: „Weiß *nicht*" erhält *.b* und *„keine Angabe"* erhält *.c*:

```
. clonevar ma13n=ma13
. replace ma13n=.b if ma13==-8
. replace ma13n=.c if ma13==-9
. ta ma13n, missing
```

KULTURELLE VIELFALT MACHT ZUKUNFTSFAEHIG	Freq.	Percent	Cum.
STIMME VOELLIG ZU	79	22.64	22.64
..	162	46.42	69.05
..	76	21.78	90.83
STIMME GAR NICHT ZU	24	6.88	97.71
.b	7	2.01	99.71
.c	1	0.29	100.00
Total	349	100.00	

Sie fragen sich wahrscheinlich, warum der Datensatz ALLBUS 2016 kaum fehlende Werte aufweist. Das liegt daran, dass wir die von GESIS bereitgestellte Version verwenden und diese Version keine benutzerdefinierten fehlende Werte enthält. Wir müssen sie selbst mithilfe des entsprechenden Do-Files ausschließen. Meistens müssen die Nutzer die Zuweisung von fehlenden Werten selbst übernehmen. Bei den meisten der in diesem Buch zur Verfügung stehenden Datensätzen haben wir missing values bereits eingepflegt. Dennoch sollten Sie bei jedem Datensatz überprüfen, wie die Variablen codiert sind, um Fehler zu vermeiden.

Eine andere Art, Variablenausprägungen in fehlende Werte umzuwandeln, erlaubt der **mvdecode-Befehl** oder die **foreach-Schleife** (siehe Kapitel 3.6). `mvdecode` weist einen wichtigen Vorteil gegenüber `if`-Befehlen auf. Wir können gleichzeitig mehrere Merkmalsausprägungen einer Variablen oder identischen Werte verschiedener Variablen als fehlend definieren. Alle Arten von missing values Codierungen sind dabei möglich. Zur Illustration verwenden wir die zuvor genutzten Variablen. Mit dem Befehl `mvdecode` werden die ursprünglichen Variablenwerte überschrieben, aus diesem Grund klonen wir die Variable zuerst:

```
. clonevar ma13n02=ma13

. mvdecode ma13n02, mv(-8=.b \-9=.c)

. ta ma13n02, missing
```

Beim `mvdecode`-Befehl steht nach dem Befehl der Name der Variable oder eine Variablenliste, der fehlende Werte zugewiesen werden. Es folgt ein Komma und die Option `mv` mit einer Zuordnungsregel, diese steht in Klammern. Die Regel gibt an, in welche Codes die ursprünglichen Variablenwerte umgewandelt werden. In unserem Beispiel sollen die Ausprägungen *-8* und *-9* in die missing value Codes *.b* und *.c* überführt werden. Indem wir einen Schrägstrich zwischen der Zuordnungsregel angeben, weisen wir gleichzeitig mehrere

Codes zu. Nun wenden wir den Befehl auf vier Variablen gleichzeitig (*lp03 lp04 lp05 lp06*) an, welche die Ausprägung -8 enthalten. Diesem Wert-8 weisen wir *.d* zu:

```
. mvdecode lp03 lp04 lp05 lp06, mv(-8=.d)
```

Wir können Variablenlisten auf mehrere Arten angeben[7]:

```
. mvdecode lp03-lp06, mv(-8=.d)
```

```
. mvdecode lp*, mv(-8=.d)
```

Wollen Sie ganze Bereiche durch missing values ersetzen, wird ein Schrägstrich verwendet. Zum Beispiel zum Ausschließen der Ausprägungen 6 und 7 bei der Variable educ:

```
. mvdecode educ, mv(6/7=.)
```

Auch ist es möglich allen Variablen des Datensatzes, gleichzeitig fehlende Werte zuzuweisen, mit der Bezeichnung _all statt einer Variablenliste. **Achtung: Nun ordnen Sie allen Variablen missing values zu. Bitte speichern Sie den Datensatz danach nicht ab oder unter einem anderen Namen!**

```
. mvdecode _all, mv(-8=.z)
```

Manchmal kommt es vor, dass wir fehlende Werte in numerische Werte umwandeln oder Fehler bei der Zuweisung von missing values rückgängig machen wollen. Dafür bieten sich `if`-Bedingungen an oder der `mvencode`-Befehl. Nun ersetzten wir den Code *.z* der Variable *mc11* durch den Wert 0:

```
. mvencode mc11, mv(.z=0)
```

Mit dieser `if`-Bedingung erhalten wir ein identisches Ergebnis:

```
. replace mc12=0 if mc12==.z
```

Hinweis: **Mit dem** `mvencode`-Befehl werden Variablenwerte unwiderruflich überschrieben. Aus diesem Grund sollten vor Ausführen des Befehls die entsprechenden Variablen klonen oder neue Variablen erzeugen.

Probleme durch fehlende Werte

Fehlende Werte verursachen bei der Datenaufbereitung und Datenanalyse oftmals Probleme. Bereits in Abschnitt 3.1.1 haben wir zwei Beispielen aufgezeigt, an dieser Stelle führen wir das Ganze weiter aus. Fehlende Werte behandelt Stata als sehr große Zahlen, genauer

---

[7] Allerdings können Sie mit dem Datensatz nur einen Befehl ausprobieren, wenn Sie zuvor keine neuen Variable erzeugen, denn nach der Ausführung des ersten Befehls wird den Variablen der Wert -8 nicht meh zugeordnet.

gesagt als + ∞. Was dazu führt, dass alle numerischen Werte kleiner als die fehlenden Werte angesehen werden, dabei gilt:

```
Gültiger Wert < . < .a < .b < ... < .z
```

Wenn Sie die relationalen Operatoren > oder >= bei `if`-Bedingungen verwenden, schließt Stata fehlende Werte nicht aus. Zwei verschiedene Vorgehensweisen schaffen hier Abhilfe: Das explizite Ausschließen von fehlenden Werten durch eine entsprechende `if`-Bedingungen oder die `missing()`-Funktion.

☞ Falls Sie sicher im Umgang mit fehlenden Werten in Hinblick auf die `if`-Bedingungen sind, können Sie den Abschnitt überspringen.

☞ Wir verwenden in diesem Abschnitt die Datei **Allbus2016_red.dta**

Als Beispiel wählen wir die Variable *incc*, das klassierte Nettoeinkommen der Befragten. Zuerst betrachten wir die Häufigkeitstabelle ohne Wertelabels (Option `nolabel`) mit den fehlenden Werten:

```
. ta incc, missing nolabel

. label list incc
```

Die Variable enthält drei verschiedene missing value Codes: *.e .c. .o*, die 41 Befragten zugewiesen wurden. Sobald wir die Variable in Berechnungen oder Analysen mit der `if`-Bedingungen einbeziehen, sieht Stata diese Werte als gültig an:

```
. ta incc if incc >21
```

NETTOEINKOMMEN<OFF ENE+LISTENANGABE>, KAT.	Freq.	Percent	Cum.
7500 EURO UND MEHR	1	100.00	100.00
Total	1	100.00	

Nur ein Befragter hat ein Einkommen von mehr als 7500 €. Wenn wir nun wissen möchten, wie alt die Person mit diesem Einkommen ist, schreiben wir den `tabulate`-Befehl:

```
. ta age if incc >21
```

Wir erhalten zu unserer Überraschung eine lange Tabelle, da dieses Kommando Personen mit fehlenden Werten bei der Einkommensvariable einschließt, d.h die Angabe der 41 Befragten. Dieses Problem vermeiden wir, indem wir mit einer zweiten `if`-Bedingung die fehlenden Werte der Einkommensvariable ausschließen. In dieser Bedingung müssen wir angeben, dass nur gültige Werte berücksichtigt werden. Für den relationalen Operator „ungleich" stehen die Zeichen != oder ~= zur Verfügung. Dieser relationale Operator kann in unserem Fall aber nicht angewendet werden, da die Variable verschieden missing value Codes aufweist. Wir können also nicht

```
. ta age if incc >21 & incc!=.
```

schreiben, sondern müssen folgendes Kommando verwenden:

```
. ta age if incc >21 & incc <.
```

Mittels des zweiten Kommandos schließen wir alle fehlenden Werte aus, denn die `if`-Bedingung besagt, das Einkommen soll kleiner als alle fehlenden Werte sein.

Möchten wir zum Beispiel wissen, wie hoch das durchschnittliche Alter der Befragten mit dem fehlenden Wert *.o*, (Personen ohne Einkommen) ausfällt, schreiben wir:

```
. sum age if incc ==.o
```

Eine andere Variante fehlende Werte auszuschließen bietet die `missing()`-Funktion, sie ist eine praktische Alternative zum `if`-Befehl: Mit der Funktion überprüft Stata wie viele Beobachtungen einer oder mehrerer Variablen fehlende Werte enthalten. Weist eine Beobachtung bei einer Variablen einen fehlen Wert auf, so nimmt die Funktion bei dieser Beobachtung den Wert 1 an. Der Wert 1 bedeutet bei Stata „trifft zu", während 0 „trifft nicht" zu bedeutet. Wenn wir fehlende Werte mit dieser Funktion ausschließen, darf `missing()` nicht den Wert 1 aufweisen. Als Bedingung geben wir `!missing()` (nicht fehlend) an. In unserem Beispiel schreiben wir folgendes Kommando:

```
. ta age if incc >21 & !missing(incc)
```

Berechnungen für Beobachtungen, die fehlende Werte aufweisen, führen wir alternativ mit `if missing()` durch. Als Beispiel berechnen wir das arithmetische Mittel des Alters von Befragten mit fehlenden Werten bei der Einkommensvariable:

```
. summarize age if missing(incc)
```

Das Kommando erzeugt verschiedene deskriptive Statistiken für das Einkommen, wie das arithmetische Mittel etc. der 41 Befragten. Mit der `missing()`-Funktion kann man Analysen für Beobachtungen ausführen, die bei mehreren Variablen nur gültige Werte aufweisen. Folgendes Kommando gibt deskriptive Statistiken für das Alter von Befragten aus, die keine fehlenden Werte beim Einkommen und der Anzahl der Wochenarbeitsstunden (*dw15*) aufweisen:

```
. summarize age if !missing(incc,dw15)
```

Eine weitere nützlich Funktion für die Arbeit mit fehlenden Werten haben wir in Abschnitt 3.3.3 kennengelernt: die `egen`-Funktion `rowmiss()`. Bei statistischen Analysen kommt es häufig vor, dass wir mit konstanten Fallzahlen arbeiten, beispielsweise wenn wir mehrere Regressionsmodelle berechnen und alle Analysen auf identischen Fälle beschränken. Die Analysen werden dazu auf Beobachtungen reduziert, die in keiner Variablen fehlende Werte enthalten. Wir erstellen mit der `rowmiss()`-Funktion eine Hilfsvariable und verwenden sie, um Berechnungen auf gültige Werte zu beschränken. Die `rowmiss()`-Funktion generiert eine Variable, welche die Anzahl fehlender Werte in Variablen oder Variablenlisten zählt. Sollen Analysen keine fehlenden Werte aufweisen, so muss die mit `rowmiss()` berechnete Variable den Wert 0 aufweisen.

Im ALLBUS 2016 werden Einstellungsfragen zu Ausländern abgefragt. Wir betrachten *ma01a* und *ma02* bis *ma04* und erstellen eine Variable, die in den vier Fragen die Anzahl der fehlenden Werte zählt:

```
. egen help=rowmiss(ma01a ma02 ma03 ma04)
```

oder

```
. egen help02=rowmiss(ma01a ma02-ma04)

. ta help
```

182 Befragte[8] haben alle vier Fragen beantwortet, d.h., sie weisen bei allen vier Fragen keine fehlenden Werte auf. Nun lassen wir uns die Häufigkeitstabellen der vier Variablen unter der Bedingung ausgeben, dass alle Variablen nur gültige Werte enthalten:

```
. tab1 ma01a ma02-ma04 if help==0
```

Alle vier Häufigkeitstabellen weisen nun die Angaben der 182 identische Beobachtungen auf.

3.6. Schleifen und nützliche Tools

In diesem Abschnitt zeigen wir Ihnen nützliche Werke auf, die bei der Datenaufbereitung die Arbeit erleichtern. Das sind zwei Varianten von Schleifen: `foreach` und `forvalues`. Daneben Zählvariablen, Berechnungen getrennt für die Ausprägungen einer Variablen und den Stata Taschenrechner.

---

[8] Die Fallzahl ist so gering, da *ma01a* nur einem Teil der Befragten vorgelegt wurde, der andere Teil erhielt Frage *ma01b*. Es handelt sich hierbei um ein Fragebogensplit, genauer gesagt um ein Split-Ballot, der Befragten unterschiedliche Frageformulierungen vorgelegt.

☞ Wir verwenden in diesem Abschnitt die Datei **Allbus2016_red.dta**.

3.6.1. foreach-Schleife

Schleifen gehören zu den wichtigsten Instrumenten die Stata bietet, sie erleichtern die Datenaufbereitung und Analyse. Beispielsweise wenn wir identische Befehle auf verschiedene Variablen anwenden oder mehrere Analysen für Variablenlisten nacheinander ausführen. Diese Aufgaben können wir mit der `foreach`-Schleife in Angriff nehmen. Sie bietet die Möglichkeit, einen oder mehrere Stata-Befehle zu wiederholen. Allerdings ist die zu erstellende Syntax etwas komplexer als die bisher gezeigten. Sie lautet vereinfacht:

```
foreach lname listtype list {

Stata Befehle beziehen sich auf `lname'

}
```

Wie Sie sehen, besteht die Syntax aus mindestens drei Zeilen. Mit der ersten Zeile öffnet sich die Schleife, hier wird der Befehl (`foreach`) angegeben. Am Ende der Zeile steht eine öffnende Mengenklammer. In der zweiten Zeile geben wir einen frei wählbaren Befehl an, diese Zeile rücken wir meistens ein. Bei Bedarf können Sie weitere Befehle in die nächsten Zeilen schreiben. In der letzten Zeile wird die Schleife durch die schließende Mengenklammer geschlossen. Außer Kommentaren dürfen keine weiteren Elemente in den Zeilen mit den Klammern stehen.

Wir erproben die `foreach`-Schleife an einem Beispiel aus Kapitel 3.5: Die Ausgabe mehrerer Häufigkeitstabellen für die Variablen *ma01a* und *ma02* bis *ma04*. Die dazugehörige Syntax lautet:

```
foreach X of varlist ma01a ma02-ma04 {

tabulate `X'

}
```

Einfacher, als die Syntax in die Kommandozeile zu schreiben, geht das im Do-File, welches wir mit folgendem Kommando öffnen:

```
. doedit
```

Das dazugehörige Do-File sieht wie folgt aus:

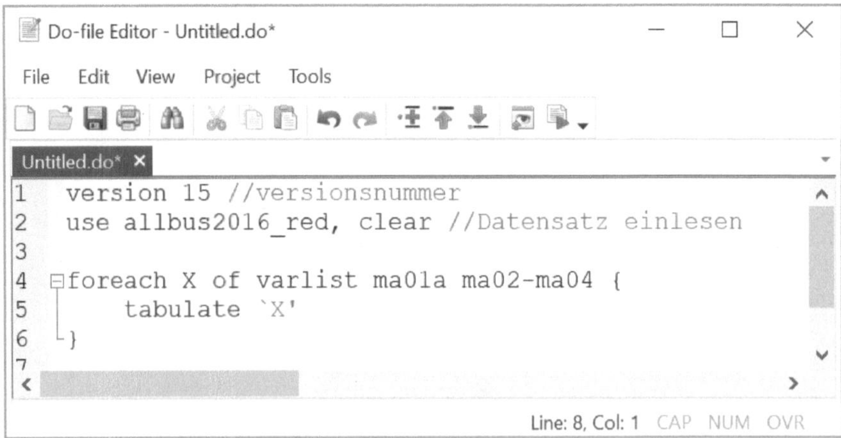

In den ersten zwei Zeilen haben wir die Versionsnummer und den Namen des einzulesenden Datensatzes angegeben. In den nächsten Zeilen die Syntax für die `foreach`-Schleife. Wenn Sie die Syntax ausführen, werden für die vier Variablen Häufigkeitstabellen erstellt. Hier sehen Sie die letzte Häufigkeitstabelle:

AUSLAENDER: SOLLTEN UNTER SICH HEIRATEN	Freq.	Percent	Cum.
STIMME GAR NICHT ZU	210	64.42	64.42
..	33	10.12	74.54
..	14	4.29	78.83
..	31	9.51	88.34
..	10	3.07	91.41
..	6	1.84	93.25
STIMME VOLL ZU	22	6.75	100.00
Total	326	100.00	

Sie fragen sich vermutlich, wie die Schleife arbeitet. Dazu schauen wir uns die obige Grundsyntax und unsere erstellte Syntax an und gehen die einzelnen Schritte durch: Zuerst schreiben wir den Befehl `foreach`, danach folgt der **Element Name** (*lname*), das ist ein **beliebiger Name**, auf den wir in der zweiten bzw. in den Zeilen zwischen den Klammern Bezug nehmen. In unserem Fall nehmen wir den Buchstaben **X**. Es folgt der **Listentyp** (*listtype*). Da wir mit mehreren Variablen (Variablenlisten) arbeiten, schreiben wir *varlist*. Im Anschluss folgt die `foreach`-Liste (*list*), eine Liste von Parametern, beispielsweise Variablenlisten, Nummernlisten, aber auch beliebige Listen wie Wörter, Zahlen etc. Bei uns sind es die vier Variablen *ma01a* bis *ma04*. Mit der Mengenklammer schließen wir die Zeile ab. In der zweiten Zeile haben wir den `tabulate`-Befehl eingefügt, um die Häufigkeitstabellen zu erstellen. Statt einer Variablenliste steht hier das X aus der ersten Zeile, denn die Variablenliste wird nur in der ersten Zeile angegeben. Das X ist ein Platzhalter für die Variablenliste. Wir schreiben das X mit speziellen Zeichen, damit Stata den Platzhalter von Variablennamen unterscheiden kann. Das erste Zeichen schreiben wir bei deutscher Tastatur mit ` (Shift und Taste rechts neben dem Fragezeichen (?)), das zweite mit ' (Shift und # Taste): `X'. In der dritten Zeile schließen wir die Schleife mit der schließenden Mengenklammer ab. Mit der `foreach`-Schleife werden die Befehle nun solange ausgeführt, bis die Bedingung erfüllt ist, in unserem Fall die Ausführung einschließlich Variable *ma04*. Wenn wir die Syntax ausführen, ersetzt Stata das X zuerst durch die erste Variable in der Variablenliste, bei uns durch *ma01* und gibt die Häufigkeitstabelle für diese Variable aus. D. h. es wird der Befehl `tabulate ma01a` ausgeführt. Dann ersetzt Stata X mit m*a02*, entsprechend führt es dann `tabulate ma02` aus, bis zum Schluss X *ma04* repräsentiert und die Bedingung erfüllt wurde.

Im nächsten Schritt erweitern wir die Syntax und beziehen die im Abschnitt zuvor erstellte Variable *help* ein, damit wir die Fallzahl für alle Häufigkeitstabellen angleichen. Die Syntax lautet nun:

```
foreach V of varlist ma01a ma02-ma04 {

ta `V' if help ==0

}
```

Alle Tabellen weisen die Fallzahl 182 auf, da 182 Beobachtungen bei allen vier Variablen keine fehlenden Werte enthalten. Wie bereits angesprochen, können Sie beim `foreach`-Befehl verschiedene Listentypen verwenden, die Hilfefunktion gibt darüber Auskunft:

```
. help foreach
```

Listentypen

Folgende Typen stehen zur Auswahl, in Klammern steht der **Listentyp** *(listtype)*, für die entsprechende `foreach`-Schleife. Die Schleife orientiert sich an dem Listentyp, sodass bei Variablenlisten *varlist*, bei neuen Variablen *newlist* etc. in der Syntax stehen muss.

- **Variablenlisten (of varlist)**
- **Neue Variablen (of newlist)**
- **Nummernlisten (of numlist)**
- **Arbitrāre (beliebige) Listen (in), wie Nummern, Buchstaben, Zeichen etc.**
- **Lokale Makros (lmacname)**
- **Globale Makros (gmacname)**

Die letzten beiden Typen besprechen wir an dieser Stelle nicht, wir gehen nicht auf Makros ein. Den Listentyp Variablenliste haben wir bereits besprochen, nun wenden wir uns mit Beispielübungen den anderen Listentypen zu. Entweder tippen Sie die Kommandos ab oder verwenden das dafür erstellte Do-File (**foreachab.do**). Mit dem Do-File verändern Sie die verschiedenen Schleifen bei Bedarf, um deren Anwendung zu üben:

```
. doedit foreachab.do
```

Der Listentyp für neue Variable lautet `newlist`. Die Übung steht in Zeile 24 bis 26:

```
foreach var of newlist v1-v5{

generate `var'=0

}
```

Wir erstellen mit der Syntax fünf neue Variablen (*var1-var5*), die jeweils die Ausprägung 0 enthalten. Statt Angabe einer Liste mit Variablennamen ist es möglich, die Nummernliste zu verwenden, die passende Syntax steht in Zeile 46 bis 48. Das Vorgehen beim Erzeugen neuer Variablen ist nahezu identisch mit dem Arbeiten mit der Variablenliste. Statt vorhandenen Variablen definiert Stata neue Variablennamen in der ersten Zeile und in der zweiten Zeile erfolgt die Zuordnung zu Werten etc.

Wir betrachten zuerst eine etwas einfachere Syntax für Nummernlisten (Zeile 28 bis 30), später beschreiben wir die Syntax aus Zeile 46 bis 48.

```
foreach num of numlist 1/4 {

replace v`num'=1

}
```

Die Syntax ersetzt die Werte unserer zuvor erzeugten Variablen *v1* bis *v4* mit dem Wert 1. *v5* bleibt davon unberührt und enthält weiterhin den Wert 0 bei allen Beobachtungen. Der Elementname lautet bei dieser Syntax *num*, wir können aber einen beliebigen Namen wählen. Wichtig ist nur die Übereinstimmung mit dem Platzhalter für die Nummernliste in der zweiten Zeile (*`num'*). Da wir die alten Variablen *v1* bis *v4* überschreiben, müssen wir den `replace`-Befehl verwenden. Wir könnten mit der Syntax somit mehrere Variablen gleichzeitig überschreiben, falls sie eine identische Struktur aufweisen, wie *va01* bis *va04* oder *mc01* bis *mc12* etc.

Arbiträre Listen sind multifunktional anwendbar, da sie sehr unterschiedliche Zeichen erlauben. Der **Listentyp** lautet in diesem Fall *in*. Wir verwenden diesen Listentyp, um mehrere Variablen gleichzeitig umzucodieren. Die Syntax steht in Zeile 33 bis 35.

```
foreach X in fr01 fr05a fr05b fr07 fr08 fr11 {
recode `X'(1=4)(2=3)(3=2)(4=1), gen(n`X')
}
```

Dazu geben wir nach dem Listentyp (*in*) an, welche Variablen wir umcodieren möchten. Der Elementname X in Zeile eins ist frei wählbar und muss mit dem Platzhalter für die Variablen in Zeile zwei übereinstimmen. Wir könnten statt der arbiträren Liste auch die Variablenliste verwenden. In Zeile 51 bis 53 haben wir ein Beispiel eingefügt.

Nun erweitern wir die `foreach`-Schleife um mehrere Kommandos. Dazu nutzen wir das vorhergehende Beispiel. Die Syntax für die nachfolgenden Kommandos steht in Zeile 38 bis 43:

```
foreach var of varlist nfr01 nfr05a nfr05b nfr07 nfr08 {
label variable `var' "`var' umcodierte Variable"
label define `var'label 1" STIMME VOLL ZU" 2" STIMME EHER
ZU" 3"STIMME EHER NICHT ZU" 4"STIMME GAR NICHT ZU"
label values `var' `var'label
ta `var'
}
```

Der Listentyp Variablenliste findet erneut Anwendung. Den Variablen *nfr01* bis *nfr08* vergeben wir Variablen- und Wertelabels und lassen uns anschließend die Häufigkeitstabellen ausgeben.

Nun widmen wir uns noch einmal mit einem Beispiel der Nummernliste, in Zeile 51 bis 53 steht die dazugehörige Syntax:

```
foreach num of numlist 1/5 {
generate nvar`num'=0
}
```

Mit dieser Syntax erzeugen wir neue Variablen. Nach dem Listentyp (*numlist*) müssen wir eine Liste mit der Anzahl der neu zu erstellenden Variablen angeben. In der zweiten Zeile schreiben wir die Grundstruktur der neuen Variablennamen, dieser wird anschließend jeweils die Ziffer aus der Nummernliste als „Anhang" zugeordnet. In unserem Fall heißen alle 5 neuen Variablen „nvar" und unterscheiden sich durch die Nummer 1-5. So dass wir die Variablen *nvar1* bis *nvar5* erzeugen, die allen den Wert 0 aufweisen.

3.6.2.forvalues-Schleife

Wie Sie bereits im vorhergehenden Kapitel gesehen haben, sind Schleifen sehr nützliche Werkzeuge. Die `forvalues`-Schleife ist ähnlich wie die `foreach`-Schleife aufgebaut, aber kann nur für Nummernlisten verwendet werden. Die vereinfachte Syntax-Grundstruktur lautet:

```
forvalues lname = range {

Stata Befehle beziehen sich auf `lname'

}
```

Anhand dieser Grundstruktur ist zu erkennen, dass es sich um eine einfachere Variante der `foreach`-Schleife für Nummernlisten handelt: Nach dem Befehlsnamen `forvalues` folgt ein **beliebiger Element Name** (*lname*). Danach steht ein Gleichheitszeichen und ein Zahlenbereich (*range*), gefolgt von der öffnenden Mengenklammer. In der zweiten Zeile schreiben wir beliebige Befehle, die dritte Zeile endet mit der schließenden Mengenklammer. Der Zahlenbereich ist eine Art Nummernliste, die bestimmte Kombinationen von Zahlen abdecken. Einzelne Zahlen oder mehrere Bereiche können nicht angegeben werden, das gilt auch für die `foreach`-Schleife in Verbindung mit Nummernlisten. Die unterschiedlichen Möglichkeiten der Nummernliste ermitteln wir über die Hilfe:

```
. help numlist
```

Wir testen die Schleife an einem Beispiel, dieses finden Sie auch als Do-File (**forvaluesab.do**)

```
forvalues num=1/4{

clonevar new_va0`num'=va0`num'

tab1 new_va0`num'

}
```

Sie haben nun die Variablen *va01* bis *va04* geklont und danach Häufigkeitstabellen für jede neue Variable erstellt. Mit der Nummernliste weisen wir Stata an, die vorhandenen Variablen *va0* mit der Endung 1 bis 4 zu klonen. Die Struktur der Variablen muss in unserem Fall so aussehen, dass die Variablen einen identischen Buchstaben und eine Nummer aufweisen, die der erlaubten Nummernliste entspricht – das funktioniert für Variablenlisten nicht immer. So wandeln wir die Variablen *fr01* bis *fr12* nicht gleichzeitig mit einer Nummernliste um. Einerseits ist die Zahl 0 bei Nummernliste nicht erlaubt. Zudem enthalten manche Variablen aus der Liste (*fr01* bis *fr12)* die Buchstaben *a* oder *b*. Wir codieren mit der Schleife nur die Variablen *fr07* bis *fr09* um, indem die Zahl 0 dem Variablennamen zugeordnet ist:

```
forvalues num=7/9  {
recode fr0`num'(1=4)(2=3)(3=2)(4=1), gen(frnew`num')
}
```

Möglicherweise sehen Sie nicht, welchen Vorteil diese Schleife gegenüber der `foreach`-Schleife bietet. Allerdings ist die `forvalues`-Schleife schneller beim Arbeiten mit Nummernlisten und kann beliebig hohe Zahlen verarbeiten, was mit der `foreach`-Schleife nicht funktioniert.

3.6.3. by-Präfix

Bei der Analyse von Daten kommt es oftmals vor, dass wir Analysen oder Ausgaben getrennt für die Ausprägungen von Variablen durchführen. Beispielsweise das arithmetische Mittel des Einkommens, getrennt nach Ost- und Westdeutschland berechnen. Dafür verwenden wir das `by`-Präfix. Tippen Sie nun folgendes in das Kommandofenster ein:

```
. help generate
```

Vor dem Abschnitt Menü (Menu) steht der Satz: „by is allowed with generate and replace…“. Sobald Sie diese Anmerkung sehen, kann das Präfix ergänzt werden. Es gibt sehr viele Befehle, die das Präfix erlauben: `summarize`, `tabulate`, einige `egen`-Funktionen etc. Wir empfehlen bei Bedarf auszuprobieren, ob das Präfix funktioniert. Sie können auch in der jeweiligen Hilfe mit den Begriffen „by is allowed“ mittels STRG+F oder dem folgenden Symbol in der Menüleiste zu suchen:

Das `by`-Präfix steht vor dem eigentlichen Befehl und kann nicht alleine stehen. Es besteht nur aus dem Wort „`by`“ gefolgt von einer Variablen oder Variablenliste, nach der wir den nachfolgenden Befehl separat für die Kategorien der Variable berechnen. Im Anschluss folgt ein Doppelpunkt, danach kommt der auszuführende Befehl. Die Syntax-Grundstruktur lautet wie folgt:

```
by varlist: stata_cmd
```

Bevor wir das `by`-Präfix anwenden, muss der Datensatz nach den Variable(n) sortiert werden, die in der Variablenliste stehen. Dazu verwenden wir den Befehl `sort`. Als Übung lassen wir uns die Häufigkeitstabellen für die Zufriedenheit (*I023*) mit dem Beruf getrennt für Ost- und Westdeutschland ausgeben:

```
. sort eastwest
. by eastwest: ta I023
```

```
-> eastwest = ALTE BUNDESL
```

WIE ZUFRIEDEN IN BERUF?	Freq.	Percent	Cum.
VOELLIG ZUFRIEDEN	8	9.30	9.30
SEHR ZUFRIEDEN	33	38.37	47.67
ZIEMLICH ZUFRIEDEN	36	41.86	89.53
WEDER NOCH	5	5.81	95.35
ZIEMLICH UNZUFRIEDEN	3	3.49	98.84
VOELLIG UNZUFRIEDEN	1	1.16	100.00
Total	86	100.00	

```
-> eastwest = NEUE BUNDESL
```

WIE ZUFRIEDEN IN BERUF?	Freq.	Percent	Cum.
VOELLIG ZUFRIEDEN	1	3.33	3.33
SEHR ZUFRIEDEN	11	36.67	40.00
ZIEMLICH ZUFRIEDEN	11	36.67	76.67
WEDER NOCH	4	13.33	90.00
ZIEMLICH UNZUFRIEDEN	2	6.67	96.67
SEHR UNZUFRIEDEN	1	3.33	100.00
Total	30	100.00	

Der Befehl `sort` kann zusammen mit dem `by`-Präfix ausgeführt werden. `sort` ist eine Option des `by`-Präfixes. Wenn wir beide kombinieren, lautet das Präfix `bysort`. Am Beispiel des Nettoeinkommens getrennt für Männer und Frauen testen wir das `bysort`-Präfix:

```
. bysort sex: summarize di01a
```

```
-> sex = MANN
```

Variable	Obs	Mean	Std. Dev.	Min	Max
di01a	138	1841.565	1155.517	300	6000

```
-> sex = FRAU
```

Variable	Obs	Mean	Std. Dev.	Min	Max
di01a	129	1176.705	803.8281	50	6000

Mit dem `by`-Präfix können wir Kommandos, getrennt für mehrere Variablen auszuführen. Wir möchten nun ermitteln, wie hoch das arithmetische Mittel des Nettoeinkommens für Männer und Frauen in Ost- und Westdeutschland ausfällt:

```
. bysort sex eastwest: summarize di01a
```

Weiterhin ist es möglich Befehle nach dem Doppelpunkt auch mit weiteren Optionen zu versehen. Falls Sie wissen möchten, wie hoch das arithmetische Mittel des Nettoeinkommens getrennt für Frauen und Männer im Alter unter 66 Jahre ausfällt, schreiben wir:

```
. bysort sex : summarize di01a if age <66 & !(missing age)
```

3.6.4. Zählen mit _n und _N

Stata verfügt über verschiedene Systemvariablen, die mit einem Unterstrich gekennzeichnet sind, _n und _N sind zwei dieser Variablen. Die Systemvariable `_n` enthält die laufende Beobachtungsnummer, während `_N` die die Gesamtzahl der Beobachtungen im Datensatz angibt. Die Variablen `_n` und `_N` sind nützlich, um Beobachtungen zu identifizieren oder Zahlenreihen zu erzeugen etc. Diese Systemvariablen können mit dem `by`-Präfix kombiniert werden: `_n` kann als laufender Zähler innerhalb einer `by`-Gruppe und `_N` als Gesamtfallzahl innerhalb jeder `by`-Gruppe dienen.

☞ Anhand eines kleinen Datensatzes zeigen wir die Funktionsweise auf: **incwork.dta** (oder **incwork.do**). In diesem Datensatz sind 8 Beobachtungen enthalten und die Variablen Einkommen (*inc*) und Berufsqualifikation (*work*)

```
. use incwork.dat

. generate id = _n

. generate total = _N

. list
```

	inc	work	id	total
1.	1560	1	1	8
2.	2840	2	2	8
3.	1076	1	3	8
4.	3990	3	4	8
5.	2882	2	5	8
6.	1090	1	6	8
7.	1985	1	7	8
8.	4090	3	8	8

Anhand der abgebildeten Liste sehen wir, dass mit `_n` die Variable (*id*) erzeugt wird, die der fortlaufenden Nummer der Beobachtungen entspricht, 1 bis 8. Die mit `_N` erzeugte Variable gibt die Gesamtfallzahl wieder, diese lautet 8. Nun betrachten wir die Kombination der beiden Systemvariablen mit dem by-Präfix. Zuvor sortieren[9] wir den Datensatz mit dem sort-Befehl nach *inc* und anschließend nach *work*, indem wir statt by den Befehl bysort schreiben:

```
. sort inc
. bysort work: generate num01 = _n
. bysort work: generate num02 = _N
. list
```

	inc	work	id	total	num01	num02
1.	1076	1	3	8	1	4
2.	1090	1	6	8	2	4
3.	1560	1	1	8	3	4
4.	1985	1	7	8	4	4
5.	2840	2	2	8	1	2
6.	2882	2	5	8	2	2
7.	3990	3	4	8	1	2
8.	4090	3	8	8	2	2

Die Variable *num01* gibt die fortlaufende Beobachtungsnummern innerhalb der by-Gruppen an: Für die Gruppe, die bei *work* die Ausprägung 1 aufweist, sind das die Nummern 1 bis 4, bei der Ausprägung 2 von *work* die Nummern 1 bis 2 etc. Die neue Variable *num02* gibt die Gesamtfallzahl innerhalb jeder Gruppe wieder: 4 bei Gruppe 1 (work=1) und jeweils 2 bei den Gruppen 2 und 3 (work=2 und work=3).

Nun wenden wir die Befehle auf zwei Fragestellungen an. Wir möchten wissen, welche Person das höchste Einkommen innerhalb der drei verschiedenen Berufsgruppen (*work*) erhält. Dazu schreiben wir:

```
. list if num01==num02
```

Wie verhält es sich mit den niedrigsten Einkommen innerhalb der Berufsgruppen? Folgendes Kommando gibt darüber Auskunft:

```
. list if num01==1
```

☞ In diesem Abschnitt sprechen wir über die Anwendung der gezeigten Systemvariablen anhand eines größeren Datensatzes. Wenn Sie sich sicher im Arbeiten mit diesen Variablen fühlen, überspringen Sie den Abschnitt bei Bedarf.

---

[9] Die Sortierung nach *inc* ist für spätere Berechnungen notwendig.

☞ Öffnen Sie den Datensatz **count.de**:

```
. use count.dta
```

Dieser Datensatz enthält nur die Variable Alter aus dem ESS 2014. Nun soll eine Variable erstellt werden, die eine Zählvariable erzeugt, die für identische Alterswerte Werte von 1 bis zur maximalen Anzahl der jeweiligen Ausprägungen vergibt:

```
. bysort agea: gen help=_n
```

Wenn wir den Datensatz öffnen, sehen wir, dass für 15 Jahre alte Personen Werte von 1 bis 24, bei 16- jährigen Werte von 1 bis 40 etc. zugewiesen wurden. Die maximalen Werte von *help* entsprechen somit der Häufigkeit, mit der die einzelnen Variablenausprägungen im Datensatz vorkommen: 15 Jahre 24-mal, 16 Jahre 40-mal etc.

Wir möchten eine Variable erzeugen, die zählt wie oft identische Alterswerte vorkommen. Dazu verwenden wir die Systemvariable _N und das `by`-Präfix:

```
. bysort agea: gen weight=_N
```

Die Variable *weight* gibt an, mit welcher Häufigkeit die jeweiligen Ausprägungen vorkommen. Beim Alter von 15 Jahren 24, bei 16 Jahren 40 etc. Für die Berechnung der neuen Variablen muss der Datensatz zuerst nach der Variablen sortiert werden, für die wir Zählvariablen erzeugen. Nun verkleinern wir den Datensatz, sodass jedes Alter nur einmal vorkommt:

```
. keep if help==1
```

Dazu auch Nicholas J. Cox (Nicholas J. Cox 2002, 90ff) und UCLA (2019).

3.6.5. Taschenrechner

Stata bietet mit Befehl `display` ein weiteres nützliches Tool an. Dieser Befehl kann für die Darstellung von Ergebnissen in Programmen, aber auch als Taschenrechner verwendet werden. Wir beschreiben die zweite Funktion an dieser Stelle kurz.

☞ Wir verwenden die Datei **Allbus202016_red.dta**

Wir möchten wissen, wie viele Personen bei der Variablen „allgemeine Lebenszufriedenheit“ mit „sehr zufrieden“ und „ganz zufrieden“ geantwortet haben, d. h. die Ausprägungen 9 und 10 besitzen. Dazu schauen wir uns die Häufigkeitstabelle an:

```
. ta ls01
```

Es sind 77 plus 48 Personen. Die Summe lassen wir nun mit dem `display`-Befehl ausgeben:

```
. display 77+48
```

Stata zeigt den Wert 125 an. Beim Umcodieren von Variablenwerten überprüfen wir somit schnell, ob wir richtig gerechnet haben. Mit dem `display`-Befehl können sowohl arithmetische, logische und relationale Operatoren miteinander verknüpft und Funktionen ausgeführt werden. Wir möchten die Quadratwurzel von 144 bestimmen, dazu schreiben wir:

```
. display sqrt(144)
```

und erhalten den Wert 12.

Eine weitere Anwendung des `display`-Befehls finden Sie bei der logistischen Regression (siehe Kapitel 7) zur Interpretation von odds ratio. Zwei Kommandos mit der Exponentialfunktion lauten:

```
. display exp(1.2)

. display exp(-12.13+1.14*11)
```

3.7. Gewichtungsbefehle

In der Datenanalyse stellt sich häufig die Frage, ob und wie man die Daten gewichtet. Theoretische Grundlagen zum Thema gewichten diskutieren wir an dieser Stelle nicht, dazu ist das Thema zu komplex und zu umfassend. Wir verweisen auf folgende Literatur: Mukhopadhyay (2018), Gabler (2013), Gabler und Ganninger (2010), Kish (1990), Kohler und Kreuter (2017), Korn und Graubard (2011) und Lohr (2009).

Stata stellt vier verschiedene Typen von Gewichtungsanweisungen zur Verfügung. Sie können bei jedem Befehl sehen, welchen der jeweilige Befehl zulässt, indem Sie sich die Beschreibung des Befehls über die Stata Hilfe anschauen. Zum Beispiel für den `summarize`-Befehl:

```
. help summarize
```

Im Abschnitt Syntax finden Sie folgenden Hinweis zu den möglichen Gewichten: „aweights, fweights, and iweights are allowed. However, iweights may not be used with the detail option".

Die allgemeine Syntax-Grundstruktur zur Gewichtung lautet:

```
command [weightword=exp]
```

Nach dem jeweiligen Stata Befehl (command) steht die Gewichtungsanweisung in eckigen Klammern. `weightword` fungiert als Platzhalter für den Typ des Gewichts. Nach dem

Gleichheitszeichen geben wir den Namen der Gewichtungsvariable des jeweiligen Datensatzes an. Die verschiedenen Typen von Gewichtsbefehlen und deren Namen lauten[10]:

fweight: Frequency weights (Häufigkeitsgewichte) werden eingesetzt, um anzugeben an, wie oft eine Beobachtung im Datensatz vorkommt.

aweight: Analytic weights (analytische Gewichte) werden verwendet, wenn die Fälle im Datensatz einen Mittelwert darstellen. Sie finden unter anderem bei Aggregatdaten Anwendung.

pweight: Probability weights bzw. sampling weights (Wahrscheinlichkeitsgewichte) verwenden wir für Daten aus Stichproben, bei denen die Elemente mit einer bestimmten (Auswahl-) Wahrscheinlichkeit aus der Grundgesamtheit gezogen wurden. Dieser Gewichtungstyp sollte bei komplexen Stichproben einbezogen werden.

iweight: Importance Weights, besitzen keine eindeutige statistische Bedeutung wie die anderen Gewichte. In jedem Befehl, der sie gestattet, kommen Sie individuell zum Einsatz. Sie werden überwiegend von Programmieren verwendet, weshalb wir nicht weiter auf sie eingehen.

Bitte beachten: Wir müssen zwischen Gewichtstyp und Gewichtungsvariablen in Datensätzen unterscheiden! Je nachdem, welchen Datensatz wir verwenden, sind die entsprechende Gewichtungstypen und die passenden Gewichtungsvariablen einzusetzen. Bei Stichprobendaten, wie dem ALLBUS oder dem ESS, sind in der Regel mehrere Gewichtungsvariablen vorhanden. Welche Variable wir verwenden, hängt von der Analyseebene ab, zum Beispiel Personenebene oder Haushaltsebene. Das klingt alles etwas kompliziert, allerdings finden bei den meisten Sekundärdaten Information zum Einsatz der Gewichte. Beim ALLBUS in den Codebüchern der jeweiligen Welle für den ESS unter (European Social Survey 2019): http://www.europeansocialsurvey.org/docs/round8/methods/ESS8_weighting_strategy.pdf

Nun schauen wir uns verschiedene Beispiele dazu an, wobei wir überwiegend mit kleinen Übungsdatensätzen arbeiten.

[10] Falls nur Sie satt der genauen Bezeichnung des Gewichts nur `weight` angegeben, verwendet Stata automatische eine Gewichtungsart. Welche Art von Gewicht das Programm verwendet, erscheint in der Ausgabe.

Häufigkeitsgewichte: fweight

Dieser Gewichtungstyp gibt an, wie häufig eine Variable im Datensatz vorkommt. Stata erlaubt bei diesem Gewicht nur ganze Zahlen. Wir öffnen dazu den Datensatz **count.dta** und lassen uns das arithmetische Mittel des Alters ausgaben:

```
. use count.dta, clear

. summarize agea
```

Variable	Obs	Mean	Std. Dev.	Min	Max
agea	**3,032**	**49.9027**	**18.39172**	**15**	**102**

Das arithmetische Mittel des Alters wurde anhand der Information von 3032 Befragten erstellt und beträgt 49,9027 Jahre. Nun führen wir das Ganze mit dem Datensatz **count02.dta** durch:

```
. use count02.dta, clear

. summarize agea
```

Variable	Obs	Mean	Std. Dev.	Min	Max
agea	**81**	**55.16049**	**23.81987**	**15**	**102**

Dieser Datensatz enthält 81 Befragte und die Variablen Alter (*agea*) und die Gewichtungsvariable (*weight*). Wir setzen nun das Häufigkeitsgewicht von Stata ein und verwenden als Gewichtungsvariable `weight`:

```
. summarize agea [fweight=weight]
```

Variable	Obs	Mean	Std. Dev.	Min	Max
agea	**3,032**	**49.9027**	**18.39172**	**15**	**102**

Das Ergebnis entspricht dem Ergebnis des ersten Datensatzes **count.dta**. Anhand der Datenmatrix oder mit dem `list`-Befehl erstellenden Outputs, sehen wir, dass es keine identischen Werte beim Alter gibt bzw. jedes Alter nur einmal vorkommt.

```
. list in 5/10
```

```
        agea   weight
  1.      15       24
  2.      16       40
  3.      17       43
  4.      18       33
  5.      19       41
```

Sie fragen sich sicher, wie das Ergebnis zustande kommt: Die Gewichtungsvariable `weight` gibt die Häufigkeit an, mit der die unterschiedlichen Ausprägungen der Variable Alter des Datensatzes **count.dta** vorkommen. **count02.dta** ist somit ein verkleinertes Abbild des ursprünglichen Datensatzes **count.dta** mit einer Gewichtungsvariable für die Häufigkeit der Alterswerte. Wenn wir mit solchen Datensätzen arbeiten, ist notwendig das Häufigkeitsgewicht einzubeziehen, um die Fallzahl für die Analysen anzugleichen. Stata bezieht bei der Häufigkeitsgewichtung die Gewichtung so ein, dass jede Beobachtung so oft in die Analysen miteinfließt, wie sie als Werte angegeben wurden. Beim Alter von 15 Jahren folglich 24-mal, bei 16 Jahren 40- mal usw.

Bei Bedarf können wir ungewichtete Datensätze einem dem `contract`-Befehl mit einem Häufigkeitsgewicht versehen und somit reduzieren. Als Übung wandeln wir den Datensatz count.dta um:

```
. clear

. use count.dta

. contract agea
```

Der nun entstandene Datensatz entspricht count02.dta, nur die Variable *weight* wurde durch *_freq* ersetzt. Mit `expand` können wir das Ganze rückgängig machen und somit den Datensatz wieder in seinem ursprünglichen Format überführen. Dieser Befehl ist nützlich, wenn häufigkeitsgewichtete Daten vorliegen, Stata Befehle aber keine Häufigkeitsgewichte zulassen. Für den eben erzeugten Datensatz lautet das Kommando:

```
. expand _freq
```

Analytische Gewichte: aweight

Manchmal werden Individualdaten auf einer höheren Ebene zusammengefasst, der Fachbegriff dafür lautet aggregieren. So ist es möglich Individualdaten, zum Beispiel die Variable Alter oder die Frage zur Religionsgemeinschaft (ESS 2014 „Gehören Sie einer bestimmten Religion an?“) auf der Kollektivebene darzustellen. Wenden wir dieses Vorgehen bei den genannten Variablen auf Landesebene an, so fassen wir das Alter und das Einkommen mithilfe des arithmetischen Mittels zusammen und die Frage zur Religionsgemeinschaft wandeln wir Prozentwerte um (% der Befragten gehören einer Religionsgemeinschaft an). Die Aggregation erfolgt in diesem Fall durch die Berechnung von Mittelwerten und Prozentwerten. Bei Aggregatdaten ist es notwendig, einen anderen Gewichtungstyp zu verwenden als bei Individualdaten. Hier kommen die analytischen Gewichte (*aweight*) zum Einsatz. Die Gewichtungsvariable repräsentiert die Anzahl der Personen, für die Anteile oder Mittelwerte gebildet wurden.

☞ Als Übungsdatensatz verwenden wir einen auf Basis des ESS 2014 aggregierten Datensatz: **ess7agg.dta**.

Dieser Datensatz enthält Information auf Aggregatebene von Befragten des ESS. Wir berechnen nun das arithmetische Mittel des Alters:

```
. summarize mean_age
```

Variable	Obs	Mean	Std. Dev.	Min	Max
mean_agea	**21**	**49.24771**	**1.741767**	**46.76671**	**52.89881**

Das arithmetische Mittel des Alters der 21 im ESS 2014 vertretenen Länder beträgt in dieser Tabelle 49,24771 Jahre mit einer Standardabweichung von 1.741767 Jahren. Für die korrekte Analyse ist es nun notwendig, im Kommando mit der Gewichtungsvariable *popw* zu gewichten, unter Angabe des Gewichtungstyps (`aweight`):

```
. summarize mean_age [aweight=popw]
```

Variable	Obs	Weight	Mean	Std. Dev.	Min	Max
mean_agea	**21**	**40185**	**49.28255**	**1.680717**	**46.76671**	**52.89881**

In der Ausgabe stehen immer noch 21 Beobachtungen, unter dem Begriff „Weight“ wird aber die Zahl 40185 angegeben, was der Anzahl der Befragten im ESS 2014 entspricht. Bei diesen aggregierten Daten, entspricht ein Fall dem arithmetischen Mittel oder Prozentwert, dieser wurde aus Individualdaten verdichtet. Die Gewichtungsvariable (hier *popw*) gibt die Anzahl der Beobachtungen wieder, auf dessen Basis der Mittelwert bzw. Prozentwert berechnet wurde. Zum besseren Verständnis öffnen Sie den Datensatz oder lassen sich einen Auszug daraus mit dem `list`-Befehl ausgeben:

```
. list cntry mean_age popw in 1/5
```

	cntry	mean_agea	popw
1.	AT	49.215762996	1795
2.	BE	46.936687394	1769
3.	CH	47.356629654	1532
4.	CZ	46.797006548	2148
5.	DE	49.902704485	3045

Der Variablenname *cntry* steht für das jeweilige EU-Land im ESS. Jede Zeile repräsentiert ein anderes Land: Pro Land steht die Information des arithmetischen Mittels des Alters (*mean_age*) der Bewohner zur Verfügung. Die Gewichtungsvariable *popw* entspricht der Anzahl der Bewohner eines Landes. Das aggregierte arithmetische Mittel des Alters in Deutschland beträgt 49,902704485, basierend auf den Angaben von 3045 Befragten.

Wahrscheinlichkeitsgewichte: pweight

Bei der Datenanalyse arbeiten wir meistens mit Stichprobendaten und ziehen Schlüsse von der Stichprobe, auf die Population, auch häufig als Grundgesamtheit bezeichnet. Diese sogenannten inferenzstatistischen Verfahren, gehen von einfachen Zufallsstichproben aus. Bei den meisten Studien, wie dem ALLBUS oder ESS, finden aber andere Stichprobenverfahren Anwendung. Gewichten wir bei der Datenanalyse nicht mit einem passenden Gewicht, sind die Punktschätzer verzerrt, wie zum Beispiel das arithmetische Mittel. Nicht korrekte Gewichtungen führen zu fehlerhaften Signifikanztests und Konfidenzintervallen (Korn und Graubard 2011). Abhilfe schafft in diesem Fall das Wahrscheinlichkeitsgewicht (probability weights bzw. sampling weights) von Stata, das mit dem Befehl `pweight` ausgeführt wird. Die meisten Statistikprogramme bieten einen solchen Typ von Gewichtung nicht an, in diesem Fall muss man sich anderer Verfahren bedienen, wie der Konstruktion einer entsprechenden Gewichtungsvariable, um korrekte Analyseergebnisse zu erhalten.

Eine andere Möglichkeit der Gewichtung solcher Daten ist der Einsatz des `svyset`-Befehls, der aus dem jeweiligen Datensatz einen Surveydatensatz macht und anschließend wird vor jedem Befehl ein `svy`-Präfix voranstellt. Allgemein lautet die Syntax dafür (ausführlich bei Kohler und Kreuter (2017, 230ff.):

```
. svyset [pweight=exp]

. svy: command
```

☞ Wir betrachten nun Beispiele für die Gewichtung des ESS 2016 (**ESS7DE.dta**) mit dem Wahrscheinlichkeitsgewicht. Information zur Gewichtung im European Social Survey finden Sie bei Gabler und Ganninger (2010, 158ff). Dort erhalten Sie auch Information zur Gewichtung beim ESS auf Basis mehrere Länder oder Runden.

Die notwendige Gewichtungsvariable des ESS 2018 (European Social Survey 2019, 2014) heißt *dweight*, siehe:

https://www.europeansocialsurvey.org/docs/methodology/ESS_weighting_data_1.pdf

http://www.europeansocialsurvey.org/docs/round8/methods/ESS8_weighting_strategy.pdf

Beim Berechnen des arithmetischen Mittels inklusive des Konfidenzintervalls für die Variable Lebenszufriedenheit (*stflife*) verwenden wir den `mean`-Befehl, der `summarize`-Befehl erlaubt keine Wahrscheinlichkeitsgewichte:

```
. mean stflife [pweight= dweight]
```

```
Mean estimation                   Number of obs    =      2,846

--------------------------------------------------------------
             |       Mean   Std. Err.     [95% Conf. Interval]
-------------+------------------------------------------------
     stflife |    7.61129   .0381538      7.536479    7.686102
--------------------------------------------------------------
```

Stattdessen können wir den Datensatz als Surveydatensatz definieren und die Befehle ausführen:

```
. svyset [pweight= dweight]

. svy: mean stflife
```

```
Survey: Mean estimation

Number of strata =       1        Number of obs    =      2,846
Number of PSUs   =   2,846        Population size  =  2,846.027
                                  Design df        =      2,845

--------------------------------------------------------------
             |             Linearized
             |       Mean   Std. Err.     [95% Conf. Interval]
-------------+------------------------------------------------
     stflife |    7.61129   .0381538      7.536479    7.686102
--------------------------------------------------------------
```

☞ Für Interessierte: Bei Punktschätzern, wie dem arithmetischen Mittel, genügt es mit der korrekten Gewichtungsvariable (Kehrwert der Auswahlwahrscheinlichkeit) zu gewichten, und dann das analytische Gewicht oder importance Weight zu verwenden[11]. Dadurch wird die Verzerrung bei der Datenanalyse vermieden. Wenn Sie Kennwerte auf Basis von Stichprobenverteilungen berechnen, wie Konfidenzintervalle oder Signifikanztests, funktioniert das nicht, sie erhalten verzerrte Schätzwerte. In diesem Fall ist die Angabe von `pweight` für die Analysen notwendig. Möchten Sie beispielsweise nur das arithmetische Mittel der Lebenszufriedenheit berechnen, funktionieren auch folgende Kommandos (siehe oben):

```
. sum stflife [aweight=dweight]
```

```
. sum stflife [iweight=dweight]
```

3.8. Interne Resultate

In den ersten Kapiteln haben Sie bereits mehrere Befehle zum Analysieren von Daten kennen gelernt, wie den `summarize`-Befehl zur Ausgabe des arithmetischen Mittels. Stata speichert bei statistischen Prozeduren die Ergebnisse temporär ab, diese werden **interne Resultate** genannt. Für weitere Analysen können wir diese Kennwerte verwenden, beispielsweise, wenn wir Variablen zentrieren. Beim Zentrieren ziehen wir von jedem Wert einer Variable, dessen Mittelwert ab. Ein Beispiel schauen wir uns weiter unten an.

Stata kennt mehrere Arten von internen Resultaten, wobei zwei Typen für unsere Zwecke wichtig sind: `r`-Typen und `e`-Typen. Bei den meisten statistischen Analysen werden `r`-Typen erzeugt, wie beim `summarize`-Befehl.

☞ Wir verwenden die Datei **Allbus202016_red.dta** und tippen Sie folgendes Kommando ein:

```
. summarize age
```

Wir haben nun diverse deskriptive Statistiken für das Alter berechnet. All diese Kennzahlen und weitere speichert Stata nun bis zum Abschicken des nächsten Kommandos als internes Resultat ab. Wollen wir den Inhalt der internen Resultate anschauen, so schreiben wir folgendes Kommando:

```
. return list
```

---

[11] Die Anwendung des Häufigkeitsgewichts wäre auch möglich, aber es erlaubt nur ganze Zahlen, was beim Kehrwert der Auswahlwahrscheinlichkeit nicht gegeben ist.

Für den `summarize`-Befehl erhalten wir folgende Kennzahlen:

Internes Resultat	Beschreibung
r(N)	Fallzahl
r(sum_w)	Summe der Gewichte
r(mean)	arithmetisches Mittel
r(Var)	Varianz
r(sd)	Standardabweichung
r(min)	Minimum
r(max)	Maximum
r(sum)	Summe

Tabelle 3.2: Interne Resultate summarize

Die Liste aller internen Resultate für diesen Befehl sehen wir, mit der Online Hilfe zum jeweiligen Befehl, beim `summarize`-Befehl mit `help summarize`. Diese finden Sie unter „Stored results" die Angabe. Den `summarize`-Befehl erweitern wir nun mit der Option `detail`:

```
. summarize age, detail
```

Dann erhalten wir weitere deskriptive Statistiken, wie Perzentile usw. Auch diese werden als interne Resultate gespeichert, wenn wir sie mit dem Befehl `return list` anfordern. Stata zeigt nun alle bei diesem Befehl automatisch gespeicherten internen Resultate an. Nun erstellen wir eine zentrierte Variable anhand der Variable Alter. Dazu ziehen wir von den Variablen ihr arithmetisches Mittel ab. Wenn wir zuerst das arithmetische Mittel berechnen und den Wert anschließend von den Variablenwerten abziehen, ist das nicht nur umständlich, sondern kann zu schwerwiegenden Fehlern führen. Statt diesem Kommando:

```
. summarize age

. generate zmean=age- 51.90258
```

schreiben wir[12]:

```
. sum age

. gen cmean=age-r(mean)
```

Bei Schätzverfahren, wie der linearen oder logistischen Regression, werden interne Resultate als `e`-Typen gespeichert. Welche internen Resultate das sind, finden Sie in der Online Hilfe zu den jeweiligen Befehlen, die gespeicherten Werten mit `return list`. Der Befehl

[12] Wir verwenden nun die abgekürzten Befehle.

wird analog zum e-Typ als `ereturn list` bezeichnet. Wir lassen uns eine Regressionsanalyse (siehe Kapitel 6) ausgeben und anschließend die gespeicherten internen Resultate ausgeben:

```
. regress dw15 di01a
. ereturn list
```

Weitere Information zur Anwendung dieser internen Resultate finden Sie im Kapitel zur Regressionsanalyse (vergleiche Kapitel 6.2 „Interne Resultate").

In den besprochenen Kapiteln haben wir folgende Literatur einbezogen: Acock (2014), Baum (2016), Diaz-Bone (Diaz-Bone 2013), Kohler und Kreuter (2017), Kopp und Lois (2014), Kühnel und Krebs (2012), Rising (2010) und Rößler und Ungerer (2016).

3.9. Zusammenfassung der Befehle[13]

Befehl	Beschreibung
`if`	Berechnung unter Bedingung
`in`	Beschränkt Befehle auf bestimmte Bedingungen ein
`drop`	Löscht Beobachtungen und Variablen
`keep`	Alle nicht genannten Variablen werden gelöscht
`(e)return list`	Zeigt interne Resultate
`_n`	Sytemvariable
`_N`	Systemvariable
`aweight`	Analytisches Gewicht
`bysort`	Datensatz sortieren und getrennte Ausgabe
`clonevar`	Variablen klonen
`contract`	Datensatz in häufigkeitsgewichteten umwandeln
`decode`	Erstellen von String Variablen
`destring`	Recodieren von String Variablen
`display`	Statas eigener Taschenrechner
`egen`	Erweiterung des generate-Befehls
`egenmore()`	Erweiterung des egen-Befehls
`encode`	Recodieren von String Variablen
`expand`	Datensatz aus häufigkeitsgewichteten erstellen

[13] Es können an dieser Stelle nicht alle gezeigten Befehle aufgeführt werden, wie die verschiedenen `egen`-Funktionen, Programm Funktionen etc.

Befehl	**Beschreibung**
`foreach`	Schleife zum Wiederholen von Befehlen
`forvalues`	Schleife: Wiederholen von Befehlen (Nummernlisten)
`fweight`	Häufigkeitsgewicht
`inlist`	Programming function, u.a.
`inrange`	Programming functions
`irecode()`	Programming functions
`iweight`	Importance Weight
`missing()`	Zählt fehlende Werte
`mvdecode`	Fehlende Werte zuweisen
`pweight`	Wahrscheinlichkeitsgewicht
`recode()`	Variablen umcodieren/Funktion zum Gruppieren
`sort`	Datensatz sortieren
`syset`	Datensatz als Surveydatensatz definieren
`totring`	Recodieren von numerischen Variablen

3.10. Übungsaufgaben

☞ Öffnen Sie den Datensatz Allbus2012_red.dta.

1. Erstellen Sie eine neue Variable für die für Hausarbeit aufgebrachte Zeit von Befragten, die mindestens 20 Stunden pro Woche arbeiten und lassen Sie sich die Häufigkeitstabelle ausgeben.
2. Lassen Sie sich für die Variable Arbeitsstunden pro Woche eine Liste mit den Angaben für die ersten zehn Befragten des Datensatzes ausgeben.
3. Für „Mutige“: Berechnen Sie zwei neue Variablen, für die männliche und weibliche Hausarbeitszeit. Dazu benötigen Sie die Information, wie viel Zeit die Befragten und deren Partner mit Hausarbeit verbringen. Lassen sie sich anschließend die Häufigkeitstabelle und das arithmetische Mittel ausgeben.
4. Erstellen Sie eine neue Variable für das Nettoeinkommen (*v346*) und schließen Sie die fehlenden Werte aus. Vergeben Sie den Variablenausprägungen „verweigert“ und „kein Einkommen“ unterschiedliche Missingvalue Codes und lassen Sie sich anschließend für die alte und die neuen Einkommensvariablen das arithmetische Mittel ausgeben.
5. Wie hoch ist das arithmetische Mittel und die Standardabweichung des Nettoeinkommens von Ostdeutschen und wie hoch von Westdeutschen?
6. Lassen Sie sich das Nettoeinkommen mit ohne Gewichtungsvariable ausgeben.

7. Kodieren Sie bei den Einstellungsvariablen *v106 v108 v109* die Werte so um, dass 1 zu 4 wird, 2 zu 3 usw. (Werte umpolen) und lassen Sie sich anschließend die Häufigkeitstabelle für die alten und neuen Variablen ausgeben. Nun rechnen Sie nach, ob die Häufigkeiten von *v109n* mit denen von *v109* übereinstimmen, wenn Sie den Wert 0 weglassen.
8. Erstellen Sie Aufgabe 7 mit einer Schleife.
9. Erstellen Sie eine Kopie der Variable „WIE GLUECKLICH SIND SIE ALLES IN ALLEM?“ und schließen Sie dabei die Variablenausprägungen („kein ISSP“, „kann nicht sagen“) mit einem Punkt aus.
10. Erstellen Sie aus der Variable Geschlecht eine 0/1 codierte Variable, weibliche Befragte erhalten den Wert 1, verwenden Sie zwei verschiedene Befehle.
11. Erstellen Sie für die für Hausarbeit aufgebrachte Zeit (*v666*) eine neue gruppierte Variable, die folgende Klassen aufweist: bis 10 Std, über 10 bis 20 Stunden, über 20 bis 30 Stunden, über 30 bis 40 Stunden, über 40 Stunden.
12. Erstellen Sie aus der Variable *v666* eine Variable, die den Mittelwert dieser Variable angibt und lassen Sie sich anschließend eine Häufigkeitstabelle für die Befragten 10 bis 20 ausgeben.
13. Löschen Sie alle Variablen aus dem Datensatz außer diejenigen, die Sie neu erstellt haben.

☞ Verwenden Sie nun die Datei **fstudy.dta**.

14. Wandeln Sie die Variablen *fnmother* und *hid* in numerische Variablen um und schauen Sie sich die Häufigkeitsverteilung der neu erstellten Variablen an.
15. Erzeugen Sie eine neue Variable, die angibt wie oft im Datensatz identische Geburtsmonate und Jahre (*month*, *year*) angegeben wurden.
16. Erstellen Sie eine Variable die für die Variable *year* aufsteigende Werte (1 bis Gesamtfallzahl) erzeugt und lassen Sie sich eine Liste der Variable *year* und der neuen Variablen ausgeben.

Lösungen der Übungsaufgaben:

ÜbungenKapitel03.do

4. Univariate Datenanalyse

Nachdem wir im uns im letzten Kapitel ausführlich der Datenaufbereitung gewidmet haben, wenden wir uns in den nachfolgenden Kapiteln der Analyse von Daten zu. Zu Beginn beschäftigen wir uns mit der Beschreibung (Deskription) von Variablen. In diesem Kapitel besprechen wir Analysen auf Basis einer Variablen, d. h. wir wenden uns der so genannten univariaten Datenanalyse zu. Im Anschluss betrachten wir in den darauffolgenden Kapiteln zwei und mehrere Variablen, sogenannte bivariate und multivariate Verfahren.

Deskriptive Statistiken finden wir nicht nur in wissenschaftlichen Arbeiten, sondern in vielen Bereichen: Sobald wir Nachrichten hören oder Zeitungen lesen, finden sich insbesondere univariate Statistiken, beispielsweise Maßzahlen. Eine solche Maßzahl ist das durchschnittliche Einkommen, aber auch die durchschnittliche Wartezeit im Bürgerbüro, die Auslastung an Betten in einem Hotel oder Anteil der Wähler eine Partei XY, zählen dazu.

Wir verwenden univariate Statistiken, um die Verteilung einzelner Variable zu beschreiben. Die Ausprägungen der Variable bestimmt die Art der Verteilung. Die Beschreibung von Verteilungen kann auf unterschiedlichem Wege erfolgen, in Form von statistischen Maßzahlen, Tabellen oder Grafiken. Im Weiteren lernen Sie die wichtigsten kennen, die in den Sozialwissenschaften Anwendung finden. Zuvor beschäftigen wir uns mit dem Thema Skalenniveaus von Variablen. Welche Statistiken wir berechnen, ist vom jeweiligen Skalenniveau der Variable abhängig.

☞ Falls Sie über Kenntnisse der Skalenniveaus verfügen, können Sie diesen Abschnitt überspringen.

In den Sozialwissenschaften unterscheiden wir in der Regel vier Skalenniveaus : **Nominal-**, **Ordinal-**, **Intervall-** und **Ratioskalen**. Die Skalenniveaus bilden eine Hierarchie: ein höheres Skalenniveau umfasst alle Eigenschaften des niedrigeren Skalenniveaus. Nach der hierarchischen Abfolge geordnet lauten die Skalenniveaus Nominalskala, Ordinalskala, Intervallskala und Ratioskala.

Bei **Nominalskalen**: lässt sich nur bestimmen, ob die Merkmalsausprägungen gleich oder verschieden sind. Beispiele für nominalskalierte Variablen sind Geschlecht, Familienstand, Länder, Studienfach etc. Die Merkmalsprägungen können aus Zahlen oder Zeichenkennten bestehen.

Ordinalenskalierte Variablen weisen Merkmalsmalsauprägungen auf, welche sich in eine natürliche Rangordnung überführen lassen. Die Abstände zwischen den Ausprägungen können wir nicht sinnvoll interpretieren, sondern nur angeben, dass eine Ausprägung größer oder kleiner als die andere ist. Beispiele sind Schulnoten, Soziale Schicht, Einstellungsskalen etc.

Bei einer **Intervallskala** kann man die Abstände zwischen den Ausprägungen vergleichen und aus diesem Grund Differenzen bilden, aber es existiert kein natürlicher Nullpunkt. Beispiele sind Geburtsjahr oder Temperatur in Grad Celsius.

Bei einer **Ratioskala** existiert im Gegensatz zur Intervallskala ein sinnvoll interpretierbarer Nullpunkt und Verhältnisse können verglichen werden. Rational skalierte Variablen sind zum Beispiel Einkommen, Kinderzahl, Schuljahre etc.

Zudem existieren weitere Unterscheidungen: **Qualitative Variablen** sind Variablen, die wir nur nach ihrer Eigenschaft der Art, Beschaffenheit oder Qualität unterscheiden können. Nominale Variablen zählen zu qualitativen Variablen. **Quantitative Variablen** sind zahlenmäßige Variablen, ihre Ausprägungen messen das Ausmaß, das heiß die die Quantität, einer bestimmten Eigenschaft. Intervall und rational skalierte Variablen werden den quantitativen Variablen zugeordnet. Ordinale Variablen lassen sich in dieses Schema schwer einordnen: In der wissenschaftlichen Literatur herrscht keine einheitliche Meinung darüber, ob sie zu qualitativen oder quantitative Variablen zählen oder nicht. Sie weisen zwar Ähnlichkeiten mit quantitativen Variablen auf, da sie eine Rangordnung aufweisen, allerdings ist das Ausmaß des Unterschieds unbekannt, sodass Intervalle nicht vergleichbar sind. Quantitative Variablen unterteilen wir in diskrete und stetige Variablen. **Diskrete Variablen** (diskontinuierliche) können nur einen bestimmten Wert annehmen, dieser kann aber einen großen Bereich umfassen. Es handelt sich meistens um einen Zählvorgang. Beispiele sind Einkommen, Einwohnerzahl etc. **Stetige Variablen** (kontinuierliche) können jeden beliebigen Wert annehmen, ihr Ausdehnungsbereich kennt keine Lücken, meistens handelt es sich hier um einen Messvorgang. Als Beispiele sind Entfernung, Alter und Körpergröße zu nennen. Nominale und Ordinale Variablen zählen zu den **kategorialen Variablen**. Das sind Variablen, die eine begrenzte Anzahl von Ausprägungen aufweisen. Intervall und Rationalskalen fassen wir oft unter dem Begriff **metrische Variablen** zusammen.

☞ Wir verwenden in diesem Kapitel überwiegend die Datei **ESS8DE.dta**. Öffnen Sie die Datei über die Menüleiste oder geben Sie zum Öffnen der Datei folgenden Befehl ein[1]:

```
. use ESS8DE.dta
```

[1] Siehe Kapitel 2: Datensätze einlesen: use.

Beim ESS werden Umlaute nicht korrekt angezeigt, dazu ist es notwendig den Datensatz zu modifizieren. Für unsere Zwecke ist das unproblematisch, wenn Sie das stört, erhalten Sie weitere Information dazu unter:

```
. help unicode_advice
```

4.1. Häufigkeitstabellen

Verteilungen von Variablen mit wenigen Ausprägungen bzw. kategoriale Variablen, stellen wir oft in Form von Tabellen dar, meistens in Form von Häufigkeitstabellen. Diese Tabellen geben an, wie oft die unterschiedlichen Merkmalsausprägungen einer Variablen vorkommen. In die erste Spalte werden die Merkmalsausprägungen eingetragen, die Anzahl der Ausprägungen repräsentiert der Buchstabe i. Die Merkmalsausprägungen werden in Statistikprogrammen aufsteigend sortiert angezeigt. In der nächsten Spalte tragen wir die absolute Häufigkeit ab, d. h. es wird abgezählt, wie oft die Merkmalsaufprägung vorkommt. In den meisten Häufigkeitstabellen wird in der dritten Spalte die relative Häufigkeit dargestellt. Im Folgenden verwenden wir f_i für die absolute Häufigkeit, h_i für die relative Häufigkeit und n für die Gesamtfallzahl bzw. Anzahl der Fälle in der Stichprobe. Die relative Häufigkeit setzt die absoluten Häufigkeiten in Relation zur Gesamtfallzahl:

$$h_i = \frac{f_i}{n}$$

Stata gibt statt der relativen Häufigkeit, die prozentuale Häufigkeit, d. h. Prozentwerte aus:

$$\%h_i = \frac{f_i}{n} * 100$$

4.1.1. Häufigkeitstabellen mit tabulate

Den Befehl für eindimensionale Häufigkeitstabellen, `tabulate` haben wir bereits mehrfach verwendet. Die Syntax-Grundstruktur dieses Stata Kommandos lautet:

```
tabulate varname [if] [in] [weight] [, tabulate1_options]
```

Für zwei oder mehrere Variablen verwenden wir den Befehl `tab1` (siehe Abschnitt 4.1.2) gefolgt von einer Variablenliste[2]. Mit folgendem Befehl gibt Stata die Häufigkeitstabelle der ordinalen Variable Einschätzung des Gesundheitszustands *health* aus:

```
. tabulate health
```

[2] Stata verwendet den `tabulate`-Befehl für Häufigkeitstabellen und Kreuztabellen, d.h. eindimensionale und zweidimensionale Häufigkeitstabellen.

Subjective general health	Freq.	Percent	Cum.
Very good	465	16.32	16.32
Good	1,243	43.63	59.95
Fair	868	30.47	90.42
Bad	225	7.90	98.32
Very bad	48	1.68	100.00
Total	2,849	100.00	

Die erste Spalte gibt die Wertelabels der Variable Gesundheitszustand wieder. Falls eine Variable keine Wertelabels aufweist, werden die Ausprägungen (numerisch oder alphanumerisch) dargestellt. In der zweiten Spalte steht die absolute Häufigkeit (Freq.). In der dritten Spalte finden sich die prozentualen Häufigkeiten und in der vierten Spalte die kumulierten Häufigkeiten, die durch aufaddieren zustande kommen.

Anhand der Tabelle lesen wir ab, dass 465 Befragte ihren Gesundheitszustand als sehr gut einschätzen, dies entspricht $\%h_i = \frac{465}{2849} * 100 = 16{,}32$ Prozent. Die Kumulierung von Prozentwerten ist bei Variablen mit nominalem Skalenniveau nicht sinnvoll. In unserer Häufigkeitstabelle interpretieren wir somit die kumulierten Werte, beispielsweise schätzen fast 60 Prozent der Befragten ihre Gesundheit als gut bis sehr gut ein.

Häufigkeitstabellen mit fehlenden Werten

Die Ausgabe von Häufigkeitstabellen erfolgt in Stata ohne Angaben von fehlenden Werten. Mit der Option `missing` zeigt das Programm diese wiederum an. Dazu schreiben wir folgenden Befehl, hier in der abgekürzten Variante:

```
. ta health, missing
```

Nun wird die Tabelle auf Basis aller Beobachtungen einschließlich der fehlenden Werte ausgegeben. Allerdings ändern sich dadurch die Angaben zu prozentualen und kumulierten Häufigkeiten minimal, sie werden auf Basis der Gesamtfallzahl (2852 statt 2849) berechnet.

Subjective general health	Freq.	Percent	Cum.
Very good	465	16.30	16.30
Good	1,243	43.58	59.89
Fair	868	30.43	90.32
Bad	225	7.89	98.21
Very bad	48	1.68	99.89
Refusal	1	0.04	99.93
Don't know	2	0.07	100.00
Total	2,852	100.00	

Erweiterte Häufigkeitstabellen

Die Ausgabe von Häufigkeitstabellen in der oben gezeigten Form ist allerdings nicht einfach zu interpretieren. Wir sehen nur die Wertelabels und nicht die numerischen Werte. Mit der Option `nolabel`, können wir uns eine Häufigkeitstabelle mit den Variablenausprägungen ausgeben lassen. Allerdings werden dann die Wertelabels nicht angezeigt. Abhilfe schafft der Befehl `numlabel`. Er nimmt die Variablenwerte in die Wertelabels mit auf, indem er sie den Wertelabels voranstellt:

```
. numlabel health, add
. ta health
```

Subjective general health	Freq.	Percent	Cum.
1. Very good	465	16.32	16.32
2. Good	1,243	43.63	59.95
3. Fair	868	30.47	90.42
4. Bad	225	7.90	98.32
5. Very bad	48	1.68	100.00
Total	2,849	100.00	

Die Angabe der numerischen Werte lässt sich mit der Option `remove` wieder entfernen:

```
. numlabel health, remove
```

Um alle Variablen mit `numlabel` zu ergänzen, schreiben wir

```
. numlabel _all, add
```

Alle geänderten Wertelabels entfernen wir wieder mit folgendem Kommando:

```
. numlabel _all, remove
```

4.1.2. Weitere Häufigkeitstabellen

Häufigkeitstabellen mit dem fre-Befehl

Eine andere Möglichkeit, um Häufigkeitstabellen mit Variablenausprägungen und Wertelabes zu erstellen bietet das fre-Modul vom Stata Nutzer Jann Ben (2007)[3]. Für die Installation verwenden wir folgendes Kommando:

```
. ssc install fre
```

Der Befehl `fre` gibt für eine Variable oder Variablenliste eine univariate Häufigkeitstabelle aus: absolute Häufigkeit, Prozent, gültige Prozent gültige kumulative Prozentwerte und fehlende Werte. Für die Ausgabe der oben gezeigten Häufigkeitstabelle ersetzen wir den `tabulate`-Befehl durch `fre`:

```
. fre health
```

health — Subjective general health

		Freq.	Percent	Valid	Cum.
Valid	1 Very good	465	16.30	16.32	16.32
	2 Good	1243	43.58	43.63	59.95
	3 Fair	868	30.43	30.47	90.42
	4 Bad	225	7.89	7.90	98.32
	5 Very bad	48	1.68	1.68	100.00
	Total	2849	99.89	100.00	
Missing	.b Refusal	1	0.04		
	.c Don't know	2	0.07		
	Total	3	0.11		
Total		2852	100.00		

Sollen fehlende Werte nicht in den Häufigkeitstabellen erscheinen, ist die `nomissing`-Option einzufügen:

```
. fre health, nomissing
```

Häufigkeitstabellen für mehrere Variablen

Zum Erstellen von Häufigkeitstabellen für mehrere Variablen müssen wir statt des `tabulate`-Befehls `tab1` schreiben, gefolgt von der Variablenliste. Die Angabe von zwei

[3] Für weitere Information: http://www.soz.unibe.ch/ueber_uns/personen/jann/stata_packages_by_ben_jann/index_ger.html

Variablennamen erzeugt eine Kreuztabelle, während bei mehr als zwei Variablen eine Fehlermeldung erscheint. Für die Ausgabe von mehreren Variablen zur Einschätzung der Zufriedenheit schreiben wir:

```
. tab1 stflife stfeco stfgov stfdem stfedu stfhlth
. tab1 stflife - stfhlth
. tab1 stf*
```

Die Optionen `missing` und `nolabel` sind bei diesen Tabellen zulässig. Optionen müssen, wie üblich, mit einem Komma nach den Variablennamen stehen, zum Beispiel:

```
. tab1 stf*, missing nolabel
```

Bei der Verwendung des `fre` Befehls (siehe oben) erzeigen wir Häufigkeitstabellen für eine Variablenliste analog zum `tabulate`-Befehl:

```
. fre stflife stfeco stfgov stfdem stfedu stfhlth
. fre stflife - stfhlth
. fre stf*
```

Häufigkeitstabellen zum Vergleich von Verteilungen

Weiterhin ist es möglich, sich Häufigkeitstabellen getrennt für die Ausprägungen von Variablen ausgeben zu lassen, indem das `bysort`-Präfix dem Befehl vorangestellt wird. Das gilt sowohl für den `tabulate` als auch den `fre` Befehl und für Ausgaben mit und ohne fehlende Werte. In unserem Beispiel betrachten wir die Einschätzung des Gesundheitszustands getrennt für Frauen und Männer:

```
. bysort gndr: ta health
```

```
-> gndr = Male

health — Subjective general health
```

	Freq.	Percent	Cum.
1 Very good	260	17.25	17.25
2 Good	673	44.66	61.91
3 Fair	438	29.06	90.98
4 Bad	113	7.50	98.47
5 Very bad	23	1.53	100.00
Total	1507	100.00	

```
-> gndr = Female

health — Subjective general health
```

	Freq.	Percent	Cum.
1 Very good	205	15.28	15.28
2 Good	570	42.47	57.75
3 Fair	430	32.04	89.79
4 Bad	112	8.35	98.14
5 Very bad	25	1.86	100.00
Total	1342	100.00	

Mit dem `fre`-Befehl lautet das Kommando:

```
. bysort gndr: fre health
```

ohne fehlende Werte:

```
. bysort gndr: fre health, nomissing
```

Wie wir aus den Tabellen ablesen, sind Frauen etwas unzufriedener mit ihrem Gesundheitszustand als Männer. Anhand der kumulierten Werte lesen wir ab, dass 57,75 % der Frauen ihren Gesundheitszustand als „sehr gut" und „gut" bewerten, dagegen 61,91 % der Männer. Ebenso eben mehr Frauen (8,35 % + 1,86 % = 10, 21 %) „schlecht" und „sehr schlecht" angeben als Männer (7,50 % + 1,53 % = 9,03 %).

4.1.3. Gruppierte Daten

Für Variablen mit vielen Ausprägungen, insbesondere metrische Variablen, ist die Darstellung in Form von Häufigkeitstabellen nicht sinnvoll: Identische Merkmalsausprägungen kommen selten vor, somit werden Tabellen lang und unübersichtlich. Eine Möglichkeit die Variablen dennoch in Häufigkeitstabellen darzustellen besteht durch das Zusammenfassen von Variablenwerten, das als Gruppieren oder Klassieren bezeichnet wird. Dabei werden mehrere Werte zu einem Wertebereich zusammengefasst. Anschließend ermitteln wir, wie viele Ausprägungen der Variable in den jeweiligen Klassen vorhanden sind. Absolute und relative Häufigkeiten stehen nun nicht mehr für einzelne Variablenausprägungen, sondern die jeweilige Klasse. Durch das Gruppieren kommt es zu einem Informationsverlust, der möglicherweise Unterschiede in der Verteilung verstärkt oder verdeckt. Bei klassierten Daten fehlt die Information zu den ursprünglichen Ausprägungen der Variable. Nehmen wir als Beispiel das Einkommen von Personen in der Klasse zwischen 1001 und 2000 Euro liegt, so ist es nicht möglich zu ermitteln, wie viel Einkommen eine bestimmte Person erhält.

Beim Gruppieren sind einige Regeln zu beachten. Die gebildeten Klassen müssen überschneidungsfrei sein, d. h. jede Ausprägung der Variable darf nur in einer Klasse vorhanden sein. Zudem sollen die Klassen lückenlos aufeinanderfolgen, das ist vor allem bei metrischen wichtig. In der Fachliteratur finden sich sehr unterschiedliche Angaben dazu, wie viele Klassen sinnvoll sind oder wie breit die Intervalle sein sollen. Die Bildung von Klassen sollte stets nach theoretischen Gesichtspunkten, d.h. der zugrundeliegenden Forschungsfrage und nicht einem festen Schema erfolgen. So ist es in der Regel nicht sinnvoll, das Alter von Personen stets in gleiche Intervalle einzuteilen: Beispielsweise sind bei einer Untersuchung zur Lebensqualität und Gesundheit andere Klassenbildungen bei Altersvariablen erforderlich als bei einer Studie zur Zufriedenheit am Arbeitsplatz.

Bei der Gruppierung von nominalen Variablen ist weiterhin zu beachten, dass die Ausprägungen sich nicht in eine Rangfolge überführen lassen. Weswegen wir für jede Ausprägung entscheiden, ob und wie wir sie zusammenfassen. Nehmen wir als Beispiel die ausgeübte Erwerbstätigkeit von Befragten. Diese Variable hat sehr viele Ausprägungen und die Gruppierung kann je nach Fragestellung z.B. sachlogischen Aspekten folgen, wie der Einteilung in Berufsgruppen oder nach dem Berufsstatus. Verschiedene Möglichkeiten der Gruppierung von Daten haben wir bereits mit dem `recode`-Befehl kennengelernt (siehe Abschnitt 3.3.5), aus diesem Grund beschäftigen wir uns in diesem Abschnitt nur mit der Zusammenfassung von Variablen mit vielen Ausprägungen, insbesondere metrischen Variablen.

Gruppieren in Intervalle

Die bereits im letzten Kapitel beschriebene `recode`-Funktion erlaubt es Variablenwerte in Intervalle mit beliebiger Intervallbreite zusammenzufassen. Das Alter von Personen soll im Folgenden einmal in unterschiedlich große und einmal in gleich große Intervalle überführt werden. Im ersten Fall lautet die Vorgabe 15-17, 18-29, 30-44, 45-64 und 65-94. Die entsprechende Variable im European Social Survey 2018 heißt *agea*, das dazugehörige Kommando, um eine neue Variable zu erzeugen lautet:

```
. generate age_g= recode(agea,17,29,44,64,94)
```

Die entsprechende Häufigkeitstabelle weist nur noch vier Kategorien auf:

```
. ta age_g
```

age_g	Freq.	Percent	Cum.
17	126	4.42	4.42
29	425	14.92	19.34
44	602	21.13	40.47
64	1,077	37.80	78.27
94	619	21.73	100.00
Total	2,849	100.00	

Bei der neuen Variablen geben die Werte die oberen Klassengrenzen an: 17 repräsentiert die Werte bis 17[4], 29 das Alter zwischen 18 und 29, 44 für 30 bis 44 etc.

Statt unterschiedlich große Intervalle erzeugen wir nun gleich große Intervalle: werden: bis 18-28, 29-39, 40-50, 51-61, 62-72, 73-83, 84-94. Die `recode`-Funktion muss nun unter der Bedingung erstellt werden, dass Personen unter 18 ausgeschlossen werden:

```
. gen age_g02= recode(agea,28,39,50,61,72,83,94) if agea >17
```

```
. ta age_g02
```

age_g02	Freq.	Percent	Cum.
28	383	14.07	14.07
39	461	16.93	31.00
50	487	17.88	48.88
61	617	22.66	71.54
72	457	16.78	88.32
83	276	10.14	98.46
94	42	1.54	100.00
Total	2,723	100.00	

Anhand des letzten Kommandos sehen wir, dass die `recode`-Funktion bei Variablen mit vielen Ausprägungen schnell unübersichtlich wird. An ihrer Stelle kann die `autocode`-Funktion treten, für Intervalle gleicher

```
. autocode(x,n,x0,x1)
```

Mittels dieser Funktion erzeugt Stata eine Variable mit n-gleich großen Intervallen, die in einem Bereich der zwischen einem angegebenen Minimum und Maximum Wert liegen. Nach dem Funktionsnamen `autocode` folgt eine Klammer, danach der Variablenname, anschließend geben wir die Anzahl der Intervalle an. Anschließend fügen wir den kleinsten Wert und danach der größte Wert an, der in der neuen Variablen enthalten sein soll. Falls

[4] In diesem Datensatz ist der niedrigste Wert 15 Jahre.

wir die oben erstellte Variable mit der autocode-Funktion erzeugen, so schreiben wir folgendes Kommando:

```
. gen age_g03 = autocode(agea,7,17,94) if agea > 17
. ta age_g03
```

age_g03	Freq.	Percent	Cum.
28	383	14.07	14.07
39	461	16.93	31.00
50	487	17.88	48.88
61	617	22.66	71.54
72	457	16.78	88.32
83	276	10.14	98.46
94	42	1.54	100.00
Total	2,723	100.00	

Gruppieren in Klassen mit gleich vielen Fällen

Mit Stata ist es möglich Variablen so zu gruppieren, dass jedes Intervall gleich viele Beobachtungen erhält, dazu verwenden wir den Befehl xtile. Mittels dieses Befehls erzeugen wir beliebige Quantile. Die Syntax-Grundstruktur lautet:

```
xtile newvar = exp [if] [in] [weight][, xtile_options]
```

Wenn wir den Median berechnen, nehmen wir eine solche Unterteilung in Quantile vor. Dieses Lagemaß zählt zu den Quantilen (siehe Abschnitt 4.2) und teilt eine Verteilung in zwei Hälften: Die Beobachtungen werden in zwei gleiche Teile bzw. Intervalle eingeordnet. Eine andere Art von Quantilen sind Quartile oder Perzentile. Soll die Verteilung in vier Teile (Quartile) mit annährend vielen Beobachtungen aufgeteilt werden, so schreiben wir:

```
. xtile age_4= agea, nquantiles(4)
. ta age_4
```

4 quantiles of agea	Freq.	Percent	Cum.
1	714	25.06	25.06
2	743	26.08	51.14
3	716	25.13	76.27
4	676	23.73	100.00
Total	2,849	100.00	

Für die Aufteilung in Perzentile wird der Wert in Klammern durch 10 ersetzt:

```
. xtile age_10= agea, nquantiles(10)
```

Mit folgendem Kommando lassen wir uns eine Liste der Variable Alter und das dazugehörige Perzentil ausgeben. Dazu ist es notwendig, zuerst den Datensatz zu sortieren:

```
. sort id

. list agea age_10 in 1/20
```

	agea	age_10
1.	22	1
2.	58	7
3.	64	8
4.	52	6
5.	67	9
6.	73	9
7.	34	3
8.	40	4
9.	77	10
10.	30	2
11.	41	4
12.	70	9
13.	58	7
14.	48	5
15.	44	4
16.	41	4
17.	17	1
18.	33	3
19.	92	10
20.	53	6

Anhand der Tabelle lesen wir ab, dass sich 22 Jahre im ersten Perzentil, 58 im siebten, 64 im achten usw. befinden. Das Minimum und Maximum des Alters lassen wir uns mit folgendem Kommando getrennt für die jeweiligen Perzentile anzeigen:

```
. bysort age_10: sum agea
```

4.2. Lage- und Streuungsmaße

Die Beschreibung von Verteilungen erfolgt häufig anhand von Maßzahlen (auch Parameter oder statistische Kennwerte genannt, meistens Lage- und Streuungsmaße. Lagemaße beschreiben das Zentrum einer Verteilung. In den Sozialwissenschaften sind die gebräuchlichen Lagemaße Modus, Median und arithmetische Mittel. Wie stark sich Verteilungen unterscheiden, geben Streuungsmaße an. Im Folgenden werden diese kurz erläutert und im Anschluss die unterschiedlichen Möglichkeiten zu ihrer Berechnung mit Stata erläutert. Zuerst betrachten wir Lagemaße.

Modus

Die Berechnung des Modus ist für Variablen ab nominalem Skalenniveau möglich. Der **Modus (h)** entspricht der am häufigsten vorkommenden Merkmalsausprägung einer Variablen, beispielsweise der am häufigsten vorkommende Familienstand. Anhand der Häufigkeitstabelle lesen wir den Modus direkt ab. Allerdings ist der Modus ein problematisches Zusammenhangsmaß: Eine Variable kann zwei oder mehrere Modi aufweisen, falls Merkmalsausprägungen gleich häufig auftreten. Ebenso kann es sein, dass jede Merkmalsausprägung nur einmal vorkommt – in diesem Fall entspricht jede Ausprägung einem Modus. Liegen gruppierte Daten vor, muss zwischen gleichen und ungleichen Klassenbreiten unterschieden werden. Hierbei ist der Modus die Klasse mit der größten Häufigkeitsdichte. Bei gleichen Klassenbreiten weist die am häufigsten vorkommende Klasse, die größte Dichte auf, somit ist sie die Modalklasse. Als Modus wird meist die Klassenmitte verwendet. Bei ungleichen Klassenbreiten ist es notwendig, die Häufigkeitsdichten zu bestimmen. So können wir die Häufigkeitsdichte der absoluten Häufigkeiten berechnen, indem wir die absolute Häufigkeit durch die Klassenbreite teilen. Aufgrund der Uneindeutigkeit des Modus, werden im wissenschaftlichen Kontext andere Lagemaße bevorzugt. Für nominale Variablen existiert allerdings kein anderes dem Skalenniveau angemessenes Lagemaß.

Quantile

Variablen ab ordinalem Skalenniveau lassen sich durch **Quantile** beschreiben. Die Bestimmung von Quantilen kann nur erfolgen, wenn die Merkmalsauprägungen sortiert sind. Quantile teilen eine Verteilung in zwei Teile: Durch das p-Quantil können wir den Wert ermitteln, für den 100 * p-Prozent der Daten links bzw. 100 * (1−p) Prozent der Daten rechts von diesem Wert liegen. p-Quantile werden auch Perzentile genannt und beziehen sich auf Prozentwerte und Quantile auf Anteilswerte. Dabei gilt: $0 < p < 1$ bzw. $0 < p < 100$. Das 0,1-Quantil entspricht folglich einem 10-Perzentil.

Das bekannteste Quantil ist der **Median ($\tilde{x}$),** er teilt eine Verteilung in zwei Hälften: 50 % der Fälle sind kleiner oder gleich dem Median und 50 % der Fälle sind größer oder gleich dem Median. Er wird als 50 % Quantil (0,5-Quantil) bzw. 50-Perzentil. Bezeichnet. Zu dessen Berechnung ist es notwendig, den mittleren Wert der Verteilung zu bestimmen. Bei ungerader Fallzahl ist der Median ein tatsächlich vorkommender Wert. Bei 81 Fällen, der einundvierzigste Wert. Weist eine Verteilung eine gerade Anzahl von Fällen auf, wird der Median meist anhand des Mittelwerts der beiden mittleren Fälle bestimmt. Zum Beispiel bei 80 Fällen, der Mittelwert des 40. und 41. Obwohl diese Rechenoperation metrisches Skalenniveau voraussetzt, wird der Median dennoch ab ordinalem Skalenniveau berechnet.

Alternativ werden bei gleicher Fallzahl die beiden in der Mitte stehenden Ausprägungen angegeben und die Formulierung gewählt, dass der Median im Intervall zwischen diesen beiden Werten liegt. Dadurch, dass der Median, wie auch alle anderen Quantile, nur die Information zu einem Rangplatz wiedergeben, ist er einerseits unempfindlich gegen Extremwerte. Andererseits nutzt er nicht alle Information der Variable aus, weshalb beim Median, wie auch beim Modus, beim Vergleich von Verteilungen Unterschiede zwischen Verteilungen möglicherweise unentdeckt bleiben.

Bekannte Quantile sind unter anderem Quartile und Dezile. **Quartile** teilen eine Verteilung in vier Viertel. Aus diesem Grund existieren drei Quartile: das 25 % Quantil (Q_1), das 50 % Quantil (Q_2= Median) und das 75 % Quantil (Q_3). **Dezile** teilen die Verteilung in 10 gleich große Teile, sodass folgende Dezile entstehen: 10 % Dezil, 20 % Dezil, 30 % Dezil, 40 % Dezil, 50 % Dezil (Median) etc. Die Darstellung des Einkommens in Dezilen ist eine häufige Anwendung von Quantilen. So wird z. B. zur Erklärung der Einkommensungleichheit die das Einkommen der Bevölkerung in Dezile eingeteilt und die 10 % ärmsten mit den 10 % reichsten verglichen. Beispielsweise lag im Jahr 2014 das 10%-Perzentil bei einem Bruttoverdienst von 993 Euro und das 90 %-Dezil bei 4648 Euro. Das bedeutet für das 10 %-Dezil: Die unteren 10% aller Beschäftigten verdienten brutto höchstens 993 Euro während 90% Beschäftigten mehr als 993 Euro verdienen. Für das 90%-Dezil bedeuten die Angaben, dass die oberen 10 % mindestens 4648 Euro verdienen und die unteren 90% höchstens 4648 Euro. (Statistisches Bundesamt 2018, S. 391).

Arithmetisches Mittel

In der Alltagssprache bezeichnet man das **arithmetische Mittel ($\bar{x}$)** auch als Mittelwert oder Durchschnitt. Dieser Kennwert ist der am häufigsten verwendete Lageparameter in der Statistik. Er wird berechnet als Summe aller Merkmalsausprägungen, dividiert durch die Anzahl der Beobachtungen:

$$\bar{x} = \frac{1}{n} * \sum_{i=1}^{n} x_i$$

Das arithmetische Mittel entspricht dem Wert, der sich ergibt, wenn jeder Fall den gleichen Wert aufweisen würde: Nehmen wir die Variable Einkommen, so entspricht das arithmetische Mittel dem Einkommen, das sich bei Gleichverteilung aller Einkommen ergäbe. Zu dessen Berechnung müssen Variablen mindestens Intervallskalenniveau aufweisen, allerdings wird das arithmetische Mittel gelegentlich für Variablen mit ordinalem Skalenniveau verwendet. In diesem Fall sollte die Variable über eine größere Anzahl von Ausprägungen verfügen[5]. Weisen Variablen Nominalskalenniveau auf, so kann das arithmetische Mittel nicht bestimmt werden. Eine Ausnahme bilden dichotome Variablen, die 0/1 codiert sind, diese bezeichnen wir auch als Dummyvariablen : Durch die Codierung ist es möglich, das arithmetische Mittel als Anteil der Beobachtungen mit der Ausprägung 1 zu interpretieren. Im Vergleich zum Modus oder Median bezieht das arithmetische Mittel alle Ausprägungen einer Variablen bei der Berechnung ein, somit ist es empfindlich gegen Extremwerte. Zudem sollte das arithmetische Mittel nicht berechnet werden, falls die Verteilung stark asymmetrisch oder mehrgipflig ausfällt.

Geben wir zur Beschreibung von Verteilungen nur Lagemaße an, können wir keine Aussage über deren Homogenität oder Heterogenität treffen. Bei identischen Mittelwerten ist es möglich, dass die Ausprägungen der Variablen sehr unterschiedlich weit um den Mittelwert liegen. Um die Streuung anzugeben, stehen verschiedenen Streuungsmaße zur Verfügung. Nachfolgend betrachten wir die in den Sozialwissenschaften üblichen.

Range

Der Range, auch Spannweite genannt, wird berechnet als Differenz zwischen der größten und kleinsten Ausprägung (Minimum und Maximum) einer Variablen. Zur Berechnung des Ranges sollten Variablen metrisches Skalenniveau aufweisen, manchmal wird er für ordinale Variablen, mit einer größeren Anzahl von Merkmalsausprägungen, berechnet. Der Range ist ein problematisches Zusammenhangsmaß, denn er basiert nur auf den Randwerten einer Verteilung: Er ist empfindlich gegenüber Ausreißern (Extremwerte). Bereits ein einziger Extremwert kann den Range verzerren. Zudem bietet er keine Information zur Verteilung zwischen dem Minimum und Maximum, die Information der anderen Merkmalsausprägungen werden daher nicht ausgeschöpft.

Quartilsabstand

Der Quartilsabstand (Interquartilsabstand) ist ein Streuungsmaß für Variablen mit metrischem Skalenniveau, er wird aber in der Regel ab ordinalem Skalenniveau berechnet. Anhand der Differenz vom dritten zum ersten Quartil, was der Differenz des 75 % Quantils zum 25 % Quantil entspricht, wird der Quartilsabstand bestimmt:

$IQR = Q_3 - Q_1$

---

[5] Bei sieben und mehr Ausprägungen behandeln Wissenschaftler ordinale Variablen oft als intervallskalierte Variable.

Zwar basiert der Quartilsabstand, wie der Range, auf der Differenz zweier Werte, allerdings ist er unempfindlich gegenüber Extremwerten.

Varianz und Standardabweichung

Ein weit verbreitetes Streuungsmaß für metrische Variablen stellt die Varianz und die aus ihr abgeleitete Standardabweichung dar. Ebenso wie beim arithmetischen Mittel, verwenden wir für die Berechnung gelegentlich ordinale Variablen mit einer größeren Anzahl von Ausprägungen. Im Gegensatz zum Range und dem Quartilsabstand berücksichtigt dieses Streuungsmaß alle Ausprägungen einer Verteilung, indem sie die Abweichung jeder Ausprägung vom arithmetischen Mittel einbezieht. Anschließend werden die Abweichungen quadriert und danach aufsummiert. Zum Schluss teilen wir den ermittelten Wert durch die Fallzahl:

$$s^2 = \frac{1}{n} * \sum_{i=1}^{n} (x_i - \bar{x})^2$$

Durch das Quadrieren weist die Varianz eine andere Einheit auf als die die zugrundeliegende Variable. Aus diesem Grund wird auf Basis der Varianz meistens die Standardabweichung berechnet. Sie basiert auf der Quadratwurzel der Varianz und weist die gleiche Einheit wie die zugrundeliegende Variable auf.

$$s = \sqrt{s^2}$$

Große Abweichungen vom arithmetischen Mittel erhöhen den Wert der Varianz bzw. Standardabweichung stärker als geringe Abweichungen, folglich ist sie empfindlich gegen Extremwerte. Wie beim arithmetischen Mittel kann diese Maßzahl bereits durch einen einzigen Extremwert verzerrt werden, weshalb unerkannte Ausreißer zu schwerwiegenden Verzerrungen der Ergebnisse führen können.

Die Interpretation der Varianz und der die Standardabweichung ist nicht einfach, da die beiden Kennzahlen nicht normiert sind und einen nach oben offenen Wertebereich aufweisen. Der Wert 0 ist der kleinste mögliche Wert, den die Varianz und Standardabweichung annehmen können. In diesem Fall variieren die Merkmalsausprägungen nicht, alle sind gleich groß, somit ist unsere Variable eine Konstante. Je heterogener die Ausprägungen der Variable ausfallen, desto größer werden die beiden Kennwerte. Um abschätzen zu können, ob die Streuung groß oder klein ausfällt, ist es notwendig Verteilungen zu vergleichen. Eine Standardabweichung von elf Jahren bei der Variable Alter ist nicht vergleichbar mit einer Standardabweichung von elf Euro beim Einkommen. Sinnvoll ist es, die beiden Kennwerte zum Vergleich von Verteilungen zu nutzen, beispielsweise Altersverteilungen in verschiedenen Ländern. Zu beachten ist weiterhin, dass die beiden Maßzahlen von der Messeinheit der Variable abhängig sind: Beispielsweise erhalten wir unterschiedliche Kennzahlen, wenn die Körpergröße in Zentimetern statt in Metern erfasst wird.

Verteilungsformen

Neben Lage- und Streuungsmaßen ist die Form einer Verteilung von Interesse. Weisen Verteilungen identische Lage- und Streuungsmaße auf, ist es denkbar, dass sie dennoch sehr unterschiedliche Verteilungsformen besitzen. Verteilungen können einen, zwei oder mehrere Gipfel aufweisen, hier sprechen wir von unimodalen, bimodalen oder multimodalen Verteilungen. Die Verteilung kann symmetrisch oder schief ausfallen. Weiterhin kann nach der **Steilheit** (**Schiefe oder Skewness**) oder **Wölbung** (**Kurtosis oder Exzess**) einer Verteilung unterschieden werden. Mithilfe des Modus, Median und des arithmetischen Mittels lässt sich u.a. die Verteilungsform bestimmen:

Für unimodale Verteilungen gilt: Fallen Modus, Median und arithmetisches Mittel zusammen, so sind sie symmetrisch. Bei rechtssteilen (linksschiefen) Verteilungen ist der Modus größer als der Median und dieser größer als das arithmetische Mittel. Bei linkssteilen (rechtsschiefen) Verteilungen verhält es sich umgekehrt, der Modus ist kleiner als der Median und dieser kleiner als das arithmetische Mittel. Bei symmetrischen, mehrgipflig Verteilungen fallen mindestens der Median und das arithmetische Mittel zusammen.

Ebenso kann von den Quartilen auf die Schiefe geschlossen werden, indem die Differenz des 2. Quartils (Median) zum ersten Quartil betrachtet wird, im Verhältnis zum Abstand des dritten Quartils zum zweiten Quartil:

$Q_2 - Q_1$ und $Q_3 - Q_2$

Sind die Abstände gleich groß, ist die Verteilung symmetrisch. Ist der Abstand des ersten Quartils zum zweiten Quartil kleiner als der Abstand des zweiten Quartils zum dritten, ist die Verteilung linkssteil (rechtsschief):

$Q_2 - Q_1 < Q_3 - Q_2$

Eine größere Differenz des zweiten Quartils zum ersten Quartil, als die Differenz des dritten Quartils zum zweiten Quartil besteht bei linkssteilen (rechtsschiefen) Verteilungen:

$Q_2 - Q_1 > Q_3 - Q_2$

Die grafische Betrachtung der Verteilungsform von Variablen mittels eines Boxplots zeigt die Schiefe von Verteilungen in gleicher Weise an wie der Vergleich von Quartilen, denn die Box des Boxplots gibt die drei Quartile wieder.

Weiterhin können wir die Steilheit und Wölbung anhand von Kennzahlen berechnen. Linkssteile (rechtsschiefe) Verteilungen weisen einen positiven Schiefewert (Skewness) auf, symmetrische Verteilungen einen Wert von null. Bei rechtssteilen (linksschiefen) Verteilungen ist der Schiefewert negativ. Normalgipflige Verteilungen haben einen Wölbungswert von null. Werte größer null weisen auf steilgipflige Verteilungen und ein negativer Wert auf flachgipflige Verteilungen hin.

In den nächsten Unterkapiteln stellen wir die zentralen Befehle zur Berechnung von Lage- und Streuungsmaßen dar. Allerdings ist es nicht möglich jeden der zuvor aufgeführten Kennzahlen mit Stata zu berechnen. So lässt sich der Modus nicht bestimmen, sondern nur anhand von Häufigkeitstabellen ablesen. Dieses Vorgehen empfiehlt sich nicht für Variablen mit vielen Merkmalsausprägungen. Liegen gruppierte Daten vor, so ist zu beachten, ob diese gleich große Klassenintervalle aufweisen oder nicht (siehe Abschnitt Modus). Eine Konstante, die den Modus repräsentiert lässt sich allerdings mit der `egen`-Funktion und `mode()` erstellen (siehe Abschnitt 3.3.3).

4.2.1. summarize

Den `summarize`-Befehl haben wir bereits mehrmals zur Berechnung des arithmetischen Mittels verwendet. Welche verschiedenen Kennwerte dieser Befehl erzeugt, haben wir dabei ausgeklammert. Das holen wir an dieser Stelle nach. Zuerst werfen wir nochmals einen Blick auf dessen Syntax-Grundstruktur:

`summarize` [*varlist*] [*if*] [*in*] [*weight*] [, *options*]

Nach dem Befehlsnamen folgt die Angabe einer oder mehrere Variablen, ohne Angabe gilt der Befehl für alle Variablen des Datensatzes. In Klammern stehen Optionen, wie die `if`- und `in`-Bedingungen. Der Befehl bietet weiterhin zahlreiche Optionen, ebenso wie die Möglichkeit interne Resultate abzuspeichern (siehe Kapitel 3.8). Mit `help summarize` zeigt Stata alle Information in der Online Hilfe an.

Zur Berechnung des arithmetischen Mittels, der Standardabweichung, des Minimums und Maximums der Variable Alter verwenden wir die Basis-Syntax:

```
. summarize agea
```

Variable	Obs	Mean	Std. Dev.	Min	Max
agea	2,849	48.55774	18.49769	15	94

Die Befragten des ESS8 weisen ein arithmetisches Mittel des Alters von 48,55774 Jahren mit einer Standardabweichung von etwa 18 Jahren auf. Der Wert der Standardabweichung besagt, dass das Alter der Befragten im Durchschnitt um etwa 18 Jahre vom arithmetischen

Mittel abweicht. Die jüngsten Befragten (Minimum) sind 15 Jahre alt und die ältesten (Maximum) 94 Jahre. Zur Berechnung dieser Statistiken für mehrere Variablen[6] schreiben wir die Liste aller relevanten Variablen nach dem `summarize`-Befehl oder geben einen Bereich an. Ebenso können Sie für alle Variablen mit denselben Anfangsbuchstaben deskriptive Statistiken berechnen, indem Sie diese nach den Anfangsbuchstaben ein Sternchen angeben. Die nachfolgenden Kommandos erzeugen alle identischen Ergebnisse:

```
. summarize stflife stfeco stfgov stfdem stfedu stfhlth
. summarize stflife- stfhlth
. summarize stf*
```

Mittels der Option `detail` erzeugt das Programm weitere deskriptive Kennwerte, wie Perzentile, Varianz, Schiefe und Kurtosis.

```
. summarize agea, detail

                   Age of respondent, calculated
-------------------------------------------------------------
      Percentiles      Smallest
 1%           16             15
 5%           18             15
10%           22             15       Obs               2,849
25%           33             15       Sum of Wgt.       2,849

50%           50                      Mean           48.55774
                        Largest       Std. Dev.      18.49769
75%           63             93
90%           74             93       Variance       342.1646
95%           78             94       Skewness      -.0319286
99%           85             94       Kurtosis       2.071834
```

Diese Tabelle wird nun spaltenweise erläutert: Die erste Spalte gibt die Perzentile und das dazugehörige Alter an, die zweite die vier kleinsten und größten Werte und die dritte Spalte diverse Maßzahlen. In der Tabelle stehen Perzentile anstatt Quantilen. Wie bereits besprochen, handelt es sich dabei um die Angabe der Quantile in Prozent. So entspricht das 0,1-Quantil dem 10-Perzentil: 10 % der Befragten weisen ein Alter von höchstens 22 Jahren auf, 25 % sind maximal 33 Jahre und 50 % höchsten 50 Jahre alt etc. Anhand dieser Werte ist zu erkennen, dass die Befragten[7] eher älter als jünger sind. Zur genauen Beurteilung sollte diese Verteilung beispielsweise Werten anderer Länder gegenübergestellt werden. Vergleichen wir Israel mit Deutschland, so sehen wir, dass die unteren 50 % der Befragten

---

[6] Dies gilt für alle Befehle mit der optionalen Angabe varlist.

[7] Dabei ist zu beachten, dass die Befragten im ESS mindestens 15 Jahre alt sein müssen, um an der Befragung teilnehmen zu können. Die Variable repräsentiert somit nicht das Alter aller Einwohner.

in Deutschland etwas älter sind als in Israel. Die analogen Werte der Perzentile für Israel lauten: 22, 30 und 45 Jahre.

Der Vergleich des Medians (50 Jahre) mit dem arithmetischen Mittel (48,55774 Jahre) zeigt, dass die Verteilung nicht symmetrisch, sondern vermutlich leicht schief ausfällt, genauer gesagt rechtssteil (linksschief). Das zeigt sich auch anhand der Schiefe (Skewness), das einen negativen Wert (-0,03) aufweist.

Zwar gibt Stata weder Range noch Quartilsabstand direkt aus, bei Bedarf berechnen wir diese anhand von Befehlen nachträglich. Denn sowohl Minimum und Maximum als auch Quantile werden beim erweiterten `summarize`-Befehl ausgegeben. Der Range beträgt 94-15 = 79 Jahre und der Quartilsabstand 63-33 = 30 Jahre. Die Interpretation des Quartilsabstands lautet: Die (mittleren) 50 % der Befragten weisen ein Alter zwischen 33 und 63 Jahre auf bzw. das Alter von 50 % der Beobachtungen variiert um 30 Jahre.

summarize mit by-Präfix

Wir haben bereits angesprochen, dass wir in der Regel Verteilungen miteinander vergleichen. Dazu stehen verschiedene Möglichkeiten zur Verfügung. Das `by`-Präfix wird dafür häufig verwendet. Zur Illustration nehmen wir die Variable Arbeitsstunden und lassen uns deskriptive Statistiken getrennt für das Geschlecht der Befragten ausgeben:

```
. bysort gndr: summarize wkhtot
```

```
-> gndr = Male

    Variable |        Obs        Mean    Std. Dev.       Min        Max
-------------+---------------------------------------------------------
      wkhtot |      1,419    42.31783     13.6591          0        100

-----------------------------------------------------------------------
-> gndr = Female

    Variable |        Obs        Mean    Std. Dev.       Min        Max
-------------+---------------------------------------------------------
      wkhtot |      1,238    34.46123    14.21351          0        100
```

Sowohl Männer als auch Frauen weisen ein Minimum von 0 und Maximum von 100 Stunden auf, dennoch unterscheiden sich das arithmetische Mittel und die Standardabweichung. Männer arbeiten im Durchschnitt mehr Stunden, während die Arbeitszeit bei Frauen etwas stärker variiert. Für eine detailliertere Analyse sollten wir allerdings weitere Variablen, wie die Art der Beschäftigung, Kinder im Haushalt etc., in die Berechnung miteinbeziehen

tabulate, summarize()-Befehl

Eine andere Möglichkeit erlaubt der `tabulate, summarize()`-Befehl, der deskriptive Statistiken getrennt für die Ausprägungen von Variablen ausgibt. Der Basis Befehl berechnet das arithmetische Mittel, die Standardabweichung und Häufigkeiten:

```
. tabulate gndr, summarize(wkhtot)
```

```
            |  Summary of Total hours normally
            |    worked per week in main job
            |         overtime included
     Gender |        Mean   Std. Dev.       Freq.
------------+------------------------------------
       Male |   42.317829   13.659099       1,419
     Female |   34.461228   14.213513       1,238
------------+------------------------------------
      Total |   38.657132   14.459028       2,657
```

Mit diesem Befehl erstellen wir ferner zweidimensionale Tabellen, dazu geben wir statt einer Variablen zwei Variablen nach `tabulate` an. Die erste Variable definiert die Zeilenvariable, die zweite die Spaltenvariable. Wollen wir wissen, ob es Unterschiede zwischen den Arbeitsstunden in Bezug auf das Geschlecht und Gebiet (Ost/West) gibt, schreiben wir:

```
. tabulate intewde gndr, summarize(wkhtot)
```

```
  Place of |
interview: |
East, West |        Gender
   Germany |      Male     Female |     Total
-----------+----------------------+----------
 Interview | 43.679654  37.129496 | 40.572241
           | 13.225771   12.90619 |  13.47127
           |       462        417 |       879
-----------+----------------------+----------
 Interview | 41.660397  33.105968 | 37.710349
           | 13.822267  14.655964 | 14.835808
           |       957        821 |      1778
-----------+----------------------+----------
     Total | 42.317829  34.461228 | 38.657132
           | 13.659099  14.213513 | 14.459028
           |      1419       1238 |      2657
```

In der ersten Zeile stehen die Kennwerte für Ostdeutschland und in der zweiten Zeile für Westdeutschland. Untereinander stehen die Angaben zum arithmetischen Mittel, danach zur Standardabweichung und zuletzt die jeweilige Häufigkeit. Personen in Ostdeutschland weisen ein höheres arithmetisches Mittel der Arbeitszeit auf, das gilt sowohl bei Frauen als auch für Männern. Bei westdeutschen Frauen fällt die Standardabweichung höher aus als bei Frauen in Ostdeutschland. Bei diesem Befehl kann zudem angegeben werden, welche der drei Kennwerte Stata ausgeben bzw. welche es weglassen soll. Wollen wir nur das arithmetische Mittel bestimmen, ist die Option `mean` anzugeben. Falls wir die Standardabweichung und Häufigkeiten weglassen wollen, schreiben wir `nostandard` und `nofreq`. Dementsprechend lautet das Kommando nun:

```
. tabulate intewde gndr, summarize(wkhtot) mean
```

Oder

```
. tabulate intewde gndr, summarize(wkhtot) nostandard nofreq
```

4.2.2. tabstat

Eine andere Variante, univariate Maßzahlen zu erzeugen, bietet der `tabstat`-Befehl. Er erlaubt es, gezielt bestimmte Kennwerte zu erzeugen und stellt die Ergebnisse übersichtlich dar. Seine Syntax-Grundstruktur lautet:

```
tabstat varlist [if] [in] [weight] [, options]
```

Ohne die Angabe einer Kennzahl erzeugt der Befehl eine Tabelle mit dem arithmetischen Mittel der angegeben Variable:

```
. tabstat wkhtot
```

variable	mean
wkhtot	38.65713

Auch bei diesem Befehl ist es erlaubt, Statistiken für mehrere Variablen, d.h. für eine Variablenliste, in einem Schritt zu berechnen. Im Gegensatz zum `summarize`-Befehl kann die Auswahl der zu berechneten Maßzahlen, durch die Option `statistics` bestimmt werden. Zur Berechnung der Maßzahlen arithmetisches Mittel, Standardabweichung, 0,25-Quantil, 0,5-Quantil (Median), 0,75-Quantil schreiben wir:

```
. tabstat wkhtot, statistics(mean sd p25 p50 p75)
```

variable	mean	sd	p25	p50	p75
wkhtot	38.65713	14.45903	34	40	45

Das arithmetische Mittel ist bei dieser Verteilung kleiner als der Median, dementsprechend ist die Verteilung vermutlich rechtssteil (linksschief). Diese Annahme bestätigt auch das Schiefemaß (Skewness). Mit der Angabe `skewness` gibt der Befehl die entsprechende Kennzahl aus. Mittels des `tabstat`-Befehls und der `statistics`-Option berechnen wir eine große Anzahl an Kennzahlen. Wie bei nahezu allen Stata Befehlen und Optionen lassen sich Abkürzungen verwenden: `s` für die `statistics`-Option und `sk` für `skewness` etc. In der nachfolgenden Tabelle sind alle statistischen Maßzahlen aufgeführt, die bei diesem Befehl zur Verfügung stehen. Mit `help tabstat` erscheint die Online Hilfe mit Information zu den möglichen Kennzahlen und weitere Information zu Optionen etc.

Kennzahl	**Beschreibung**
`mean`	Arithmetisches Mittel
`count`	Anzahl nicht fehlender Beobachtungen
`n`	Identisch mit count
`sum`	Summe
`max`	Maximum
`min`	Minimum
`range`	Range
`sd`	Standardabweichung
`variance`	Varianz
`cv`	Variationskoeffizient
`semean`	Standardfehler des Mittelwerts
`skewness`	Schiefe
`kurtosis`	Kurtosis
`p1`	1 % Perzentil
`p5`	5 % Perzentil
`p10`	10 % Perzentil
`p25`	25 % Perzentil (1. Quartil, 0,25 Quantil)
`median`	Median (identisch mit p25)
`p50`	50 % Perzentil (Median, 2. Quartil, 0,5 Quantil)
`p75`	75 % Perzentil (3. Quartil, 0,75 Quantil)
`p90`	90 % Perzentil
`p95`	95 % Perzentil
`p99`	99 % Perzentil
`iqr`	Quartilsabstand
`q`	Erzeugt p25, p50 und p75

Tabelle 4.1: tabstat Optionen

Folgendes Kommando erzeugt die Quartile, das arithmetische Mittel und die Schiefe für die Variable Arbeitszeit:

```
. tabstat wkhtot, s(me q sk)
```

variable	mean	sd	p25	p50	p75
wkhtot	38.65713	14.45903	34	40	45

tabstat mit by-Option

Der tabstat-Befehl kann ebenfalls Statistiken getrennt für die Ausprägungen einer Variablen ausgeben, indem wir die by-Option nach einem Komma angeben. In welcher Reihenfolge die by- oder statistics-Option steht, ist unwichtig:

```
. tabstat wkhtot, by(gndr) s(me sd q sk)
```

entspricht:

```
. tabstat wkhtot, s(me sd q sk) by(gndr)
```

gndr	mean	sd	p25	p50	p75	skewness
Male	42.31783	13.6591	40	42	50	-.664816
Female	34.46123	14.21351	25	39	42	-.2654162
Total	38.65713	14.45903	34	40	45	-.4492339

tabstat mit bysort-Präfix

Neben der by-Option kann das bysort-Präfix Anwendung finden, indem es in gewohnter Weise vor den jeweiligen Befehlsnamen steht. Unterschiede bestehen nur in der Ausgabe, statt einer Tabelle erzeugt Stata nun zwei getrennte Tabellen.

```
. bysort gndr: tabstat wkhtot, s(me sd q sk)
```

-> gndr = Male

variable	mean	sd	p25	p50	p75	skewness
wkhtot	42.31783	13.6591	40	42	50	-.664816

-> gndr = Female

variable	mean	sd	p25	p50	p75	skewness
wkhtot	34.46123	14.21351	25	39	42	-.2654162

4.3. Grafische Darstellungen

Neben statistischen Kennzahlen und Tabellen können wir univariate Verteilungen anhand von Grafiken anschaulich darstellen. Allerdings muss auf die korrekte Auswahl des passenden Diagrammtyps geachtet werden, die vom Skalenniveau und der Anzahl der Variablenausprägungen abhängig ist. Folgende Tabelle gibt einen Überblick über die verschiedenen Skalenniveaus und die dazugehörigen Diagramm-Typen:

Nominal	**Ordinal**	**Metrisch**
Tortendiagramm	Tortendiagramm	Histogramm
Balkendiagramm	Balkendiagramm	Boxplot
	Boxplot	

Tabelle 4.2: Grafiken nach Skalenniveau

Die in Stata implementierten grafischen Verfahren sind sehr umfangreich und bieten einen großen Gestaltungsspielraum. Die Kommandos zahlreicher Grafiken beginnen mit dem Befehl `graph` und nachfolgend dem Namen, der den Diagrammtyp spezifiziert:

```
. graph bar
. graph box
```

Für Balkendiagramm geben wir `bar` und `box` für Boxplots an. In diesem Abschnitt beschränken wir uns auf Grafiken für univariate Verteilungen und beschreiben wir diese mittels des Grafikeditors verändern. Weitere Grafiken für bivariate und multivariate Verteilungen finden sich in den jeweiligen Kapiteln.

Die Erstellung von Grafiken und deren Veränderungsmöglichkeiten sind sehr umfangreich und komplex. Aus diesem Grund finden sich in diesem Kapitel nur einfache Erläuterungen, die den Einstieg erleichtern sollen. Ausführliche Information zu anderen Grafiktypen und verschiedenen Optionen zu deren Modifikation finden Sie in Kapitel 9.

Bitte beachten: Folgende Information gilt für alle Grafiken. Stata öffnet alle Grafiken in einem extra Grafikfenster, nicht im Ergebnisfenster. Da Grafiken nicht im Ergebnisfenster angezeigt werden, werden sie auch nicht in Log-files gespeichert. Es wird immer nur das Ergebnis eines Grafikbefehls angezeigt. D.h. wenn wir Grafiken nicht speichern (siehe auch Abschnitt 3.4), werden sie beim Ausführen eines weiteren Grafikbefehls gelöscht. Grafiken können auf zwei unterschiedliche Arten gespeichert werden. Entweder kopieren wir sie in die Zwischenablage (Tastenkombination Strg+C) um sie dann beispielsweise in einen Text einzufügen (Tastenkombination Strg+V). Weiterhin speichern wir Grafiken über einen Befehl und öffnen sie anschließend wieder in Stata: Mittels der Befehle `graph save filename` (Speichern) `graph use filename` (Öffnen). Weitere Information zu den nachfolgend aufgeführten, aber auch anderen Grafiken finden Sie auf der Stata Homepage (StataCorp LLC 2019):

https://www.stata.com/support/faqs/graphics/gph/stata-graphs/

4.3.1. Grafiken für kategoriale Variablen

Tortendiagramme

Zur Visualisierung von Häufigkeiten kategorialer Variablen werden meistens Balken- und Tortendiagramme (Kuchendiagramme, Kreisdiagramme) verwendet. Sie erlauben sowohl die Darstellung absoluter als auch relativer Häufigkeiten. In der wissenschaftlichen Praxis werden Tortendiagramme oftmals als problematisch erachtet und finden seltener Anwendung. Ein Problem der Tortendiagramme liegt darin begründet, dass da bei annähernd großen Häufigkeiten und Anteilen vermutlich die optische Unterscheidung erschwert wird. Vor allem bei dreidimensionalen Tortendiagrammen werden die wahren Werte möglicherweise nicht korrekt wahrgenommen. Diese Annahme wird allerdings kontrovers diskutiert (Spence 2005, S. 362; Schonlau und Peters 2008). Weist eine Variable wenige Ausprägungen auf, besteht das Problem nicht. Aus diesem Grund sollten Tortendiagramme, nur zur Darstellung kategorialer Variablen Anwendung finden.

Die ordinale Variable Gesundheitszustand weist 5 Ausprägungen aus und erfüllt somit die Voraussetzungen, um sie als Tortendiagramm darzustellen. Der entsprechende Befehl lautet `graph pie`. Mit der Option `over()`, geben wir nach einem Komma an, für welche Variable Stata die Grafik erstellen soll, in unserem Fall ist das *health*:

```
. graph pie, over(health)
```

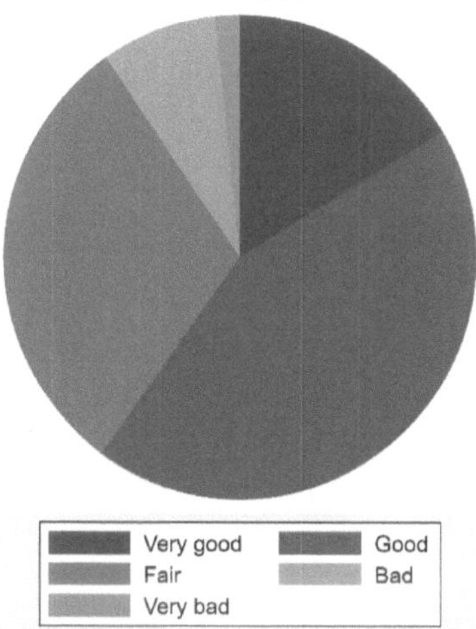

Die nachfolgen Veränderungen an den Grafiken lassen sich auch mit dem Grafikeditor durchführen, allerdings werden die Kommandos nicht im Review oder Ausgabefenster angezeigt. Aus diesem Grund zeigen wir zuerst Unteroptionen, die das Aussehen der Grafiken modifizieren. Mit der Option `explode` lassen sich die Tortenstücke abtrennen. Dazu geben wir mit der Unteroption `pie()` an, welches Stück wir loslösen wollen. Die Nummern der Stücke werden im Uhrzeigersinn angegeben. Somit wird mit `1, explode` das erste Stück, `2, explode` das zweite usw. abgetrennt. Alle fünf Tortenstück trennen wir 4 Ziffern ab:

```
. graph pie, over(health) pie(1,explode) pie(2,explode)
  pie(3,explode) pie(4,explode)
```

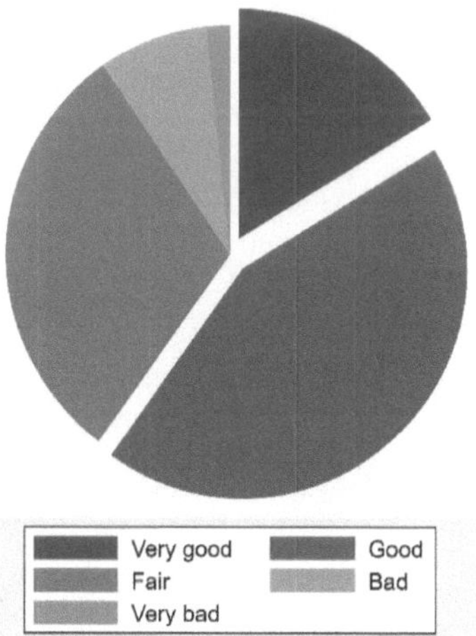

Statt absolute Häufigkeiten auszugeben, empfiehlt es sich Prozentwerte anzugeben. Beschriftungen auf den Tortenstücken fügen wir mit der Unteroption `plabel( )` hinzu.

Wollen wir alle Tortenstücke beschriften verwenden wir den Begriff `_all`. Für ausgewählte Stücke ist die Unteroption `plabel( )` jeweils separat zu schreiben und die Nummer des Tortenstücks, das mit einem Label versehen werden soll, anzugeben. Häufigkeiten werden mit dem Begriff `sum`, Prozentwerte mit `percent` und Wertelabels mit `name` angezeigt. Das folgende Kommando erzeugt ein Tortendiagramm, dessen zweites Stück mit Prozentwerten beschriftet ist:

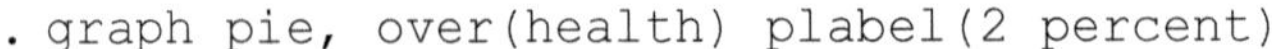

```
. graph pie, over(health) plabel(2 percent)
```

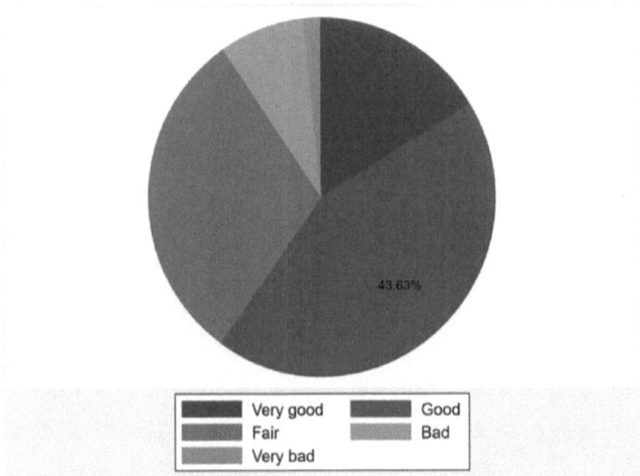

Versehen wir alle Tortenstücke mit Prozentwerten so ändert sich das Kommando wie folgt:

```
. graph pie, over(health) plabel(_all percent)
```

Das zweite und vierte Tortenstück beschriften wir mit:

```
. graph pie, over(health) plabel(2 percent)plabel(4 percent)
```

Das Kommando für Beschriftung aller Tortenstücke mit den absoluten Häufigkeiten der Variablenausprägungen lautet:

```
. graph pie, over(health) plabel(_all sum)
```

Falls wir Grafiken anhand von Stichproben erzeugen, ist bei der Darstellung stets die Gesamtfallzahl (n) anzugeben. Weiterhin ist zu beachten, dass Tortendiagramme nicht zum Vergleich von Verteilungen geeignet sind.

Balkendiagramme

In den Sozialwissenschaften sind Balkendiagramme (Säulendiagramm) die am weitesten verbreiteten (gebräuchlichsten) Grafiken für kategoriale Variablen. Im Gegensatz zum Histogramm berühren sich die Säulen bei diesem Diagrammtyp nicht. Eine Säule repräsentiert beim Balkendiagramm die Merkmalsausprägung einer Variablen, die Höhe der Säulen ist proportional zur Häufigkeit der entsprechenden Merkmalsausprägungen. In Stata geben Balkendiagramme, aber auch Tortendiagramme allerdings deskriptive Maßzahlen, wie das arithmetische Mittel, etc. grafisch wieder, wenn wir keine weitere Option bei dem jeweiligen Grafik-Befehl angeben. Das folgende Kommando erzeugt einen Balken des arithmetischen Mittels der Variable *health*:

```
. graph bar health
```

Durch Hinzufügen der Option `over()`, wie beim Tortendiagramm, erhalten wir ein Balkendiagramm mit Prozentwerten:

```
. graph bar, over(health)
```

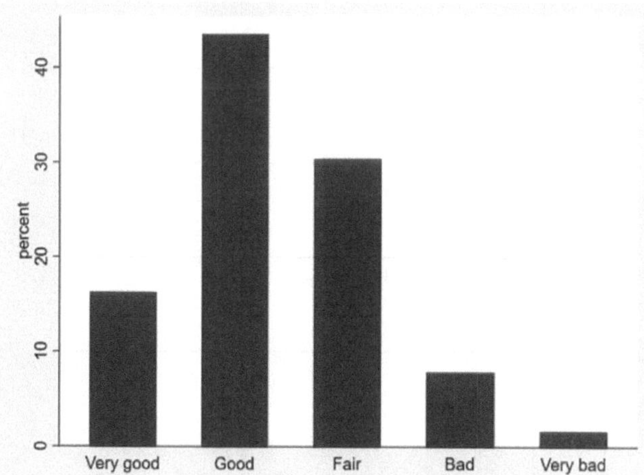

Die Beschriftung der Balken mit Variablenwerten erfolgt mit der Label-Unteroption, die für diesen Grafiktyp modifiziert wird und nun `blabel()` heißt:

```
. graph bar, over(health) blabel(bar)
```

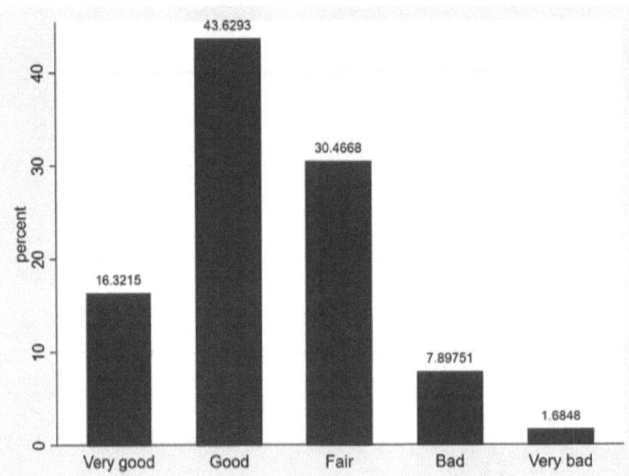

Die Darstellung von absoluten Häufigkeiten erfordert es, den Befehl zu modifizieren und `count` nach dem Befehl in Klammern einzufügen:

```
. graph bar (count), over(health)
```

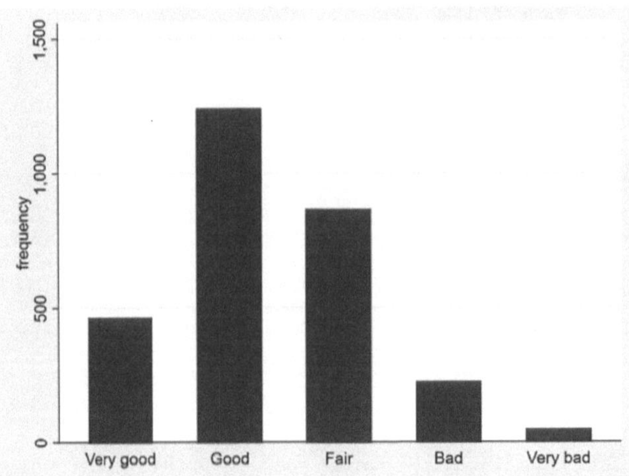

Die `blabel()`-Unteroption verwenden wir bei Balkendiagrammen zur Darstellung der absoluten Häufigkeiten, ebenso wie zuvor gezeigt:

```
. graph bar (count), over(health) blabel(bar)
```

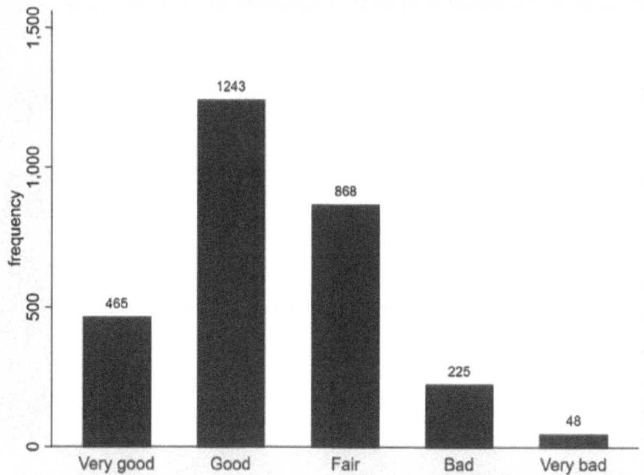

Es ist möglich Torten- und Balkendiagramme ohne die `over`-Option zu erstellen. Dazu werden die Ausprägungen der Variable in Dummyvariablen überführt, sodass wir für jede Ausprägung eine 0/1 codierte Dummyvariable erstellen. Dazu wenden wir beispielsweise den `tabulate`- Befehl in Kombination mit `generate` an. Im Grafik-Befehl geben wir statt einer Variablen, eine Variablenliste mit den Dummyvariablen an. Dieses Vorgehen ist unseres Erachtens nicht einfacher als die Konstruktion der Grafiken mit der `over`-Option. Deshalb zeigen wir es nicht im Detail auf. Mit dem `tabulate`-Befehl erstellt das Programm für jede Variablenausprägung eine Dummyvariable. Im Falle der Variable *health* fünf Dummyvariablen. Die Variable berechnen wir nachfolgen und lassen uns eine kurze Beschreibung der Variablen ausgeben:

```
. tab health, gen(dh)
. describe dh1-dh5
```

Anschließend erzeugen wir ein Balkendiagramm und nachfolgend eines mit Prozentwerten über den Balken:

```
. graph bar dh1-dh5
. graph bar dh*, blabel(bar)
```

Balkendiagramme, die wir auf diese Art erstellen, weisen keine Lücken den Balken auf. Mittels der Option `bargap()` lassen sich Lücken einfügen (vergleiche Abschnitt 9.1.2) zum Beispiel mit folgendem Kommando:

```
. graph bar dh1-dh5, bargap(5)
```

Zum Vergleich von Verteilungen bedienen wir uns der `by`- und `over`-Option. Falls wir zuvor Dummyvariablen für die Variablenausprägungen erstellt haben. Falls wir aber zur

Erzeugung die over-Option nutzen, erzeugt Stata zwei Diagramme in einer Grafik, wohingegen mit der by-Option die Diagramme nebeneinander dargestellt werden, durch breite Linie voneinander abtrennt. Balkendiagramme für den Gesundheitszustand, getrennt nach dem Geschlecht erhalten wir mit folgenden Kommandos. Die Abbildung wurde anhand des letzten Kommandos erzeugt.

```
. graph bar dh1-dh5, over(gndr) bargap(6)
. graph bar dh1-dh5, by(gndr) bargap(6)
. graph bar, over(health) over(gndr)
. graph bar, over(health) by(gndr)
```

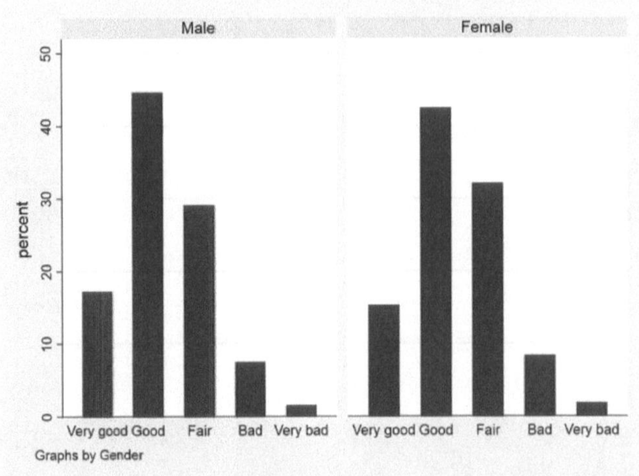

Grafik Editor

Stata verfügt über einen umfangreichen **Grafik Editor**, der es erlaubt Grafiken zu verändern. Für Anfänger ist es vermutlich leichter, mit dem Editor Grafiken zu modifizieren, als mit Kommandos. An dieser Stelle zeigen wir einige elementare Funktionen des Grafikfensters und des Editors auf. Bei Mac-Rechnern befinden sich die hier erklärten Elemente unter dem Menü des Grafikeditors, außer Datei, Bearbeiten und Hilfe. Zur Illustration tippen wir das Kommando zum Erstellen eines Balkendiagramms mit Prozentwerten für die Variable *health* in das Kommandofenster ein:

```
. graph bar, over(health)
```

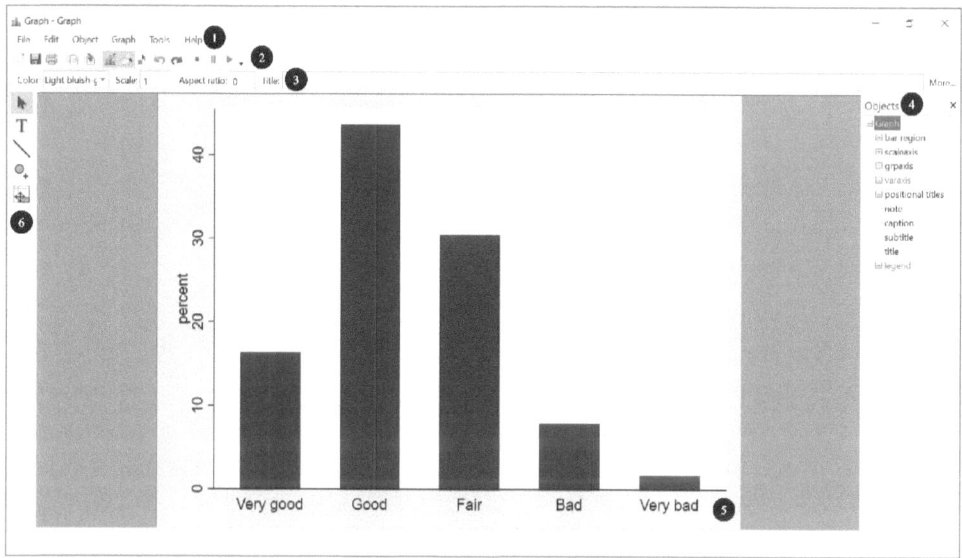

Abbildung 4.1: Grafik-Fenster mit Grafik Editor

Im Grafik Fenster finden Sie unter anderem folgende Elemente:

❶ Menüleiste

❷ Standard Toolbar (Symbolleiste)

❸ Kontextabhängige Toolbar

❹ Objekt Browser

❺ Erzeugte Grafik

❻ Werkzeug Toolbar

Im geöffneten Grafikfenster können wir über die **Menüleiste** oder **Standard Toolbar**, Grafiken in verschiedenen Dateiformaten speichern, drucken etc. Ein weiteres Werkzeug zur schnellen Modifikation des Aussehens von Diagrammen findet sich in der **Menüleiste**: **Edit > Apply new scheme**

Mit einem Klick kann diese Funktion das gesamte Aussehen der Grafik verändern. Zum Beispiel die Darstellung der Grafik in Graustufen, wie sie im wissenschaftlichen Bereich gängig sind. Das Auswahlmenü **Stata Journal** erzeugt unter anderem eine solche Optik. Schriftarten lassen mit **Edit > Preferences > Font** abändern.

Mithilfe des **Graph Editors**, können wir umfangreichere Veränderungen an Grafiken vornehmen. Durch **File > Start Graph Editor** oder klicken auf folgendes Symbol in der **Standard Toolbar** öffnen wir ihn:

Sobald der Editor geöffnet ist, ist es nicht möglich Kommandos in Stata auszuführen, dazu muss der Editor wieder geschlossen werden. Der Grafik-Editor erlaubt es, Texte, Pfeile Linie etc. überall dort hinzufügen, wo Sie es wünschen. Sobald Sie den Editor einschalten, steht der Mauszeiger in **Werkzeug Toolbar** zur Verfügung. In unserer Abbildung weist das Werkzeug einen blauen Hintergrund auf, was bedeutet, es steht zur Anwendung bereit: Nun können Sie mit dem zeige Werkzeug Objekte innerhalb der Grafik verändern. Der Achsentitel „percent" kann beispielsweise an eine andere Stelle geschoben oder umbenannt werden. Doppelklicken auf einzelne Elemente der **erzeugten Grafik** öffnet eine kontextabhängige Werkzeugleiste, mit der wir bei Bedarf viele Elemente der Grafik modifizieren. Doppelklicken auf den Achsentitel der Y-Achse („percent") öffnet die Dialogbox dieses Objekts:

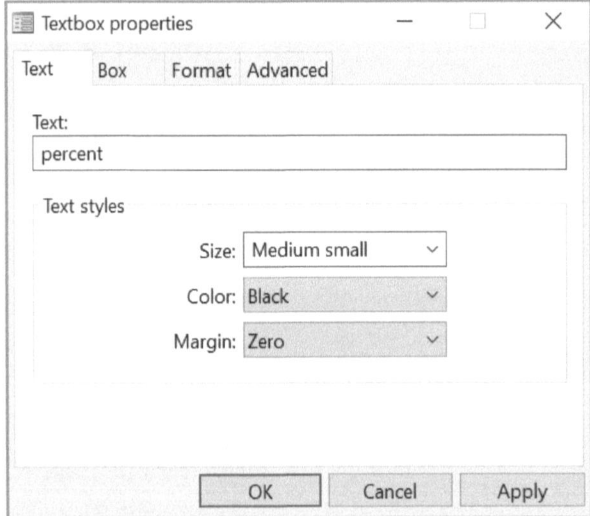

Statt „percent" schreiben wir „Prozentwerte" und klicken auf **Apply** und **OK**. Sodann haben wir die Grafik neu beschriftet. Sollten Sie mit den gewählten Änderungen nicht zufrieden sein, lassen sie sich wieder rückgängig machen, dazu dienen verschiedene Funktionen: **Edit > Undo** oder das Pfeil Symbol:

Nun nehmen wir an der erstellten Grafik weitere Veränderungen vor. Die einzelnen Säulen beschriften wir mit den jeweiligen Prozentwerten. Wir gehen wie folgt vor: Zuerst klicken wir auf den **Objekt Browser** auf der rechten Seite. Sollte der Objekt Browser nicht angezeigt werden, so klicken wir in der **Standard-Toolbar** auf das Feld mit der Lupe (rechts):

Nun Doppelklicken wir im **Objekt Browser** auf **bar region**.

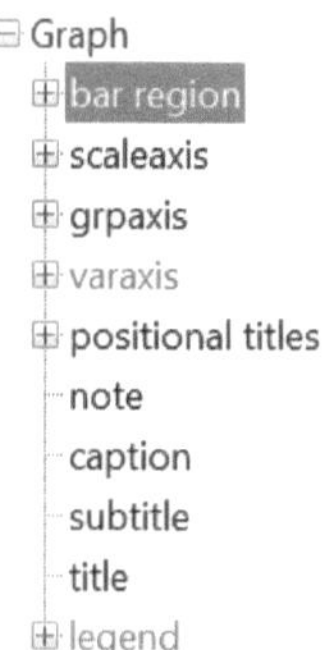

Anschließend öffnet sich die entsprechende Dialogbox. Unter dem Reiter „**Labels**" wählen wir Bar im **Pull-down Menü** aus und klicken **Apply** und **OK**.

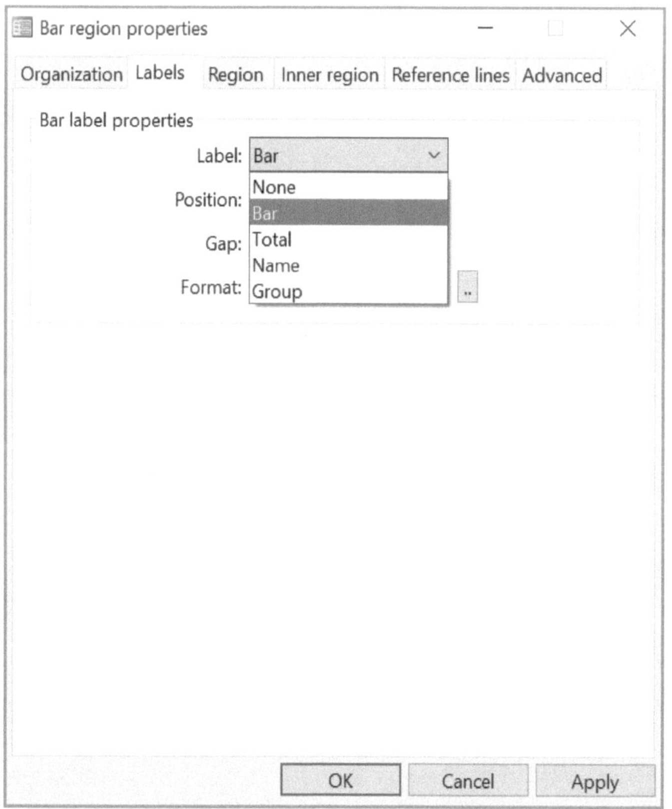

Die Balken enthalten nun Prozentwerte. Allerdings mit vier Nachkommstellen. Um dies zu ändern, gehen wir auf das Feld **Format** (ganz unten) und klicken auf die drei Punkte (rechts). Nun markieren wir bei **Numeric type** das mittlere Feld (**Fixed numric**) und geben bei **Format properties** und **Total digits** die Zahl 4 an, bei **Digits right of decimal** 2, für zwei Nachkommastellen. Statt dem Punkt für Dezimalstellen soll ein Komma gesetzt werden. Dazu setzten wir einen Haken bei **Use European commas/decimals.** Zum Schluss folgt erneut **Apply** und **OK**.

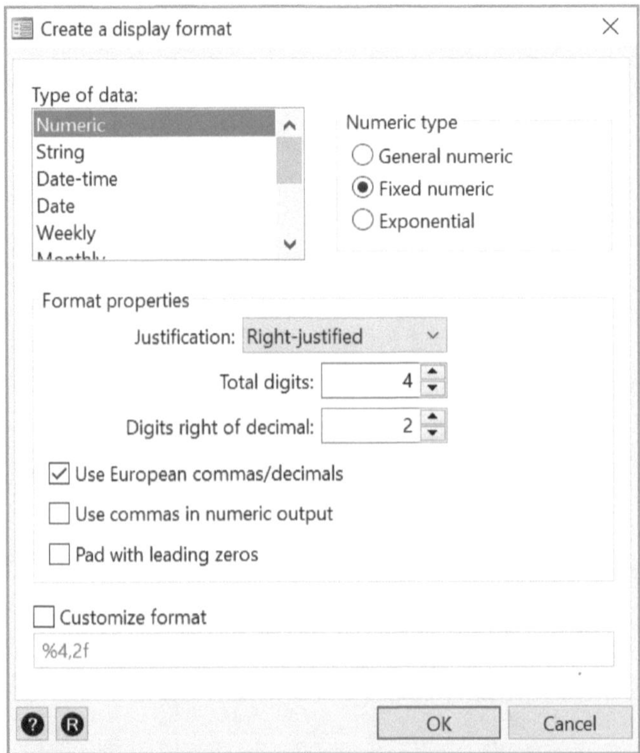

Zum Abschluss ändern wir die Farbe der Balken in Dunkelorange. Wir doppelklicken entweder auf einen Balken der Grafik oder im **Objekt Browser** auf den Menüpunkt **bar region** und dann auf einen der durchnummerierten **bars**:

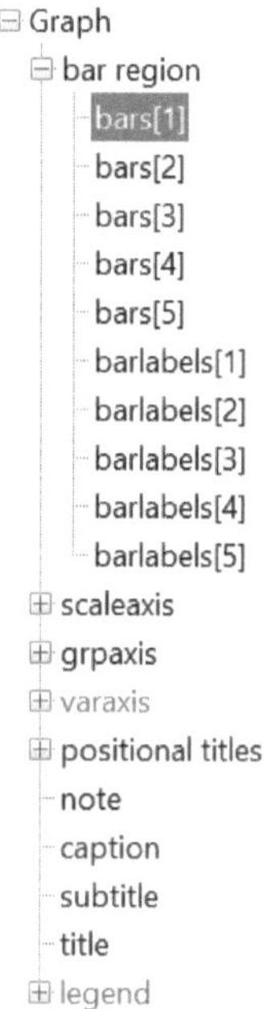

Im Pull-down Menü wählen wir nun **Dark orange** aus und klicken **Apply** und **OK**.

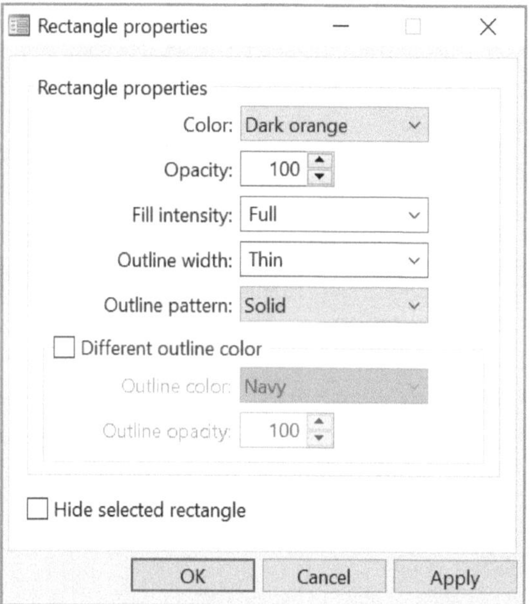

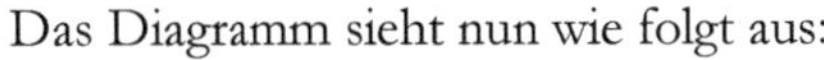
Das Diagramm sieht nun wie folgt aus:

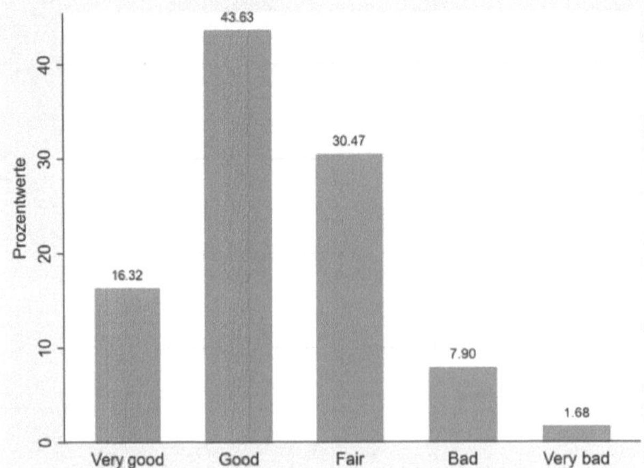

Soll jeder Balken eine eigene Farbe erhalten, so klicken wir mit der rechten Maustaste auf den jeweiligen Balken und das Auswahlmenü ganz unten: **object-specific properties** und gehen wiederum, wie oben beschrieben, vor.

Eine weitere Möglichkeit, Elemente der Grafik zu verändern, bietet die **kontextabhängige Toolbar**. Diese erscheint, wenn Sie Objekte mit dem Mauszeiger markieren. Sie können Elemente der Grafiken sofort ändern, wenn sie eines der Elemente der **kontextabhängigen-Toolbar** auswählen. Mit einem Rechtsklick auf Grafikelemente können Sie weitere Modifikationen vornehmen. Zur Illustration klicken wir mit dem Mauszeiger auf blauen Rahmen der Grafik. Eine rote Umrandung wird nun angezeigt und in der **kontextabhängigen Toolbar** finden sich folgende Elemente:

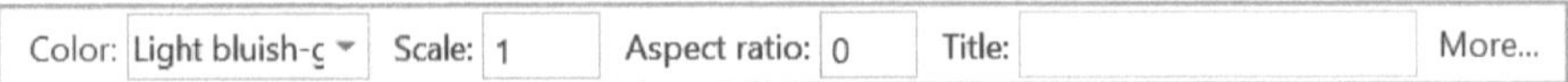

Beispielsweise ändern wir die Farbe über **color** oder ergänzen durch Eintippen in das Feld **title** einen Grafik-Titel.

Verlassen wir den **Graph Editor**, so erscheint automatisch ein Fenster und wir werden gefragt, ob wir die Veränderungen an der Grafik speichern wollen. Sobald wir dies bestätigen, können verschiedene Formate gewählt werden. Das Speichern in verschiedene Formate ist auch über die Menüleiste möglich: **File > Save as**.

Wird das Grafikfenster geschlossen, lässt es sich nicht wieder öffnen. Die zuletzt erzeugte Grafik lässt sich allerdings mit einem Kommando wiederherstellen:

```
. graph display
```

Änderungen, die wir an der letzten Grafik vorgenommen haben, bleiben bestehen, solange wir keine neue Grafik erstellen. Wollen wir Modifikationen rückgängig machen, ist dies im **Grafik-Editor** mit **Edit > Undo** oder dem Pfeil Symbol (siehe oben) möglich.

Eine andere nützliche Funktion des **Graph Editors** stellt der **Graph Recorder**

dar. Er befindet sich in der **Standard-Toolbar** und zeichnet alle Änderungen auf, die Sie im Grafikeditor vornehmen. Somit können Sie dieselben Veränderungen auf andere (ähnliche) Diagramme anwenden. Dazu klicken Sie auf den roten Kreis:

Die nun folgenden Bearbeitungen werden als Aufzeichnung gespeichert. Mit dem gleichen Symbol beenden Sie die Aufzeichnung. Nun erscheint folgendes Fenster:

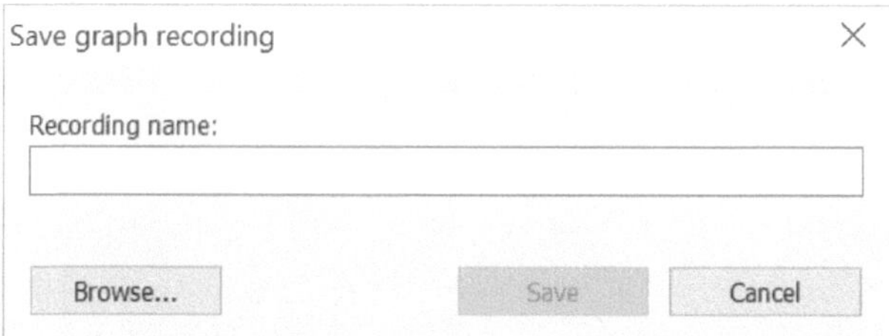

Unter **Recording name** geben Sie einen Dateinamen an. Sofern Sie keinen Ordner über **browse** auswählen, speichert Stata die Aufzeichnungen im voreingestelltem Arbeitsverzeichnis, das sich mit dem Befehl `sysdir` identifizieren lässt.

Die aufgezeichneten Anwendungen lassen sich nun über den grünen Pfeil (siehe oben) auf jede im **Graph Editor** geöffnete Grafik anwenden. Beim Anklicken öffnet sich ein Pulldown Menü, das sowohl die letzten Aufzeichnungen anzeigt als auch über den Menüpunkt **browse** erlaubt, auf Aufzeichnungen aus anderen Verzeichnissen zurückzugreifen. Einige Änderungen, sind vermutlich nicht für alle Arten von Diagrammen sinnvoll. In diesem Fall ignoriert Stata die Änderungen und gibt einen Hinweis im Ergebnisfenster wieder:

```
note:  edit not appropriate for current graph
```

Weitere Information zum Graph Editor finden Sie mit dem folgenden Kommando:

```
. help graph editor
```

4.3.2. Grafiken für ordinale und metrische Variablen

Boxplots

Metrische und ordinale Variablen mit vielen Ausprägungen lassen sich anschaulich mit dem Boxplot (Box-Whisker-Plot) darstellen. Diese Diagrammart zeigt im Wesentlichen fünf Lagemaße und ein Streuungsmaß auf: Minimum, Maximum, 1. Quartil, 2. Quartil (Median), 3. Quartil und Quartilsabstand. Nach John W. Tukey (Tukey 1997, 32ff.) können anhand der fünf Lagemaße (Fünf-Punkte-Zusammenfassung) erste Hinweise auf die Verteilungsform abgeleitet werden. Der Stata-Befehl für Boxplots lautet `graph box` gefolgt vom Variablennamen. Einen Boxplot für die Verteilung der vertraglich festgelegten Arbeitsstunden erhalten wir mit folgendem Kommando:

```
. graph box wkhct
```

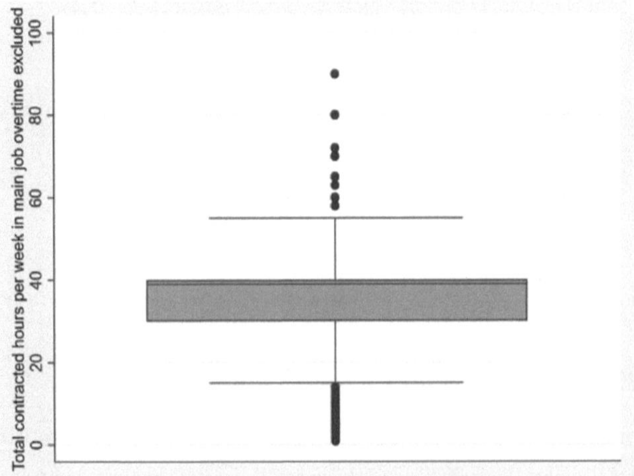

Die Grafik (vergleiche Abbildung 4.2) besteht stets aus der Box und zwei Linien, Antennen, den sogenannten Whiskern. Die untere Linie der Box stellt das 1. Quartil (25 % Quantil), die obere Linie das 3. Quartil (75 % Quantil) und der Strich in der Box den Median (50 % Quantil) dar. Die Höhe der Box gibt den Quartilsabstand wieder: IQR= $Q_3 - Q_1$. Die Länge der Whisker ist auf die das 1,5-fache der Höhe des Quartilsabstands beschränkt. Der untere Whisker stellt somit $Q_1 - 1{,}5$ *IQR dar und der obere Whisker $Q_3 + 1{,}5$ *IQR. Sind keine Ausreißer vorhanden, entspricht der untere Whisker dem Minimum und der obere dem Maximum. Falls Ausreißer, wie in unserem Beispiel vorliegen, werden diese als Punkte dargestellt. Der erste Punkt von unten gibt das Minimum und der letzte obere Punkt das Maximum der Verteilung an.

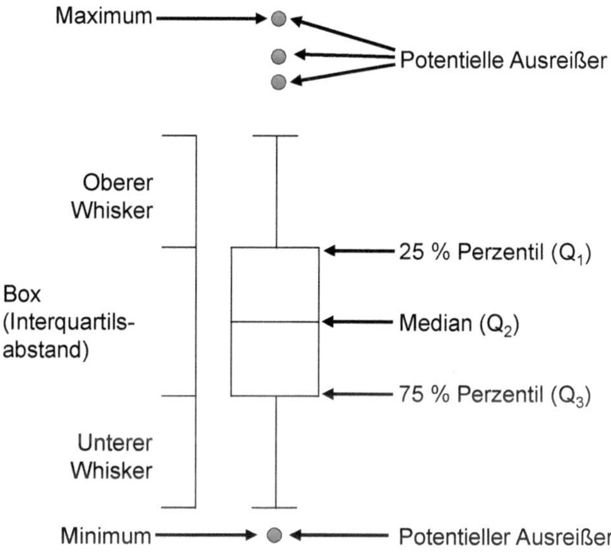

Abbildung 4.2: Aufbau eines Boxplots

Die vertikale Darstellung des Boxplots mag einigen Schwierigkeiten bereiten, die es gewohnt sind, dass die Variablenausprägungen auf der X-Achse dargestellt werden. In der horizontalen Ansicht ist es einfacher, auf die Verteilungsform zu schließen. Den Boxplot kann aber mit Stata auch horizontal ausgerichtet erstellt werden. Dazu ersetzten wir `box` durch `hbox`:

```
. graph hbox wkhct
```

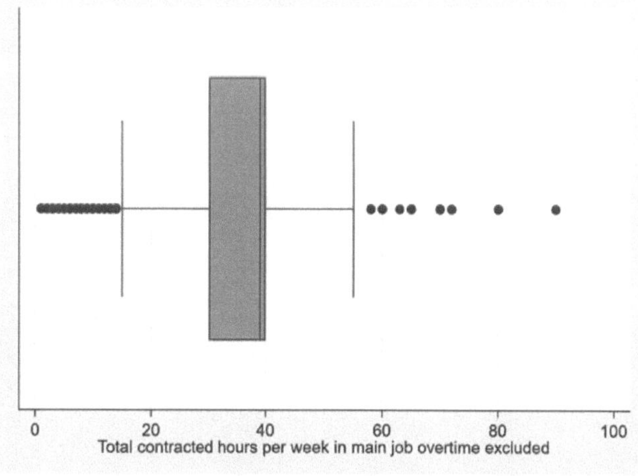

Der Boxplot eignet sich sehr gut, um auf die Verteilungsform (siehe Abbildung 4.3) zu schließen: Liegt der Median in der Mitte der Box, so ist die Verteilung symmetrisch. Falls der Median sich im rechten Abschnitt der Box befindet, wie in unserem Boxplot, so ist die Verteilung linksschief (rechtssteil). Bei rechtsschiefen (linkssteilen) Verteilungen befindet sich der Median im linken Teil der Box. Verteilungen weisen eine geringe Kurtosis auf bzw. sind flachgipflig, wenn die Box breit ausfällt, dann ist der Quartilsabstand relativ groß. Umgekehrt weisen steilgipflige Verteilungen schmale Boxen und einen geringen Quartilsabstand auf. Für bi- oder multimodalen Verteilungen sollten jedoch andere Grafiken, wie Histogramme verwendet werden, um auf die Verteilungsform zu schließen.

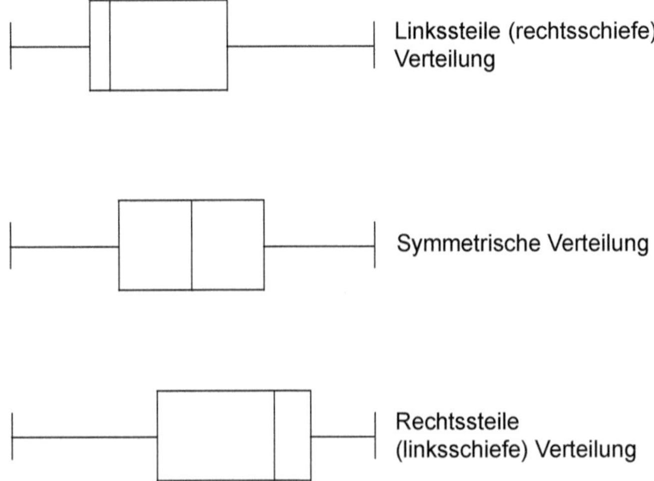

Abbildung 4.3: Boxplots und Verteilungsform

Bei der Variable Arbeitsstunden weist der Quartilsabstand einen Wert von 10 auf, der Median lautet 39. 50 % der Fälle liegen innerhalb der Box, was wiederum bedeutet, dass 50 % der Befragten zwischen 30 und 40 Arbeitsstunden bei der Umfrage als Arbeitszeit angegeben haben. Das ist nicht verwunderlich, denn es handelt sich um die vertraglich vereinbarte Arbeitszeit, ohne Überstunden. Dennoch sehen wir zahlreiche Extremwerte sowohl im unteren als auch oberen Bereich: Also Personen, die sehr wenige und sehr viele Arbeitsstunden aufweisen.

Für die Analyse von Verteilungen ist es sinnvoll, Vergleiche anzustellen, dazu sind Boxplots gut geeignet. Für die Visualisierung solcher Gruppenvergleiche verwenden wir die `by()`- oder `over`-Option. Boxplots der Arbeitsstunden nach dem Geschlecht erzeugen wir mit einem der nachfolgenden Kommandos:

```
. graph hbox wkhct, by(gndr)
. graph hbox wkhct, over(gndr)
```

In unserem Fall haben wir uns für die `over()`-Option entschieden, da die Darstellung der Boxen übereinander erfolgt, während mit der `by()`-Option beide Grafiken nebeneinander platziert werden.

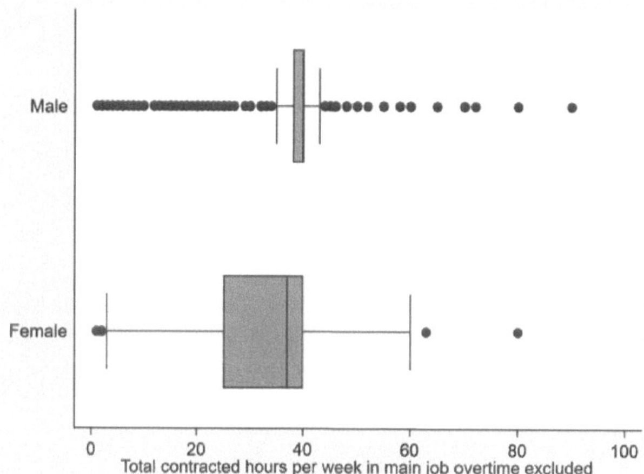

Aufgrund der vielen Ausreißer ist der obere Boxplot nicht sehr übersichtlich, so können wir die Werte der Box und des Whiskers nicht genau bestimmen. Mittels der `nooutsides`-Option nach lassen sich die Ausreißer ausschalten. In der Ausgabe erscheint dann die Anmerkung „excludes outside values".

Vergleichen wir beide Boxplots, erkennen wir, wie unterschiedlich beide Verteilungen ausfallen. Der Quartilsabstand der Männer ist mit 2 viel geringer als bei den Frauen mit 16. 50 % der Männer geben 38 bis 40 und 50 % der Frauen zwischen 25 und 40 vertraglich vereinbarte Arbeitsstunden an. Der Median der Männer liegt bei 40 und somit fallen Median und 3. Quartil zusammen, während der Median bei den Frauen 37 und das 3. Quartil 40 beträgt. Bei den Männern gibt es mehr Ausreißer und eine größere Spannweite: Das Minimum beträgt 1 und das Maximum 90.

```
. graph hbox wkhct, over(gndr)nooutsides
```

Diese Darstellung spiegelt nur einen Ausschnitt aus der Verteilung wider, weswegen wir zur Interpretation von Verteilungen zuerst die ursprüngliche Darstellung des Boxplots betrachten sollten.

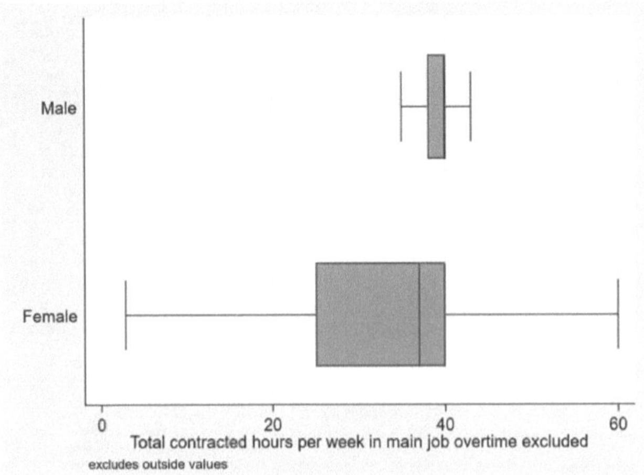

Histrogramme

Histogramme dienen dazu, die Häufigkeitsverteilung von metrischen Variablen grafisch darzustellen. Die Daten werden gruppiert, das heißt in Form von Intervallen bzw. Klassen dargestellt. Im Histogramm sind die Flächen der einzelnen Balken proportional zur Häufigkeit der jeweiligen Klasse und die Höhe der Balken proportional zur empirischen Häufigkeitsdichte. Im Gegensatz zu Balkendiagramm wird auf der Y-Achse deshalb die Häufigkeitsdichte angegeben, statt Prozentwerten oder Häufigkeiten. Die Häufigkeitsdichte berechnet sich aus der relativen Klassenhäufigkeit dividiert durch die Klassenbreite. In Stata kann die Klassenbreite nicht variieren, dementsprechend sind die Balken proportional zur relativen Klassenhäufigkeit. Das Histogramm kann die Verteilungsform, die Streuung und Zentrierung anschaulich darstellen. Der Befehl lautet `histogram` gefolgt vom. Anhand der Variable Arbeitszeit erläutern wir den Befehl:

```
. histogram wkhct
```

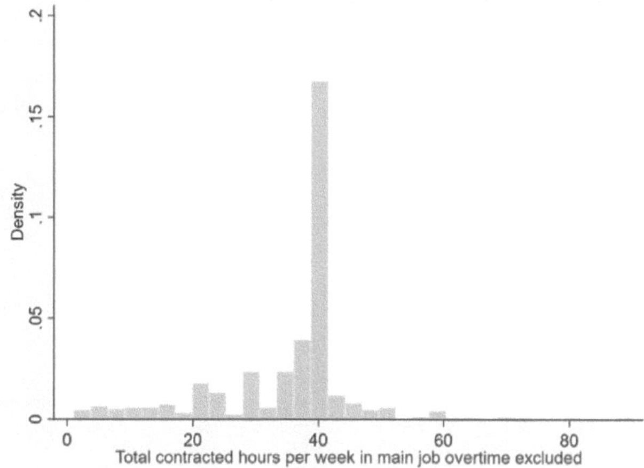

Stata berechnet die Anzahl der Klassen mittels folgender Formel:

k = min{sqrt(N), 10*ln(N)/ln(10)}

In unserem weist unsere Variable 2452 Fälle auf und es ergeben sich 34 Klassen:

```
. display min(sqrt(2452), 10*ln(2452)/ln(10))
```

Bei Bedarf lässt sich die Anzahl der Klassen und somit der Balken selbst bestimmen, dazu dient die Option `bin()`. Zur Berechnung der geeigneten Anzahl der zu bildenden Klassen existieren verschiedene Formeln. Nach Degen (2010, 99 f.) sollte die Klassenbildung dem Sachverstand des Anwenders folgen und sich aber auch an der Symmetrie der Verteilung orientieren: Bei symmetrischen Häufigkeitsverteilungen genügen weniger Klassen, bei schiefen Verteilungen ist es zweckmäßig eine höhere Anzahl von Klassen zu wählen, um die Streuung der Daten möglichst gut darzustellen. Zu beachten ist allerdings, dass die Anzahl der festgelegten Klassen einen Einfluss auf das Aussehen der Histogramme haben und möglicherweise die ursprüngliche Verteilungsform nicht korrekt wiedergeben.

Ein Histogramm mit 15 Klassen für die Variable Arbeitszeit erhalten wir mit folgendem Kommando, wobei wir mit der Option `bin()` die Anzahl der Klassen festlegen:

```
. histogram wkhct, bin (15)
```

Soll bei den Histogrammen nicht die Dichte angezeigt werden, sondern Prozentwerte oder Häufigkeiten, so verwenden wir die Optionen `percent` oder `frequency`:

```
. histogram wkhct, percent

. histogram wkhct, frequency
```

Ebenso wie bei Boxplots nutzen wir die `by()`-Option, um Histogramme zu vergleichen:

```
. histogram wkhct, by(gndr)
```

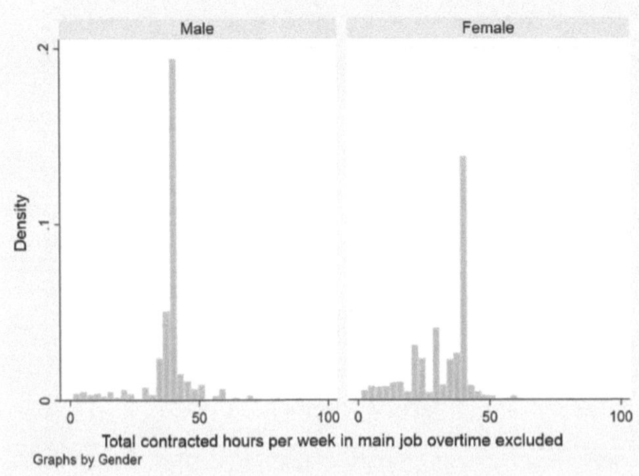

Balkendiagramme mit histogram

Balkendiagramme lassen sich auch mittels des Histogramm Befehls erstellen, dazu verwenden wir die Option `discrete`. Ein Histogramm für die Schulbildung nach der ISCED (International Standard Classification of Education) mit Prozentwerten erzeugen wir mit :

```
. histogram eisced, discrete percent
```

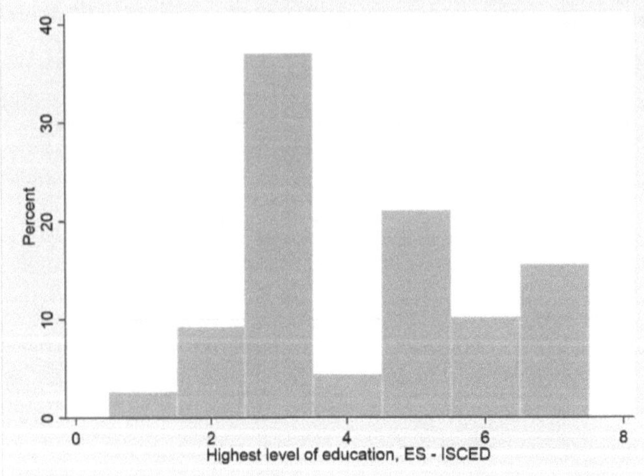

Die Option `discrete` dient dazu pro Ausprägung der Variable einen Balken zu erzeugen. Für kategoriale und kontinuierliche Variablen mit wenigen Ausprägung ist diese Art der Darstellung sinnvoll. Allerdings haben wir nun ein Histogramm und kein Balkendiagramm erzeugt. Lücken zwischen den Balken erstellen wir mit der `gap()`-Option: Indem in der Klammer eine Zahl eingetragen wird, die die Balkenbreite um den prozentualen Faktor reduziert. Mit der folgenden Option verringern wir die Balkenbreite um 15 Prozent:

```
. histogram eisced, discrete percent gap(15)
```

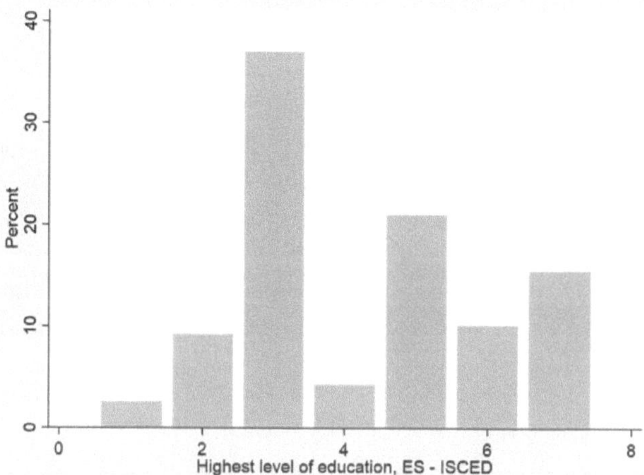

Als weiterführende Literatur zur deskriptiven Statistik und Grafiken sind folgende Autoren zu empfehlen: Benninghaus (2017), Bortz und Schuster (2016), Cox (2014, 2004), Gehring und Weins (2009), Hamilton (2013), Jann (2011), Kopp und Lois (2014), Kühnel und Krebs (2012), Kuckartz et al. (2013), Ludwig-Mayerhofer (2015), Mitchel (2012) Ott und Longnecker (2009).

4.4. Zusammenfassung der Befehle

Befehl	Beschreibung
`autocode()`	Variable in Intervalle gleicher Breite gruppieren
`fre`	Häufigkeitstabelle mit Wertelables und Werten
`graph bar`	Balkendiagramm
`graph box`	Boxplot
`graph display`	Geschlossenes Grafik Fenster wieder öffnen
`graph pie`	Tortendiagramm
`histogram`	Histogramm
`numlabel`	Numerische Werte zu Labels einfügen/löschen
`recode()`	Programming functions: Intervalle erzeugen
`summarize`	Deskriptive Statitsiken
`tabstat`	Univariate Statistiken

Befehl	Beschreibung
`tabulate`	Häufigkeitstabelle
`tabulate, summarize()`	Verschiedene deskriptive Statistiken
`xtile`	Variable in Quantile gruppieren

4.5. Übungsaufgaben

☞ Öffnen Sie den Datensatz **ESS8DE.dta**

1. Lassen Sie sich die Häufigkeitstabellen für die Variablen *trstprl trstplc trstplt trstprt* ausgeben.
2. Erstellen Sie eine Häufigkeitstabelle, die aufzeigt, wie stark die Befragten an Politik interessiert sind. Diese Tabelle soll neben dem Wertelabel auch die numerische Ausprägung aufweisen.
3. Sie möchten wissen, ob sich das Interesse an Politik (Variable aus Aufgabe 2) zwischen Männern und Frauen unterscheidet. Erstellen Sie geeignete die Häufigkeitsverteilungen und verwenden Sie dazu den `fre`-Befehl und unterdrücken Sie die Ausgabe von fehlenden Werten.
4. Erstellen Sie eine gruppierte Variable aus der Variable Internetnutzungsdauer (*netustm*). Folgende Kategorien für die Nutzungsdauer in Minuten sollen vergeben werden: 0-15, über 15-30, über 30-60, über 60 bis 90, über 90 bis 120, über 120-180, über 180-240, über 240-300, über 300-360, über 360-420, über 420-480, über 480-600, über 600. Lassen Sie sich anschließend eine Häufigkeitstabelle inklusive fehlender Werte ausgeben.
5. Wie können Sie die Verteilung der Internetnutzungsdauer am besten durch geeignete statistische Maßzahlen und Grafiken beschreiben?

a) Erstellen Sie die notwendigen Kommandos und interpretieren Sie die Ergebnisse.

b) Lassen Sie sich einen horizontalen Boxplot ausgeben und unterdrücken Sie Ausreißer.

6. Ist die Internetnutzungsdauer abhängig vom Alter der Personen? Verwenden Sie für das Alter die gruppierte Altersvariable aus Kapitel 4.2.3: *age_g*.

a) Lassen Sie sich die geeigneten Maßzahlen mittels einer Tabelle ausgeben. Welche Verteilung weist eine größere Streuung auf?

b) Erstellen Sie geeignete Grafiken.

c) Lassen Sie sich nur das arithmetische Mittel und die Standardabweichung der Internetnutzung getrennt für verschiedene Altersgruppen ausgeben.

7. Erstellen Sie eine Häufigkeitstabelle inklusive fehlender Werte und berechnen Sie geeignete Lage und Streuungsmaße für die Variable Einstellung zur Umwelt (*impenv*). Interpretieren Sie anschließend die Ergebnisse.
8. Erstellen Sie für die Variable *impenv* ein Balkendiagramm mit den Prozentwerten und numerischen Wertelables über den Balken. Anschließend erstellen Sie Balkendiagramm mit Häufigkeiten und Labels.
9. Verändern Sie die Farbe des Diagramms und ändern Sie die Wertelabels in numerische (1-6). Anschließend speichern Sie die Grafik als PNG-Datei ab und schließen das Grafik Fenster.
10. Öffnen Sie die geschlossene Datei. Verändern Sie weitere Elemente und zeichnen Sie diese für die weitere Anwendung auf andere Grafiken auf. Identifizieren Sie zuvor Ihr Arbeitsverzeichnis, um die gespeicherten Daten später wiederzufinden. Ändern Sie bei Bedarf das Verzeichnis.
11. Untersuchen Sie anhand einer geeigneten Grafik, ob es Unterschiede hinsichtlich der Umwelteinstellung zwischen Personen, die mit Kindern (die im Haushalt leben oder gelebt haben) und Personen ohne Kinder gibt.
12. Erstellen Sie für die Variable „To what extent feel personal responsibility to reduce climate change" (*ccrdprs*) ein Balkendiagramm mit Prozentwerten und ein Histogramm mit Prozentwerten und Lücken, mit 20 Prozent reduzierter Balkenbreite.

Lösungen der Übungsaufgaben:

ÜbungenKapitel04.do

5. Bivariate Datenanalyse

Das letzte Kapitel hat sich im Wesentlichen mit der Beschreibung einer Variablen beschäftigt. Meist interessieren wir uns nicht nur für die Verteilung einer Variablen, sondern für den Zusammenhang zwischen mehreren Variablen. Nun widmen wir uns der gemeinsamen Analyse von zwei Variablen, der bivariaten Statistik. Die Verteilung zweier Merkmale lässt sich anhand von Maßzahlen, Tabellen und Grafiken darstellen. Im Vordergrund steht dabei allerdings nicht die Beschreibung der Verteilungen, sondern, ob ein statistischer **Zusammenhang** zwischen den Variablen besteht bzw. die Verteilung statistisch voneinander unabhängig sind. Anhand von **Zusammenhangsmaßen** (auch **Assoziationsmaße, Korrelationskoeffizient** genannt) lässt sich die Stärke des Zusammenhangs anhand einer Zahl beschreiben. Nehmen wir als Beispiel die Variable Geschlecht und die für Hausarbeit aufgewendete Zeit. Wir können nun überprüfen, ob sich die Verteilung der Hausarbeit von Männern und Frauen unterscheidet. Ist dies der Fall, so sprechen wir von einem Zusammenhang zwischen den Variablen Geschlecht und Hausarbeitsstunden. In diesem Kapitel behandeln wir überwiegend Tabellen und Maßzahlen für kategoriale Variablen. Im nächsten Kapitel finden sich Zusammenhangsmaße für ordinale und metrische Variablen.

☞ Wir verwenden in diesem Kapitel überwiegend die **Datei allbus2012_red.dta**[1]

5.1. Kontingenztabelle

Gemeinsame Häufigkeitsverteilungen für zwei kategoriale Variablen X und Y können in Form von Kreuztabellen (auch Kontingenztabellen genannt) dargestellt werden. Bei diesen Tabellen stehen die Ausprägungen einer Variablen in der Zeile, die der anderen in der Spalte. Die Zellen repräsentieren die Wertepaare (x_j; y_i), um die einzelnen Zellen zu unterscheiden, verwenden wir die Subskripte j und i. Die Zeilen werden mit j und die Spalten mit i gekennzeichnet:

[1] Der anhand der nachfolgenden Berechnungen modifizierte Datensatz lautet: allbus2012_red02.dta.

Zeilenvariable Y	Spaltenvariable X		
	x_1	x_2	Σ
y_1	f_{11}	f_{12}	$n_{1.}$
y_2	f_{21}	f_{22}	$n_{2.}$
y_3	f_{31}	f_{32}	$n_{.3}$
y_4	f_{41}	f_{42}	$n_{.4}$
y_5	f_{51}	f_{52}	$n_{.5}$
Σ	$n_{.1}$	$n_{.2}$	n

Tabelle 5.1: Kontingenztabelle

Die Variable, deren Ausprägungen in der Zeile stehen, wird als Zeilenvariable und die Variable, deren Ausprägungen in den Spalten der Tabelle stehen, als Spaltenvariable bezeichnet. Meistens erfolgt die Darstellung der Variablen in der Form, dass die Variable X die Spaltenvariable und Y die Zeilenvariable darstellt. Die Zeilenvariable aus unserer Tabelle hat I=5 Ausprägungen: y_1 bis y_5 und die Spaltenvariable J=2 Ausprägungen x_1 und x_2. Die Zeilensummen geben die univariaten Verteilungen von Y und die Spaltensummen die univariaten Verteilungen von X an, diese werden auch Randverteilungen genannt. Die Gesamtfallzahl in der Kontingenztabelle wird mit n bezeichnet. Nehmen wir als Beispiel die Variable Geschlecht (*v217*) und eine Variable, die angibt, ob Befragte die Hausarbeitsteilung als gerecht empfindet (*v682*). Geschlecht hat zwei Ausprägungen, x_1= „Mann" und x_2= „Frau". v682 fünf: y_1= „mache viel zu viel", y_2= „mache zu viel", y_3= „ungefähr gerecht", y_4= „mache zu viel" und y_5= „mache viel zu viel". Als 2x5 Kreuztabelle stellen wir die bivariate Verteilung, wie folgt, dar[2]:

gerechte aufteilung der hausarbeit?	GESCHLECHT, BEFRAGTE<R> MANN	FRAU	Total
mache viel zu viel	2	21	23
mache zu viel	6	13	19
ungefaehr gerecht	28	22	50
mache zu wenig	12	1	13
mache viel zu wenig	12	1	13
Total	60	58	118

Die Tabelle bietet zahlreiche Information: Insgesamt haben 118 Personen beide Fragen beantwortet. Die Randverteilung der Variable Geschlecht zeigt, dass wir 60 Männer und 58

[2] In unserem Datensatz wurden fehlende Werte teilweise noch nicht ausgeschlossen. Deshalb haben wir eine neue Variable v682n gebildet: `clonevar v682n=v682 if v682 >0 & v682 <6`

Frauen betrachten. Anhand der univariaten Verteilung der Y Variable ist zu erkennen, dass 23 Personen der Meinung sind, sie würden zu viel Hausarbeit übernehmen, 19 sagen „mache zu viel" etc. Lediglich 2 von 60 Männern sind beispielsweise der Meinung, viel zu viel Hausarbeit zu übernehmen, bei den Frauen hingegen sind es 21 von 58, die dies meinen.

Kontingenztabellen mit tabulate

Im letzten Kapitel haben wir bereits getrennte Häufigkeitstabellen mit dem `tabulate`-Befehl für die Ausprägungen einer Variablen betrachtet. Diese eindimensionalen Häufigkeitstabellen ersetzen wir nun durch Kontingenztabellen (auch als zweidimensionale Häufigkeitstabellen bezeichnet) ebenfalls mit dem `tabulate`-Befehl, indem wir zuerst die Zeilenvariable und dann die Spaltenvariable angeben:

```
. ta v682n v217
```

Sodann erhalten wir die oben dargestellte Kreuztabelle. Wir betrachten nun die zwei Spalten: Hier werden die Einstellungen zur Arbeitsteilung dargestellt, die durch die Variable Geschlecht bedingt sind. Allgemein formuliert, sehen wir die bedingten Verteilungen der Y-Variable: Die Verteilungen der Y Variable werden durch die X Variable bedingt, wenn wir die Tabelle so anordnen, dass X die Spalten- und Y die Zeilenvariable darstellt. Die bedingten Verteilungen unterscheiden sich stark: Die Antwort „mache viel zu viel" gaben nur 2 Männer, aber 21 Frauen an, „mache zu viel" 6 Männer und 13 Frauen etc. Anhand des Beispiels wird ersichtlich, dass vermutlich ein Zusammenhang zwischen dem Geschlecht und der Hausarbeitsteilung vorliegt. Weiterhin geben Männer seltener an, dass sie extrem viel oder viel Hausarbeit übernehmen. Allerdings können wir anhand der Verteilungen keine exakten Aussagen über den Zusammenhang der beiden Variablen treffen. Die Zellhäufigkeiten zu vergleichen ist schwierig, denn die Anzahl der Männer und Frauen unterscheiden sich. Wollen wir die bedingten Verteilungen vergleichen, wäre es notwendig, die relativen Häufigkeiten bzw. Prozentwerte zu berechnen. In unserem Fall die Zellhäufigkeiten durch die dazugehörige Spaltensumme zu teilen. Im nächsten Abschnitt beschreiben wir das Vorgehen.

Spaltenprozentuierung

Wir zeigen nun auf, wie wir spaltenweise Prozentuieren, das ist eine Möglichkeit den Zusammenhang zwischen zwei Variablen zu ermitteln. Bevor wie das Vorgehen beschreiben, erklären wir einige Begriffe. In der Zusammenhangsanalyse und bezeichnen wir die bedingende X Variable auch als **unabhängige Variable** und die bedingte Y Variable als **abhängige Variable**. In unserer Tabelle ist die Variable Geschlecht folglich die unabhängige und die Variable zur Hausarbeit die abhängige Variable. In diesem Fall liegt ein **asymmetrischer Zusammenhang** vor. Dieser wird auch als **gerichtete Beziehung** bezeichnet, denn die Variable X bedingt die Variable Y[3]. Wird keine der beiden Variablen als unabhängige oder abhängige Variable angesehen, sprechen wir von einem **symmetrischen Zusammenhang**. Diese Beziehungen heißen auch **ungerichtete Beziehungen**, denn beide Variablen bedingen sich gegenseitig. Als Beispiel kann Lebenszufriedenheit und Zufriedenheit mit der Gesundheit genannt werden. Es ist davon auszugehen, dass Personen, die mit dem Leben zufrieden sind, ihre Gesundheit besser beurteilen als Personen, die weniger zufrieden mit ihrem Leben sind. Ebenso sind gesündere Personen analog vermutlich zufriedener mit ihrem Leben. Was ist nun die unabhängige Variable und was die abhängige Variable? Welche Variable als abhängige Variable welche als unabhängige angesehen wird oder ob ein ungerichteter Zusammenhang vorliegt, ist theoretisch zu begründen. Aus der rein statistischen Perspektive besteht zwischen der abhängigen und der unabhängigen Variablen kein Unterschied. Wenn wir Hypothesen über asymmetrische Zusammenhänge aufstellen, gehen wir von kausalen Zusammenhängen aus, d. h. wir nehmen an, dass kausale Verknüpfungen zwischen zwei Ereignissen existieren. Allerdings bedeutet eine hohe Korrelation zwischen zwei Variablen nicht, dass die beiden Variablen kausal miteinander zusammenhängen. Korrelation ist nicht mit Kausalität gleichzusetzen. Für weitere Information zu diesem Thema empfehlen wir Diaz-Bone (2013, 67ff.) und Ludwig- Mayerhofer (2015, S. 202).

Wenn wir bei Zusammenhängen davon ausgehen, dass die Beziehung zwischen zwei Variablen gerichtet sind und diese anhand der Tabellenanalyse untersuchen, stellen wir die unabhängige Variable üblicherweise in als Spaltenvariable und die abhängige Variable die Zeilenvariable dar. Anschließend prozentuieren wir spaltenweise. Diese Art der Prozentuierung wird **Spaltenprozentuierung** genannt[4]. In Stata ergänzen wir dazu den `tabulate`-Befehl um die Angabe `column`:

```
. ta v682n v217, column
```

Zusätzlich zu den Zellhäufigkeiten sind nun in der zweidimensionalen Tabelle die Spaltenprozentwerte enthalten, die aufsummierten Werte einer Spalte ergeben 100 %.

---

[3] Siehe dazu auch Diaz-Bone (2017: 67ff.).

[4] In manchen Statistikbüchern wird die Zeilenprozentuierung besprochen, dann ist die X-Variable die Zeilenvariable und Y die Spaltenvariable.

gerechte aufteilung der hausarbeit?	GESCHLECHT, BEFRAGTE<R> MANN	FRAU	Total
mache viel zu viel	2 3.33	21 36.21	23 19.49
mache zu viel	6 10.00	13 22.41	19 16.10
ungefaehr gerecht	28 46.67	22 37.93	50 42.37
mache zu wenig	12 20.00	1 1.72	13 11.02
mache viel zu wenig	12 20.00	1 1.72	13 11.02
Total	60 100.00	58 100.00	118 100.00

Vergleichen wir die bedingten Verteilungen nun zeilenweise, so sehen wir, ob ein Zusammenhang vorliegt, das heißt, die Variablen voneinander abhängig sind: Besteht ein Zusammenhang, unterscheiden sich die bedingten Verteilungen. Besteht kein Zusammenhang, unterscheiden sich die Verteilungen nicht, die beiden Variablen sind somit unabhängig voneinander. In unserer Tabelle unterscheiden sich die Verteilungen stark. Wenn spaltenweise prozentuiert wird, erfolgt die Interpretation zeilenweise. Wir sehen, dass ein Zusammenhang zwischen beiden Variablen besteht und Frauen und Männer die Hausarbeitsteilung unterschiedlich bewerten. Wie stark der Zusammenhang ausfällt, kann nicht direkt anhand der Tabelle ermittelt werden, dazu müssen wir Maßzahlen, sogenannte Koeffizienten, betrachten.

Prozentsatzdifferenz

Ein Zusammenhangsmaß, das sich des oben genannten Konzepts bedient ist die **Prozentsatzdifferenz.** Diesen Zusammenhangsmaß können wir für 2x2 Kontingenztabellen (auch Vierfeldertabelle bezeichnet) und Variablen ab nominalem Skalenniveau verwenden. Dieses Zusammenhangsmaß wird bei asymmetrischem Zusammenhang, d.h. gerichteten Zusammenhängen verwendet. Wir betrachten exemplarisch das Gebiet der Umfrage (*v8*) und die Variable, die angibt, ob eine Person Kontakt zu Ausländern im Freundeskreis aufweist (*v82*). Dazu erstellen wir eine Kreuztabelle mit Spaltenprozentuierung. Zuvor schließen wir die Ausprägung 0 („Trifft nicht zu“) der Variable *v82* aus:

```
. clonevar v82n=v82 if v82>0

. ta v82n v8, column
```

AUSLAENDER: KONTAKT IM FREUNDESKREIS?	ERHEBUNGSGEBIET <WOHNGEBIET>: WEST - OST ALTE BUND	NEUE BUND	Total
JA	136 64.76	43 37.72	179 55.25
NEIN	74 35.24	71 62.28	145 44.75
Total	210 100.00	114 100.00	324 100.00

Stata kann die Prozentsatzdifferenz d% nicht direkt berechnen, wir berechnen sie anhand der bedingten Verteilungen: Die Differenz der Spaltenprozentwerte einer Zeile ergibt den Wert des Zusammenhangsmaßes in Prozentpunkten:

d% = 64,76-37,72=27,04 PP

d% = 35,24-62,28=-27,04 PP

Sowohl die berechnete Differenz anhand der ersten oder zweiten Zeile ergibt einen Wert von 27,04, nur das Vorzeichen der zweiten Zeile unterscheidet sich. Aus diesem Grund verwenden wir die erste Zeile für die Berechnung dieses Zusammenhangsmaßes. Erst bei Variablen mit ordinalem Skalenniveau kann das Vorzeichen sinnvoll interpretiert werden. Zusätzlich zur Stärke des Zusammenhangs kann ab ordinalem Skalenniveau die Richtung interpretiert werden (siehe 5.3). Bei nominalen Variablen sollte das Vorzeichen nicht beachtet werden. Ob es negativ oder positiv ausfällt, ist von der Anordnung der Zeilen und Spalten abhängig. Der Wertebereich der Prozentsatzdifferenz liegt zwischen + 100 Prozentpunkten (PP) und -100 Prozentpunkten. Die Prozentsatzdifferenz weist in 2x2 Tabellen bei statistischer Unabhängigkeit den Wert 0 auf, +/- 100 bei vollständiger Abhängigkeit der beiden Variablen bzw. einem perfekten Zusammenhang. In diesem Fall wären nur die Diagonalen der Tabelle besetzt: Alle Westdeutschen würden bei der Frage *v82* mit „ja" und alle Ostdeutschen mit „nein" antworten oder umgekehrt (weitere Information siehe auch (Diaz-Bone, 76 ff.; Kühnel und Krebs 2012, 317 ff.)).

5.2. Chi-Quadrat-Test

Im letzten Abschnitt haben wir anhand der Prozentsatzdifferenz festgestellt, dass Unterschiede zwischen Ost und West hinsichtlich des Kontakts zu Ausländern im Freundeskreis existieren. Ob diese Unterschiede nur zufällig, beispielsweise durch die geringe Stichprobengröße oder Zufallsschwankungen auftreten, können wir anhand des Zusammenhangsmaßes nicht ermitteln. Dazu müssen wir einen für unsere Daten geeigneten **Signifikanztest** heranziehen, um zu überprüfen, ob der in der Stichprobe ermittelte Zusammenhang auch für die Population gilt. Wenn wir nominale Variablen untersuchen, können wir uns des **Chi-Quadrat-Tests (χ2)** (auch Chi-Quadrat-Unabhängigkeitstest) bedienen.

Dabei werden die Zellhäufigkeiten von Kreuztabellen mit den Häufigkeiten verglichen, die wir erwarten würden, wenn keine Beziehung zwischen den beiden Variablen bestünde. Die zuerst genannten Häufigkeiten heißen in der Statistik **erwartete Häufigkeiten**, letztere **beobachtete Häufigkeiten**. Die erwarteten Häufigkeiten berechnen sich für jede Zelle als Summe aus der entsprechenden Zeilen- und Spaltensumme geteilt durch die Fallzahl n:

$$e_{ij} = \frac{n_{i.} \cdot n_{.j}}{n} = \frac{Zeilensumme \cdot Spaltensumme}{Fallzahl\ n}$$

Für das obige Beispiel berechnen wir die erwartete Häufigkeit für alte Bundesländer und der Ausprägung „ja" bei der Variablen „Ausländer im Freundeskreis" wie folgt: (179 * 210) / 324 = 116,0. Die beobachtete Häufigkeit beträgt 136. Anhand der Daten wird eine zweite Tabelle mit den erwarteten Häufigkeiten gebildet, die sogenannte **Indifferenztabelle**. Anschließend werden beide Tabellen miteinander verglichen: Auf Grundlage der beobachteten und erwarteten Zellhäufigkeiten kann eine Teststatistik berechnet werden, die (Pearsons) Chi-Quadrat-Statistik. Sie gibt darüber Auskunft, ob sich die beobachteten Häufigkeiten signifikant von denen unterscheiden, die man erwarten würde. Mit Stata ist es möglich die erwarteten Häufigkeiten zusätzlich zu den beobachteten in der Kontingenztabelle darstellen, dazu verwenden wir die Optionen `expected`. Die Chi-Quadrat-Statistik berechnen wird, indem die Option `chi` angegeben:

```
. ta v82n v8, expected chi

                 |     ERHEBUNGSGEBIET
     AUSLAENDER: | <WOHNGEBIET>: WEST -
      KONTAKT IM |          OST
 FREUNDESKREIS?  | ALTE BUND  NEUE BUND |     Total
-----------------+----------------------+----------
              JA |       136         43 |       179
                 |     116.0       63.0 |     179.0
-----------------+----------------------+----------
            NEIN |        74         71 |       145
                 |      94.0       51.0 |     145.0
-----------------+----------------------+----------
           Total |       210        114 |       324
                 |     210.0      114.0 |     324.0

          Pearson chi2(1) =  21.8547   Pr = 0.000
```

Unter dem beobachteten Zellenwert steht die erwartete Zellhäufigkeit. In der Zelle „alte Bundesländer/ja" lautet die erwartete Häufigkeit 116,0 und der beobachtete Wert 136. Für die Berechnung von Chi-Quadrat wird die Differenz der erwarteten und beobachteten Häufigkeiten in den Zellen berechnet, in unserem Beispiel für die erste Zelle: 136 - 116 = 20. Anschließend werden die Werte quadriert und durch die jeweils erwarteten Häufigkeiten dividiert. Zum Schluss summieren wir alle Werte auf:

$$\chi^2 = \sum_{Zellen} \frac{(n_{ij} - e_{ij})^2}{e_{ij}} = \frac{(beobachtete\ Häufigkeit - erwartete\ Häufigkeit)^2}{erwartete\ Häufigkeit}$$

In unserem Beispiel erhalten wir 21,8547. Diesen Wert können wir nun mit den Quantilen einer Chi-Quadrat-Verteilung[5] vergleichen, um zu überprüfen, ob ein signifikanter Zusammenhang zwischen der beiden Variablen in der Population besteht.

Statistikprogramme geben meistens einen p-Wert, das sogenannte **empirische Signifikanzniveau p** aus. Dieser Wert gibt die Wahrscheinlichkeit an, dass die Teststatistik einen so extremen Wert wie den beobachteten Wert der Teststatistik oder einen noch extremeren Wert annimmt. Die Frage, ob der statistische Test, hier der Chi-Quadrat-Test signifikant ausfällt, wird anhand der vorab festgelegten **Irrtumswahrscheinlichkeit α** ermittelt. Fällt das empirische Signifikanzniveau kleiner als die Irrtumswahrscheinlichkeit aus, gehen wir (vorläufig) von einem signifikanten Zusammenhang aus. Üblicherweise verwenden wir für die Irrtumswahrscheinlichkeit 5 %, 1 % und 0, 1%. In der Literatur verwenden wir häufig folgende Werte und Symbole:

---

[5] Siehe Tabellen im Anhang von Statistik-Büchern wie Kühnel und Krebs (2012)) oder über das Programpaket für die Chi-Quadrat Tabelle, das wir mit `help chitable` erhalten. Anschließend wir die Chi-Quadrat-Tabelle mit folgendem Kommando erstellt: `chitable`.

Dazu müssen wir die Anzahl der Freiheitsgrade beachten, diese stehen bei der Ausgabe des Chi-Quadrat-Wertes in Klammer, in unserem Fall chi2(1), entspricht einem Freiheitsgrad. In der Chi-Quadrat Tabelle stehen zuerst die Anzahl der Freiheitsgrade, dann das Signifikanzniveau (ist identisch mit der Irrtumswahrscheinlichkeit α). Bei einer Irrtumswahrscheinlichkeit von 5 % muss der berechnete Chi-Quadrat-Wert größer sein als 3,84, bei 1 % größer als 6,63 und bei 0,1 % größer als 10,83. Unser ermittelter Wert beträgt 21,8547 und ist somit größer als alle drei Werte, entsprechend ist unser Ergebnis signifikant mit auf dem 0,1 % Niveau.

α	Irrtumswahrscheinlichkeit	Sicherheitswahrscheinlichkeit	Bezeichnung	Symbolik*
< 0,001	< 0,1 %	≥ 99,9 %	hochsignifikant	***
< 0,01	< 1,0 %	≥ 99,0 %	(sehr) signifikant	**
< 0,05	< 5,0 %	≥ 95,0 %	signifikant	*
< 0,10	< 10,0 %	≥ 90,0 %	schwach signifi-	+ ~ † #

Tabelle 5.2: Irrtumswahrscheinlichkeit und Symbole

In unserer Tabelle beträgt p = 0,000, wobei Stata weitere Nachkommastellen nicht anzeigt. Wir können somit mit einem **Signifikanzniveau**[6] von weniger als 0,1% davon ausgehen, dass in der Population ein Zusammenhang zwischen dem Gebiet und Ausländern im Freundeskreis besteht. Für die Anwendung des Chi-Quadrat-Tests müssen drei Voraussetzungen erfüllt sein:

1. Die erwarteten Häufigkeiten in jeder Zelle müssen größer als 5 sein[7].
2. Der Test darf nur bei Häufigkeiten, nicht Prozentwerten angewendet Anwendung finden.
3. Es muss sich bei den Stichproben um Zufallsstichproben handeln.

Sollte die erste Bedingung nicht erfüllt sein, so kann stattdessen der exakte Test nach Fisher mit der `exact`-Option berechnet werden. Dieser Tests liefert auch bei geringen Stichprobenumfang zuverlässige Ergebnisse:

```
. ta v82n v8, exact
```

5.3. Zusammenhangsmaße

In Kapitel 5.1 haben wir bereits ein Zusammenhangsmaß für 2x2 Tabellen (Vierfeldertabellen) auf Basis des Vergleichs von Prozentsätzen vorgestellt: die Prozentsatzdifferenz. Weiterhin existieren Zusammenhangsmaße, denen andere Berechnungsarten zugrunde liegen. Im Allgemeinen verwenden wir in der Statistik häufig Zusammenhangsmaße, die einen

---

[6] Signifikanzniveau wird die obere Grenze der Irrtumswahrscheinlichkeit genannt.

[7] Manche Autoren geben andere Werte an, beispielsweise dass maximal 20 % der Zellen eine erwarte Häufigkeit unter 5 aufweisen dürfen (Ludwig-Mayerhofer et al. (2015, 212 ff.); Kuckartz et al. (2013, 86 ff.); Kühnel und Krebs (2012, 332 ff.)).

Wertebereich aufweisen der zwischen 0 und 1 oder -1 und +1 liegt. Durch diese Normierung wird die Interpretation der Stärke des Zusammenhangs erleichtert. Ein Koeffizient von 0 besagt, dass kein Zusammenhang zwischen beiden Variablen besteht (vollkommene Unabhängigkeit). Ein Zusammenhangsmaß von 1 bzw. -1 beschreibt einen perfekten Zusammenhang (vollkommene Abhängigkeit). Für unterschiedliche Skalenniveaus stehen unterschiedliche Koeffizienten zur Verfügung. Es gibt beispielsweise asymmetrische und symmetrischen Zusammenhangsmaße. Manche Zusammenhangsmaße werden auf Basis von Chi-Quadrat berechnet, machen basieren auf Rangvergleichen oder der Logik der Paarvergleiche etc. Die Prozentsatzdifferenz ist ein Zusammenhangsmaß für asymmetrische Zusammenhänge. Vor dessen Berechnung müssen wir klären, welche Variable als abhängige und welche die unabhängige fungieren soll, ansonsten erhalten wir je nach Anordnung der Zeilen und Spaltenvariable unterschiedliche Ergebnisse. In Stata sind nur symmetrische Zusammenhangsmaße implementiert. Bei diesen Koeffizienten wird bei der Berechnung nicht zwischen abhängigen und unabhängigen Variablen unterschieden, aus diesem Grund sind sie auch für asymmetrische Zusammenhänge geeignet. Im Folgenden zeigen wir die in Stata gebräuchlichsten Maßzahlen, um den Zusammenhang zwischen kategorialen Variablen zu beschreiben.

Nominale Variablen: Phi, Cramer's V

Ein weiteres Zusammenhangsmaß haben wir im letzten Abschnitt bereits kurz vorgestellt, Chi-Quadrat. Wir verwenden Chi-Quadrat als Hypothesentest, aber auch als Zusammenhangsmaß. Chi-Quadrat gibt Auskunft darüber, ob zwei Variablen voneinander unabhängig sind oder ein Zusammenhang zwischen ihnen vorliegt. Sind die Variablen X und Y unabhängig, nimmt Chi-Quadrat den Wert 0 an. Je größer der Zusammenhang zwischen X und Y ausfällt, desto größer wird Chi-Quadrat. Sein Wert variiert mit der Fallzahl, wobei er bei großen Stichproben größer ausfällt als bei kleinen. Aus diesem Grund wird er nicht als Zusammenhangsmaß für die Stärke des Zusammenhangs zwischen X und Y verwendet. Allerdings basieren verschiedene Zusammenhangsmaße auf Chi-Quadrat. Sie geben die Stärke eines symmetrischen Zusammenhangs zwischen zwei nominalen Variablen wieder. Stata gibt zwei Chi-Quadrat basierte Maßzahlen aus: **Phi** und **Cramer's V**. Phi eignet sich ausschließlich zur Berechnung von 2x2 Tabellen (Vierfeldertabellen), wohingegen **Cramer's** für alle Arten von Mehrfeldertabellen geeignet ist. Bestimmen wir Cramer's V in 2x2 Tabellen, ist es mit dem Betrag von Phi identisch. Stata stellt eine Option für die beiden Zusammenhangsmaße zur Verfügung, die V-Option. In der Ausgabe erscheint nur die Bezeichnung Cramer's V. Die Wertebereiche der beiden Zusammenhangsmaße liegen zwischen 0 und 1, wobei 0 die statistische Unabhängigkeit und 1 den perfekten Zusammenhang ausdrückt.

Die Formel für zur Berechnung von Cramer's V lautet:

$$V = \sqrt{\frac{\chi^2}{n \cdot \min(r-1, c-1)}}$$

Neben Chi-Quadrat wird die Fallzahl n und die Anzahl der Ausprägungen in den Zeilen (r) oder Spalten (c) abzüglich 1 berücksichtigt. „min" bedeutet in dieser Formel, dass die Zeilen oder Spaltenzahl mit der geringsten Ausprägung ausgewählt wird. Die Stärke des Zusammenhangs zwischen dem Geschlecht und der Arbeitsteilung im Haushalt wollen wir nun mit Cramer's V bestimmen und lassen uns zur Überprüfung der Signifikanz Chi-Quadrat ausgeben. Bei der Variable *v682n* handelt es sich um eine ordinal skalierte Variable. Berechnen wir Zusammenhangsmaße für Variablen mit unterschiedlichem Skalenniveaus, so wählen wir den geeigneten Koeffizienten anhand des Skalenniveaus der jeweils niedrig skalierten Variable aus.

```
. ta v682n v217, chi2 V
```

```
                      |       GESCHLECHT,
gerechte aufteilung   |       BEFRAGTE<R>
   der hausarbeit?    |       MANN        FRAU |     Total
----------------------+------------------------+----------
  mache viel zu viel  |          2          21 |        23
       mache zu viel  |          6          13 |        19
    ungefaehr gerecht |         28          22 |        50
      mache zu wenig  |         12           1 |        13
 mache viel zu wenig  |         12           1 |        13
----------------------+------------------------+----------
               Total  |         60          58 |       118

          Pearson chi2(4) =  37.5869   Pr = 0.000
               Cramér's V =   0.5644
```

Der Wert von Cramer's V beträgt 0,5644, womit es sich um einen mittleren bis großen Zusammenhang handelt. Dieser ist statistisch signifikant mit einer Irrtumswahrscheinlichkeit von 0,1 % (Pr bzw. p = 0,000). Möchten wir nur die Ausgabe des Zusammenhangsmaßes und der Chi-Quadrat-Statistik, geben wir die `nofreq`-Option an, welche die Tabelle unterdrückt:

```
. ta v682n v217, nofreq chi2 V
```

Berechnen wir Vierfeldertabellen gibt Stata zwar Cramer's V aus, verwendet dafür allerdings eine andere Formel, wodurch der Koeffizient negative Werte annehmen kann. Wir wählen deshalb den Begriff Phi, statt Cramer's V. Die gängige Formel zur Berechnung von Phi lautet:

$$\phi = \sqrt{\frac{\chi^2}{n}}$$

Stata aber verwendet stattdessen diese Formel:

$$\phi = \frac{f_{11} \cdot f_{22} - f_{12} \cdot f_{21}}{n_{1.} \cdot n_{2.} \cdot n_{.1} \cdot n_{.2}}$$

Durch diese Art der Berechnung kann Phi negative Werte annehmen, obwohl bei nominalen Variablen die Interpretation des Vorzeichens keine Rolle spielt.

☞ Für Interessierte erstellen wir an dieser Stelle eine Vierfeldertabelle und lassen uns Phi mit positivem und negativem Vorzeichen ausgeben. Wir verwenden die Syntax aus dem zweiten Beispiel und geben als Option V an:

```
. ta v82n v8, V
```

AUSLAENDER: KONTAKT IM FREUNDESKREIS?	ERHEBUNGSGEBIET <WOHNGEBIET>: WEST - OST ALTE BUND	NEUE BUND	Total
JA	**136**	**43**	**179**
NEIN	**74**	**71**	**145**
Total	**210**	**114**	**324**

Cramér's V = **0.2597**

In der von Stata verwendeten Formel für Phi spielt es eine Rolle, in welcher Reihenfolge die Ausprägung der X Variable bzw. Y Variablen im Kommando angeordnet sind[8]. Zur Illustration kodieren wir die Ausprägungen der Y-Variable um, wobei der Wert 1 zu 2 wird und umgekehrt. Die Wertelabels passen wir dementsprechend an.

[8] Die Ausprägungen von nominalen Variablen lassen keine Rangfolge zu, dennoch spielen sie bei der Berechnung eine Rolle: Stata gibt unterschiedliche Vorzeichen für den Koeffizienten aus, wenn wir die Ausprägungen der Variablen „umpolen".

```
. recode v82n(1=2)(2=1), gen(v82r)

. label define v82r_lb 1"Nein" 2"Ja"

. label values v82r v82r_lb
```

Anschließend berechnen wir Phi mittels der V-Option:

```
. ta v82r v8, V
```

```
  RECODE of |
       v82n |
 (AUSLAENDE |
 R: KONTAKT |     ERHEBUNGSGEBIET
         IM |  <WOHNGEBIET>: WEST -
 FREUNDESKR |          OST
      EIS?) | ALTE BUND  NEUE BUND |     Total
------------+----------------------+----------
       Nein |        74         71 |       145 
         Ja |       136         43 |       179 
------------+----------------------+----------
      Total |       210        114 |       324 

              Cramér's V =  -0.2597
```

Nun erhalten wir einen identischen Wert für Phi, jedoch mit negativen Vorzeichen. Wir ignorieren das Vorzeichen, da dessen Interpretation mindestens ein ordinales Skalenniveau voraussetzt.

Ordinale Variablen: Gamma, Tau-b

Im letzten Abschnitt haben wir gesehen, dass manche Zusammenhangsmaße negative Vorzeichen annehmen. Für Variablen ab ordinalem Skalenniveau wird das Vorzeichen für die Interpretation berücksichtigt. Ein positives Vorzeichen weist auf eine positive Beziehung hin, ein negatives auf eine negative[9]. In Stata stellt verschiedene Zusammenhangsmaße für ordinales Skalenniveau bereit, die symmetrischen Zusammenhangsmaße Gamma und Tau-b stellen wir hier vor. Beide beruhen auf der Logik des Paarvergleichs: Hierbei werden die Werte der Zeilen- und Spaltenvariablen miteinander verglichen. Die Berechnung der Koeffizienten ist sehr komplex, deshalb verzichten wir auf die Darstellung der Formeln. Weiterhin gehen wir auf Tau-b und ein anderes Zusammenhangsmaß für ordinale Variablen (Spearman) im nächsten Kapitel (vergleiche Kapitel 6.3 Tau-b) noch einmal ein.

[9] Nähere Erläuterungen finden Sie dazu im nächsten Kapitel.

Goodmans und Kruskals Gamma γ wird auch als PRE Maß verwendet (vergleiche Kühnel und Krebs 2012, 358 ff.) und kann Werte zwischen -1 und 1 annehmen. **Kendalls Tau-b (τb)** weist ebenso einen zwischen -1 und 1 normierten Wertebereich auf. Allerdings fallen die Werte von Gamma meistens höher aus als die von Tau-b, was an der unterschiedlichen Definition des Konzepts der Zusammenhangsmaße liegt, aus diesem Grund ist Tau-b zu bevorzugen[10]. Als Beispiel berechnen wir Gamma und Tau-b für den Zusammenhang von „Allgemeiner Zufriedenheit mit dem Leben" (*v507*) und „Zufriedenheit mit dem Gesundheitszustand" (*v268*). Die Häufigkeitstabelle unterdrücken wir, denn die Variable *v507* weist 11 Ausprägungen auf, was die Darstellung sehr unübersichtlich machen würde.

```
. ta v268 v507, gamma taub nof
```

```
                 gamma =  -0.3182  ASE = 0.056
       Kendall's tau-b =  -0.2452  ASE = 0.044
```

Die Werte beider Zusammenhangsmaße weisen auf einen mittleren Zusammenhang hin, der negativ ausfällt. Zur Interpretation müssen wir die Codierung der Variablen beachten: Bei der Variable Lebenszufriedenheit wurde der Wert 0 für „ganz unzufrieden" und 10 für „ganz zufrieden" vergeben. Bei der Einschätzung des Gesundheitszustands steht die Ausprägung 1 für die Antwort „sehr gut" und 5 für „sehr schlecht". Da hier den einen negativer Zusammenhang vorliegt, bedeutet dies: Je zufriedener die Befragten mit ihrem Leben sind, desto besser schätzen sie ihren Gesundheitszustand ein. Ob der Zusammenhang signifikant ausfällt, klären wir in einem weiteren Schritt.

Der Chi-Quadrat-Test kann nicht zur Überprüfung der Signifikanz von ordinalen Zusammenhangsmaßen verwendet werden, wenn davon ausgehen ist, dass der Zusammenhang gerichtet ist. Stata gibt bei der Berechnung der beiden Koeffizienten den asymptotischen Standardfehler (ASE) aus. Diesen benutzen wir, um die Signifikanz der Koeffizienten zu überprüfen. Zur Berechnung der Teststatistik wird der Koeffizient durch den Standardfehler dividiert, womit und somit erhalten wir einen z-Testwert erhalten (vergleiche Ludwig-Mayerhofer (2015, 230f.)). Dabei kann von einem signifikanten Zusammenhang auf dem 5 % Niveau ausgegangen werden, wenn $|z| > 1,96$, von 1 % falls $|z| > 2,58$ und von 0,1 % falls $|z| > 3,32$. Zur Berechnung der Teststatistik nutzen wir die Taschenrechnerfunktion:

[10] Während bei Gamma bereits schwache monotone Zusammenhänge dazu führen können, dass es Werte nahe 1 erreicht werden, muss bei Tau-b eine strikte Monotonie vorliegen – vergleiche Jann (2011, S. 83). Auch durch das Zusammenfassen von Ausprägungen kann Gamma zudem sehr hohe Werte erreichen.

```
. display -0.3182/0.056

. display -0.2452/0.044
```

Wir erhalten für Gamma den Wert -5.6821429 und für Tau-b -5.5727273, was besagt, dass der vorgefundene (mittlere) Zusammenhang hochsignifikant ausfällt.

5.4. Tabellen für metrische und kategoriale Variablen

Kontingenztabellen eignen sich nicht für die Darstellung von Variablen mit vielen Ausprägungen. Insbesondere bei metrischen Variablen sind diese Tabellen unübersichtlich. Liegen kategoriale und metrische Variablen vor, ist es möglich Lage- und Streuungsmaße getrennt für die Ausprägungen der kategorialen Variablen zu erzeugen. Im letzten Kapitel (siehe Abschnitt 4.2.1) haben wir Verteilungen von metrischen und kategorialen Variablen anhand von Maßzahlen verglichen. Dazu haben wir den `tabulate, summarize()`-Befehl verwendet. Nun lassen wir uns deskriptive Kennwerte, die Hausarbeit in Stunden (*v666n*) getrennt für das Geschlecht (*v217*) der Befragten, ausgeben. Das dazugehörige Kommando lautet[11]:

```
. tabulate v217, summarize(v666n)
```

```
            |  Summary of befr.: anzahl stunden
GESCHLECHT, |         fuer hausarbeit
BEFRAGTE<R> |        Mean   Std. Dev.       Freq.
------------+------------------------------------
       MANN |   8.0769231   7.0399349          91
       FRAU |   14.464286   11.112184          84
------------+------------------------------------
      Total |   11.142857    9.735416         175
```

Es sind deutliche Unterschiede zwischen den befragten Männern und Frauen zu erkennen. Zudem variiert die Anzahl der Stunden bei den Frauen stärker, was anhand der Standardabweichung deutlich wird. Dieses Kommando eignet sich ebenso für Tabellen mit zwei kategorialen und einer metrischen Variablen. Beziehen wir das Gebiet (*v8*) mit ein so lautet das Kommando für die Tabelle ohne Zellhäufigkeiten:

```
. tabulate v8 v217, summarize(v666n) nofreq
```

[11] Fehlende Werte müssen zuvor ausgeschlossen werden: `clonevar v666n=v666 if v666 <=50.`

ERHEBUNGSG EBIET <WOHNGEBIE T>: WEST - OST	GESCHLECHT, BEFRAGTE<R> MANN	FRAU	Total
ALTE BUND	8.1111111 7.5841752	14.517857 11.148569	11.12605 9.9230554
NEUE BUND	8 5.7542255	14.357143 11.242164	11.178571 9.4119984
Total	8.0769231 7.0399349	14.464286 11.112184	11.142857 9.735416

Mit dem `table`-Befehl erstellen wir ähnliche Tabellen. Dieser Befehl erlaubt eine Reihe von nützlichen Optionen: Tabellen mit Maßzahlen sind über die `contents`-Option abrufbar, daneben können Mehrfachtabellen mit bis zu vier Variablen erzeugt werden. Mit der Hilfefunktion zeigen wir diese vielfältigen Optionen an: `help table.` Nach der `contents`-Option folgt eine Klammer, dann die Bezeichnung der gewünschten Maßzahl gefolgt vom Variablennamen. Für die Berechnung weiterer Maßzahlen müssen wird wiederum diese beiden Angaben eintippen. Für unser obiges Beispiel lautet das Kommando:

```
. table v217, contents(mean v666n sd v666n)
```

GESCHLECH T, BEFRAGTE< R>	mean(v666n)	sd(v666n)
MANN	8.07692	7.039935
FRAU	14.4643	11.11218

Die Mehrfachtabelle erzeugen wir mit:

```
. table v8 v217, contents(mean v666n sd v666n)
```

ERHEBUNGSGEBIET <WOHNGEBIET>: WEST - OST	GESCHLECHT, BEFRAGTE<R> MANN	FRAU
ALTE BUNDESLAENDER	8.11111 7.584175	14.5179 11.14857
NEUE BUNDESLAENDER	8 5.754226	14.3571 11.24216

Anhand dieser Tabellen wird nicht ersichtlich, ob sich die Merkmale signifikant unterscheiden. Dazu sind andere Analyseverfahren notwendig, wie die in Kapitel 8 vorgestellten Tests zum Vergleich von Mittelwerten.

5.5. Grafische Darstellung

Neben Tabellen und Zusammenhangsmaßen eignen sich Grafiken, um Zusammenhänge visuell darzustellen. Bereits im letzten Kapitel haben wir verschiedene Grafiktypen vorgestellt. Nachfolgend gehen wir auf die gebräuchlichsten Grafiken für kategoriale Variablen ein. Anschließend präsentieren wir zwei Möglichkeiten zur Darstellung des Zusammenhangs von metrischen und kategorialen Variablen.

5.5.1. Kategoriale Variablen

Balkendiagramme eignen sich besonders gut, um bivariate Zusammenhänge darzustellen. Ohne die Angabe weiterer Option repräsentieren Balkendiagramme in Stata deskriptive Maßzahlen. Zwei verschiedene Vorgehensweisen haben wir im letzten Kapitel bereits kennengelernt, um Balkendiagramme mit Prozentwerten oder Häufigkeiten zu erzeugen: Wir können Dummyvariablen für die Ausprägungen der Y-Variable erstellen und die `over`-Option verwenden[12]. Eine andere Möglichkeit besteht darin, die `over`-Option und `by`-Option gleichzeitig anzuwenden. Wir zeigen an dieser Stelle ausführlich die erste Möglichkeit und anschließend die entsprechende Syntax für die zweite Variante.

Mit der `tabulate, generate()`-Option ist es möglich für jede Ausprägung einer kategorialen Variable 0/1 codierte Variablen erzeugen. Diese Variablen bezeichnen wir üblicherweise als Dummyvariablen . Mit der **generate-Option** des `tabulate`-Befehls funktioniert dies ganz unproblematisch. Für die Variable v*682n,* welche die Einstellung zur Hausarbeitsteilung erfasst, schreiben wir folgendes Kommando, das fünf Dummyvariablen erstellt, und zwar für jede Ausprägung der Variable eine neue 0/1 kodierte Variable:

```
. ta v682n, gen(v682d)
```

Nun betrachten wir die Verteilung der ursprünglichen Variable *v682n* und ihre fünf Ausprägungen, anhand einer Häufigkeitstabelle:

```
. ta v682n
```

[12] Mit der `by`-Option erzeugt Stata getrennte Tabellen, diese sind nicht so übersichtlich.

gerechte aufteilung der hausarbeit?	Freq.	Percent	Cum.
mache viel zu viel	23	19.49	19.49
mache zu viel	19	16.10	35.59
ungefaehr gerecht	50	42.37	77.97
mache zu wenig	13	11.02	88.98
mache viel zu wenig	13	11.02	100.00
Total	118	100.00	

Jede der fünf Dummyvariablen repräsentiert nun jeweils eine der Ausprägungen der ursprünglichen Variable *v682n*. Der Wert 1 wird bei der ersten Dummyvariable für die dreiundzwanzig Befragten vergeben, die mit „mache viel zu viel" geantwortet haben, für alle anderen Ausprägungen wird der Wert 0 vergeben. Bei der zweiten Dummyvariable wird der Wert 1 für die 19 Befragten mit der Antwort „mache zu viel" zugeordnet und 0 für alle anderen. Die restlichen drei Ausprägungen wurden dieses entsprechend Schemas zugeordnet. Die `generate`-Option des `tabulate`-Befehls ist zweckmäßig für die Erstellung von Dummyvariablen für Grafiken, denn der Befehl fügt auch eine Variablenbezeichnung zu jeder der generierten Variablen hinzu, die uns anzeigt, wie die Variablen gebildet wurden. Durch die Ausgabe der Häufigkeitstabellen wird die Codierung der fünf Dummyvariablen ersichtlich[13]:

```
. tabl v682d1- v682d5
```

Hier sehen wir die Ausgabe für zwei der fünf gebildeten Variablen.

v682n==mache viel zu viel	Freq.	Percent	Cum.
0	95	80.51	80.51
1	23	19.49	100.00
Total	118	100.00	

-> tabulation of v682d2

v682n==mache zu viel	Freq.	Percent	Cum.
0	99	83.90	83.90
1	19	16.10	100.00
Total	118	100.00	

---

13 Alle Neuberechnungen finden sich im modifizierten Datensatz allbus2012_red02.dta.

Gruppierte Balkendiagramme

Mittels gruppierter Balkendiagramme lassen sich Kreuztabellen grafisch adäquat darstellen. Zuerst zeigen wir das Vorgehen mit dem `graph bar`-Befehl und der `over`-Option. Nach dem Befehl geben wir eine die Dummyvariablen an, die X-Variable steht in der `over`-Option. Ein gruppiertes Balkendiagramm, das den Zusammenhang von Geschlecht und Einstellung zur Hausarbeitsteilung wiedergibt, erhalten wir mit folgender Syntax:

```
. graph bar v682d1-v682d5, percent over(v217)
```

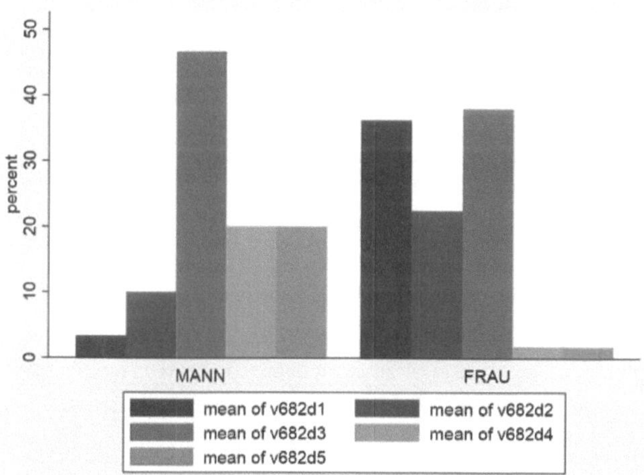

Die X-Achse repräsentiert die Ausprägungen der X-Variable (hier Mann und Frau) und die farbigen Balken die Ausprägungen der Y-Variable. Anhand der Balkendiagramme werden somit die bedingten Berteilungen der Y-Variable grafisch dargestellt. Ohne Beschriftung der Balken, ist die Interpretation der Verteilungen schwierig, die `blabel`-Option stellt daher eine sinnvolle Ergänzung des Kommandos dar:

```
. graph bar v682d*, percent over(v217) blabel(bar)
```

Lücken zwischen den Balken des gruppierten Balkendiagramms erstellen wir mit der `bargap`-Option. In Klammern ist anzugeben, wie viel Prozent der Breite der Balken auf die Lücke entfallen soll:

```
. graph bar v682d*, bargap(10) percent over(v217)
```

Die von Stata erstellte Grafik, gibt in der Legende die Angabe „mean of v682d1" etc. an. Das ist darauf zurückzuführen, dass Balkendiagramme in Stata zur Darstellung von deskriptiven Statistiken dienen. Eine übersichtlichere Darstellung der Legende, mit Angabe den Wertelabels erfolgt mit der `legend`-Option. Jedem der fünf Balken wird ein Label zugeordnet werden, dazu schreiben eben wir dessen Bezeichnung in Anführungszeichen:

```
. graph bar v682*, bargap(10) percent over(v217)legend(
  label(1 "mache viel zu viel") label(2 "mache zu viel")
  label(3 "ungefähr gerecht") label(4 "mache zu wenig")
  label(5 "mache viel zu wenig"))
```

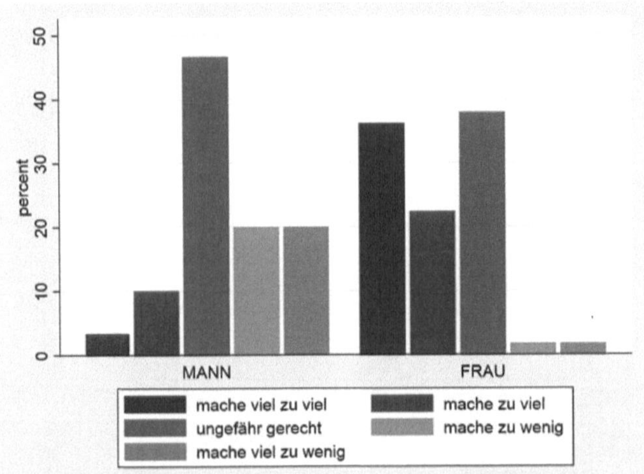

Eine andere Möglichkeit gruppierte Balkendiagramme zu erzeugen, bietet sich mit zwei over-Optionen oder einer Kombination aus over- und by-Option. Letzteres funktioniert wie folgt: Die erste over-Option erstellt für die in Klammern genannte (Y-)Variable Balkendiagramme. Mittels der by-Option wird statt eines Balkendiagramms, für jede Ausprägung der X-Variable ein separates Diagramm auszugeben (vergleiche „Balkendiagramme" in Abschnitt 4.3.1). Die Reihenfolge, wie wir die beiden Optionen im Kommando angeben, ist irrelevant. Dementsprechend lautet eine Syntax-Variante:

```
. graph bar, over(v682n) by(v217)
```

Mit der Option by erhalten Sie für jede Ausprägung der in der Option genannten (X-) Variable ein separates Diagramm, getrennt durch eine Umrandung. Ähnlich verhält es sich, wenn der Grafikbefehl mit zwei over-Optionen angegeben wird. In der Ausgabe werden getrennte Diagramme erzeugt, nach den Ausprägungen der in der zweiten over-Optionen genannten Variable. Die Darstellung erfolgt allerdings ohne Trennungslinie (siehe obige Grafik):

```
. graph bar, over(v682n) over(v217)
```

Weisen die in der ersten over()-Option genannten Variablen bei einer oder mehreren Kategorien keine Angaben auf, wird kein Balken für diese Kategorie erstellt. Nehmen wir an, kein Mann hätte als Antwort „mache viel zu viel" Hausarbeit angegeben, dann würde Stata eine Lücke in der Breite der anderen Balken erzeugen. Mittels der Option `nofill` lassen sich diese Lücken schließen. Siehe: `help graph bar` und Suche nach der `nofill`-Option.

Gestapelte Balkendiagramme

Eine andere Möglichkeit, bivariate Zusammenhänge grafisch darzustellen, bieten gestapelte Balkendiagramme (auch Streifendiagramme genannt). Die `stack`-Option des `graph`-Befehls ermöglicht die Ausgabe des auf 100 % skalierten Diagramms:

```
. graph bar v682d1- v682d5, percent over(v217) stack
```

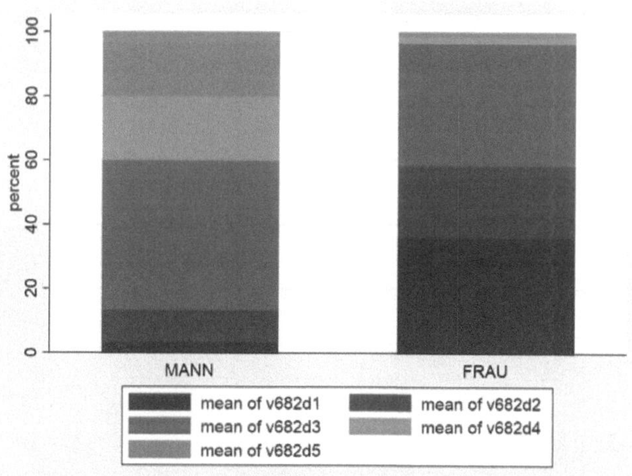

Erstellen wir diese Grafiken anhand der `over`- und `by`-Option, ist es erforderlich die `asyvars`-Option einfügen. Die Ausprägungen der (Y-) behandelt Variable Stata mit dieser Option wie die Dummyvariablen. Wir schreiben nun:

```
. graph bar, stack asyvars over(v682n) by(v217)
```

Horizontale Grafiken lassen wir uns ausgeben, indem der Name `bar` des `graph`-Befehls durch `hbar` ersetzt wird:

```
. graph hbar v682d1- v682d5, percent over(v217) stack
```

Weitere Veränderungen des gestapelten Balkendiagramms, wie die Beschriftung mit Prozentwerten etc., können Sie mit denselben Optionen wie beim gruppierten Balkendiagramm vornehmen.

5.5.2. Metrische und kategoriale Variablen

Zur Visualisierung von bivariate Zusammenhängen zwischen metrischen Y Variablen und kategorialen X Variablen sind Balkendiagrammen und Boxplots geeignet. Der `graph bar`-Befehl gibt als Voreinstellung Balkendiagramme mit Mittelwerten (Mittelwertplots) aus. Zur Darstellung eines gruppierten Balkendiagramms ergänzen wir die `over`-Option und geben die X-Variable in Klammern an. Für unser Beispiel aus Kapitel 5.4, die für Hausarbeit geleistete Anzahl von Stunden (*v666*) und das Geschlecht (*v217*) lautet das Kommando:

```
. graph bar v666n, over(v217)
```

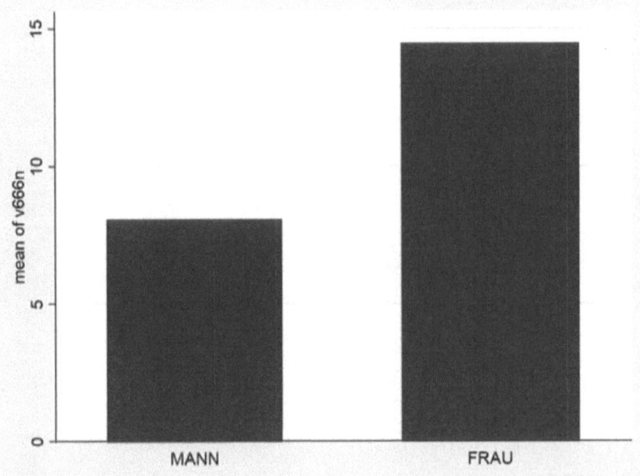

Wie im letzten Kapitel (siehe Abschnitt 4.3.2) bereits aufgezeigt, ist es möglich, Boxplots getrennt für die Ausprägung von X-Variablen darzustellen. Diese Boxplots werden auch konditionale oder gruppierte Boxplots genannt. Für das oben genannte Beispiel erzeugen wir nun einen horizontalen Boxplot mit dem `graph hbox` Befehl und der `over`-Option:

```
. graph hbox v666n, over(v217)
```

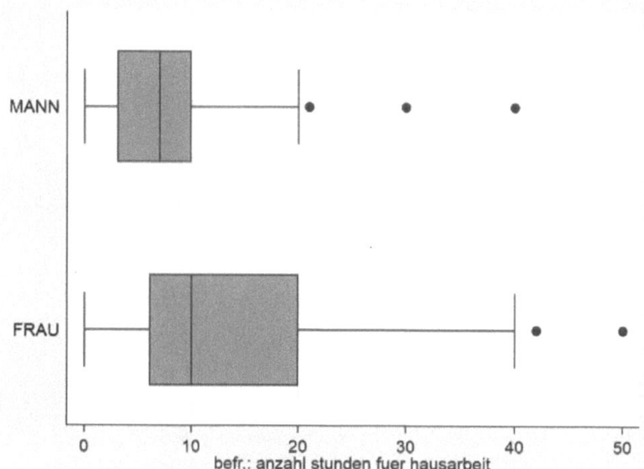

Die Darstellung von Balkendiagrammen oder Boxplots kann getrennt für eine zweite Variable mit der `over`-Option erfolgen. Zu diesem Zweck wird diese Variable nach der ersten `over`-Option angegeben. Nun erstellen wir ein Balkendiagramm für Mittelwerte und wählen als zusätzliche Variable den Ort der Befragung *(v8)*, zudem beschriften wir die Balken mit Prozentwerten:

```
. graph bar v666n, over(v217) over(v8) blabel(bar)
```

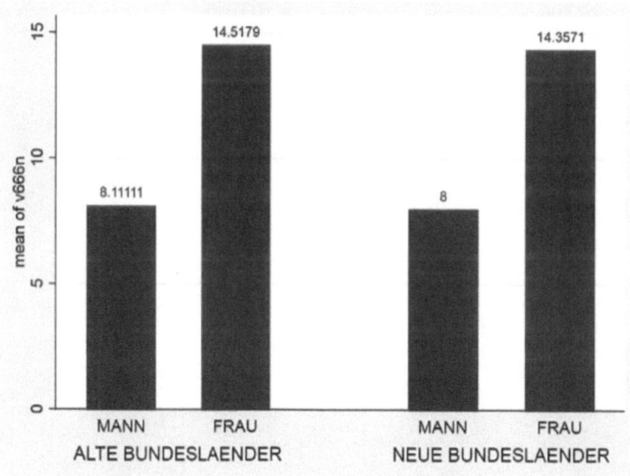

Die Grafik gibt somit die Tabelle aus Kapitel 5.4 grafisch wieder.

Wir empfehlen zur Vertiefung zur bivariaten Statistik und Grafiken: Benninghaus (2017), Diaz-Bone (2013), Bortz und Schuster (2016), Kühnel und Krebs (2012), Kuckartz et al. (2013), Ludwig-Mayerhofer (2015), Mitchel (2012).

5.6. Zusammenfassung der Befehle

Befehl	Beschreibung
`tabulate varname1 varname2`	Kontingenztabelle
`chi2`	Chi-Quadrat
`chitable`	Chi-Quadrat Tabelle
`column`	Spaltenprozentuierung
`expected`	Erwartete Häufigkeiten
`exact`	Exakter Test nach Fisher
`graph bar`	Vertikales Balkendiagramm
`graph hbar`	Horizontales Balkendiagramm
`graph hbox`	Horizontaler Boxplot
`V`	Cramer's V und Phi
`nofreq`	unterdrückt die Kontingenztabelle
`gamma`	Goodmans und Kruskals Gamma
`taub`	Kendalls Tau-b
`tabulate, summarize()`	Tabellen für zusammenfassende Statistiken
`table`	Flexible Tabellen für zusammenfassende Statistiken
`table rowvar, contents()`	Zweidimensionale Tabellen mit Statistiken
`tabulate, generate()`	Erstellen von Dummyvariablen

5.7. Übungsaufgaben

☞ Öffnen Sie den Datensatz **ESS8DEm.dta**

1. Suchen Sie die Variable Ort des Interviews (*intewde*) und Wahl (*vote*) heraus. Welche ist die abhängige, welche die unabhängige Variable? Welche Variable soll als Zeilen und welche als Spaltenvariable fungieren?

a) Erstellen Sie eine Kontingenztabelle anhand beider Variablen.

b) Prozentuieren Sie die Werte in den Tabellen Spaltenweise.

c) Interpretieren Sie die Prozentwerte, um die Frage zu beantworten, wie stark sich Ostdeutsche und Westdeutsche hinsichtlich der Wahlbeteiligung unterscheiden.

d) Berechnen Sie die Prozentsatzdifferenz mit einem Stata Befehl anhand der Werte aus der Kontingenztabelle.

e) Berechnen Sie Phi und interpretieren Sie den Wert.

f) Berechnen Sie Chi-Quadrat. Was besagt der Wert?

2. Gibt es einen Zusammenhang zwischen der Lebenszufriedenheit (*stflife*) und der Beurteilung des Haushaltseinkommens (*hincfel*)? Berechnen Sie ein geeignetes Zusammenhangsmaß und interpretieren Sie die Werte?

3. Fassen Sie die Variable Lebenszufriedenheit wie folgt zusammen: 0-1, 2-3, 4-6, 7-8, 9-10. Vergeben Sie Labels: „sehr zufrieden", „zufrieden", weder zufrieden noch unzufrieden", „weniger zufrieden" bis „gar nicht zufrieden".

a) Berechnen Sie erneut geeignete Zusammenhangsmaße und interpretieren Sie die Werte.

b) Welche der beiden Maßzahlen ist besser geeignet, den Zusammenhang zu beschreiben?

4. Wir möchten wissen, ob es einen Zusammenhang zwischen dem Geschlecht (*gndr*) und der Einstellung zu Schwulen und Lesben gibt (Frage „Schwule und Lesben sollten ihr Leben so führen dürfen, wie sie es wollen; *freehms*).

a) Erstellen Sie eine Kontingenztabelle mit Spaltenprozentwerten.

b) Berechnen Sie eine geeignete Maßzahl und interpretieren Sie die Ergebnisse.

c) Erstellen Sie eine geeignete Grafik für den bivariaten Zusammenhang.

5. Vergleichen Sie, ob die Internetnutzung in Minuten (*netustm*) sich je nach Geschlecht (*gndr*) unterscheidet.

a) Verwenden Sie dazu zwei verschiedene Befehle.

b) Erstellen Sie eine Grafik zum Vergleich der Verteilungen.

Lösungen der Übungsaufgaben:
ÜbungenKapitel05.do

6. Korrelation und Regression

Im vorangegangenen Kapitel haben wir bereits Kennzahlen und Grafiken für den Zusammenhang von zwei kategorialen Variablen kennengelernt. Nun widmen wir uns dem Zusammenhang von zwei oder mehreren metrischen Variablen[1]. Betrachten wir als Beispiel das Glücksempfinden und das Vertrauen in andere Menschen: Wir gehen davon aus, dass Personen, die ein hohes Vertrauen in andere Menschen aufweisen, glücklicher sind als Menschen deren Vertrauen geringer ausgeprägt ist. Wir verwenden dazu Daten des European Social Survey und eines Beispieldatensatzes, der anhand des ESS gewonnen wurde. Wir fragen uns, wie ein solcher Zusammenhang grafisch und numerisch dargestellt werden kann. Zuerst widmen wir uns der grafischen Darstellung, anschließend der Berechnung geeigneter Maßzahlen.

☞ Wir verwenden in diesem Kapitel überwiegend die Dateien **ESS8DE.dta** und **ESS8Happy.dta**. Für manche Grafiken verwenden wir das Do-File **scatterplots.do**.

6.1 Streudiagramme

Der Zusammenhang zweier metrischer oder ordinaler Variablen mit vielen Ausprägungen[2] lässt sich unter anderem anhand eines Streudiagramms (Scatterplot, Korrelationsmatrix) erläutern. Die Beobachtungspaare zweier statistischer Merkmale werden in einem Streudiagramm mittels eines Koordinatensystems dargestellt, dadurch entsteht ein zweidimensionaler Raum. Die Werte der unabhängigen Variablen (X) werden auf der horizontalen X-Achse und die der abhängigen Variablen (Y) auf der vertikalen Y-Achse abgetragen. In unserem Beispiel soll durch das Vertrauen in andere Menschen das Glücksempfinden erklärt werden. Somit fungiert Vertrauen als unabhängige und Glücksempfinden als abhängige Variable.

☞ In Stata schreiben wir den Befehl `scatter` um ein Streudiagramm zu erstellen. Als Datensatz verwenden wir den Übungsdatensatz **ESS8Happy.dta**, der 200 Fälle enthält. Im Kommando werden zuerst die unabhängige und dann die abhängige Variable angegeben:

```
. scatter happy ppltrst
```

---

[1] Für einige Beispiele verwenden wir ordinale Variablen mit vielen Ausprägungen, obwohl metrische vorausgesetzt werden. In der Praxis findet ist diese Vorgehensweise nicht unumstritten, findet dennoch häufig Anwendung.

[2] Information zur Verwendung ordinaler Variablen in linearen Regressionsmodellen finden sich bei u. a. bei Urban und Mayerl (2018, 14f.).

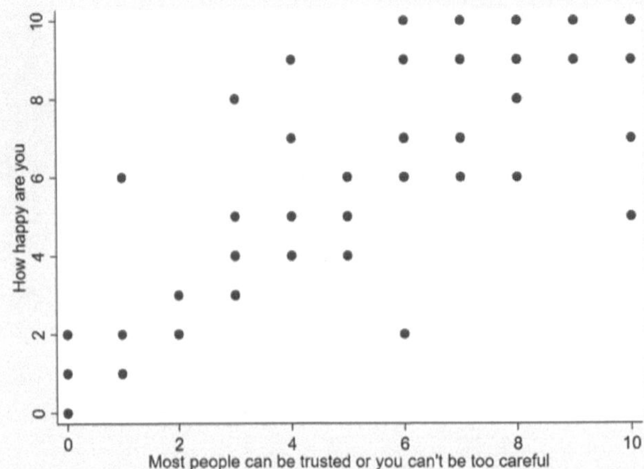

Anhand des Streudiagramms ist zu erkennen, dass sich die Punkte überwiegend von links unten nach rechts oben verteilen. Die Form der Punktwolke lässt einen linearen Zusammenhang vermuten, obwohl einige Punkte abweichen. Wie können wir das Streudiagramm interpretieren? Je größer das Vertrauen ausfällt, desto glücklicher sind die Befragten, aber es gibt Ausnahmen. Exemplarisch für solche Personen steht der Befragte mit dem Vertrauenswert 10, dieser hat beim Glücksempfinden nur den Wert 5 angegeben.

In diesem Streudiagramm tritt durch den auf elf Ausprägungen beschränkten Wertebereich der ordinalen Variablen ein Nachteil auf, der auch bei Streudiagrammen auf Basis großer Stichproben vorkommen kann: Treten gleiche Wertepaare mehrfach auf, überlagern sie sich. Abhilfe kann die `jitter()`-Option bieten, die zu jedem Datenpunkt eine Zufallszahl addiert. Dadurch werden die Werte leicht auseinandergezogen und es entsteht eine Punktwolke, die Häufungen von Datenpunkten sichtbar macht. Die Größe der Zufallszahlen wird durch die Angabe in der Klammer bestimmt und sollte nicht groß ausfallen[3]. Wir verwenden in unserem Beispiel den Wert 5 und schreiben folgendes Kommando:

```
. sc happy ppltrst, jitter(5)
```

[3] Weiter Informationen finden Sie unter `help scatterplot, jitter_options`

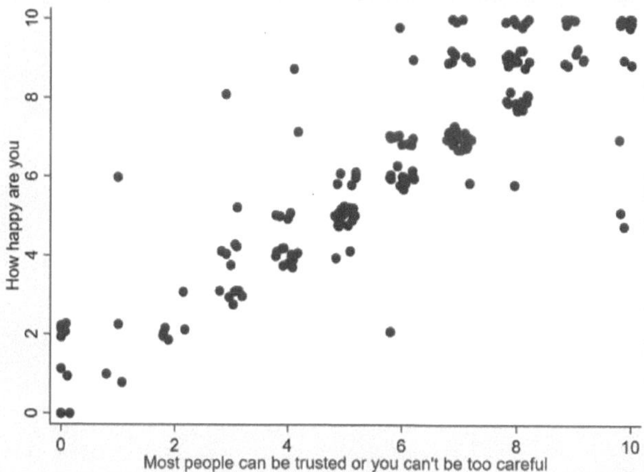

Anhand des „Jitter-Scatterplots wird der lineare Zusammenhang zwischen beiden Variablen deutlicher. Nur wenige Wertepaare (x_j; y_i) weichen von der gedachten Geraden ab. Für unsere Daten eignet sich diese Darstellung besser als die des normalen Streudiagramms. Allerdings müssen wir beachten, dass die Datenpunkte in Wirklichkeit übereinanderliegen und es durch die Art der Darstellung möglich ist, Ergebnisse zu manipulieren.

Mithilfe des Streudiagramms sehen wir zudem, dass der lineare Zusammenhang zwischen den beiden Variablen positiv ausfällt. Bereits im letzten Kapitel haben wir kennengelernt, dass wir bei Korrelationen zwischen zwei mindestens ordinalskalierten Variablen zwischen **positiven** und **negativen Zusammenhängen** unterscheiden können. Die meisten Zusammenhangsmaße für Variablen ab ordinalem Skalenniveau weisen entsprechend positive oder negative Vorzeichen auf. Abbildung 6.1 veranschaulicht die zwei Richtungen des Zusammenhangs anhand von zwei Jitter-Scatterplots. Die Linie in den beiden Abbildungen bezeichnen wir als Regressionsgerade. Die Gerade soll sich der Punktwolke bestmöglich anpassen (siehe Kapitel 6.4.). Wenn, wie im ersten Streudiagramm, überwiegend hohe Werte auf der einen Variable mit hohen Werten auf der anderen einhergehen und niedrige Werte auf der einen Variable mit niedrigen auf der anderen einhergehen, so ist der Zusammenhang positiv (links). Gehen dagegen überwiegend hohe Werte auf der einen Variable mit niedrigen Werten auf der anderen einher und umgekehrt, so liegt ein negativer Zusammenhang vor (rechts).

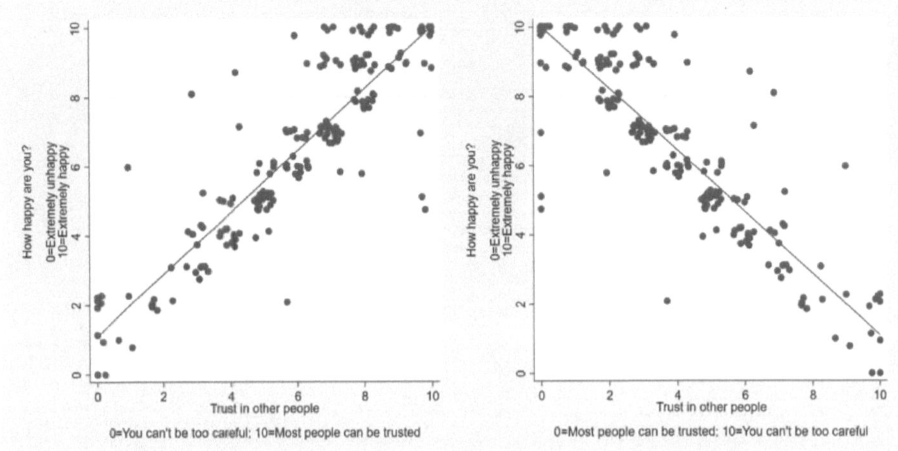

Abbildung 6.1: Streudiagramme mit positiver und negativer Korrelation (scatterplots.do)

Zur Interpretation **positiver** oder **negativer Zusammenhänge**, ist es notwendig, die Codierung der Variablenausprägungen heranzuziehen. Im ersten Streudiagramm bedeutet der positive Zusammenhang, dass Befragte, die mehr Vertrauen aufweisen, glücklicher sind als Befragte, die über weniger Vertrauen verfügen. Im zweiten Streudiagramm ist der Zusammenhang zwar negativ, aber die Interpretation bleibt gleich. Für dieses Beispiel wurden die Werte der unabhängigen Variablen „umgedreht“: 0 steht nunmehr für „most people can be trusted“, im ersten Beispiel entspricht das dem Wert 10.

6.2 Kovariantion und Korrelation

Die beiden Streudiagramme in Abbildung 6.1 veranschaulichen den linearen Zusammenhang zwischen den beiden Variablen. Nun gibt es eine Möglichkeit einen solchen Zusammenhang nicht nur grafisch, sondern auch numerisch darzustellen und somit die Stärke des Zusammenhangs anzugeben. Einen ersten Kennwert, den wir zur Veranschaulichung präsentieren, ist die Kovarianz. Die Berechnung der Kovarianz zeigen wir anhand eines modifizierten Streudiagramms, der X-Variable „Vertrauen“ und Y-Variable „Glücksempfinden“. Im Streudiagramm (Abbildung 6.2) haben wir die gemeinsamen Wertepaare (x_i; y_i) eines Befragten markiert und zwei Linien eingezeichnet: Eine Gerade stellt den Mittelwert von X (5,9) und die andere den Mittelwert von Y (6,4) dar, diese teilen das Streudiagramm in vier Quadranten ein. Im ersten Quadranten sehen wir die Angabe eines Befragten, der bei der Frage zum Vertrauen in andere Menschen den Wert 8 und beim Glücksempfinden den Wert 8 angegeben hat. Im zweiten Quadranten sehen wir das Wertepaar (4; 7), d. h. einen Befragten mit dem Wert 4 bei der Variable X und 7 bei der Variable Y.

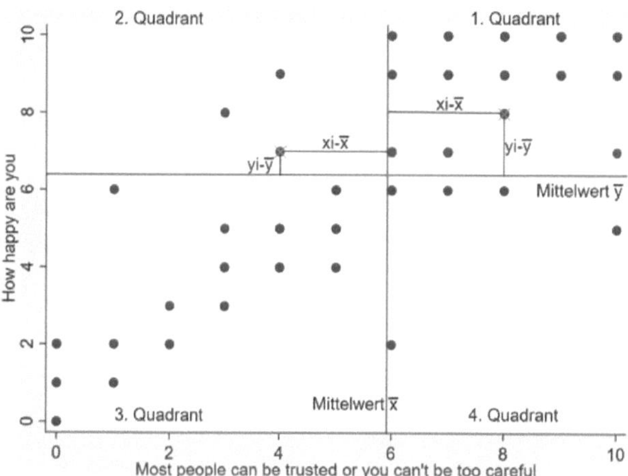

Abbildung 6.2: Streudiagramm für ausgewählte Wertepaare (scatterplots.do)

Die Berechnung der Kovarianz erfolgt in mehreren Schritten. Zuerst berechnen wir die Abweichung der Variablenwerte von dessen Mittelwert, das heißt für jedes Variablenpaar (x_i; y_i) werden die Differenzen $(x_i - \bar{x})$ und $(y_i - \bar{y})$ berechnet. Anschließend wird das Produkt der Abweichungen $(x_i-\bar{x})\cdot(y_i-\bar{y})$ gebildet, das entspricht dem Flächeninhalt der Rechtecke. In unserem Beispiel 2,1*1,6=3,36 für das Wertepaar (8;8) und -1,9*0,6=-1,14 beim Wertepaar (4;7). Im 1. und 3. Quadranten sind die Flächeninhalte „positiv", im 2. und 4. Quadranten „negativ". Aus der Summe der Flächeninhalte aller Wertepaare (x_i; y_i) errechnet sich die **Kovariation**. Allerdings fällt die Kovariation umso größer aus, je mehr Fälle vorhanden sind. Aus diesem Grund teilen wir die Kovariation durch die Stichprobengröße und erhalten nun die **Kovarianz**:

$$cov(x;y) = \frac{\sum_{i=1}^{n}(x_i-\bar{x})\cdot(y_i-\bar{y})}{n}$$

Liegen die Wertepaare vor allem im 1. und 3. Quadranten ergibt sich hat die Kovarianz ein positives Vorzeichen, liegen sie überwiegend im 2. und 4. Quadranten weist der Kennwert ein negatives Vorzeichen auf. Ein Nachteil besteht in deren Abhängigkeit von den Messdimensionen der Variablen, das macht sie schwer interpretierbar. Indem die Kovarianz durch die Standardabweichung von X und die Standardabweichung von Y dividiert wird, erhalten wir einen normierten Kennwert. Diesen bezeichnet man den **Korrelationskoeffizienten r** (Korrelationskoeffizienten nach Bravais-Pearson):

$$r=\frac{\frac{\sum_{i=1}^{n}(x_i-\bar{x})\cdot(y_i-\bar{y})}{n}}{\sqrt{\frac{\sum_{i=1}^{n}(x_i-\bar{x})^2}{n}\cdot\frac{\sum_{i=1}^{n}(y_i-\bar{y})^2}{n}}}$$

Der Wertebereich von Pearson's r liegt zwischen -1 und +1. Der Wert +1 steht für einen perfekt positiven und -1 für einen perfekt negativen linearen Zusammenhang. Im ersten Fall liegen alle Wertepaare auf einer Linie, die durch den zweiten und vierten Quadranten verläuft. Während sich im zweiten Fall alle Wertepaare auf einer Linie befinden, die sich im ersten und dritten Quadranten befindet. Der Korrelationskoeffizient r weist einen Wert von 0 auf, falls kein linearer Zusammenhang zwischen X und Y besteht. Stata bietet zwei Befehle an, um den Pearsonschen Korrelationskoeffizienten zu berechnen: `corr` und `pwcorr`. Mit dem ersten Befehl gibt Stata das empirische Signifikanzniveau p nicht aus, deshalb verwenden wir nur den zweiten Befehl. Die Syntax-Grundstruktur lautet:

```
pwcorr [varlist] [if] [in] [weight][, pwcorr_options]
```

Der Korrelationskoeffizient ist ein symmetrisches Zusammenhangsmaß vergleiche (Kapitel 5.3), die Reihenfolge, mit der wir die Variablen angeben, spielt beim Befehl folglich keine Rolle. Mit der Option `sig` erzeugen wir den empirischen p-Wert. Bivariate Korrelationen für mehrere Variablen werden erzeugt, indem alle Variablen nach dem Befehl stehen, zum Beispiel:

```
. pwcorr wkhtot wkhct agea hinctnta, sig
```

☞ Zur Illustration verwenden wir nur zwei Variablen aus dem **ESSDE8.dta**: Die Variablen "Anzahl der vertraglich festgelegten Arbeitsstunden pro Woche“ und die tatsächliche Arbeitszeit in Stunden.

```
. pwcorr wkhct wkhtot, sig
```

	wkhct	wkhtot
wkhct	1.0000 ❶	
wkhtot	0.8218 ❷ 0.0000 ❸	1.0000 ❶

Abbildung 6.3: Interpretation der Kennwerte der Korrelation

❶ Korrelation der Variablen mit sich selbst, folglich eine perfekte Korrelation

❷ Korrelationskoeffizient r: Stärke der Korrelation

❸ p-Wert: empirisches Signifikanzniveau

Wie wir anhand von Abbildung 6.3 ablesen, weist Pearson's r einen Wert von + 0,8218 auf. Der p-Wert liegt bei 0,0000, somit besteht ein hochsignifikanter Zusammenhang (siehe Kapitel 5.2). Wie ist der Wert des Korrelationskoeffizienten r zu interpretieren? Die Beurteilung der **Effektstärke** bzw. **Effektgröße** kann anhand von Tabelle 6.1 erfolgen, welche die in der Sozialforschung üblichen Richtwerte für Zusammenhangsmaße und lineare multiple Regressionsanalysen (ab Kapitel 6.5) wiedergibt. Gignac und Szodorai (2016) empfehlen auf Basis einer Metaanalyse geringere Richtwerte, diese stehen in Klammern (Ellis 2014; Gilles E. Gignac und Eva T. Szodorai 2016; Kühnel und Krebs 2012, 404f.).

r	Interpretation Zusammenhang	R^2
$\vert r \vert$ <0,05	kein	
$\vert r \vert$ <0,10	klein	<0,02
$\vert r \vert$ <0,30 (0,20)	mittel	< 0,13
$\vert r \vert$ <0,50 (0,30)	stark	<0,26

Tabelle 6.1: Größenordnung empirischer Korrelationen

Die Stärke der Korrelationen ist dementsprechend als sehr stark zu bezeichnen. In den Gesellschaftswissenschaften fallen Zusammenhanghänge in der Regel niedriger aus als in diesem Beispiel. Weiterhin ist zu beachten, dass Korrelationen, unabhängig von deren Stärke, nicht mit kausalem Zusammenhang gleich zu setzen sind (vergleiche Kapitel 5, Diaz-Bone (2013, 67ff.) und Ludwig- Mayerhofer (2015, S. 202)).

Bitte beachten: Der Pearsonsche Korrelationskoeffizient erlaubt statistisch korrekte Aussagen, nur unter folgenden Voraussetzungen: Die Variablen sind metrisch oder dichotom, zumindest annäherungsweise normal verteilt[4] und es liegt ein linearer Zusammenhang zwischen den Variablen zugrunde. Pearson's r reagiert sensibel auf Ausreißer. Die Rangkorrelationskoeffizienten Spearman's ϱ (rho) und Kendall's τ (tau) können wir als Alternative verwenden, falls die genannten Voraussetzungen nicht erfüllt sind.

[4] Der Befehl zum Test auf Normalverteilung ist in Abschnitt 6.5.4 zu finden, unter Shapiro Wilk und Shapiro-Francia Test.

6.3 Rangkorrelationskoeffizienten

Stata bietet drei Zusammenhangsmaße auf Basis von Rangkorrelationen an: Spearman's rho Kendalls Tau-a und Kendalls Tau-b. Sie eignen sich für Variablen ab ordinalem Skalenniveau oder nicht normalverteilte metrische Variablen, bei kleinen Stichproben und starken Ausreißern. Bei der Berechnung fließen nicht die Messwerte, sondern deren Rangplätze ein. Dazu werden die Originalwerte aufsteigend sortiert und mit Rangplätzen versehen. Anschließend erfolgen je nach Korrelationskoeffizient unterschiedliche Berechnungen:

Spearman's ρ (rho) auch unter dem Namen Rangkorrelationskoeffizient bekannt, basiert auf der Differenz der Ränge. Während **Kendalls Tau-a** und **Kendalls Tau-b** den Unterschied in den Rängen verwenden und der Logik des Paarvergleichs folgen. Kendalls Tau-a ist bei Daten mit Bindungen ungeeignet, diese treten auf, wenn eine Variable weniger Ausprägungen als Fälle aufweist. Da diese Voraussetzung selten erfüllt wird, beschränken wir uns bei den Berechnungen nachfolgend auf Spearman's rho und Kendalls Tau-b. Beide Koeffizienten können Werte zwischen -1 und +1 annehmen, Kendalls Tau-b kann die Maximalwerte +1 oder -1 nur in quadratischen Tabellen erzielen (weiterführende Information finden Sie unter Bortz und Schuster (2010, 232ff.) Kühnel und Krebs (2012, 374 ff.)).

Zur Berechnung der Koeffizienten verwendet Stata unterschiedliche Befehle: `spearman` und `ktau`, wobei es möglich ist Tau-b auch mittels des `tabulate`-Befehls zu erzeugen (siehe Kapitel 5.3: Ordinale Variablen).

☞ Exemplarisch berechnen wir beide Zusammenhangsmaße anhand der Daten des ESS 2016 (**ESS8DE.dta**).

Wir nehmen an, dass einen Zusammenhang zwischen dem politischen Interesse (*polintr*) und der Schulbildung (*eisced*) existiert. Entsprechend lauten die Kommandos:

```
. spearman polintr eisced

. ktau polintr eisced
```

```
 Number of obs =    2833
Spearman's rho =      -0.2655

Test of Ho: polintr and eisced are independent
    Prob > |t| =       0.0000


  Number of obs =    2833
Kendall's tau-a =      -0.1605
Kendall's tau-b =      -0.2238
Kendall's score = -643952
    SE of score =   45543.912   (corrected for ties)

Test of Ho: polintr and eisced are independent
     Prob > |z| =       0.0000  (continuity corrected)
```

Der Rangkorrelationskoeffizient Spearman‘s rho und zeigt den Wert -0,2655, was auf einen mittelstarken Zusammenhang schließen lässt, wobei das negative Vorzeichen auf einen negativen Zusammenhang hinweist. Daraus lässt sich folgende Interpretation ableiten: Je höher die Schulbildung, desto stärker ist das Interesse an Politik ausgeprägt. Für die Interpretation haben wir die Kodierung der Variablen berücksichtigt. Hohe Werte der Variable Schulbildung geben einen hohen Bildungsabschluss wieder, während beim politischen Interesse hohe Werte für ein geringes politisches Interesse (1=sehr interessiert; 4= überhaupt nicht interessiert) stehen. Der p-Wert (Prob > |t|=0.0000) weist darauf hin, dass der Zusammenhang hochsignifikant ausfällt. Ähnliche Werte finden sich bei Tau-b, der Koeffizient beträgt -0,2238 und der p-Wert ist sehr niedrig (Prob > |z|=0.0000). Dementsprechend weist dieses Zusammenhangsmaß, ebenso wie der Rangkorrelationskoeffizienten Spearman, auf eine mittlere Korrelation hin.

Bei Bedarf ist es möglich, bivariate Zusammenhänge für mehrere Variablen gleichzeitig zu berechnen, dann ist es erforderlich, nach dem jeweiligen Befehl die Variablenliste mit allen Variablen anzugeben und die `stats()`-Option zu ergänzen. Die Ausgabe erfolgt in diesem in Form einer Tabelle, vergleichbar wie beim Pearsonschen Korrelationskoeffizienten. Hierbei steht `p` für den empirischen p-Wert und für die jeweiligen Koeffizient, `rho` (Spearman) oder `taub` (Tau-b)[5]:

```
. spearman polintr wrclmch eisced, stats(rho p)

. ktau polintr wrclmch eisced, stats(taub p)
```

6.4 Bivariate Regression

Im Kapitel 6.1 haben wir Streudiagramme mit Regressionsgerade vorgestellt. Die Gerade soll den Zusammenhang zwischen einer unabhängigen Variablen und einer abhängigen Variablen möglichst gut vorhersagen. Diesem Vorgehen liegt ein statistisches Verfahren zugrunde, die Regressionsanalyse: Alle Regressionsmodelle basieren auf der Grundidee, den Zusammenhang durch eine Funktion zu beschreiben zu wollen. Bei der bivariaten linearen Regression wird der Funktionszusammenhang durch eine Gerade repräsentiert. Die Zusammenhänge müssen aber nicht zwangsläufig linear sein, es existieren auch Regressionsmodelle für nichtlineare Zusammenhänge. Im Folgenden betrachten wir lineare Regressionen, genauer gesagt die lineare bivariate Regression, auch Einfachregressionen genannt. Bei

[5] Siehe auch in der Hilfe, über das Kommando `help spearman` im Kommandofenster.

diesem Regressionsmodell wird der Zusammenhang zweier metrischer[6] Variablen, einer unabhängigen Variablen und einer abhängigen Variablen betrachtet.

Zur Illustration stellen wir die Hypothese auf, dass soziales Vertrauen die Lebenszufriedenheit beeinflusst. Lebenszufriedenheit ist in diesem Fall die abhängige Variable, denn sie soll durch das Vertrauen, die unabhängige Variable, erklärt werden. Abhängige Variablen werden auch als erklärende Merkmale, endogene oder **Kriteriumsvariable** bezeichnet und unabhängige Variablen als erklärendes Merkmal; exogene oder **Prädiktorvariable**.

☞ Zur Veranschaulichung des Verfahrens dient der Beispieldatensatz **stflife.dta** mit den Variablen Vertrauen (*pplfair*) und Lebenszufriedenheit (*stflife*), beide Variablen weisen einen Wertebereich von 0 bis 10 auf.

Das Streudiagramms mit Regressionsgerade dient dazu das Verfahren der linearen Regressionsanalyse zu veranschaulichen. Mit der Option `lfit` erzeugt Stata eine Grafik, für ein Streudiagramm mit Regressionsgerade.:

```
. sc stflife pplfair || lfit stflife pplfair
```

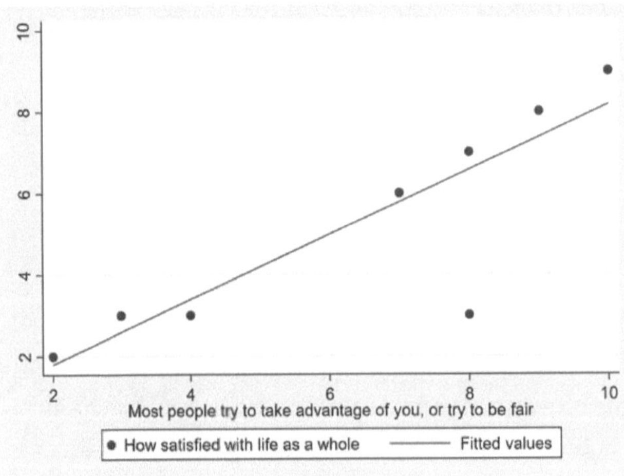

Die Punkte stellen die Wertepaare (x_i; y_i) der beiden Variablen dar. Der Einfluss von X auf Y lässt sich, als Funktion betrachten y=f(x). Im linearen Regressionsmodell werden die Einflussbeziehungen als linear definiert (Linearitätsannahme): Die **Linearitätsannahme**, besagt, dass die Werte von Y linear ansteigen (bzw. absteigen), wenn die X-Werte größer (bzw. kleiner) werden. Die gesuchte Gerade wird somit durch folgende Formel beschrieben:

---

[6] Weitere Information zum Einbeziehen ordinaler Variablen im linearen Regressionsmodell finden sich bei u. a. bei Urban und Mayerl (2018, 14f.).

$\hat{y}_i = \alpha + \beta \cdot x_i$

und durch die Parameter bzw. **Regressionskoeffizienten** α und β Parameter bestimmt. Dabei stellt α die **Regressionskonstante**[7] dar, den Schnittpunkt mit der Y-Achse. Das entspricht dem Wert der abhängigen Variablen Y wenn die unabhängige Variable X gleich null ist. Der **Regressionskoeffizient** β wird als **Regressionsgewicht** bzw. **Parameter der Steigung**[8] bezeichnet: Die Vorhersagewerte der abhängigen Variablen erhöhen sich um β-Einheiten, wenn sich die unabhängige Variable um eine Einheit erhöht.

Die Gerade soll nun anhand der Daten eine bestmögliche Schätzung der abhängigen Variablen, hier der Lebenszufriedenheit, ermöglichen. Durch diese Schätzung können wir beispielsweise ermitteln, wie hoch die geschätzte Lebenszufriedenheit von Personen ausfällt, die ein mittelstarkes Vertrauen (Wert 5 oder 6) in Menschen aufweisen. Bei keinem unserer Befragten aus der Stichprobe tritt einen solcher Wert auf, dennoch kann mithilfe der Regressionsanalyse der Schätzwert berechnet[9] werden. Anhand der Regressionsgerade ist abzulesen, dass der Schätzwert für die Lebenszufriedenheit bei einem Vertrauenswert von 6 ungefähr 5 beträgt.[10] Die grafische Darstellung erlaubt uns einen ersten Eindruck von dem Zusammenhang zu gewinnen, allerdings benötigen wir Koeffizienten, die unsere Gerade beschreiben. Wie wir diese ermitteln, zeigen wir anhand eines modifizierten Streudiagramms anhand Abbildung 6.4. In unserem Fall beträgt α etwa 0,2 und β ca. 0,8. Die Gleichung beschreibt die exakte Lage der Geraden im Koordinatensystem. Sind die Parameter bekannt, so kann für jeden beliebigen X-Wert der dazugehörige Y-Wert berechnet werden. Das Vorzeichen des Regressionskoeffizienten β gibt die Richtung der Geraden an. Negativ Werte stehen für einen negativen Zusammenhang, positive Werte für einen positiven Zusammenhang und null für keinen Zusammenhang zwischen X und Y (siehe Kapitel 6.1).

---

[7] Wird in manchen Statistikbüchern mit b_0 bezeichnet.

[8] In einigen Lehrbüchern wird b_1 als Bezeichnung verwendet.

[9] Dabei zu beachten ist, dass wir zur Berechnung nur Daten verwenden, die im Wertebereich unsere Variablen liegen.

[10] Dazu suchen wir den Wert 6 auf der X-Achse und ziehen einen Strich im 90 Grad Winkel zur Geraden (braun), dann einen Strich im 90 Grad Winkel zur Y-Achse: Dort liegt etwa der Wert 5. Die Berechnung führen wir weiter unten durch.

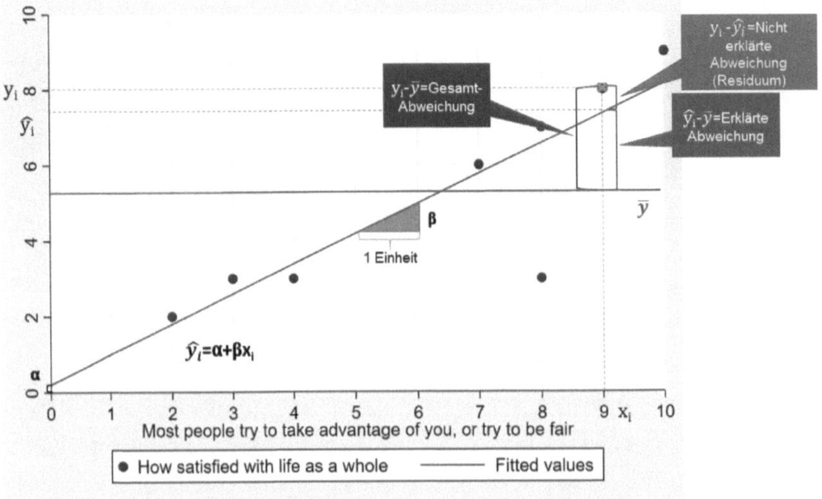

Abbildung 6.4: Varianzzerlegung im Regressionsmodell (scatterplots.do)

Wie ist es möglich, die Regressionsgerade zu bestimmen? Gesucht ist eine Gerade, welche die Verteilung der Wertepaare am besten wiedergibt, d.h. zu der alle Punkte der Verteilung kleinstmöglichen Abstand besitzen. Wenn Y perfekt durch X determiniert wäre, würden die Punkte der Punktwolke alle auf einer Geraden liegen. In der Realität treten Abweichungen der tatsächlich beobachteten Werte von der Gerade auf, diese Abweichungen bezeichnet man als **Residuen** e_i. Der der tatsächlich beobachtete (empirische) Y-Wert heißt y_i, der X-Wert x_i und der vorhergesagte Wert von y_i heißt t $\hat{y}_i$. Die Residuen beschreiben den Unterschied zwischen dem vorhergesagten und dem beobachteten Werten: $e_i = y_i - \hat{y}_i$. Dementsprechend lautet die vollständige Regressionsgleichung:

$$y_i = \alpha + \beta_i \cdot x_i + e_i$$

Die bestmögliche Passung der Geraden ist dann geben, wenn die Summe der Fehler e_i so klein wie möglich ausfällt. Da sowohl negative als auch positive Residuen auftreten, quadrieren wir die Residuen. Ansonsten würde die Summe aller Residuen null ergeben. Das für die lineare Regressionsanalyse verwendete Verfahren heißt **Methode der kleinsten Quadrate** (ordinary least squares – OLS): Die Summe der quadrierten Residuen soll so klein wie möglich ausfallen. Die dazugehörige Formel lautet:

$$\min_{\alpha, \beta} = \sum_{i=1}^{n} (y_i - (\alpha + \beta \cdot x_i))^2$$

Anschließend lassen sich β und α durch Umformung der Gleichung berechnen:

$$\beta = \frac{\sum_{i=1}^{n}(x_i - \bar{x}) \cdot (y_i - \bar{y})}{\sum_{i=1}^{n}(x_i - \bar{x})^2}$$

$$\alpha = \bar{y} - \beta \cdot \bar{x}$$

Auf Basis der Werte des Übungsdatensatzes aus Tabelle 6.2 berechnen wir nun die beiden Regressionskoeffizienten. Die gerundeten Werte lauten: $\beta = \frac{68,80}{86,40} = 0,80$ und $\alpha = 5,3 - (0,80 \cdot 6,4) = 0,18$, daraus ergibt sich folgende Gleichung für die Regressionsgerade:

$\hat{y}_i = 0,18 + \ 0,80 \cdot x_i$ bzw $\widehat{stflife} = 0,18 + \ 0,80 \cdot \text{pplfair}$

Die Regressionsgleichung interpretieren wir wie folgt:

α) Personen mit einem dem niedrigsten Vertrauenswert (0) haben eine geschätzte Lebenszufriedenheit von 0,18.

β) Der Zusammenhang ist positiv, je höher das Vertrauen in Menschen ausfällt, desto höher ist die Lebenszufriedenheit. Mit Zunahme des Vertrauens um eine Einheit steigt die Lebenszufriedenheit um 0,80 Einheiten.

Vertrauen	**Zufriedenheit**	$(x_i - \bar{x})$	$(y_i - \bar{y})$	$(x_i - \bar{x})$ $(y_i - \bar{y})$	$(x_i - \bar{x})^2$
2	2	-4,4	-3,3	14,52	19,36
3	3	-3,4	-2,3	7,82	11,56
8	7	1,6	1,7	2,72	2,56
7	6	0,6	0,7	0,42	0,36
10	9	3,6	3,7	13,32	12,96
10	9	3,6	3,7	13,32	12,96
8	3	1,6	-2,3	-3,68	2,56
3	3	-3,4	-2,3	7,82	11,56
4	3	-2,4	-2,3	5,52	5,76
9	8	2,6	2,7	7,02	6,76
Ø6,4	Ø 5,3			∑ 68,80	∑ 86,40

Tabelle 6.2: Rechenschritte zur Bestimmung der Regressionsgeraden

In Abbildung 6.4 ist zu erkennen, dass die berechnete Gerade nicht alle Wertepaare gleich gut widerspiegelt. Wir möchten deshalb wissen, wie gut das Modell die Daten beschreibt. Dazu wird der **Determinationskoeffizient R²** (Bestimmtheitsmaß) berechnet. Er ist das Maß für die Güte der Regression und gibt Stärke des statistischen Zusammenhangs zwischen X und Y an. Zugleich kann R^2 als Anteil erklärter Varianz interpretiert werden, d.h. als Anteil der erklärten Varianz an der Gesamtvarianz. Der Determinationskoeffizient ist ein Zusammenhangsmaß für metrische Variablen und zählt zu den PRE Maßen[11]. Zu dessen Berechnung dient das arithmetische Mittel als erste Schätzung, anschließend wird ermittelt, wie sich die Schätzung mithilfe der Regressionsgerade verbessert. Für die Berechnung bestimmen wir deshalb die Variation von Y_i. Dazu betrachten wir die bunten Klammern bzw. Sprechblasen aus Abbildung 6.4. Die Abweichung des empirischen Wertes vom arithmetischen Mittel $(y_i - \bar{y})$ wird als „Gesamt-Variation" bezeichnet. Diese kann in zwei Teile zerlegt werden: Die Abweichung des vorhergesagten Werts von y_i $(\hat{y}_i)$ vom arithmetischen Mittel $(\hat{y}_i - \bar{y})$ und die Abweichung des empirischen Wertes vom Vorhersagewert $(y_i - \hat{y}_i)$, den Residuen e_i. Als Gleichung formuliert lautet die Variation des Wertes Y_i bei einer Beobachtung[12]: $(y_i - \bar{y}) = (\hat{y}_i - \bar{y}) + (y_i - \hat{y}_i)$. In Worten ausgedrückt:

„Gesamt-Abweichung" = „Erklärte Abweichung" + „Nicht-erklärte Abweichung"[13]. Zur Darstellung der Varianzzerlegung des gesamten Regressionsmodells müssen alle Fälle einbezogen und quadriert werden:

$$\sum(y_i - \bar{y})^2 = \sum(\hat{y}_i - \bar{y})^2 + \sum(y_i - \hat{y}_i)^2$$

Nun berechnen wir die „Gesamtvarianz", „erklärte Varianz" und „nicht-erklärte Varianz". Der Determinationskoeffizient wird schließlich als Verhältnis der „erklärten Varianz" zur" Gesamtvarianz" berechnet:

$$R^2 = \frac{\sum_{i=1}^{n}(\hat{y}_i - \bar{y})^2}{\sum_{i=1}^{n}(y_i - \bar{y})^2}$$

---

[11] Das sind Zusammenhangsmaße, die beschreiben, wie gut durch die Kenntnis einer oder mehrerer Variablen die Ausprägungen einer weiteren Variablen vorhergesagt werden können.

[12] Siehe Farben und Formeln in Abbildung 6.4: lila, blau, rot.

[13] Da es sich bei dem Verfahren um ein statistisches Modell handelt, ermöglicht die Regressionsanalyse nur eine modellbezogene Schätzung, deshalb werden die Begriffe in Anführungszeichen gesetzt. Einige Autoren verwenden andere Begriffe: „Erklärte Abweichung/Varianz" als modellgebundene Variation/Varianz, „Gesamt-Abweichung/Varianz" wird als beobachtete Variation/Varianz und „nicht-erklärte Abweichung/Varianz" als Fehlervariation/Varianz bezeichnet (Urban und Mayerl (2018, 53 f.).).

R^2 kann Werte zwischen 0 und 1 annehmen. Bei einem Wert von 0 besteht kein linearer Zusammenhang. Bei 1 ein perfekt linearer Zusammenhang, in diesem Fall würden alle Wertepaare (x_j; y_i) auf der Regressionsgeraden liegen. Ob ein **positiver** oder **negativer Zusammenhang** besteht, zeigt der Koeffizient nicht an, dazu ist das Vorzeichen des Regressionsgewichts zu beachten. Durch Multiplikation mit 100 erhalten wir den Anteil ausgeschöpfter Varianz. R^2 ist allerdings mit Vorsicht zu interpretieren, da er durch verschiedene Fehlerquellen verzerren kann. Der Wert kann hoch ausfallen, obwohl kein linearer Zusammenhang vorliegt. Ebenso kann er den Wert 0 annehmen, dennoch kann ein nicht-linearer Zusammenhang zwischen den Variablen bestehen. Zusätzlich zum Determinationskoeffizient sollte der F-Wert und der Standardschätzfehler (siehe Kapitel 6.5.1) in die Beurteilung der Regressionsanalyse einfließen. Der Determinationskoeffizient kann als Kennwert für die Effektstärke genutzt werden, wobei der Korrelationskoeffizienten zur Beurteilung der **Effektstärke sich** besser eignet (siehe Kapitel 6.2).

Vertrauen	Zufriedenheit	$(y_i - \bar{y})^2$	$\hat{y}_i$	$(\hat{y}_i - \bar{y})$	$(\hat{y}_i - \bar{y})^2$
2	2	10,89	1,78	-3,52	12,39
3	3	5,29	2,58	-2,72	7,4
8	7	2,89	6,58	1,28	1,64
7	6	0,49	5,78	0,48	0,23
10	9	13,69	8,18	2,88	8,29
10	9	13,69	8,18	2,88	8,29
8	3	5,29	6,58	1,28	1,64
3	3	5,29	2,58	-2,72	7,4
4	3	5,29	3,38	-1,92	3,69
9	8	7,29	7,38	2,08	4,33
Ø6,4	Ø 5,3	$\sum$ 70,10			$\sum$ 55,30

Tabelle 6.3: Rechenschritte zur Berechnung des Desterminationskoeffizienten

Von Hand berechnen wir den Determinationskoeffizienten des Übungsdatensatzes. Der Schätzwert $\hat{y}_i$ errechnet sich durch Einsetzen in die Regressionsgleichung. Tabelle 6.2 und Tabelle 6.3 zeigt die einzelnen Schritte auf. Anschließend setzen wir die Werte der „erklärten Varianz" ins Verhältnis zur „Gesamt-Varianz".

$$R^2 = \frac{55{,}30}{70{,}10} = 0{,}79$$

Der ermittelte Wert gibt an, dass ein sehr hoher statistischer Zusammenhang vorliegt und die Regression der Lebenszufriedenheit auf das Vertrauen etwa 79 % der Varianz der Lebenszufriedenheit statistisch erklärt. Der Determinationskoeffizient ist allerdings störanfällig, weshalb weitere Kennzahlen, wie der Standardfehler der Schätzung (siehe oben) bei der Regressionsanalyse einzubeziehen ist.

Die bereits von Hand berechneten Regressionskoeffizienten und den Determinationskoeffizienten erzeugt Stata mit dem Befehl für die lineare Regressionsanalyse, dem `regress`-Befehl. Nach dem Befehl steht zuerst die abhängige Variable und dann die unabhängige. Für unser Beispiel, dem Zusammenhang von Vertrauen in Menschen und der Lebenszufriedenheit, schreiben wir folgendes Kommando:

```
. regress stflife pplfair
```

```
      Source |       SS           df       MS      Number of obs   =        10
-------------+----------------------------------   F(1, 8)         =     28.62
       Model |  54.7851852 ❶       1  54.7851852   Prob > F        =    0.0007
    Residual |  15.3148148 ❷       8  1.91435185   R-squared       =    0.7815 ❻
-------------+----------------------------------   Adj R-squared   =    0.7542
       Total |        70.1 ❸       9  7.78888889   Root MSE        =    1.3836

------------------------------------------------------------------------------
     stflife |      Coef.   Std. Err.      t    P>|t|     [95% Conf. Interval]
-------------+----------------------------------------------------------------
     pplfair |   .7962963 ❹ .1488518     5.35   0.001      .4530435    1.139549
       _cons |   .2037037 ❺ 1.048322     0.19   0.851     -2.213732    2.621139
------------------------------------------------------------------------------
```

Abbildung 6.5: Ausgabe bivariate Regression

In der Ausgabe sind die bereits besprochenen Kennwerte mit Nummern beschriftet: ❶ “Erklärter Varianzanteil“ (54.7851852). ❷ „Nicht erklärte Varianz“ (15.3148148), die Residuen. ❸„Gesamtvarianz“ (70.1) des Modells. ❻ R^2, das anhand der Varianzanteile berechnet wurde:

$$R^2 = \frac{54{,}7851852}{70{,}1} = 0{,}78152903$$

Die Regressionskoeffizienten: ❹ Der Wert für des Regressionsgewichts. ❺ Die Regressionskonstante. Im nächsten Kapitel findet sich eine Übersicht aller Kennwerte der Regressionsausgabe.

Möchten wir nun ermitteln, wie hoch die Lebenszufriedenheit für eine Person ausfallen würde, die beim Vertrauen den Wert 6 aufweisen, setzten wir Werte in die der Regressionsgleichung ein, dieses Vorgehen nennt man **Interpolation**.

$$\hat{y} = 0{,}2037037 + 0{,}7962963 \cdot 6 = 4{,}9814815.$$

Für jeden beliebigen Wert im Wertebereich der unabhängigen Variablen ist es möglich, einen Schätzwert für die Lebenszufriedenheit zu ermitteln. Weiter oben haben wir das Vorgehen anhand des Streudiagramms erläutert. Statt der Berechnung von Hand bietet der Stata Taschenrechner (siehe Abschnitt 3.6.5) eine Alternative. Bei der Regressionsanalyse werden **interne Resultate**[14] (vergleiche Kapitel 3.8) gespeichert, unter anderem die Regressionskonstante, das Regressionsgewicht und der Determinationskoeffizient. Zur Berechnung des Schätzwertes von dient das folgende Kommando, das den gespeicherten Wert der Regressionskonstante und des Regressionsgewichts verwendet:

```
. display _b[_cons] + _b[pplfair]*6
```

Zur Ausgabe des Determinationskoeffizienten R^2

```
. display e(r2)
```

Stata kann zudem wichtige Schätzwerte für die Regressionsanalysen, wie die geschätzten Y-Werte berechnen. Mit `help regress postestimation`, werden alle möglichen **Post-Estimation Befehle** aufgezeigt. Der `predict` und `marigins`-Befehl ermöglicht es Schätzwerte für Y zu erzeugen. Mit dem ersten Befehl erzeugen wir eine Variable mit den geschätzten Y-Werten auf Basis der Originaldaten, wie in Tabelle 6.3 , dazu schreiben wir `predict` und einen selbst gewählten Variablennamen:

```
. predict yhat

. ta yhat
```

Es ist möglich die Schätzwerte für die Y mit dem Befehl `margins` zu erzeugen, zum Beispiel den Schätzwert von Y für den Wert des Vertrauens von 0 oder 6:

```
. margins, at(pplfair=(0 6))
```

Der erste Werte entspricht dem Wert der Regressionskonstante und der zweite dem zuvor berechneten Schätzwert.

---

[14] Für weitere Information geben Sie `help regress` ein und suchen „Stored results".

6.5 Multiple Regression

Eine Erweiterung der bivariaten Regression stellt die multiple Regression dar. Bei diesem statistischen Verfahren wird der Einfluss mehrerer unabhängiger Variablen auf eine abhängige Variable untersucht. In den Sozialwissenschaften spielt die multiple Regressionsanalyse eine zentrale Rolle, während die bivariate Regression meist nur zur Einführung in die Regressionsanalyse dient. Bei der bivariaten Analyse wird der Einfluss anderer Variablen, sogenannter Drittvariablen, nicht kontrolliert. Es ist aber davon auszugehen, dass eine abhängige Variable nicht nur durch eine Variable erklärt werden kann. Theorien zur Lebenszufriedenheit gehen beispielsweise davon aus, dass die Lebenszufriedenheit von Faktoren, wie Netzwerke, Gesundheit, Einkommen, Soziales Vertrauen, Bildung etc. beeinflusst wird. In der multiplen Regression werden mehrere Variablen gleichzeitig einbezogen und somit gemeinsame Einfluss der Variablen betrachtet. Satt einer Regressionsgerade wird bei diesem Verfahren eine Regressionshyperebene geschätzt. Die Regressionsgleichung verändert sich dementsprechend:

$$y_i = \alpha + \beta_1 x_{1i} + \beta_2 x_{2i} + \beta_k x_{ki} + e_i$$

Für jede unabhängige Variable wird nun ein Regressionskoeffizient berechnet. Falls wir den Einfluss von fünf unabhängigen Variablen untersuchen, weist unsere Gleichung somit fünf β-Koeffizienten auf. Die Methode der kleinsten Quadrate (OLS) dient auch hier zur Berechnung der Parameter α und β. Die Regressionsgewichte in der multiplen Regression werden auch **partielle Regressionskoeffizienten**, bezeichnet, da sie den jeweils um die andere unabhängige Variable „kontrollierten" Einfluss wiedergeben, dies wird auch Auspartialisierung genannt. „Die multivariate Regressionsanalyse schätzt also Regressionskoeffizienten für den Effekt einer jeden einzelnen unabhängigen Variablen unter der Voraussetzung, dass die anderen X-Variablen bei der Einflussnahme von X auf Y konstant bleiben, d. h. keinen Einfluss auf Y ausüben (Urban und Mayerl 2018, 75f.)". Dadurch erfüllt die Regression eine wichtige Funktion, die sogenannte **Drittvariablenkontrolle**[15]. Von einem Drittvariableneinfluss sprechen wir, wenn ein statistischer Zusammenhang zwischen zwei Variablen X und Y durch eine andere Variable (Z) beeinflusst wird. Zur Illustration nehmen wir eine medizinische Studie, die einen Zusammenhang zwischen dem Schokoladenkonsum und der Anzahl der Nobelpreisträger feststellen konnte (Messerli 2012). Meinen Sie es wäre sinnvoll, mehr Schokolade zu essen, um irgendwann auch einen Nobelpreis zu erhalten? Wohl kaum, denn es liegt ein Drittvariableneinfluss vor. Nicht der Schokoladenkonsum der jeweiligen Länder ist die Ursache der Anhäufung von Nobelpreisen, vermutlich

---

[15] Das gilt nur für lineare Drittvariableneinflüsse, aber nicht für Interaktionen (vergleiche Diaz-Bone (2013, 113ff., 195).

wird der Wohlstand der Länder eine Rolle spielen. Menschen in reichen Ländern verzehren mehr Schokolade als Menschen in armen Ländern (Quatember 2015, 128f.).

Stata verwendet für die multiple Regression denselben Befehl wie für die bivariate Regression, ebenso unterscheidet sich die Ausgabe, bis auf die Anzahl der geschätzten β-Koeffizienten, nicht. Im vorhergehenden Beispiel sind wir davon ausgegangen, dass die Lebenszufriedenheit von dem Vertrauen beeinflusst wird. Weiterhin vermuten wir, dass die Zufriedenheit mit der Demokratie einen und das Einkommen und Einfluss auf die Lebenszufriedenheit ausüben.

☞ Mit dem Datensatz **ESS8DE.dta** berechnen wir die multiple Regression zwischen den drei unabhängigen und der abhängigen Variablen:

```
. regress stflife pplfair hinctnta stfdem
```

```
                                                        (B)
      Source |       SS           df       MS      Number of obs   =     2,524
-------------+----------------------------------   F(3, 2520)      =    229.34
       Model |   2177.0905         3  725.696835   Prob > F        =    0.0000
    Residual |  7973.85244     2,520  3.16422716   R-squared       =    0.2145 (5)
-------------+----------------------------------   Adj R-squared   =    0.2135
       Total |  10150.9429     2,523  4.02336225   Root MSE        =    1.7788

------------------------------------------------------------------------------
     stflife |(A) Coef.   Std. Err.      t    P>|t|     [95% Conf. Interval]
-------------+----------------------------------------------------------------
     pplfair |  .1738618 (1) .018497    9.40   0.000     .1375909    .2101327
    hinctnta |  .1517121 (2) .0130328  11.64   0.000      .126156    .1772682
      stfdem |  .2258358 (3) .0154984  14.57   0.000     .1954448    .2562267
       _cons |  4.233083 (4) .1348165  31.40   0.000     3.968721    4.497445
------------------------------------------------------------------------------
```

Abbildung 6.6: Ausgabe multiple Regression beschriftet

Die Struktur der Ausgabe entspricht der bivariaten Regression, lediglich die Anzahl der Zeilen in der unteren Tabelle, hat sich um zwei erhöht. Im Nachfolgenden erläutern wir einige Elemente des Outputs. Im nächsten Abschnitt weitere Kennwerte, die für die Interpretation der linearen Regression von zentraler Bedeutung sind. In Abschnitt 6.5.2 geben wir eine Übersicht über alle wesentlichen Elemente der Ausgabe und deren Interpretation.

Die Regressionsgewichte lassen sich wie folgt interpretieren[16]: Sie geben an, wie stark sich die Vorhersagewerte der abhängige Variable bei einer Änderung der unabhängigen Variablen um eine Einheit ändert. Die drei Regressionsgewichte weisen ein positives Vorzeichen auf, das bedeutet, dass positive Zusammenhänge vorliegen.

❶ Das Regressionsgewicht β_1 der Variable Vertrauen (X_1) gibt an, dass sich der Wert von y_i durchschnittlich um 0,174 erhöht, falls das Vertrauen um eine Einheit zunimmt.

❷ Der Koeffizient β_2 der Variable Einkommen (X_2) weist einen Wert von 0,152 auf. Wenn das Einkommen[17] um eine Einheit steigt, erhöht sich die Lebenszufriedenheit im Schnitt um 0,152 Punkte.

❸ Das dritte Regressionsgewicht für die Variable Demokratiezufriedenheit (X_3) β_3=0,226 besagt, dass sich die Lebenszufriedenheit um 0,226 Punkte erhöht, wenn die Demokratiezufriedenheit um eine Einheit zunimmt.

❹ Links in der letzten Zeile steht der Wert der Konstante α (_cons). Der Wert gibt an, wie hoch die Lebenszufriedenheit der Personen ist, die bei allen unabhängigen Variablen den Wert 0 aufweisen. Die Lebenszufriedenheit würde somit 4,23 betragen. In unserem Fall sind das Personen die gar kein Vertrauen, vollkommen unzufrieden mit der Demokratie sind und kein Einkommen besitzen.

Ⓑ

❺ Determinationskoeffizient wird in der multiplen Regression auch als **multipler Regressionskoeffizient** bezeichnet. Er gibt die Stärke des gemeinsamen Zusammenhangs zwischen allen unabhängigen Variablen und der Y-Variable an. In Bezug auf die Varianz sagen wir nun, dass R^2 den Anteil der Varianz der abhängigen Variablen widerspiegelt, der durch alle unabhängigen Variablen erklärt wird. Den Wert 0,215 interpretieren wir als mittleren Zusammenhang, gleichzeitig wird 21,45 % der Varianz der Lebenszufriedenheit wird durch die drei unabhängigen Variablen erklärt.

---

[16] Bei der Interpretation der partiellen Regressionskoeffizienten gehen wir davon aus, dass wenn zwischen den Variablen keine Interaktion vorliegt.

[17] Das Einkommen wird im Datensatz nicht in Euro, sondern in Einkommens- Dezilen angegeben.

6.5.1 Wichtige Kennwerte der linearen Regression

Im Regressionsoutput sind verschiedene statistische Kennzahlen aufgeführt, die wir noch nicht besprochen haben. Für die Begutachtung der linearen Regression sind einige von zentraler Bedeutung. Diese werden an dieser Stelle erläutert, indem wir die bereits vorgestellte Ausgabe der multiplen Regression erläutern. Die unten aufgeführten Beschriftungen beziehen sich auf (Abbildung 6.7), im nächsten Kapitel. Dort findet sich eine Übersicht aller Elemente des Regressionsoutputs.

Signifikanztest des Gesamtmodells

Modellfit Block/ ❺

Die Daten der Regressionsanalyse stammen in der Regel aus Stichproben, deshalb stellt sich die Frage, ob das Modell auch über die Stichprobe hinaus für die Grundgesamtheit Gültigkeit besitzt. Hierfür wird ein Signifikanztest berechnet, der sogenannte F-Test. Er wird als Signifikanztest des Gesamtmodells bezeichnet. Dieser Test basiert auf einer Wahrscheinlichkeitsverteilung, der F-Verteilung. Der F-Test testet die Nullhypothese, dass alle Regressionsgewichte gleich null sind bzw., dass das gesamte Regressionsmodell keine Verbesserung gegenüber einer einfachen Schätzung des arithmetischen Mittels leistet, in diesem Fall wäre R^2 gleich null[18]. Der F-Wert wird berechnet als Verhältnis der mittleren Abweichungen der „erklärten Streuung“ zur „nicht-erklärten Streuung“, deren Werte sich im Regressionsoutput unter Ⓐ **Anova Block / MS** finden: 725,696835 /3,16422716=229,3441. Das bedeutet, die „mittlere erklärte Streuung“ ist 229-mal größer als die nicht-erklärte Streuung. Diesen Wert können wir mit dem Wert der F-Verteilungstabelle vergleichen, um zu sehen, ob das gesamte Regressionsmodell signifikant ist. Zur leichteren Interpretation wird meistens nur der Wert unter Ⓑ **Modellfit Block/ ❻ Prob > F** betrachtet. Der Wert gibt die Wahrscheinlichkeit an, dass wir einen R^2 Wert erhalten, wie den auf Basis unsere Stichprobe ermittelten, wenn R^2 in der Grundgesamtheit gleich 0 ist. In unserem Beispiel ist der Wert kleiner als 0,0000, das heißt, die Wahrscheinlichkeit ist sehr gering. Wir interpretieren diesen Wert wie das empirische Signifikanzniveau p (siehe Kapitel 2). Mit einer Irrtumswahrscheinlichkeit von 0,1 % gehen wir (vorläufig) davon aus, dass das Modell in der Population Gültigkeit besitzt

---

[18] Für weitere Erläuterung siehe Diaz-Bone (2013, 221 ff.).

Korrigiertes R^2

Modellfit Block/ ❽

Die Höhe des Determinationskoeffizienten nimmt erfahrungsgemäß mit der Anzahl der unabhängigen Variablen zu. Bei geringem Stichprobenumfang und mehreren unabhängigen Variablen kann der Wert von R^2 die Stärke der Beziehung überbewerten. Diese Problematik berücksichtigt der **korrigierte Determinationskoeffizient**, auch korrigierte Bestimmtheitsmaß R^2_{korr} oder R^2_{adj} bezeichnet. Dieser Koeffizient bezieht die Anzahl der unabhängigen Variablen und Stichprobengröße bei der Berechnung ein. Falls die Stichprobengröße nicht sehr klein ist, werden die Werte des Determinationskoeffizienten und des korrigierten sich nur gering unterscheiden. Das zeigt sich an unserem Beispiel: Der Datensatz enthält drei Variablen und die Information von 2524 Befragten, sodass der korrigierte Koeffizient mit 0,2135 kaum kleiner ausfällt als der des Determinationskoeffizienten.

Standardschätzfehler

Modellfit Block/❾

Der **Standardschätzfehler**, auch SEE oder **Standardfehler des Schätzers** bezeichnet, gibt den durchschnittlichen Schätzfehler an, der bei der Verwendung der Regressionsfunktion zur Schätzung der abhängigen Variablen auftritt. Zur Berechnung wird die „nicht erklärte Varianz" ins Verhältnis gesetzt zur Stichprobengröße und der Anzahl der unabhängigen Variablen minus 1. Für unser Beispiel berechnen wir den Wert:

$$SEE = \sqrt{\frac{\Sigma(y_i - \hat{y}_i)^2}{n - 1 - k} = \frac{7973.85244}{2520}} = 1{,}7788275$$

Er weist dieselbe Maßeinheit wie die abhängige Variable auf, weshalb er einfach zu interpretieren ist. In unserem Beispiel bedeutet der Wert 1,78, dass die durch die Regression geschätzte Lebenszufriedenheit ($\hat{y}_i$) im Durchschnitt um einen Betrag 1,78 von der tatsächlichen (y_i) Lebenszufriedenheit abweicht. Zur Interpretation des Wertes ist es weiterhin sinnvoll, den Wert des Standardschätzfehlers mit dem Mittelwert der abhängigen Variablen zu vergleichen: Ein hoher prozentualer Anteil wird als schlecht beurteilt. 1,78 entspricht einem Prozentsatz von 23,64 %. Mit Stata berechnen wir den Prozentsatz wie folgt:

```
. mean stflife

. display 1.7788/7.52319*100
```

Der Standardschätzfehler und der F-Test sollten stets zur Beurteilung der linearen Regression einbezogen werden. Nur den Determinationskoeffizienten zu interpretieren reicht nicht aus, um die Güte des Regressionsmodells zu beurteilen. Diese drei Koeffizienten werden außerdem als globale Gütemaße zur Überprüfung der Regressionsfunktion bezeichnet.

Signifikanztest der Regressionskoeffizienten

Koeffizienten Block/⓬

Wenn durch den Signifikanztest des Gesamtmodells (F-Test) ein Zusammenhang in der Grundgesamtheit ermittelt wurde, müssen die Regressionskoeffizienten separat überprüft werden. Das bedeutet, es wird ermittelt, ob sie über die Stichprobe hinaus für die Population Gültigkeit besitzen. Die Berechnung basiert auf in diesem Fall auf der t-Verteilung und das Vorgehen erfolgt ähnlich wie beim F-Test: Anhand der Stichprobendaten berechnen wir einen empirischen t-Wert und vergleichen ihn mit der **t-Verteilung**. Dazu verwenden wir den **Standardfehler des Regressionskoeffizienten.** Dieser gibt die Streuung der Regressionskoeffizienten und dient neben der t-Statistik zur Berechnung der Konfidenzintervalle (siehe nächster Abschnitt). Er ist das Gütemaß für die Genauigkeit der Schätzung der Regressionskoeffizienten. Die Schätzung von α und β ist umso besser je kleiner der Standardfehler ausfällt. Indem der jeweilige Regressionskoeffizient durch seinen Standardfehler geteilt wird, kann der t-Wert bestimmt werden. Unter **P >|t| /© Koeffizienten Block** wird das empirische Signifikanzniveau (siehe Kapitel 5.2) angezeigt. Mit einer Irrtumswahrscheinlichkeit von 0,1 % gehen wir davon (vorläufig) aus, dass die vier Regressionskoeffizienten in der Population gültig sind.

Konfidenzintervall

Koeffizienten Block/⓭

Ein Konfidenzintervall[19] gibt einen Bereich an, in dem der tatsächliche Wert der Regressionskoeffizienten innerhalb der Population mit einer bestimmten Sicherheit liegt. Stata schätz per Voreinstellung die Konfidenzintervalle für die Regressionskoeffizienten mit einer Sicherheitswahrscheinlichkeit von 95%. Konfidenzintervalle helfen dabei, die Schätzung der Regressionskoeffizienten zu veranschaulichen, indem Sie angeben, wie stark die Werte variieren. Möchten wir statt mit einer Sicherheitswahrscheinlichkeit von 95 % mit 99 % testen, so ist die Option `level(99)` anzugeben:

```
. regress stflife pplfair hinctnta stfdem, level(99)
```

Standardisierte Regressionskoeffizienten

Die Regressionskoeffizienten β sind nicht dimensionslos, sondern werden von durch die Messeinheiten der Variablen X und Y beeinflusst (siehe Kapitel 6.4). Weisen die unabhängigen Variablen verschiedenen Messeinheiten auf, ist ein Vergleich der Effektgrößen nicht möglich. In unserer multiplen Regression wird die Demokratiezufriedenheit und die Lebenszufriedenheit mit einer identischen Skala (0-10) gemessen, das Einkommen jedoch nicht. Welche Variablen einen größeren Einfluss auf die Lebenszufriedenheit ausüben, lässt sich folglich anhand der Regressionsgewichte nicht ermitteln. Zum Vergleich der Effektstärken ist es möglich, die Regressionsgewichte zu standardisieren, indem die Standardabweichungen der Variable X und der jeweiligen unabhängigen Variable Y dividiert und mit dem Regressionskoeffizienten β multipliziert werden:

$$b_k^* = \frac{s_{xk}}{s_Y}$$

Der so berechnete **standardisierte Regressionskoeffizient** wird häufig als **Beta Koeffizient**“ bezeichnet. Nach der Standardisierung sind die Koeffizienten nicht mehr skalenabhängig und wir können verschieden Variablen unter bestimmten Bedingungen (siehe unten) untereinander vergleichen. Der Mittelwert der standardisierten Variablen weist den Wert 0 und eine Standardabweichung von 1 auf. Zur Berechnung geben wir die Option `beta` an, dann gibt Stata statt des Konfidenzintervalls die standardisierten Koeffizienten

---

[19] Siehe Diaz-Bone ((2013, 225f.)).

im Regressionsoutput an. Sollen nur die Regressionskoeffizienten und die dazugehörigen Kennwerte ausgegeben werden, das heißt der sogenannte Koeffizientenblock, ergänzen wir die Option `noheader`.

```
. regress stflife pplfair hinctnta stfdem , beta

. regress stflife pplfair hinctnta stfdem , beta noheader
```

stflife	Coef.	Std. Err.	t	P>|t|	Beta
pplfair	.1738618	.018497	9.40	0.000	.1752724
hinctnta	.1517121	.0130328	11.64	0.000	.2108966
stfdem	.2258358	.0154984	14.57	0.000	.2739313
_cons	4.233083	.1348165	31.40	0.000	.

Zum Vergleich ziehen wir nun den Betrag der standardisierten Koeffizienten heran: Den stärksten Einfluss auf die Lebenszufriedenheit übt die Demokratiezufriedenheit aus. Wird die Demokratiezufriedenheit um eine Standardabweichung erhöht, erhöht sich die Lebenszufriedenheit um 0,27 Standardabweichungen.

Bitte beachten: Die Interpretation des Beta Koeffizienten unterliegt verschiedenen Bedingungen und ihre Verwendung ist nicht unumstritten. So dürfen diese Koeffizienten nicht zum Vergleich von Regressionsmodellen, die aus verschiedenen Stichproben stammen verwendet werden, das heißt, ein Vergleich anhand unterschiedlicher Datensätze ist nicht möglich. Bei Dummyvariablen (siehe Abschnitt 6.5.3) kann der Beta Koeffizient nicht in gleicher Art und Weise wie die anderen standardisierten Regressionskoeffizienten interpretiert und beurteilt werden. Ebenso ist es möglich, dass durch falsche Gewichtung, nicht normalverteilte Variablen oder Multikollinearität (vergleiche Abschnitt 6.5.4) die standardisierten Regressionskoeffizienten verzerrte Schätzwerte liefern. Ausführliche Information zu den genannten Kennwerten und Probleme von Beta Koeffizienten finden Sie unter anderem bei: Backhaus (2018, 80 ff.), Diaz-Bone (2013, 1997f., 221ff.) und Urban und Mayerl (2018, 96ff., 133-145, 152ff.).

6.5.2 Der Regressionsoutput

An dieser Stelle geben wir einen Überblick über alle Elemente des Regressionsoutputs, ohne auf deren Interpretation einzugehen. Wie wir die einzelnen Kennwerte interpretieren, haben wir im vorhergehenden Kapitel anhand unseres Beispiels einer multiplen Regression aufgezeigt. Stata teilt den Regressionsoutput in drei Teile (siehe A, B, C) ein: den Anova Block, den Modellfit Block und den Koeffizienten Block, siehe (Abbildung 6.7.). Diese

Kennzahlen sind wichtig, um die Regression in Bezug auf die Modellgüte, Signifikanz des Modells und der Regressionskoeffizienten etc. zu bewerten. Nachfolgend finden Sie die Beschreibung der Elemente, sortiert nach den Blöcken.

	Source	❶ SS	❷ df	❸ MS	Ⓑ		
					Number of obs	=	2,524 ❹
					F(3, 2520)	=	229.34 ❺
Ⓐ	Model	2177.0905	3	725.696835	Prob > F	=	0.0000 ❻
	Residual	7973.85244	2,520	3.16422716	R-squared	=	0.2145 ❼
					Adj R-squared	=	0.2135 ❽
	Total	10150.9429	2,523	4.02336225	Root MSE	=	1.7788 ❾

	stflife	Coef. ❿	Std. Err. ⓫	t ⓬	P>|t|	[95% Conf.	Interval] ⓭
Ⓒ	pplfair	.1738618	.018497	9.40	0.000	.1375909	.2101327
	hinctnta	.1517121	.0130328	11.64	0.000	.126156	.1772682
	stfdem	.2258358	.0154984	14.57	0.000	.1954448	.2562267
	_cons	4.233083	.1348165	31.40	0.000	3.968721	4.497445

Abbildung 6.7: Ausgabe multiple Regression II beschriftet

Anova Block

Der Anova Block (Analysis of Variance) gibt Auskunft über die verschiedenen Varianzanteile[20]:

❶ **SS (**Sum of Squares)

Model zeigt den durch die Regression „erklärten Varianzanteil“ (2177,0905), er wird auch MSS (Model Sum of Squares) abgekürzt.

Residual steht für die „nicht erklärte Varianz“ (7973,85244), die Residuen, d. h. die Abweichung des beobachteten y-Werts vom geschätzten. Die entsprechende Abkürzung lautet RSS (Residual Sum of Squares).

Total gibt die „Gesamtvarianz“ des Modells an, sie wird auch als TSS (Total Sum of Squares) genannt. Sie beträgt in unserer Regressionsanalyse 10150,9429.

Aus den Varianzeinteilen wird R^2 berechnet:

$$R^2 = \frac{MSS}{TSS} = \frac{2177{,}0905}{10150{,}9429} = 0{,}21447175$$

[20] Siehe Abbildung 6.4 zur Varianzzerlegung.

❷ **df** (degrees of freedom) gibt Auskunft über die **Anzahl der Freiheitsgrade**. Die Anzahl der Freiheitsgrade entspricht der Anzahl der Werte die frei geändert werden können, ohne einen statistischen Kennwert zu ändern. Als Beispiel nehmen wir das Alter von 3 Personen, diese sind 30, 33 und 39 Jahre alt. Das arithmetische Mittel beträgt 34 Jahre: (30 + 33 +39)/3=102/3=34. Wir könnten nun aus einer Gruppe von Personen zwei beliebige Personen (z.B.: 31 und 37) auswählen, um auf ein identisches Alter zu kommen, aber die dritte Person müsste 34 Jahre alt sein (100-31-37). Zur Berechnung des statistischen Kennwerts sind folglich nur zwei Werte frei variierbar, einer ist festgelegt. Die Anzahl der Freiheitsgrade berechnet sich hier als n-1. In unserem Beispiel: 3-1=2. Beim „erklärten Varianzanteils“(Model) entsprechen Sie der Anzahl der unabhängigen Variablen (k), unsere Regressionsbeispiel weist dementsprechend drei Freiheitsgrade auf. Die Freiheitsgrade der „nicht-erklärten Varianz“ (Residual) ergibt sich aus Anzahl der Beobachtungen minus 1, abzüglich der Anzahl der unabhängigen Variablen (n-k-1): 2524-1-3=2520. Die Freiheitsgrade der „Gesamtvarianz“ (Total) errechnen wir aus der Fallzahl minus eins (n-1), hier 2524-1=2523.

❸ **MS** (Mean Squares) steht für die mittleren Abweichungen, diese berechnen sich aus den jeweiligen Werten der Varianzanteile (**SS**), geteilt durch die entsprechenden Freiheitsgerade. In der ersten Spalte beträgt der Wert 217,0905 /3= 725,69683, in der zweiten 7973.85244/2520=3,16422716 etc.

Modellfit Block

Er beschreibt die Güte der Regressionsschätzung und gibt die Fallzahl an.

❹ **Number of obs** Die Anzahl (n) der Beobachtungen, die in der Regressionsanalyse verwendet werden, hier 2524 Befragte.

❺ **(F /3, 2520)** Zeigt den empirischen **F-Wert** zur Überprüfung der Signifikanz des Regressionsmodells auf, dieser beträgt 229,3.

❻ **Prob > F** gibt an, ob das Gesamtmodell signifikant ist. Der Wert wird analog zum empirische Signifikanzniveau p (siehe Kapitel 5.2) interpretiert.

❼ **R-squared** lautet die englische Bezeichnung für R2 und gibt an wie viel der Varianz der abhängigen Variablen durch die unabhängigen Variablen erklärt wird. In unserem Beispiel beträgt das Varianzaufklärungspotential 21,45 %.

❽ **Adj R-squared** auch R^2_{korr} **oder** R^2_{adj} bezeichnet den korrigierten Determinationskoeffizient.

❾ **Root MSE** ist die Bezeichnung für den Standardschätzfehler.

©

Koeffizienten Block

Dieser zeigt die Ergebnisse Regressionsrechnung und Kennwerte der Inferenzstatistik an. Oben steht der Name der abhängigen Variablen (*stflife*) danach folgen die Variablennamen der unabhängigen Variablen und zum Schluss steht _cons für die Regressionskonstante.

❾ **Coef.** Unter der zweiten Spalte des Koeffizienten Blocks stehen die Schätzwerte der Regressionskoeffizienten α und β_i. Anhand dieser Werte lässt sich die Regressionsgerade aufstellen.

⓫ **Std. Err.** gibt den **Standardfehler der Regressionskoeffizienten** wieder.

⓬ **t und P>|t|** Sind die Werte der t-Verteilung und das empirische Signifikanzniveau der Regressionskoeffizienten.

⓭ [95 % Conf. Interval] Gibt die untere und obere Grenze des 95 % Konfidenzintervalls an.

6.5.3 Kategoriale unabhängige Variablen

Die lineare Regression setzt metrisches Skalenniveau voraus. Dennoch ist es möglich nominale oder ordinalen Variablen, wie Geschlecht oder Schulbildung als unabhängige Variablen einzubeziehen. Dazu ist es erforderlich, die Variablen in 0/1 codierte Variablen zu überführen, die Variablen werden Dummyvariablen oder Indikatorvariablen genannt. Kategoriale Variablen mit zwei Ausprägungen lassen sich in dichotome Variablen recodieren. In Kapitel 3.3.4 haben wir die Konstruktion mittels der Befehle `recode` und `generate` ausführlich besprochen. An dieser Stelle greifen wir das multiple Regressionsmodell erneut auf und ergänzen eine Variable, die Arbeitslosigkeit erfasst. Die Frage „Waren Sie jemals mehr als drei Monate arbeitslos und auf Arbeitssuche?“ weist die Ausprägungen 1 (ja) und 2 (nein) auf. Entsprechend bilden wir eine Dummyvariable mit der Ausprägung 0 und 1. Variablenwerte, die wir mit dem Wert 0 codieren bezeichnet man als Referenzkategorie. Welche Ausprägung der ursprünglichen Variablen die Referenzkategorie bildet, ist unerheblich, allerdings sollte, zur Vermeidung von Schätzproblemen die Referenzkategorie nicht auf sehr wenigen Fällen beruhen. Wir wählen die Ausprägung 2 der ursprünglichen

Variablen als Referenzkategorie, das sind Befragte, die angeben niemals mehr als drei Monate arbeitslos gewesen zu sein:

```
. gen unemp=0 if uemp3m==2

. replace unemp=1 if uemp3m==1

. tab1 uemp3m unemp, missing
```

Nun setzten wir die neue Variable in das Kommando als weitere unabhängige Variablen ein. Im Output ändert sich durch das Einbeziehen der Dummyvariable nichts, es wird nur ein zusätzliches Regressionsgewicht ausgegeben. Deshalb lassen wir uns nur den Koeffizientenblock ausgeben, indem wir die noheader-Option anfügen:

```
. regress stflife pplfair hinctnta unemp, noheader
```

stflife	Coef.	Std. Err.	t	P>|t|	[95% Conf.	Interval]
pplfair	.2430119	.0183094	13.27	0.000	.2071091	.2789148
hinctnta	.1616132	.0135619	11.92	0.000	.1350196	.1882067
unemp	-.5289103	.0824071	-6.42	0.000	-.6905025	-.367318
_cons	5.222404	.1403261	37.22	0.000	4.947238	5.497569

Die Interpretation der Dummyvariablen unterscheidet sich von der Interpretation anderer unabhängiger Variablen. Die Werte der Koeffizienten werden mit der Referenzkategorie verglichen. Wir können somit sagen, dass arbeitslose im Verhältnis zu nie arbeitslosen eine um durchschnittlich 0,53 geringere Lebenszufriedenheit aufweisen. Für jede der beiden Ausprägungen geben wir die Regressionsgleichung wie folgt an:

$y_{\widehat{arbeitslos}} =$

5,222404+ 0,2430119 ·Vertrauen+0,1616132 · Einkommen -0,5289103·1 =

(5,222404 -0,5289103) + 0,071994 · Vertrauen +0,0121449 · Einkommen =

4,6934937 + 0,071994 ·Vertrauen+0,0121449 · Einkommen

$y_{nie\ \widehat{arbeitslos}} =$

5,222404 + 0,2430119 · Vertrauen +0,1616132 · Einkommen -0,5289103 · 0 =

5,222404 + 0,071994 · Vertrauen+0,0121449 · Einkommen

Bei kategorialen Variablen mit mehr als zwei Ausprägungen, ist es notwendig mehrere Dummyvariablen zu erstellen. In der Regel bilden wir k-1 Dummyvariablen, wobei k für die Anzahl der Ausprägungen der Variable steht. Weist eine Variable vier Ausprägungen auf, bilden wir dementsprechend drei Dummyvariablen. Würden wir so viele Dummyvariablen wie Ausprägungen der Variable konstruieren, wären die Variablen exakt linear abhängig, wir sprechen dann von Multikollinearität (siehe Abschnitt 6.5.4). In diesem Fall könnten wir die Variablen nicht in die Regressionsanalyse einbeziehen. Weiterhin besteht die Möglichkeit Ausprägung zusammenzufassen und dementsprechend weniger Dummyvariablen zu erzeugen. Zur Veranschaulichung wählen wir die Variable *lkuemp* „Für wie wahrscheinlich halten Sie es, dass Sie in den nächsten 12 Monaten arbeitslos werden…?". Die Variable weist die fünf Ausprägungen auf, siehe:

```
. codebook lkuemp
```

Nun erstellen wir k-1 Dummyvariablen, das heißt, wir bilden vier Dummyvariablen, wobei wir die letzte Ausprägung als Referenzkategorie festlegen. Für die spätere Interpretation ist es notwendig, zu wissen, welche ursprüngliche Ausprägung die Referenzkategorie repräsentiert. In unserem Fall entspricht die letzte Kategorie, Befragten die nicht erwerbstätig sind oder nie gearbeitet haben. Der Wert 0 wird bei Dummyvariablen vergeben, falls eine Eigenschaft nicht zutrifft und 1, falls diese zutrifft. Der erste Dummy entspricht Personen die „Not at all likely" geantwortet haben, die zweite für „Not very likely" usw. Dementsprechend werden die ursprünglichen Werte wie folgt den vier Dummyvariablen zugeordnet, wobei der Referenzkategorie bei allen Dummys der Wert 0 zugewiesen wird.

X lkuemp	Dummy 1 *no_unemp*	Dummy 2 *nov_unemp*	Dummy 3 l_unemp	Dummy 4 *vl_unemp*
1 Not at all likely	1	0	0	0
2 Not very likely	0	1	0	0
3 Likely |	0	0	1	0
4 Very likely |	0	0	0	1
55 Not working etc.	0	0	0	0

Tabelle 6.4: Codierung von Dummyvariablen

Zur Erstellung dieser Dummyvariablen bieten sich verschiedene Befehle an, drei präsentieren wir an dieser Stelle. Für die erste Möglichkeit verwenden wir den `generate`-Befehl:

```
. gen no_unemp=1 if lkuemp ==1

. replace no_unemp=0 if lkuemp !=1 & !missing(lkuemp)

. gen nov_unemp=1 if lkuemp ==2

. replace nov_unemp=0 if lkuemp !=2 & !missing(lkuemp)

. gen l_unemp=1 if lkuemp ==3

. replace l_unemp=0 if lkuemp !=3 & !missing(lkuemp)

. gen vl_unemp=1 if lkuemp ==4
```

```
. replace vl_unemp=0 if lkuemp !=4 & !missing(lkuemp)
. tab1 no_unemp nov_unemp l_unemp vl_unemp lkuemp
```

Anschließend berechnen wir die die multiple Regression mit den ursprünglichen Variablen und den vier Dummyvariablen[21] und lassen uns nur der Koeffizienten Block mit der `noheader`-Option anzeigen:

```
. regress stflife pplfair hinctnta no_unemp nov_unemp l_unemp
  vl_unemp, noheader
```

stflife	Coef.	Std. Err.	t	P>|t|	[95% Conf.	Interval]
pplfair	.2378036	.0182214	13.05	0.000	.2020732	.273534
hinctnta	.1687331	.0136621	12.35	0.000	.1419429	.1955232
no_unemp	-.0831091	.1031377	-0.81	0.420	-.2853525	.1191343
nov_unemp	-.4416909	.1157475	-3.82	0.000	-.6686609	-.2147209
l_unemp	-.7017908	.1821877	-3.85	0.000	-1.059044	-.3445376
vl_unemp	-1.496336	.1981458	-7.55	0.000	-1.884881	-1.10779
_cons	5.304215	.1487027	35.67	0.000	5.012623	5.595807

Personen, die nicht davon ausgehen arbeitslos zu werden, weisen eine um durchschnittlich 0,083 geringere Lebenszufriedenheit auf als nicht erwerbstätige, allerdings ist das Ergebnis nicht signifikant (p=0,420). Personen, die vermuten nicht sehr wahrscheinlich arbeitslos zu werden, sind durchschnittlich um 0,44 weniger zufrieden mit dem Leben, wahrscheinlich arbeitslos werdende um 0,70 und sehr wahrscheinlich arbeitslos werdende um 1,50 unzufriedener als nicht erwerbstätige Personen.

Dummyvariablen lassen sich nicht nur im Verhältnis zur ihrer Referenzkategorie interpretieren, sondern auch untereinander. Wir vergleichen zur Illustration Personen, die nicht sehr wahrscheinlich arbeitslos werden (*nov_unemp*) mit Personen, die vermuten nicht arbeitslos zu werden (*no_unemp*), indem man die Differenzen der ursprünglichen Werte bildet:

```
. display _b[nov_unemp] - _b[no_unemp]
```

-0,4416909 - (-0,0831091) = -0,3585818

Wollen wir Personen, die wahrscheinlich arbeitslos werden (*l_unemp*) mit Personen vergleichen, die vermuten nicht arbeitslos zu werden (*no_unemp*) rechnen wir folgt:

-0,7017908 - (-0,0831091) = -0,6186817

[21] In diesem Modell werden Befragte jeden Alters berücksichtigt. Wir sollten evtl. überlegen, ob wir uns nur auf Personen konzentrieren, die noch erwerbstätig sind oder Personen ausschließen, die nie erwerbstätig waren.

Eine andere Möglichkeit besteht darin, Dummyvariablen mit dem `tabulate`-Befehl in Kombination mit `generate` zu erstellen[22]. Für unser Beispiel lautet das Kommando:

```
. tabulate lkuemp, gen(dlkuemp)
```

Stata generiert nun für jede Ausprägung der Variable eine 0/1 codierte (Faktor-) Variable: *dlkuemp1 dlkuemp2 dlkuemp3 dlkuemp4 dlkuemp5*. Diese Variablen beziehen wir als Dummyvariablen in die Regression ein, indem wir diejenige Variable weglassen, die wir als Referenzkategorie festlegen, in unserem Fall *dlkuemp5*. Das Kommando für die Regression lautet nun:

```
. regress stflife pplfair hinctnta dlkuemp1 dlkuemp2 dlkuemp3
  dlkuemp4, noheader
```

stflife	Coef.	Std. Err.	t	P>|t|	[95% Conf.	Interval]
pplfair	.2378036	.0182214	13.05	0.000	.2020732	.273534
hinctnta	.1687331	.0136621	12.35	0.000	.1419429	.1955232
dlkuemp1	-.0831091	.1031377	-0.81	0.420	-.2853525	.1191343
dlkuemp2	-.4416909	.1157475	-3.82	0.000	-.6686609	-.2147209
dlkuemp3	-.7017908	.1821877	-3.85	0.000	-1.059044	-.3445376
dlkuemp4	-1.496336	.1981458	-7.55	0.000	-1.884881	-1.10779
_cons	5.304215	.1487027	35.67	0.000	5.012623	5.595807

Als nützlich für die Regression mit Dummyvariablen erweist sich die **Faktor Variablen Notation**. Dadurch ist es möglich kategoriale Variablen als Dummyvariablen in die Regression einzubeziehen, ohne dass wir zuvor Dummyvariablen erzeugen. Dazu verwenden wir den **Faktor Variablen Operator** `i.`, für unser Beispiel `i.lkuemp`. Der Operator `i.` kennzeichnet die Variable als Indikatorvariable, dieser Begriff wird als Synonym für Dummyvariablen verwendet. Stata erzeugt im Hintergrund mittels des Operators vier Dummyvariablen, diese werden nicht im Datensatz angezeigt, es handelt sich um sogenannte virtuelle Variablen. Die erste Kategorie dient per Voreinstellung als Referenzkategorie, für die restlichen Kategorien wird jeweils eine Dummyvariable erstellt. Dementsprechend lautet die Syntax für die Regression mit der Faktor Variablen Notation:

```
. regress stflife pplfair hinctnta i.lkuemp, noheader
  nolstretch
```

Auf die Darstellung der Ausgabe verzichten wir an dieser Stelle, sie wird weiter unten besprochen, um aufzuzeigen wie unterschiedliche Referenzkategorien die Schätzwerte beeinflussen. In unserem Regressionsbeispiel haben wir statt der ersten die letzte Ausprägung als Referenzkategorie gewählt. Mit der Faktor Variablen Notation ist es möglich, eine andere

[22] Im vierten Kapitel haben wir diesen Befehl genutzt, um Grafiken zu erzeugen.

Referenzkategorie festzulegen, indem wir den Operator `ib#.` verwenden. Nach `ib` folgt die Ausprägung der Variable, welche die Referenzkategorie repräsentiert. Das Raute Zeichen steht als Platzhalter für die Ausprägung der Variable. Das Kommando zur Berechnung des Regressionsbeispiels mit der letzten Ausprägung (55) als Referenzkategorie lautet daher:

```
. regress stflife pplfair hinctnta ib55.lkuemp, noheader
```

stflife	Coef.	Std. Err.	t	P>|t|	[95% Conf.	Interval]
pplfair	.2378036	.0182214	13.05	0.000	.2020732	.273534
hinctnta	.1687331	.0136621	12.35	0.000	.1419429	.1955232
lkuemp						
Not at all likely	-.0831091	.1031377	-0.81	0.420	-.2853525	.1191343
Not very likely	-.4416909	.1157475	-3.82	0.000	-.6686609	-.2147209
Likely	-.7017908	.1821877	-3.85	0.000	-1.059044	-.3445376
Very likely	-1.496336	.1981458	-7.55	0.000	-1.884881	-1.10779
_cons	5.304215	.1487027	35.67	0.000	5.012623	5.595807

Wie die Wahl der Referenzkategorie die Schätzwerte beeinflusst, zeigen wir anhand der Faktor Variablen Notation mit dem Faktor Variablen Operator `i.` Die erste Ausprägung der Variable wird dabei als Referenzkategorie ausgewählt[23]:

```
. regress stflife pplfair hinctnta i.lkuemp, noheader
  nolstretch
```

stflife	Coef.	Std. Err.	t	P>|t|	[95% Conf.	Interval]
pplfair	.2378036	.0182214	13.05	0.000	.2020732	.273534
hinctnta	.1687331	.0136621	12.35	0.000	.1419429	.1955232
lkuemp						
Not very ..	-.3585818	.0902025	-3.98	0.000	-.5354605	-.181703
Likely	-.6186817	.1701993	-3.64	0.000	-.9524265	-.2849368
Very likely	-1.413227	.1877917	-7.53	0.000	-1.781469	-1.044985
Not worki..	.0831091	.1031377	0.81	0.420	-.1191343	.2853525
_cons	5.221106	.1434489	36.40	0.000	4.939816	5.502396

Durch die Änderung der Referenzkategorie variieren die Werte einiger Koeffizienten: die Regressionskonstante und die Schätzwerte der Dummyvariablen. Dennoch sind die Ergebnisse der Regressionsanalysen inhaltlich identisch. Bei der Interpretation beziehen wir uns jetzt allerdings auf eine andere Referenzkategorie – den Personen, die vermuten nicht arbeitslos zu werden. Zuerst betrachten wir die letzte Dummyvariable (*Not working*): Nicht

[23] Wir verwenden in dem Kommando die `nolstretch`-Option zum Konstant halten der Ausgabegröße.

erwerbstätige sind, durchschnittlich 0,083 zufriedener als Personen, die vermuten nicht arbeitslos zu werden. In der zuvor berechneten Regression haben wir ermittelt, dass Personen, die vermutlich nicht arbeitslos werden 0,083 weniger zufrieden sind als die Referenzkategorie, die nicht Erwerbstätigen sind. Sie sehen, dass die Koeffizienten bis auf das Vorzeichen identische Werte ausweisen.

Die anderen Regressionskoeffizienten lassen sich wie folgt interpretieren: Personen, die vermuten, nicht sehr wahrscheinlich arbeitslos zu werden sind durchschnittlich 0,36 weniger zufrieden als die Referenzkategorie. Personen, die wahrscheinlich arbeitslos werden, sind Vergleich zur Referenzkategorie um 0,62 weniger zufrieden etc. Wen wir wie weiter oben gezeigt, die Regressionsgewichte untereinander vergleichen erhalten wir auch hier identische Ergebnisse. Exemplarisch nehmen vergleichen wir Personen, die vermuten nicht sehr wahrscheinlich arbeitslos (*Not very likley*) mit denjenigen, die wahrscheinlich arbeitslos werden (*likley*). Bei der letzten Regression rechnen wir folgt:

-0,3585818 - (-0,6186817) = -0,2600999

Und bei der vorhergehenden Regression:

- 0,4416909 - (-0,7017908) = -0,2600999

Mittels der Faktor Variablen Notation lassen sich kategoriale Variablen auf vielfältige Weise in die Regressionsanalyse einbeziehen. Beispielsweise ist es möglich eine Auswahl an Ausprägung in virtuelle Dummyvariablen überführen, dazu nutzen wir eine Nummernliste[24] (vergleiche Abschnitt 3.6.1) und den Operator `i.` Bei dieser Variante wird die erste Kategorie automatisch als Referenzkategorie gewählt und die Ausprägungen, die nicht in der Nummernliste stehen. Folgende Kommandos veranschaulichen den Befehl:

```
. regress stflife pplfair hinctnta i(1 2 4).lkuemp, noheader
. regress stflife pplfair hinctnta i(1/4).lkuemp, noheader
```

Mit dem ersten Kommando werden zwei Dummyvariablen, welche die zweite und vierte Ausprägung der Variable *lkuemp* repräsentieren in die Regression aufgenommen. Das zweite erzeugt drei virtuelle Dummyvariablen für die Ausprägungen zwei bis vier.

---

[24] Siehe `help numlist`

Die Faktor Variablen Notation erlaubt es auch mehrere Dummyvariablen gleichzeitig in der Regression zu berücksichtigen. Dabei können verschiedene Faktor Variablen Operatoren wie `i.` oder `ib#.` verwendet werden. Als Beispiel dienen die kategorialen Variablen Arbeitslosigkeit und Erhebungsgebiet:

```
. regress stflife pplfair hinctnta i.lkuemp i.intewde
```

Vereinfacht lautet das Kommando:

```
. regress stflife pplfair hinctnta i.(lkuemp intewde)
```

Wenn wir kategoriale Variablen in die Regression einbeziehen, kommt es häufig vor, dass wir deren Ausprägungen zusammenfassen und entsprechend weniger als k-1 Dummyvariablen erzeugen. Bei diesem Vorgehen kann die Regressionsanalyse nicht direkt mit der Faktor Variablen Notation berechnet werden. Exemplarisch fassen wir die Ausprägungen eins bis zwei und drei bis vier der Variable *lkuemp* zusammen. Die Referenzkategorie sind nicht Erwerbstätige. Dann bilden wir zwei Dummyvariablen und berechnen die Regression mit diesen Variablen:

```
. gen empl=1 if lkuemp <3

. replace empl=0 if lkuemp >2 & !missing(lkuemp)

. gen unempl=1 if lkuemp > 2 & lkuemp <55

. replace unempl=0 if (lkuemp <3 | lkuemp==55) &
  !missing(lkuemp)

. tab1 empl unemp lkuemp

. regress stflife pplfair hinctnt empl unemp, noheader
```

Wenn wir zuerst die Ausprägungen der Variablen zusammenfassen, kann anschließend mit der Faktor Variablen Notation gearbeitet werden. Mit dem `recode`-Befehl schreiben wir:

```
. recode lkuemp(1 2=2)(3 4=3)(55=1), gen(d_lkuemp)

. regress stflife pplfair hinctnta i.d_lkuemp, noheader
```

Ausführliche Information zu kategorialen Variablen in linearen Regressionsmodellen finden Sie unter anderem bei Hardy (1993), Long und Freese (2014a) und Urban und Mayerl (2018, 300 ff.).

6.5.4 Anwendungsvoraussetzungen

In der Regressionsanalyse stellt der Determinationskoeffizient eine wichtige Kennzahl dar, die allerdings oft nicht korrekt interpretiert wird. Zum Beispiel kann er hohe Werte annehmen, ohne dass ein linearer Zusammenhang vorliegt oder niedrige Werte, obwohl zwischen der abhängigen und unabhängigen Variablen ein hoher Zusammenhang besteht. Neben dem Determinationskoeffizienten und anderen Kennwerten müssen bei der Berechnung der linearen Regression Anwendungsvoraussetzungen überprüft werden, um zu ermitteln, ob das Schätzverfahren unverzerrte und effiziente Ergebnisse liefert. In der Literatur werden diese Annahmen als **Gauß-Markov Theorem** oder **BLUE Annahmen** (best linear unbiased estimator) " bezeichnet. Zu den wichtigsten Voraussetzungen für Querschnittsdaten[25] zählen: Linearität, keine hohe Multikollinearität, Normalverteilung der Residuen und Homoskedastizität. Zur Überprüfung der Voraussetzungen gibt es sehr vielfältige Grafiken und Tests, diese werden unter dem Begriff **Regressionsdiagnostik** subsummiert. An dieser Stelle werden wir knapp auf die zentralen Verfahren eingehen und diese anhand von Beispielen erläutern. Zuerst zeigen wir Beispiele für Regressionsmodelle, die nicht gegen die Annahmen verstoßen, anhand des Übungsdatensatzes **stflife.dta**. Verletzungen der Annahmen werden anhand der von Regressionen basierend auf den Daten des **ESS8DE.dta** aufgezeigt. Zur Darstellung einiger Grafiken verwenden wir das Do-Files Datei **scatterplots.do**. Die Stata Hilfe gibt einen Überblick, über die in Stata implementierten Verfahren:

```
. help regress postestimation
```

Linearität

Die Linearitätsannahme besagt, dass die Einflussbeziehungen aller einzelnen unabhängigen Variablen auf die abhängige Variable linear sind. Die zur Berechnung der linearen Regression verwendete Methode der kleinsten Quadrate, kann unverzerrte Regressionskoeffizienten nur schätzen, wenn die Linearitätsannahme erfüllt ist. Bei der bivariaten Regression ist es möglich die Voraussetzung anhand eines Streudiagramms zu überprüfen. Bei Analysen mit vielen Beobachtungen lassen sich diese Grafiken oft schlecht zu interpretieren (siehe Abschnitt 6.1) in diesem Fall eignen sich „Jitter-Scatterplots" besser. Nun überprüfen wir, ob der Zusammenhang zwischen der Lebenszufriedenheit und der Anzahl der Freunde

---

[25] In der Literatur wird weiterhin vielfach die Unabhängigkeit der Residuen genannt, die Verletzung der Annahme wird Autokorrelation genannt. Diese Voraussetzung ist besonders bei Zeitreihen und komplexen Stichproben zu beachten. Wir verzichten an dieser Stelle auf die Beschreibung der Maßnahmen zur Überprüfung der Autokorrelation, da wir nur mit Querschnittsdaten arbeiten. Weitere Information finden Sie bei Kohler und Kreuter (Kohler und Kreuter (2017, 309f.)) oder Urban und Mayerl (Urban und Mayerl (2018, 283ff.).).

linear ausfällt, dazu verwenden wir den Datensatz **stflife.dta** und lassen uns ein „Jitter-Scatterplots" mit Regressionsgerade ausgeben:

```
. graph twoway lfit stflife friends || scatter stflife
  friends, jitter(5)
```

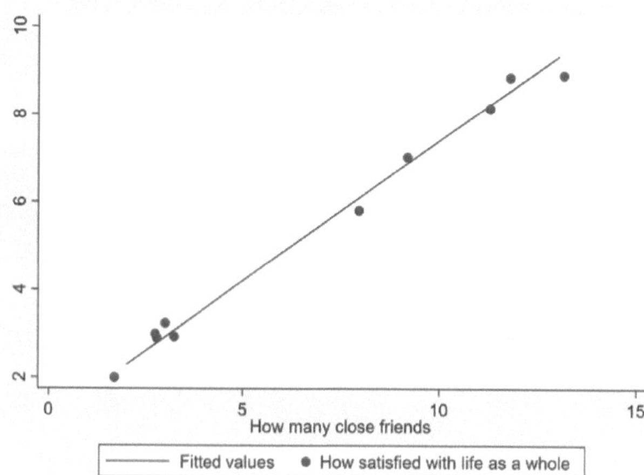

Der Zusammenhang zwischen beiden Variablen ist nahezu linear. Bei multiplen Regressionen ist die Überprüfung der Linearitätsannahme komplizierter. Streudiagramme separat für jede unabhängige Variable und die abhängige Variable zu erstellen ist nicht sinnvoll: Durch das gleichzeitige Einbeziehen mehrere unabhängiger Variablen, kann sich die funktionale Form des Zusammenhangs verändern. Bei multiplen Regressionsmodellen wird in der Literatur häufig empfohlen partielle Regressionsdiagramme zu erstellen, da Streudiagramme nur den bivariaten Zusammenhang widerspiegeln, aber nicht den Einfluss der anderen unabhängigen Variablen berücksichtigen. Partielle Regressionsplots beziehen diese Einflüsse teilweise ein, sind aber häufig unübersichtlich. **Augmented-Component-Plus-Residual Plots** besser geeignet die Linearitätsannahme zu überprüfen als Streudiagramme oder partielle Regressionsplots. Zur Analyse von Ausreißern oder einflussreichen Datenpunkten eignen sich andere Methoden besser. Diese Diagramme beziehen die Summe der Residuen, den linearen Effekt der unabhängigen Variablen und einem quadratischer Term der Variablen bei der Berechnung ein (Jann 2009, 5ff.; Schnell 2015, 238f.).

Zur Illustration des Vorgehens mittels des Augmented-Component-Plus-Residual Plots berechnen wir zuerst die multiple Regression und lassen uns anschließend die Grafik ausgeben. Durch die Berechnung der Regression speichert Stata die Residuen und nutzt diese anschließende für die Grafik. Bei größeren Fallzahlen sind Scatterplot-Smoother (Streudiagrammglätter) nützlich, um die Form des Zusammenhangs besser interpretieren zu können. Einer dieser Smoother wird **LOWESS** (LOcally WEighted Scatterplot Smoother) bezeichnet. In der Grafik wird die Regressionsgerade und eine Lowess-Kurve angezeigt. Weisen zentralere Teile der Lowess-Kurve ein systematisch gekrümmtes Muster auf, ist das ein Anzeichen von Nicht-Linearität, während eine zufällige Streuung von Punkten bei linearen Zusammenhängen auftritt (Cleveland 1994, 167ff.; Hamilton 2013, 212f.; Jann 2009, 98ff.; Mallows 1986; Mitchell 2012, 30ff.; Schnell 2015, 102ff.) Den Augmented-Component-Plus-Residual Plot erstellen wir nun mit dem Smoother für unsere Beispiel-Regression, die wir um die Variable Vertrauen erweitern:

```
. regress stflife friends pplfair

. acprplot friends, lowess
```

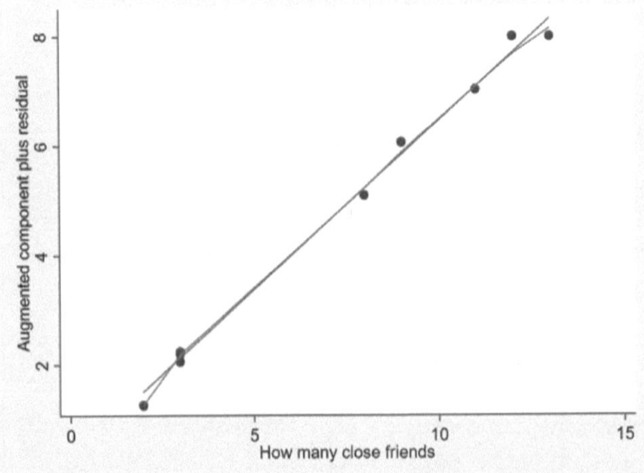

Die gerade Linie entspricht der Schätzung der Regressionsgeraden und die geschwungene Linie stellt die Lowess-Kurve dar. Der Abschwung der Kurve ganz links und rechts kann vernachlässigt werden, nur zwei Punkte weichen leicht ab. Wenn mehrere zentrale Teile der Lowess-Kurve systematisch ein gekrümmtes Muster, abweichend zur Gerade bilden, hätten wir Grund, die Angemessenheit des Modells zu bezweifeln. In unserem Fall können wir davon ausgehen, dass im Regressionsmodell die Linearitätsannahme für die überprüften Variablen gilt.

Verletzung der Linearitätsannahme: Linearisierung

Wie verhalten wir uns, wenn die Zusammenhänge zwischen den Variablen nicht linear ausfallen? Die lineare Regression setzt nur Linearität in den Koeffizienten der Regressionsgleichung voraus. Das bedeutet, bei nichtlinearen Zusammenhängen kann oftmals durch

Transformation von Variablen Linearität wiederhergestellt werden[26]. Bevor wir Variablen transformieren, sollten wir anhand entsprechender Theorien begründen, warum der Zusammenhang nicht linear, sondern beispielsweise u-förmig verläuft. Abbildung 6.1 zeigt eine Auswahl gängiger nichtlinearer Funktionen.

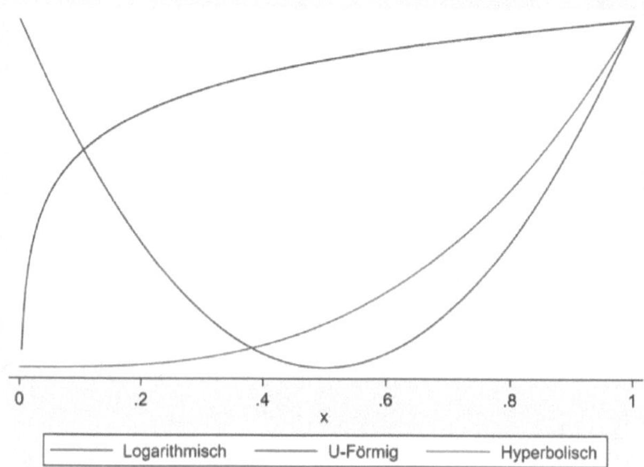

Abbildung 6.8: Beispiele für nichtlineare Zusammenhänge

Die drei Arten von nichtlinearen Zusammenhängen können auch in umgekehrter Richtung vorkommen. U-förmige Zusammenhänge finden sich unter anderem beim Alter von Personen und logarithmische beim Einkommen. In Tabelle 6.5 finden Sie die, in der Grafik gezeigten Typen nichtlinearer Zusammenhänge, deren Beschreibung und Möglichkeiten zur Transformation der unabhängigen Variablen.

Eine andere Möglichkeit statt der Transformation von Variablen, besteht darin, die unabhängige Variable nicht als metrische Variable mit ins Modell aufzunehmen, sondern in Kategorien einzuteilen (z. B. Altersgruppen) und anschließend als Dummyvariable einzubeziehen. Interaktionsvariablen in Regressionsmodellen zu verwenden ist eine andere Alternative im Falle von Nichtlinearität (siehe Abschnitt 6.5.5 und bei Urban und Mayerl (2018, 197f.)).

[26] Aber nicht jede nichtlineare Beziehung lässt sich durch Transformation linearisieren.

Logarithmisch	U-Förmig	Hyperbolisch
Werte der abhängigen Variablen steigen erst stark mit den Werten der unabhängigen Variablen an, allmählich flacht dieser Anstieg danach ab; umgekehrter Fall: Werte fallen zuerst, um dann allmählich abzuflachen	Effektrichtung ändert sich mit steigender unabhängiger Variablen: zunächst negativer Zusammenhang wandelt sich in einen positiven oder umgekehrt	Umgekehrte Form des logarithmischen Zusammenhangs: Zunächst schwacher Anstieg, dieser wächst danach immer stärker. Oder umgekehrt: zuerst fallen Werte schwach und fallen immer stärker
Unabhängige Variable wird logarithmiert in die Analysen einbezogen	Unabhängige Variable sowie deren Quadrat werden in die Berechnungen einbe-	Unabhängige Variable wird quadriert in die Analysen aufgenommen

Tabelle 6.5: Nichtlineare Zusammenhänge und Transformation

Anhand von zwei Beispielen zeigen wir Transformationen der unabhängigen Variablen bei logarithmischen und u-förmigen Zusammenhängen. Dabei gehen wir davon aus, dass wir zuvor nichtlineare Zusammenhänge identifiziert haben (siehe oben). Wir beginnen mit der Regression des Zusammenhangs der Lebenszufriedenheit und dem Alter. Dazu verwenden wir den **ESS8DE.dta**. Zur Darstellung des bivariaten Zusammenhangs verwenden wir einen Befehl, der sich besonders gut geeignet, um bei großen Datensätzen Streudiagramme übersichtlich darzustellen. Dieser Befehl heißt **binscatter** und muss zuvor installiert werden. Bei diesem Streudiagramm wird die X-Achsen Variable in gleich große Klassen (englisch bins) eingeteilt. Der Mittelwert der Variablen X-Achse und Y-Achse wird für jede Klasse erstellt und anschließend ein Streudiagramm dieser Datenpunkte gebildet, das eine vorgegebene Regressionsfunktion (Gerade etc.) enthält. Anstatt eine große Anzahl von einzelnen Punkten darzustellen, werden die Daten mittels dieses Befehls auf eine beschränkte Anzahl von Mittelwerten beschränkt. Daraus ergibt sich eine bessere Visualisierung des Zusammenhangs als bei normalen Scatterplots. `binscatter` erlaubt es nicht die Stärke des Zusammenhangs wieder zu geben, aber Information zum Standardfehler und der Funktionsform. Binscatterplots sind sehr nützlich zur Veranschaulichung von Regressionsdiskontinuitäten oder Sprungstellen und können in der multiplen Regression den gleichzeitigen Einfluss mehrere Variablen modellieren. Anhand einer früheren Version von Jessica Laird, Raj Chetty, John Friedman und Lazlo Sandor hat Michael Stepner[27] den Befehl für

[27] Siehe https://michaelstepner.com/binscatter und für die Hilfe: help binscatter eingeben.

Stata Anwender modifiziert. Indem der Befehl mit dem Mittelwert der abhängigen Variablen arbeitet, wird das Streudiagramm übersichtlicher. Weitere Information zu `binsacter` findet sich bei Star und Goldfarb (2018) und Stepner (2018). Bevor wir damit arbeiten, geben wir den Installationsbefehl ein:

```
. ssc install binscatter
```

Da wir erwarten, dass der Zusammenhang quadratisch ausfällt, verwenden wir die Option `line(qfit)`, die eine quadratische Funktion, statt einer Geraden ausgibt. Ohne diese Option wird eine Regressionsgerade in die Grafik eingezeichnet.

```
. binscatter stflife agea, line(qfit)
```

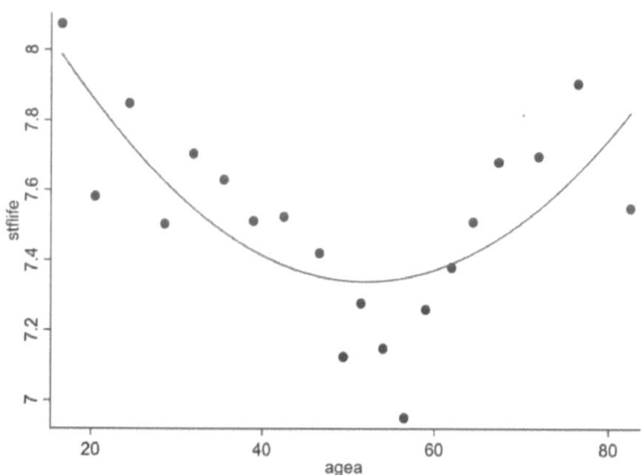

Der Zusammenhang ist nicht linear: Wir sehen, dass die Lebenszufriedenheit erst langsam abnimmt und ab etwa 60 Jahren wieder ansteigt.[28] Anhand von Theorien wird vermutet, dass die Lebenszufriedenheit u-förmig oder sinus-förmig im Verlauf des Lebens verläuft.[29] Bei u-förmigen Zusammenhängen quadrieren wir die unabhängige Variable und berechnen anschließend das ursprüngliche Regressionsmodell, das um die quadrierte Variable ergänzt wird. Mit dem `generate`-Befehl lautet die Neuberechnung:

```
. gen age2=agea*agea
```

Die neue Regressionsgleichung mit beiden Variablen lautet:

```
. regress stflife agea age2
```

---

[28] Eine andere Möglichkeit besteht darin, die Lebenszufriedenheit nur bis zu einem bestimmten Alter zu betrachten, da es vermutlich Unterschiede zwischen Personen im Ruhestand und jüngeren gibt. Oder Altersgruppen einzuteilen, um anhand der Gruppen Dummyvariablen zu bilden. In unserem Beispiel verändert sich der Verlauf um das sechzigste Lebensjahr. Mit binscatter: `binscatter stflife agea, rd(60) line(qfit)`

[29] Für die Untersuchung dieser Annahme müssten wir mit Längsschnittdaten arbeiten.

❿ Da wir nun beide Variablen, das Alter und das quadrierte Alter, in das Regressionsmodell aufnehmen, ist es nicht möglich das neue Modell mittels eines Streudiagramms, Augmented-Component-Plus-Residual Plots oder `binsactters` darstellen. Eine Alternative bietet der Befehl `margins` in Kombination mit einem **Marginsplot**. Mit dem `margins`-Befehl werden im Anschluss an die Regression Schätzwerte für Y-Variable berechnet. Der Marginsplot ermöglicht es, die Schätzwerte grafisch darzustellen. Dazu ist es notwendig, die Regressionsanalyse mittels der Faktor Variablen Notation zu erstellen (siehe Abschnitt 6.5.3 und Interaktionseffekte Kapitel 6.5.5). Bei kontinuierlichen Variablen, wie dem Alter wird ein c. vor der Variablen eingefügt.

```
. regress stflife c.agea#c.agea agea, noheader
```

Einfacher als die Variablen einzeln im Kommando einzufügen, funktioniert die Berechnung mit dem Symbol ##, um gleichzeitig das quadrierte Alter und Alter in die Regression einzubeziehen.

```
. regress stflife c.agea##c.agea, noheader
```

Für die Erzeugung des Marginsplots lassen wir uns das Minimum und Maximum des Alters ausgeben, 15 und 94 sind die Werte in diesem Datensatz. Anschließend setzten die Werte in den Befehl ein und geben an, wie viele einzelne Werte der Altersvariable in der Grafik erscheinen sollen. Wir entscheiden uns für die Darstellung von 15 bis 94 Jahren in Jahresschritten. Die Kommandos lauten somit:

```
. sum agea
. margins, at(agea=(15(1)94))
. marginsplot
```

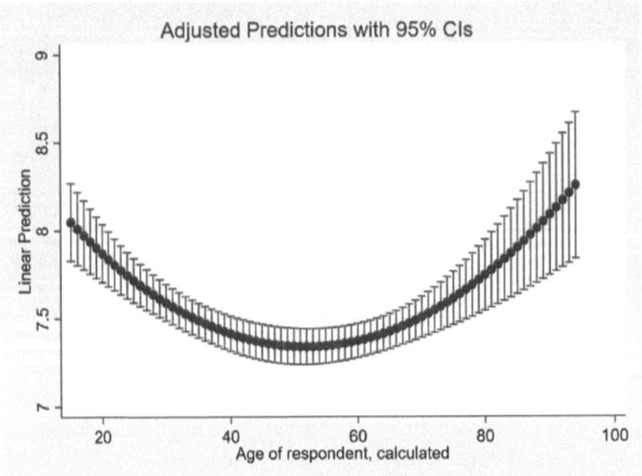

Sollen die Konfidenzintervalle nicht angezeigt werden, verwenden wir die `noci`-Option:

```
. marginsplot, noci
```

Die Grafik zeigt die bessere Passung des neuen Regressionsmodells, im Vergleich zum Modell ohne quadratischen Term[30]. Zur Überprüfung berechnen wir beide Regressionsmodelle:

```
. regress stflife c.agea##c.agea

. regress stflife agea
```

Der Determinationskoeffizient[31] des neuen Modells weist einen höheren Wert auf, das Modell erklärt mehr Varianz als das Regressionsmodell ohne logarithmierten Term.

Ein weiteres Verfahren, das wir bei quadratischen Termen häufig anwenden, ist das **Mittelwertzentrieren** bzw. **Zentrieren** von unabhängigen Variablen. Die Regressionskonstante gibt in Regressionsmodellen den Wert Schätzwert von Y an, wenn alle anderen unabhängigen Variablen null sind. In unserem Beispiel kommt dieser Wert bei einem Alter von null Jahren zustande. Eine Interpretation ist in diesem Fall nicht sinnvoll, metrische Variablen, wie Alter oder Bildungsjahre werden aus diesem Grund häufig zentriert. Besonders bei quadratischen Modellen oder Interaktionseffekten ist das Zentrieren von Variablen wichtig, um die Ergebnisse besser interpretieren zu können. Bei der Berechnung der von mittelwertzentrierten Variablen wird von den einzelnen Variablenwerten das arithmetische Mittel der ursprünglichen Variablen abgezogen. Zentrierte Variablen weisen somit ein arithmetisches Mittel von null auf. Die Verteilung der Variable bleibt dadurch gleich, es „verschiebt" sich lediglich die Verteilung entlang der Y-Achse. Sollen Variablen für Regressionen zentriert werden, müssen diese auf Basis aller im Modell verwendeten Variablen (siehe auch Fallzahlangleichung, Abschnitt 6.5.6) berechnet werden. Dies erreichen wir, indem wir fehlende Werte bei den entsprechenden Variablen ausschließen. Dazu lassen wir uns das arithmetische Mittel ohne fehlende Werte ausgeben und berechnen anschließend die zentrierte Variable, indem wir das arithmetische Mittel abziehen:

```
. sum agea if !missing(stflife, agea)

. gen c_age=agea-r(mean)
```

[30] Wobei der Zusammenhang in beiden Modellen als gering zu bezeichnen ist.

[31] Wir zeigen an dieser Stelle die Kennwerte der Ausgaben nicht.

Das Minimum und Maximum der neuen Variablen ermitteln wir nun und erstellen die Regression mit der neuen Variablen. Anschließend lassen wir uns erneut den Marginsplot ausgeben:

```
. sum c_age

. regress stflife c.c_age##c.c_age, noheader

. margins, at(c_age=(-33(1)45))

. marginsplot
```

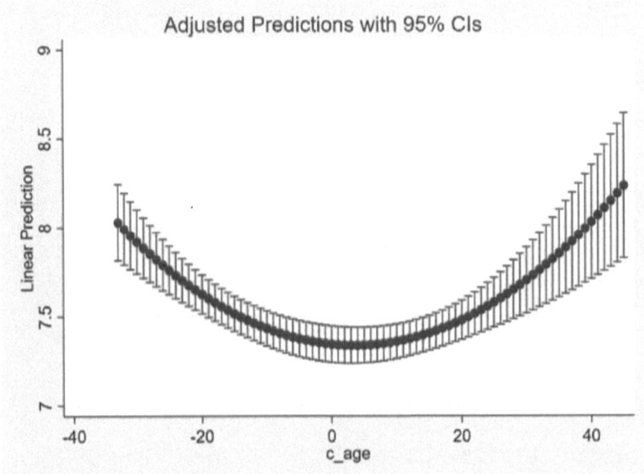

stflife	Coef.	Std. Err.	t	P>|t|	[95% Conf.	Interval]
c_age	-.003618	.0020329	-1.78	0.075	-.0076041	.0003681
c.c_age#c.c_age	.0005187	.0001064	4.87	0.000	.0003101	.0007274
_cons	7.34528	.0521931	140.73	0.000	7.24294	7.44762

Die geschätzte Lebenszufriedenheit bei einem durchschnittlichen Alter beträgt 7,34. In unserem Beispiel beträgt das arithmetische Mittel des Alters von 48,51 Jahre. Die geschätzte Lebenszufriedenheit bezieht sich durch die Zentrierung nun auf dieses Alter.

Bei logarithmischen Zusammenhängen verfahren wir in anderer Weise. Die unabhängige Variable wird logarithmiert und ersetzt die ursprüngliche Variable im Regressionsmodell. Zur Illustration Nehmen wir die Variable Haushaltsnettoeinkommen und die Lebenszufriedenheit, in einem nächsten Schritt beziehen wir die zuvor verwendeten Variablen ein:

```
. regress stflife hinctnta

. regress stflife c.agea##c.agea hinctnta
```

Zur Überprüfung der Linearitätsannahme bietet es sich an, das Streudiagramm für den bivariaten Zusammenhang mit `binscatter` zu erzeugen. Alternativ kann der Augmented-Component-Plus-Residual Plot Anwendung finden, dieser berücksichtigt den Einfluss der anderen unabhängigen Variablen. In unserem Beispiel ist die Darstellung per Streudiagramm übersichtlicher:

```
. binscatter stflife hinctnta, line(qfit)
```

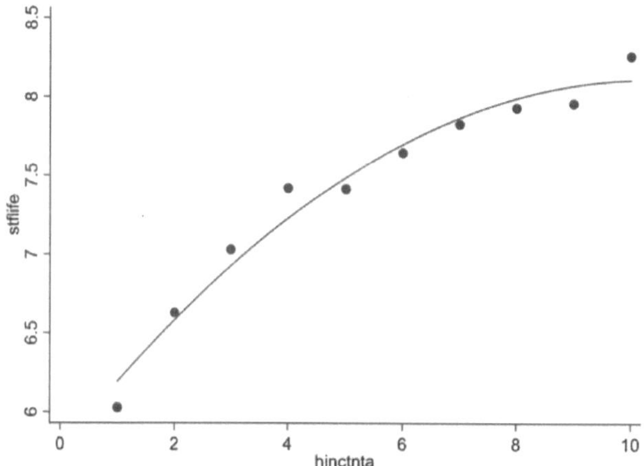

Der Zusammenhang fällt nicht linear, sondern wie vermutet logarithmisch aus. Wir transformieren die Variable, indem wir die ursprüngliche Variable logarithmieren, anschließend lassen wir uns das Streudiagramm mit dem `binscatter`-Befehl ausgeben:

```
. gen logh=log(hinctnta)
```

Für die Berechnung der Regressionsanalyse lautet das neue Kommando somit:

```
. regress stflife logh
```

Bei der multiplen Regression verwenden wir die Faktor Variablen Notation:

```
. regress stflife c.agea##c.agea logh
```

Bei hyperbolischen Zusammenhängen verfahren wir ähnlich, wie beim logarithmischen Zusammenhang, auch hier ersetzt die transformierte Variable die ursprüngliche unabhängige Variable. In diesem Fall quadrieren wir die Variable und nehmen sie statt der ursprünglichen Variable in das Regressionsmodell auf (Acock 2018, 311ff.; Backhaus et al. 2018, 99ff.; Stepner 2018; Urban und Mayerl 2018, 201ff.).

Normalverteilung der Residuen

Bei der Durchführung der Regression ist es unter bestimmten Bedingungen erforderlich, die Normalverteilung der Residuen zu überprüfen. Normalverteilte Residuen sind für die inferenzstatistische Überprüfung der Regression von Bedeutung: Durch sie wird sichergestellt, dass der F-Test und die t-Tests gültig sind. Manche Autoren überprüfen, ob die abhängige Variable normalverteilt ist. Das ist jedoch nicht notwendig, sondern die Normalverteilungsannahme betrifft nur die Residuen. In den meisten Fällen stellen nicht normalverteilte Residuen keine Probleme dar, außer ihre Verteilung fällt extrem schief aus. In folgenden Fällen sind Tests auf Normalverteilung der Residuen angebracht:

- Bei kleinen Stichproben (weniger als 40 Fälle)
- Bei Untersuchungen von Population, bei der wir davon ausgehen, dass sich extreme Werte häufen
- Bei sehr schiefer Verteilung der abhängigen Variablen

Sollte die abhängige Variable eine sehr schiefe Verteilung aufweisen, kann das besonders bei diskreten Variablen mit wenigen Ausprägungen zu Problemen für die Regressionsschätzung führen. Allerdings wird die Normalverteilungsannahme nicht zwangsläufig bei schief verteilten abhängigen Variablen verletzt.

Die Überprüfung dieser Annahme kann mittels Grafiken oder verschiedener Testverfahren erfolgen. Die unterschiedlichen Verfahren sollten miteinander kombiniert werden, denn jedes Verfahren bietet Vor- und Nachteile: Bei den visuellen Verfahren besteht mitunter die Gefahr Verletzungen der Normalitätsannahme nicht eindeutig zu erkennen.

Sowohl für sehr kleine als auch Stichproben bis zu 5.000 Fällen, kann der **Shapiro-Wilk Test** auf Normalverteilung Anwendung finden. Dieser Test birgt allerdings auch diverse Probleme: Bei großen Stichproben können bereits geringfügige Abweichungen von einer beinahe perfekten Normalverteilung zur Ablehnung der Normalverteilungsannahme führen, gleiches gilt für Ausreißer. Problematisch ist weiterhin die zugrundeliegende Nullhypothese, die Annahme einer Normalverteilung. Üblicherweise formulieren wir die zu überprüfende Hypothese (Forschungshypothese) und dazu eine Gegenhypothese (Nullhypothese). Wir möchten bei dem gewählten Beispiel überprüfen, ob eine Normalverteilung vorliegt, diese Annahme entspricht bei dem Test aber der Nullhypothese. Ist der Test nicht signifikant nehmen wir (vorläufig) an, dass die Nullhypothese zutrifft und schließen auf eine (zumindest annähernde) Normalverteilung. Je kleiner wir die Irrtumswahrscheinlichkeit ansetzten, desto eher schließen wir auf eine Normalverteilung. Dies wiederum führt dazu, dass die Wahrscheinlichkeit einen Fehler zweiter Art zu begehen (siehe Abschnitt 8.2.1)) steigt und fälschlicherweise auf eine Normalverteilung geschlossen wird, obwohl diese in der Grundgesamtheit nicht vorliegt. Die geschilderte Problematik betrifft alle Tests deren Nullhypothese die „eigentliche Forschungshypothese“ überprüfen, zum Beispiel den Test auf Heteroskedastizität. Daher empfehlen wir die Irrtumswahrscheinlichkeit bei dieser Art von Tests nicht niedriger als 5 % anzusetzen.

Mit dem in Stata implementierten Shapiro-Wilk Test kann die Stichprobengröße zwischen 4 bis zu 2000 Fälle betragen. Der dazugehörige Befehl lautet `swilk`. Für Stichproben von 10 bis zu 5000 Fällen erstellt der Befehl `sfranica` den **Shapiro-Francia Test** auf Normalverteilung[32]. Für die Überprüfung auf Normalverteilung der Residuen berechnen wir zuerst die multiple Regression, um die Einflüsse aller unabhängigen Variablen auf die abhängige Variable einzubeziehen. Als Beispiel verwenden wir den Übungsdatensatz **stflife.dta** und berechnen die Regression zwischen der Lebenszufriedenheit, der Anzahl der Freunde und dem Vertrauen in andere Menschen. Nach Berechnung der Regression erzeugen wir mit dem `predict`-Befehl und der Option `residuals` die **Residuen** Dazu geben wir nach dem Befehl einen beliebigen Namen für die Variable an, in der die Residuenwerte gespeichert werden und testen anschließend, ob diese normalverteilt sind.

```
. regress stflife friends pplfair

. predict r, residuals

. swilk r
```

Shapiro-Wilk W test for normal data

Variable	Obs	W	V	z	Prob>z
r	10	0.97674	0.358	-1.602	0.94540

Diesem Test liegt die Annahme bzw. Nullhypothese zugrunde, dass es sich bei der Verteilung um eine Normalverteilung handelt (siehe oben). Fällt das empirische Signifikanzniveau p (Prob>z) größer aus als die vorab festgelegte Irrtumswahrscheinlichkeit (siehe Kapitel 5.2), lehnen wir die Nullhypothese nicht ab, sondern gehen von einer Normalverteilung aus. Üblicherweise verwenden wir für den Test eine Irrtumswahrscheinlichkeit von 5 %. Der hier ermittelte p-Wert (0,9454) ist größer als 0,05, folglich lehnen wir die Normalverteilungsannahme nicht ab, die Residuen sind mit hoher Wahrscheinlichkeit normalverteilt.

---

[32] Weitere Information ist mittel der Hilfefunktion zu finden: `help shapiro`.

Als grafisches Verfahren bietet Stata verschiedene Grafiken, wie den **Normal-Probability Plot oder der standardisierte Normal-Probability Plot** (P-P) erstellt werden. Dazu dienen die Stata Befehle `qnorm` und `pnorm`. Wir stellen den Normal-Probability Plot kurz vor: Er vergleicht Quantile der Verteilung einer Variablen mit Quantilen einer theoretischen Normalverteilung. Bei der Überprüfung der Residuen wird sozusagen die kumulierte Verteilung der standardisierten Residuen der kumulierten Standardnormalverteilung gegenübergestellt. Die Normalverteilung wird in Stata als Gerade dargestellt, gegen diese werden die Residuen geplottet. Sind die Residuen normalverteilt, sollten sie nahe an der Geraden liegen. Wir schreiben für unser Beispiel folgendes Kommando, nach Erzeugung einer Variablen für die Residuen:

```
. qnorm r
```

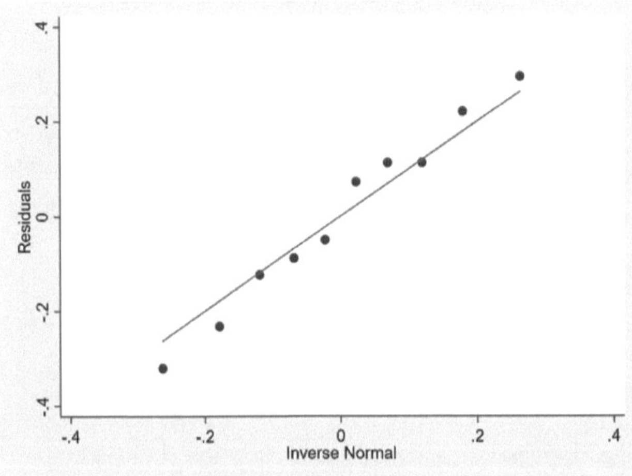

Anhand der Grafik sind geringe Abweichungen von der Normalverteilung zu erkennen, die dennoch nicht besonders stark ausfallen.

Verletzung der Normalverteilungsannahme

Weichen die Residuen sehr stark von der Normalverteilung ab, so ist zu überprüfen, ob die abhängigen Variable sehr schief verteilt ist. Ebenso führen Spezifikationsfehler oder einflussreiche Fälle (Ausreißer) unter Umständen dazu, dass die Residuen von einer Normalverteilung abweichen. Extreme Abweichungen von der Normalverteilung lassen sich durch verschiedene Grafiken oder deskriptive Kennzahlen, wie Perzentile etc. aufdecken.

Zur Illustration der Verletzung der Normalverteilungsannahme arbeiten wir mit dem vorhergehenden Beispiel: Lebenszufriedenheit soll durch das Alter das Einkommen erklärt werden. Wir verwenden den Datensatz **ESS8DE.dta** und die bereits transformierten Variablen für das Alter und das Einkommen (siehe oben). Nachdem wir die multiple Regression berechnet haben, erstellen wir die Variable für die Residuen und testen sie anschließend auf Normalverteilung mittels des Shapiro-Francia Tests – unsere Stichprobe umfasst mehr als 2000 Fälle.

```
. regress stflife agea age2 logh

. predict r, resid

. sfrancia r
```

Shapiro-Francia W' test for normal data

Variable	Obs	W'	V'	z	Prob>z
r	**2,545**	**0.95293**	**73.708**	**10.450**	**0.00001**

Das empirische Signifikanzniveau p ist kleiner als die 0,05. Das beutet, dass die Residuen nicht normalverteilt sind. Auch der Normal-Probability Plot bestätigt dies:

```
. qnorm r
```

Als nächstes überprüfen wir, ob die Verteilung der abhängigen Variablen sehr schief ausfällt. Sollte dies nicht der Fall sein, so prüfen wir die Verteilung auf Ausreißer und einflussreiche Fälle (siehe weiter unten). Zur Kontrolle verwenden wir eine Grafik, den Kern-Dichte-Schätzer, mit der `normal`-Option für die Normalverteilungskurve:

```
. kdensity stflife, normal
```

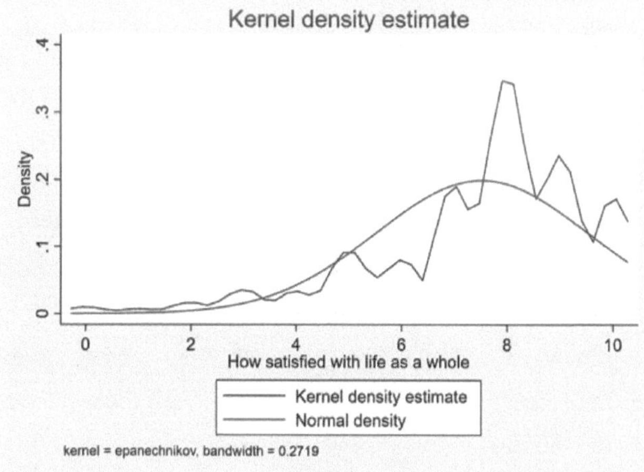

Die Grafik zeigt, dass die Lebenszufriedenheit nicht normalverteilt, sondern linksschief verteilt ist. Dennoch ist sie nicht extrem schief, was auch das Histogramm zeigt:

```
. histogram r, normal
```

Im Folgenden zeigen wir Möglichkeiten im Umgang mit sehr schief verteilten Residuen (siehe (Urban und Mayerl 2018, 194f.) auf:

- Überprüfung auf Spezifikationsfehler, zum Beispiel Nichtlinearität
- Überprüfung auf Ausreißer
- Überprüfung der Schiefe der abhängige Variable

Information zu den ersten Punkten, finden Sie weiter unten. Sind Y-Variablen sehr schief verteilt, so verweisen einige Autoren auf die Transformation der Variable. Bei transformierten Variablen müssen wir uns aber bewusst sein, dass diese möglicherweise schwieriger zu interpretieren sind und eine Transformation stets einer theoretischen Grundlage bedarf. Selbst nach der Transformation einer schiefen Variablen kann es vorkommen, dass die Residuen dennoch schief verteilt sind. Einige Autoren benutzen andere Regressionsverfahren, wie die logistische Regression oder die ordinal logistische Regression[33] bei schiefen Verteilungen kategorial abhängiger Variablen, wie der Lebenszufriedenheit.

Sollten die genannten Maßnahmen zu keinem Erfolg führen, besteht die Möglichkeit auf Signifikanztests zu verzichten, andere Verfahren wie „Bootstrapping“ oder andere Regressionsverfahren, als die lineare Regression, anzuwenden (Acock 2018, 275ff.; Darlington und Hayes 2017, S. 498; Diaz-Bone 2013, 230f.; Hamilton 2013, 129ff.; Long und Freese 2014a, S. 225; Lumley et al. 2002; Seier 2002; Tabachnick und Fidell 2014, 113ff., 2014, 112ff.; Urban und Mayerl 2018, 13f., 187ff.).

Keine hohe Multikollinearität

In multiplen Regressionsmodellen besteht die Gefahr, dass zwischen zwei oder mehr unabhängigen Variablen eine starke Korrelation vorliegt, in diesem Fall spricht man von **Multikollinearität**. Hohe Multikollinearität kann zur Ineffizienz der Schätzung führen, in diesem Fall nicht ist es nicht möglich die Regressionskoeffizienten zuverlässig zu interpretieren. Multikollinearität identifizieren wir in Stata über den **Varianzinflationsfaktor** oder die **Toleranz**. Nach Berechnung der Regression wird der **Post-Estimation Befehl** `estat vif,` ausgeführt. Wir erstellen die multiple Regression zwischen der Lebenszufriedenheit, der Zufriedenheit mit der Demokratie, dem Vertrauen und dem logarithmierten Einkommen und dem Datensatz **ESS8DE.dta:**

[33] Beispielsweise mit der Complementary log-log Verteilung (siehe Long und Freese (2014a, 200ff.)

```
. regress stflife stfdem pplfair logh

. estat vif
```

Variable	VIF	1/VIF
stfdem	1.13	0.885493
pplfair	1.12	0.894539
logh	1.05	0.951361
Mean VIF	1.10	

Der Varianzinflationsfaktor nimmt den Wert 1 an, wenn keine Multikollinearität vorliegt, je größer der Wert ausfällt, desto stärker korrelieren die unabhängigen Variablen miteinander. Werte über 10 weisen auf hohe Multikollinearität hin. Stata gibt diesen Wert unter VIF aus. In unserer Analyse sind die Werte sehr nahe an 1. Wir finden somit keine Anzeichen, die auf Multikollinearität hinweisen. Neben dem Varianzinflationsfaktor stehen in der Tabelle unter 1/VIF die Toleranzwerte. Wenn die Toleranz 1 beträgt, besteht ebenfalls keine Korrelation zwischen den unabhängigen Variablen, dieser Kennwert wird mit zunehmender Multikollinearität allerdings kleiner. Ein Wert von 0,1 entspricht einem Varianzinflationsfaktor von 10. Der minimale Wert beträgt 0, dann trägt die unabhängige Variable nicht zur Varianzaufklärung des Gesamtmodells bei, sondern weist keinen, von den anderen Variablen, unabhängigen Varianzanteil auf.

Verletzung der Annahme: Hohe Multikollinearität

Multikollinearität findet sich häufig bei Variablen, die identische oder ähnliche Aspekte erfassen. Zum Beispiel Bildung, das durch verschiedene Konstrukte erfasst wird oder eine Fragebatterie, die ein latentes Konstrukt erfassen soll, wie Einstellung zur Umwelt etc. Weiterhin tragen mitunter nicht korrekt gebildete Dummyvariablen, Spezifikationsfehler oder Interaktionsvariablen zur Verletzung dieser Annahme bei. Zur Veranschaulichung berechnen wir die Regression mit dem Datensatz **ESS8DE.dta**, der abhängigen Variablen Lebenszufriedenheit und den unabhängigen Variablen Zufriedenheit mit der Demokratie und der Bildung der Befragten. Diese wurde durch zwei verschiedene Variablen erfasst, basierend auf der Internationale Standardklassifikation des Bildungswesens (ISCED):

```
. regress stflife stfdem eisced edulvlb

. estat vif
```

Variable	VIF	1/VIF
eisced	**22.33**	**0.044783**
edulvlb	**22.28**	**0.044880**
stfdem	**1.02**	**0.975816**
Mean VIF	**15.21**	

Der Varianzinflationsfaktor für die beiden Bildungsvariablen liegt weit über 10, was auf eine hohe Multikollinearität hinweist. Die Toleranzwerte für die beiden Bildungsvariablen liegen mit über 0,045 weit unter dem Schwellenwert 0,1. Da eine der beiden Variablen redundant ist, entfernen wir eine der Bildungsvariablen aus dem Modell, entsprechend liegt keine Multikollinearität mehr vor, wenn wir erneut den Varianzinflationsfaktor überprüfen.

Durch Multiplikation gebildete Interaktionsvariablen, weisen in Regressionsmodellen häufig Multikollinearität auf. In diesem Fall ignorieren wir dies bei der Interpretation des Varianzinflationsfaktors. Anders als in einigen Lehrbüchern angegeben, hat die Zentrierung von Variablen keine Auswirkungen auf die Korrelation der Variablen. Die **Zentrierung** erlaubt eine andere Art der Interpretation, aber löst nicht das Problem der Multikollinearität. Tritt Multikollinearität im Zusammenhang mit Variablen, die zur Erfassung latenter Konstrukte dienen auf, wie die Rolleneinstellung oder die Umwelteinstellung, besteht die Möglichkeit einen Index zu bilden. Ausführliche Information zu diesem Thema bieten Cohen (2003, 219ff.) und Urban und Mayerl (2018, 187ff.).

Homoskedastizität

Die Varianzhomogenität der Residuen stellt eine weitere Anwendungsvoraussetzung dar, diese wird als **Homoskedastizität** bezeichnet. Sollte diese Annahme verletzt sein, sprechen wir von **Heteroskedastizität**, sie beeinflusst die Effizienz der Schätzer. Das führt wiederum dazu, dass die Varianzen der geschätzten Regressionskoeffizienten verzerrt sind und Schätzung der Konfidenzintervalle Regressionskoeffizienten nicht korrekt ausfällt. Zudem liefern die Signifikanztests der Regressionskoeffizienten, in Abhängigkeit von der Art der Verzerrung, keine verlässlichen Ergebnisse mehr. Zur Überprüfung der Annahme ist es sinnvoll, sich Streudiagramme der Residuen oder Testverfahren anzuschauen. Als Grafik verwenden wir den **Residual-versus-Fitted Plot** , den wir mit dem `rvfplot`-Befehl erstellen. Die Option `yline(0)`, dient dazu eine Referenzlinie bei Y=0 zu platzieren. Als Beispiel verwenden wir den Übungsdatensatz **stflife.dta** und erstellen die Regression zwischen der Lebenszufriedenheit, der Anzahl der Freunde und dem Vertrauen. Zuerst müssen wir die Regression berechnen und lassen uns anschließend die Grafik ausgeben:

```
. regress stflife friends pplfair
```

```
. rvfplot, yline(0)
```

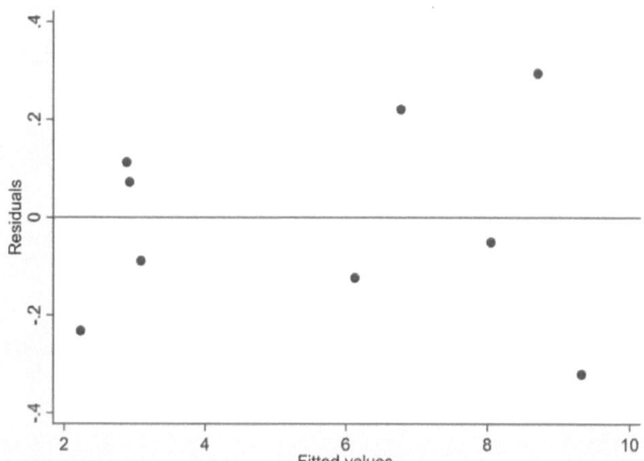

Das Diagramm zeigt ein Muster der Datenpunkte, das auf der linken Seite etwas schmaler und auf der rechten Seite etwas breiter ausfällt. Das Muster deutet allerdings nicht eindeutig auf Heteroskedastizität hin.

Wir verwenden nun zwei Tests auf Heteroskedastizität, den **White-Test** und den **Breusch-Pagan-Test**. Diese Tests sind empfindlich gegenüber Verletzung von Modellannahmen, wie beispielsweise der Normalitätsannahme. Aus diesem Grund werden die Tests üblicherweise mit Grafiken kombiniert, um sich ein besseres Bild über den Grad der Heteroskedastizität zu verschaffen. Der Breusch-Pagan-Test reagiert sensitiver gegen die Verletzung der Normalitätsannahme als der White-Test (Breusch und Pagan 1979; White 1980). Beide Verfahren testen die Nullhypothese, dass sich die Varianz der Residuen homogen verhält.[34] Ist der Test nicht signifikant nehmen wir an, dass die Nullhypothese zutrifft und schließen auf Homokedastizität. Der Wert des empirischen Signifikanzniveaus p (p) des Outputs wird dazu verwendet. Fällt er größer aus als die vorab festgelegte Irrtumswahrscheinlichkeit, lehnen wir die Nullhypothese nicht ab. In der Regel verwenden wir eine Irrtumswahrscheinlichkeit von 0,05. Nach Berechnung der Regression kann der White-Test mit dem Befehl `estat imtest` und der Option `white` ausgegeben werden. Bei diesem Test wird zusätzlich ein Test auf Schiefe und Kurtosis und ein Test auf Heteroskedastizität nach Cameron und Trivedi berechnet. Sowohl der White-Test als der Test von Cameron und Trivedi liefern vergleichbare Ergebnisse. Den Breusch-Pagan-Test erstellen wir mit dem Befehl `estat hettest`. Wir lassen uns zuerst dem White-Test und anschließend den Breusch-Pagan-Test ausgeben:

---

[34] Siehe Test auf Normalverteilung der Residuen, zum Ablauf und der Problematik dieser Hypothesentests.

```
. estat imtest, white

White's test for Ho: homoskedasticity
         against Ha: unrestricted heteroskedasticity

         chi2(5)      =     7.07
         Prob > chi2  =   0.2158

Cameron & Trivedi's decomposition of IM-test
```

Source	chi2	df	p
Heteroskedasticity	7.07	5	0.2158
Skewness	0.76	2	0.6846
Kurtosis	0.93	1	0.3340
Total	8.76	8	0.3632

```
. estat hettest

Breusch-Pagan / Cook-Weisberg test for heteroskedasticity
         Ho: Constant variance
         Variables: fitted values of stflife

         chi2(1)      =     1.74
         Prob > chi2  =   0.1866
```

Beide Tests weisen ein empirisches Signifikanzniveau auf, das über 0,05 liegt, dementsprechend lehnen wir die Nullhypothese nicht ab, es liegt vermutlich keine Heteroskedastizität vor.

Verletzung der Annahme: Heteroskedastizität

Die Ursachen von Heteroskedastizität sind vielfältig, so können fehlende Interaktionsterme (siehe unten), Aggregation von Daten, beispielsweise beim BIP oder der Berechnung des Anteils der Wähler eines Wahlkreises, dazu führen. Bei schiefen abhängigen Variablen tritt Heteroskedastizität häufig auf. Wie wir bereits im Abschnitt zur Verletzung der Normalitätsannahme gesehen haben, ist die Variable Lebenszufriedenheit sehr schief verteilt. Wir berechnen mit dem Datensatz **ESS8DE.dta** die Regression der Lebenszufriedenheit mit den unabhängigen Variablen Alter, quadriertes Alter und logarithmiertes Einkommen und erstellen dann den Residual-versus-Fitted-Plot:

```
. regress stflife agea age2 logh

. rvfplot, yline(0)
```

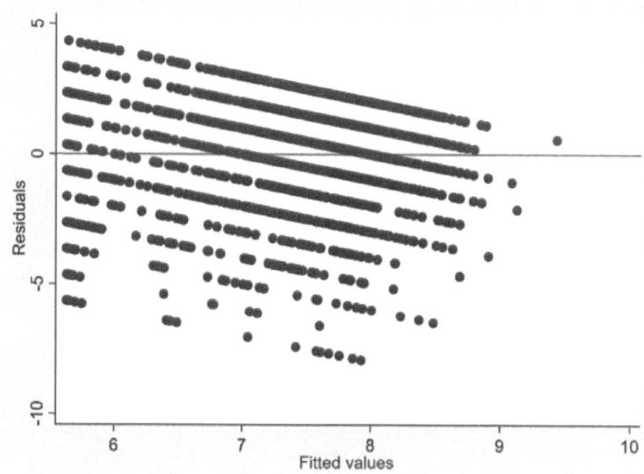

Anhand der Grafik können wir die Streuungsungleichheit deutlich erkennen. Zur Überprüfung mittels einer Kennzahl lassen wir uns den White-Tests ausgeben:

```
. estat imtest, white

White's test for Ho: homoskedasticity
         against Ha: unrestricted heteroskedasticity

         chi2(8)      =     72.07
         Prob > chi2  =    0.0000

Cameron & Trivedi's decomposition of IM-test
```

Source	chi2	df	p
Heteroskedasticity	72.07	8	0.0000
Skewness	142.92	3	0.0000
Kurtosis	73.94	1	0.0000
Total	288.93	12	0.0000

Das empirische Signifikanzniveau weist einen sehr kleinen Wert, kleiner als 0,05, auf, somit schließen wir, dass vermutlich Heteroskedastizität vorliegt. In diesem Fall empfehlen diverse Autoren, die abhängige Variable zu transformieren (siehe Verletzung der Normalitätsannahme und Linearitätsannahme). Kohler und Kreuter (2017, S. 323) schlagen einen Befehl vor, der eine annähernd symmetrische Transformation[35] der Variable durchführt und in einem Schritt eine neue Variable erzeugt `bcskew0`. Der Befehl lässt sich nur auf

[35] Dieser kann nur bei positiven Werten, die größer als null sind, Anwendung finden.

Variablen anwenden, die Variablenwerte größer als null aufweisen. In unserem Fall müssten wir die abhängige Variable zuvor recodieren, der niedrigste Wert beträgt 0:

```
. gen stflife_n=stflife+1

. bcskew0 stf_mod= stflife_n
```

Eine andere Möglichkeit besteht darin zu testen, ob bestimmte Transformation zur Normalverteilung der Variable führen. Dazu bietet Stata den `ladder`-Befehl an. Als Kombination kann der `gladder`-Befehl verwendet werden. Der `gladder`-Befehl gibt bis zu neun verschieden Grafiken aus, die zeigen, wie die Variablen nach der entsprechenden Transformation verteilt wären:

```
. gladder varname

. ladder varname
```

Beim `ladder`-Befehl (siehe Hamilton (2013, 129ff.)) gibt Stata bis zu neun verschiedene Transformationen aus und zeigt anhand des empirischen p-Werts (P(chi2)), ob die vorgeschlagenen Transformationen Transformation (zum Beispiel logarithmieren), zur Normalverteilung führen. Hierbei wird die Nullhypothese überprüft, dass die neue Variable normalverteilt ist (siehe Tests weiter oben). Fällt der Test nicht signifikant[36] aus, nehmen wir an, dass die Nullhypothese zutrifft und schließen auf eine (zumindest annähernde) Normalverteilung. Siehe auch:

```
. help ladder
```

Weitere Maßnahmen zur Beseitigung der Streuungsungleichheit, wie die Neuspezifikation des Regressionsmodell oder die Rekodierung von X-Variablen schlagen Urban und Mayerl (2018, 268ff.) vor. Sollten diese Schritte nicht zur Beseitigung der Heteroskedastizität führen, so kann die Regression mit **robusten Standardfehlern** durchgeführt werden. Die Analyse beseitigt nicht die Streuungsungleichheit, aber die robusten Standardfehler ermöglichen die Schätzung von möglichst unverzerrten Standardfehlern und Konfidenzintervallen (Literatur Cox 2014, 71ff.; Hamilton 2013, 202ff.; Lohmann 2010, 678ff.; Mitchell 2012, S. 32; Urban und Mayerl 2018, 252ff.). Hierfür verwenden wir die `robust`-Option nach dem Regressionsbefehl:

```
. regress stflife agea age2 logh, robust
```

[36] In der Regel wird eine Irrtumswahrscheinlichkeit von 5 % angesetzt.

Einflussreiche Datenpunkte

Einflussreiche Datenpunkte beeinflussen die Ergebnisse der Regressionsschätzung mehr als andere Beobachtungen. Häufig liegen diesen Datenpunkten ungewöhnliche Kombinationen von Variablenwerten zugrunde, wie beispielsweise ein Studium im Alter von 69 Jahren zu absolvieren. Diese Datenpunkte verletzten nicht zwangsläufig die Anwendungsvoraussetzungen der linearen Regression. Dennoch können sie zu erheblichen Verzerrungen führen, besonders bei kleinen Stichproben unter 200 Fällen. In manchen Fällen erzeugen sie auch bei großen Stichproben schwerwiegende Probleme. So beschreiben Kahn und Udry ((1986) zitiert nach Brüderl (2000, S. 603)) eine Studie „über die Koitushäufigkeit (pro Monat) in 2063 Ehen. Ein erstaunliches Ergebnis dieser Studie war, dass die Koitushäufigkeit mit dem Alter der Frau ansteigt. Wie sie in einer Replikation zeigen, ist dieses Ergebnis darauf zurückzuführen, dass vier Ehen mit eigentlich fehlenden Werten auf der abhängigen Variablen (88!) irrtümlich in die Analyse aufgenommen wurden". Dieses Beispiel beschreibt anschaulich, dass wenige Datenpunkte Ergebnisse extrem beeinflussen können. Die Analyse der einflussreichen Fälle kann somit Fehler wie Messfehler oder das Einbeziehen fehlender Werte aufdecken.

Einflussreiche Datenpunkte sind stets **Ausreißer**. Das sind Beobachtungen, die bei Variablen Werte aufweisen, die weit vom Mittelwert entfernt sind. Allerdings stellen Ausreißer im Umkehrschluss nicht in jedem Fall einflussreiche Datenpunkte dar. Ausreißer können dadurch auftreten, dass bestimmte Einflussfaktoren übersehen wurden. Im Falle des Studiums mit 69 Jahren ist es denkbar, dass es sich um ein Senioren-Studium handelt und keine falsche Altersangabe. In diesem Fall müsste zwischen verschiedenen Formen des Studiums unterschieden werden, falls eine entsprechende Variable im Datensatz vorhanden ist. Ausreißer lassen sich mit Streudiagrammen grafisch überprüfen. Ein solches Streudiagramm stellt die **Scatterplot-Matrix** dar. Hierbei werden zweidimensionale Streudiagramme für alle Variablenkombinationen einer Liste von Variablen berechnet. Wir zeigen dies am Beispiel der Regression des Einkommens auf Schulbildungsjahre und dem Gebiet. Dazu verwenden wir den Datensatz **allbus2016_redmod.dta**. Das Gebiet kodieren wir für weitere Berechnungen zuerst in eine Dummyvariable um und erstellen anschließend die Grafik mit dem `graph matrix`-Befehl[37]:

```
. recode eastwest (1=1 "1 west")(2=0 "2 ost"), gen(dwest)

. graph matrix inc S01 dwest
```

[37] Die Grafik wurde zur anschaulicheren Darstellung leicht modifiziert.

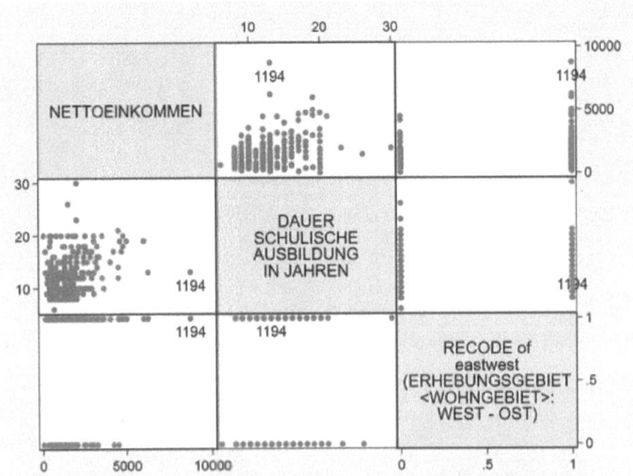

Bei der Grafik werden die X und Y-Achsen so gedreht, dass in jeder Spalte und Zeile die Datenpunkte identischer Personen auf gleicher Höhe liegen. Beobachtungen, die sich stärker von anderen unterscheiden, lassen sich anhand der Darstellung somit besonders gut erkennen. Wir haben Beobachtung 1194 ausgewählt, um dies zu verdeutlichen. Diese Person hat ein hohes Nettoeinkommen, weist aber nur eine durchschnittliche Anzahl von Bildungsjahren auf. Offensichtlich gibt es auch Befragte, die unverhältnismäßig viele Jahre an Bildung angegeben, der höchste Wert beträgt 30. Zur Darstellung der Streudiagramme ergänzen wir Beschriftungen aller Marker mit der Identifikationsnummer des Befragten, dazu dient die Marker-Option. Allerdings wird die Grafik dadurch möglicherweise etwas unübersichtlich.

```
. graph matrix inc S01 dwest, mlabel (respid)
```

Bei multiplen Regressionen spüren wir Einflussreiche Datenpunkte mit **partiellen Regressionsplots**, sogenannten „**Added-Variable-Plots**" auf. Bivariate Streudiagrammen ermöglichen es nicht immer einflussreiche Beobachtungen zu entdecken, da es sich bei einflussreichen Datenpunkten um Kombinationen verschiedener Variablen handelt. Bei den Added-Variable-Plots werden die Variablen Kombinationen der multiplen Regression berücksichtigt. Im Hintergrund erstellt Stata für jede unabhängige Variable zwei verschiedene Residuen. Zuerst die Residuen, die sich ergeben, wenn die Regression ohne die jeweils unabhängige Variable berechnet wird. Als nächstes wird eine Regression der jeweiligen unabhängigen Variablen auf die anderen unabhängigen Variable durchgeführt und die Residuen gespeichert. Anschließend werden die Residuen-Paare in einem Streudiagramm wiedergegeben. Stata verwendet dafür den **Post-Estimation Befehl** `avplots`. Wir berechnen die Regression mit den Variablen aus dem obigen Beispiel und erstellen dann für die zwei unabhängigen Variablen zwei Streudiagramme. Zur einfacheren Identifikation der Datenpaare verwenden wir verschiedene Optionen zur Beschriftung der Marker (siehe Abschnitt 9.1.5).

```
. regress inc S01 dwest
. avplots, msymbol(i) mlabel(respid) mlabposition(0)
```

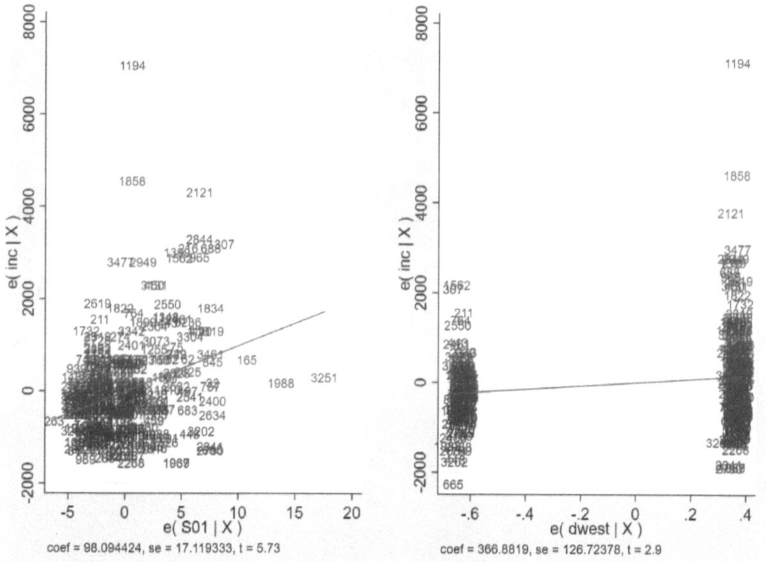

Die weit von den anderen entfernten Datenpunkten, stellen einflussreiche dar. Zwei Beobachtungen aus Westdeutschland weisen sehr hohe Einkommen auf, obwohl die Bildung eher unter dem Durchschnitt liegt. Auffällig wiederum sind zwei Befragte mit einer ungewöhnlich hohen Anzahl an Bildungsjahren.

Neben hohen Residuen-Werten spielen bei einflussreichen Datenpunkten auch sogenannte Hebelwerte (leverage) eine Rolle. Hebelwerte sind ungewöhnliche X-Werte, welche die Regressionsgerade stärker beeinflussen als andere Werte, indem sie die Regressionsgerade sozusagen an sich „heranziehen“. Dadurch fallen die Residuen klein aus und die Residuenplots decken einflussreiche Datenpunkte möglicherweise nicht auf. Aus diesem Grund sollten wir zusätzlich zur Inspektion der Residuen Kennwerte verwenden. Eine Kombination aus Hebel- und Residualwerten ist die Maßzahl **Cook's Distanz**[38] (Cook's D). Dieser Kennwert gibt den Einfluss der jeder Beobachtung im kompletten Regressionsmodell an,

[38] Einen ähnlichen Ansatz verwendet die Maßzahl DFBETA. Wir beschränken uns an dieser Stelle auf Cook's Distanz.

während die zuvor aufgezeigten Grafiken nur den Einfluss einzelner Beobachtungen aufzeigen. Cook's D misst die Veränderung in den Regressionskoeffizienten, wenn eine Beobachtung weggelassen wird. Je höher die Hebelwirkung und die Residuen ausfallen, desto größer die Cook-Distanz. In großen Stichproben ist der Einfluss einer Beobachtung meistens gering, aus diesem Grund wird ein Schwellenwert für Cook's D vorgeschlagen. Dieser liegt bei 4/n beziehungsweise 0,5. Die Werte sollten nicht größer als der kleinste der beiden Werte ausfallen (Cook und Weisberg 1999, S. 358; Jann 2009, S. 109).

Es empfiehlt sich einflussreiche Datenpunkte durch Cook's D anhand eines Streudiagramms oder einer Liste aufzuspüren. Als Streudiagramm bietet sich der **Index-Plot** an, dieser trägt den Kennwert gegen die laufende Nummer im Datensatz auf. Listen lassen sich mit dem `list`-Befehl erstellen. Zur Berechnung von Cook's D wird der **Post-Estimation Befehl** `predict` nach Berechnung der Regression verwendet. Wir geben nach `predict` einen beliebigen Variablennamen an und erzeugen die Werte für Cook's D mit der Option `cooksd`. Zuvor ermitteln wir den Schwellenwert für Cook's D in Abhängigkeit von der Stichprobengröße. Dazu verwenden wir den `display`-Befehl und die intern gespeicherte Stichprobengröße:

```
. predict cook, cooksd

. display 4/e(N)
```

Der Wert 0,01355932 ist kleiner als 0,5, deshalb setzten wir als Schwellenwert 0,014 an. Beim Indexplot lassen wir uns den Schwellenwert als horizontale Linie ausgeben:

```
. scatter cook respid, msymbol(i) mlab(respid) yline(0.014)
```

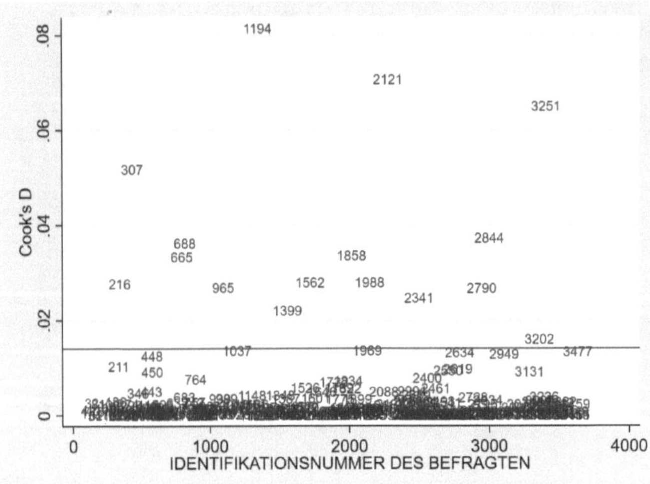

Wir sehen, dass zahlreiche Beobachtungen oberhalb des Schwellenwerts liegen. Nun erstellen wir eine Liste, der Datenpunkte, die größer als 0,014 und lassen uns die anderen Variablenwerte angeben:

```
. list respid inc S01 dwest if cook>0.014 & cook !=.
```

respid	inc	S01	dwest
2341	500	20	1 west
1858	6250	13	1 west
965	4600	19	1 west
216	4800	18	1 west
3202	450	19	2 ost
1194	8750	13	1 west
1988	1500	26	2 ost
1562	4200	17	2 ost
1399	4700	17	1 west
2790	420	20	1 west
665	50	20	2 ost
3251	2000	30	1 west
2121	6000	19	1 west
307	4500	21	2 ost
688	4800	20	1 west
2844	5000	19	1 west

Anhand der Tabelle sehen wir unter anderem, dass einige Personen ein sehr niedriges Einkommen aufweisen, obwohl sie über mehr als 18 Jahre Schulbildung verfügen. Bei diesen Befragten sollten wir überprüfen, ob das Einkommen richtig codiert wurde oder ob die Personen beispielsweise nicht arbeiten oder Rente erhalten etc.

Wenn wir die verschiedenen Analysen vergleichen, sehen wir, dass die unterschiedlichen Verfahren nicht in allen Fällen identische Beobachtungen als Ausreißer identifizieren. Deshalb sollten wir mehrere Verfahren miteinander kombinieren. Falls wir einflussreiche Datenpunkte aufspüren dürfen diese nicht ohne weiteres aus dem Datensatz entfernt werden, das wäre Datenmanipulation. Stattdessen müssen wir überlegen, welche Ursachen diesem Phänomen zugrunde liegen. Messfehler, falsche Kodierungen oder das Einbeziehen von fehlenden Werten sind ein möglicher Grund. In manchen Fällen haben wir Variablen nicht einbezogen, die unsere einflussreichen Datenpunkte auf Grundlage weiterer Theorien erklären könnten. In unserem Beispiel unter sind das unter anderem die Erwerbstätigkeit und das Geschlecht. Bei extremen Werten der abhängigen Variable schlagen Kohler und Kreuter (2017, 305, 335ff.) statt deOLS-Regressionon die Median-Regression vor. Sollten wir Ausreißer ausschließen, müssen wir das stetes dokumentieren und die Überprüfung der einflussreichen Datenpunkte erneut anhand des neuen Modells überprüfen. Durch die Veränderung des Datensatzes entstehen unter Umständen wiederum neue Ausreißer.

Spezifikationsfehler

Ein weiteres Problem Stellen Spezifikationsfehler dar, sie führen möglicherweise zur Verzerrung der Schätzer und Multikollinearität. Diese entstehen durch unvollständige Regressionsmodelle, Berücksichtigung irrelevanter Variablen oder durch die Annahme eines linearen statt nichtlinearen Zusammenhangs. Letztere Problematik haben wir bereits ausführlich diskutiert und Lösungen vorgestellt. Werden zu viele Variablen in das Modell aufgenommen, kann der Determinationskoeffizient künstlich ansteigen. Der korrigierte Determinationskoeffizient berücksichtigt die Anzahl der unabhängigen Variablen und ist in Modellen mit vielen unabhängigen Variablen ohnehin empfehlenswert. Dementsprechend ist die Hinzunahme irrelevanter Variablen ein geringes Problem.

Anders verhält es sich mit nicht berücksichtigten Variablen. Je wichtiger der Einfluss der weggelassene Variable ausfällt, desto stärker verzerrt das Ergebnis der Regressionsanalyse. Auch das nicht einbeziehen von notwendigen Interaktionstermen fällt unter das Thema Fehlspezifikation bzw. Unvollständigkeit von Regressionsmodellen. Theoretische Vorüberlegungen dienen dazu, die für das Regressionsmodell notwendigen Variablen auszuwählen. Allerdings werden nicht immer alle relevanten Variablen in einem Datensatz vorhanden sein, da die entsprechenden Variablen nicht erfasst wurden oder Merkmale nicht messbar sind. In diesem Fall bietet es sich an Proxy-Variablen in die Regression einzubeziehen. Beispielsweise Einkommen als Proxy Variable für den beruflichen Erfolg oder das Pro-Kopf-BIP kann als Proxy für den Lebensstandard.

Spezifikationsfehler lassen sich nur schwer mittels statistischer Tests aufdecken. Liegen sie vor, so kann es sein, dass die Residuen von der Normalverteilung abweichen oder es zu Streuungsungleichheit (Heteroskedastizität) kommt. Grafische Verfahren wie Streudiagramme der Residuen (siehe oben) sind deshalb nützlich, um das zu überprüfen.

Zusammenfassung Verstöße

Verstoß gegen	Diagnose	Problembehandlung
Linearität	Jitter-Scatterplot Augmented-Component-Plus-Residual Plot	Transformation der unabhängigen Variablen Unabhängige Variable: Dummyvariablen erstellen (bei Strukturbrüchen) Interaktionseffekte berücksichtigen
Normalverteilung der Residuen	Normalverteilungstests Normalverteilungsplots: z.B.: Normal-Probability Plot	Schiefe Verteilung Y-Variable: Transformation Y-Variable oder andere Regressionsverfahren Ausreißer: Überprüfen auf Ausreißer (evtl. Beseitigen) Spezifikationsfehler: diese beheben Andere Regressionsverfahren wählen
Hohe Multikollinearität	Varianzinflationsfaktor (VIF) Toleranz	Spezifikation überprüfen Redundante X-Variablen entfernen Interaktionsvariablen ignorieren Variable zu Indizes zusammenfassen
Heteroskedastizität	Residual-versus-Fitted Plot White und Breusch-Pagan-Test	Transformation Y-Variable Spezifikationsfehler: diese beheben Recodierung X-Variablen Regression mit robustem Standardfehler
Einflussreiche Fälle	Added-Variable-Plot Cook's Distanz Index-Plot	Überprüfen auf: Messfehler, falsche Kodierungen, Spezifikationsfehler Messfehler: Korrigieren, Fälle ausschließen (Dokumentieren!)
Spezifikationsfehler	Test der Residuen (Normalverteilung/ Heteroskedastizität)	Theoretische Basis überprüfen Irrelevante Variablen: Korrigiertes R2 Neuspezifikation: Fehlende Variablen (Interaktionsterme) einbeziehen Relevante Variablen nicht vorhanden: Proxy-Variablen einbeziehen

Tabelle 6.6: Übersicht zu Verstößen gegen Anwendungsvoraussetzungen

Weitere Literatur zu Verletzungen der Anwendungsvoraussetzung der linearen Regression finden sich bei Cook und Weisberg (1999, 334ff.), Bollen und Jackman (2013), Brüderl (2000, 598ff.), Darlington und Hayes (2017, 479ff., 538ff.), Fox (2016, 229ff., 266ff.) Tabachnick und Fidell (2014, 93ff.) und Urban und Mayerl (2018, 169ff.).

6.5.5 Interaktionseffekte

Den Begriff **Interaktionseffekt** haben wir bereits an mehreren Stellen verwendet. Ein Interaktionseffekt tritt auf, wenn der Einfluss der unabhängigen Variablen durch eine andere Variable systematisch beeinflusst wird[39]. Der Zusammenhang fällt dann je nach Ausprägung der Drittvariable unterschiedlich stark aus. Das Einbeziehen eines Interaktionseffektes sollte theoriegeleitet erfolgen. Unterschiedliche Effekte einer Variablen in verschiedenen Gruppen, zählen zu den am häufigsten vorkommenden Interaktionseffekten. Der Zusammenhang zwischen dem Einkommen und der Berufserfahrung ist ein solches Beispiel, dieser wird durch die Variable Geschlecht moderiert. Solche unabhängigen Variablen bezeichnen wir deshalb auch als **Moderatorvariablen**. Das Einkommen nimmt mit zunehmender Berufserfahrung je nach Geschlecht unterschiedlich stark zu. In diesem Fall besteht ein Interaktionseffekt zwischen dem Geschlecht und der Berufserfahrung. Werden diese Effekte nicht berücksichtigt wird der Einfluss der Berufserfahrung je nach Geschlecht unter bzw. überschätzt.

Bei Interaktionseffekten berechnen wir üblicherweise das Produkt der Variablen, zwischen denen eine Interaktion vorliegt, das ist der Interaktionsterm. Im Regressionsmodell wird der Interaktionsterm und die entsprechenden Variablen einbezogen. Es existieren verschiedene Arten von Interaktionseffekten, wie Interaktionseffekte, zwischen kategorialen Variablen[40], zwischen kategorialen (Dummyvariablen) Variablen und metrischen Variablen und Interaktionseffekte zwischen metrischen Variablen. Interaktionseffekte können zwischen zwei und mehr Variablen bestehen, wobei mit der Anzahl der Variablen die Schwierigkeit der Interpretation zunimmt. Wir besprechen folgende Zwei-Wege Interaktionen: Interaktionseffekte zwischen einer kategorialen (Dummyvariablen) Variable und einer metrischen Variablen, sowie Interaktionseffekte zwischen zwei kategorialen Variablen. Weitere Variablen beziehen wir zur einfacheren Interpretation nicht ein. Es sollten aber immer alle relevanten Variablen die Analyse einfließen. Die Interpretation bei den verschiedenen Arten

---

[39] In diesem Zusammenhang wird auch der Begriff Nicht-Additivität verwendet.

[40] Siehe Cohen und Cohen 255ff.

von Interaktionseffekten ist ähnlich. Variablen, die nicht im Interaktionsterm berücksichtigt werden, interpretieren wir wie üblich.

Nehmen wir zur Erklärung nun das obige Beispiel, eine Interaktion zwischen einer kategorialen (Dummyvariablen) Variable und einer metrischen Variablen: Wir möchten den Zusammenhang zwischen dem Einkommen und der Berufserfahrung untersuchen. Anhand einer Theorie ist bekannt, dass das Geschlecht eine Rolle spielt: Berufserfahrung übt bei Männern und Frauen einen unterschiedlichen Effekt aus. Zum Beispiel: Frauen verdienen anfangs ähnlich, fallen dann aber zurück, weil Berufserfahrung einen größeren Effekt auf das Einkommen hat. Zwischen der Berufserfahrung und dem Geschlecht besteht eine Interaktion. Das Regressionsmodell mit Produkt der beiden unabhängigen Variablen lautet wie folgt:

$$y = \alpha + \beta_1 x_1 + \beta_2 x_2 + \boldsymbol{\beta_3 (x_1 \cdot x_2)}$$

Die Variable Berufserfahrung (X_1) wird in Jahren gemessen, die Variable Geschlecht (X_2) hat folgende Kodierung: 1 steht für Frauen und 0 für Männer (Referenzkategorie). Dann lautet die Gleichung wie folgt:

Einkommen = $\boldsymbol{\alpha}$+ $\boldsymbol{\beta_1}$ ·Berufserfahrung + $\boldsymbol{\beta_2}$·Frau + $\boldsymbol{\beta_3}$ · (Berufserfahrung · Frau)

Bezogen auf unser Beispiel: Einkommen = $\boldsymbol{\alpha}$+ $\boldsymbol{\beta_1}$ ·Berufserfahrung + $\boldsymbol{\beta_2}$·Frau +

$\boldsymbol{\beta_3}$ · (Berufserfahrung · Frau).

Einkommen (Mann) = $\boldsymbol{\alpha}$+ $\boldsymbol{\beta_1}$ ·Berufserfahrung + $\boldsymbol{\beta_2}$·0+ $\boldsymbol{\beta_3}$ · (Berufserfahrung · **0**)

= $\boldsymbol{\alpha}$+ $\boldsymbol{\beta_1}$ ·Berufserfahrung

Einkommen(Frau) = $\boldsymbol{\alpha}$+ $\boldsymbol{\beta_1}$ ·Berufserfahrung + $\boldsymbol{\beta_2}$·1+ $\boldsymbol{\beta_3}$ · (Berufserfahrung · **1**)
= $\boldsymbol{\alpha}$+ $(\boldsymbol{\beta_1} + \boldsymbol{\beta_3})$ · Berufserfahrung+$\boldsymbol{\beta_2}$

= $(\boldsymbol{\alpha} + \boldsymbol{\beta_2}) + (\boldsymbol{\beta_1} + \boldsymbol{\beta_3})$ · Berufserfahrung

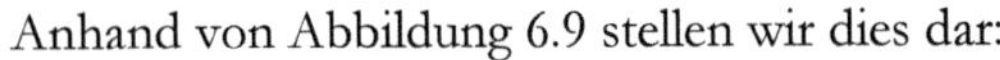

Anhand von Abbildung 6.9 stellen wir dies dar:

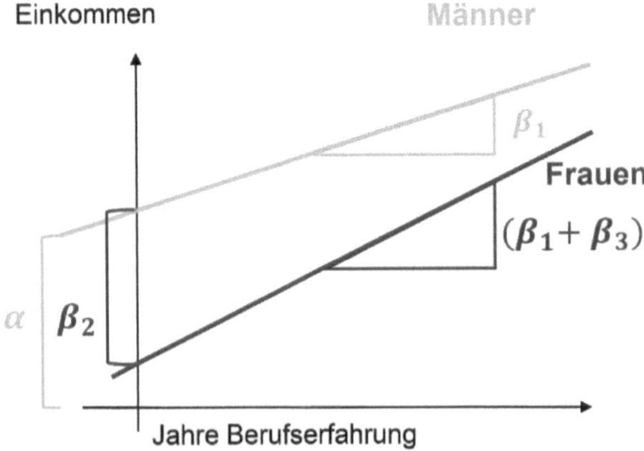

Abbildung 6.9: Interaktion Geschlecht Berufserfahrung

Die Interpretation der Interaktion einer metrischen mit einer kategorialen Variablen lautet dann wie folgt:

Der konditionale Effekt[41] (bedingter Haupteffekt) $\boldsymbol{\beta_1}$ beschreibt die Steigung der Regressionsgeraden für die Referenzkategorie (hier: Männer).

Für alle anderen Kategorien (hier: Frauen) müssen der Interaktionseffekt $\boldsymbol{\beta_3}$ und der Haupteffekt $\boldsymbol{\beta_1}$addiert werden, um die Steigung der Regressionsgeraden für die jeweilige Kategorie zu erhalten.

Die Signifikanz von $\boldsymbol{\beta_3}$ gibt an, ob die Effekte signifikant voneinander abweichen.

Bei Interaktionseffekten mit metrischen Variablen ist das Vorgehen ähnlich, hierbei wird keine Regressionsgeraden geschätzt, sondern eine Fläche, die Grafik stellt dies schematisch dar[42]:

[41] Siehe weiter unten.

[42] 3D-Grafiken sind nicht unumstritten. Das Modul graph3d von Jessen und Rostam-Afschar (2020) bietet verschiedene Grafiken an.

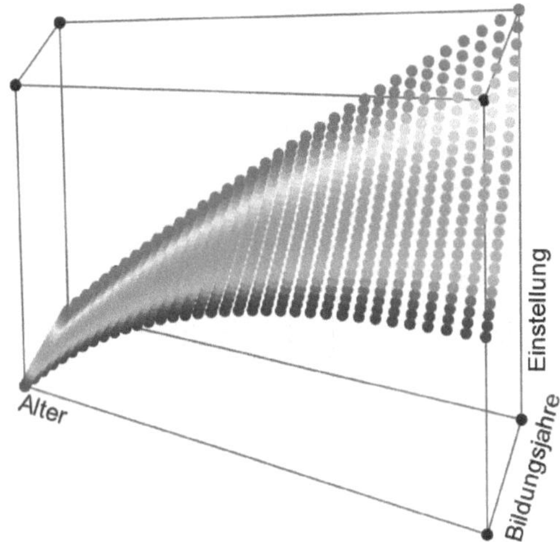

Abbildung 6.10: Interaktionsfläche bei metrischen Variablen

Interaktionseffekte mit Dummyvariablen

Schauen wir uns nun ein Beispiel anhand eines Datensatzes an. Auf Basis einer Theorie leiten wir ab, dass eine, ist der Zusammenhang zwischen Ausländerfeindlichkeit, Alter und der Einstellung zum Wertewandel existiert. Inglehart hat eine Theorie des Wertewandels aufgestellt, zu dessen Überprüfung wurde der Inglehart-Index konstruiert, der über eine Ranking-Skala unter anderem Postmaterialisten gegenüber von Materialisten unterscheidet. Es wird angenommen, dass Postmaterialisten überwiegend weltoffen und liberal geprägt sind, während Materialisten konservativer und mehr Nationalstolz aufweisen. Wir gehen davon aus, dass Alter und Wertewandel nicht unabhängig voneinander auf die Ausländerfeindlichkeit wirken, sondern mit dem Alter ein Reifungsprozess einhergeht. Beide Gruppen sollten mit zunehmendem Alter weniger ausländerfeindlich werden, aber nicht im gleichen Umfang. Die unabhängige Variable wirkt dementsprechend nicht additiv auf die abhängige Variable im Regressionsmodell ein.

☞ In unserem ersten Beispiel berechnen wir eine Regression mit einer kategorialen und einer metrischen Variablen als unabhängige Variablen, anhand des Allbus 2012: **allbus2012_inter.dta**.

Dieser Datensatz enthält die notwendigen Variablen, die für die Analysen aufbereitet wurden: Unter anderem wurden fehlende Werte ausgeschlossen und die abhängige Variable als additiver Index aus verschiedenen Fragen erstellt[43]. Zuerst berechnen wir ein Modell ohne Interaktionskoeffizient. Dazu verwenden wir als abhängige Variable den Index der Ausländerfeindlichkeit, das Alter (*v220*) und zwei Dummyvariablen, die für Postmaterialisten (*dPost*) und Materialisten (*dMat*) stehen, wobei die Referenzkategorie Mischtypen darstellen. Interaktionen mit einer oder mehr als zwei Dummyvariablen weisen dementsprechend weniger oder mehr Koeffizienten auf, wobei die Interpretation vergleichbar ist. Die Syntax für die Regression lautet:

```
. regress index v220 dPost dMat
```

Einfacher ist es mit der Faktor Variablen Notation (siehe Abschnitt 6.5.3) zu arbeiten, anstatt zwei Dummyvariablen einzubeziehen. Dazu verwenden wir die Variable *v100r* diese Variable repräsentiert den Inglehardt-Index. Die erste Ausprägung der Variable steht für Mischtypen, die zweite für Postmaterialisten und die dritte für Materialisten. Zur Kennzeichnung der kategorialen Variablen verwenden wir `i.` und den Variablennamen. Stata nimmt per Voreinstellung die erste Ausprägung als Referenzkategorie. Neben der Regression erzeugen wir einen Marginsplot (Conditional-Effects-Plot) zur grafischen Illustration:

```
. regress index v220 i.v100r

. margins v100r, at(v220=(18(2)86))

. marginsplot, noci
```

Source	SS	df	MS
Model	72.2053567	3	24.0684522
Residual	537.208211	312	1.72182119
Total	609.413568	315	1.93464625

Number of obs	=	316
F(3, 312)	=	13.98
Prob > F	=	0.0000
R-squared	=	0.1185
Adj R-squared	=	0.1100
Root MSE	=	1.3122

index	Coef.	Std. Err.	t	P>|t|	[95% Conf.	Interval]
v220	.0160868	.0041414	3.88	0.000	.0079381	.0242355
v100r						
Postmaterialistinnen	-.7399171	.1693217	-4.37	0.000	-1.073074	-.4067603
Materialisten	.2203274	.2288909	0.96	0.337	-.2300375	.6706923
_cons	2.624844	.2279025	11.52	0.000	2.176424	3.073264

[43] Im Do-File interaction.do finden Sie diese Berechnungen auf Basis des allbus2012_red.dta.

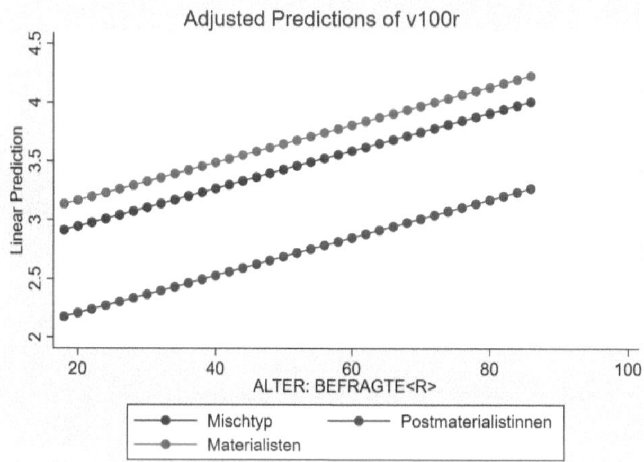

Anhand der Ausgabe und des Marginsplots zeigt sich, dass mit Zunahme des Alters die Ausländerfeindlichkeit bei allen Gruppen steigt – hohe Werte der Variable *index* stehen für eine hohe Ausländerfeindlichkeit, wobei der Wertebereich zwischen 1 und 7 liegt. Weiterhin sind Postmaterialisten signifikant weniger ausländerfeindlich als Mischtypen. Materialisten weisen zwar eine höhere Ausländerfeindlichkeit als Mischtypen auf, allerdings fällt das Ergebnis nicht signifikant aus[44].

Nun erstellen wir zum Vergleich das Regressionsmodell mit Interaktionseffekten[45]. Falls dieses Modell die Daten besser widerspiegelt, sollten sich die Regressionsgewichte unterscheiden. Für die Analyse mittels Interaktionseffekten bieten sich zwei Möglichkeiten an. Entweder berechnen wir das Produkt der unabhängigen Variablen oder wir verwenden die Faktor Variablen Notation. Im ersten Fall müssen wir zwei neue Variablen erstellen und diese in die Regression als Interaktionsterme einbeziehen:

```
. gen altMat=v220*dMat

. gen altpost=v220*dPost

. regress index v220 dPost dMat altPost altMat
```

Mit Faktor Variablen zu arbeiten ist einfacher. Wir kennzeichnen kontinuierliche Variablen mit `c.` und kategoriale mit `i.` Der Operator `##` kennzeichnet das Produkt der Variablen. Die Interaktionsterme und virtuellen Variablen werden dadurch in einem Schritt erzeugt.

---

[44] Wir verwenden einen stark reduzierten Datensatz, deshalb ist es eigentlich nicht möglich die Signifikanz zu nicht interpretieren. Die Ergebnisse können ebenso von dem ursprünglichen Datensatz abweichen.

[45] Im Prinzip können wir drei getrennte Modelle berechnen, das hat aber den Nachteil, dass diese nur schwer zu vergleichen sind und wir nicht prüfen können, ob die Unterschiede signifikant ausfallen.

Dieses Vorgehen hat den Vorteil, dass wir danach Post-Estimation Befehle, wie den Marginsplot, ausführen können. Das folgende Kommando ist somit identisch mit dem Obigen:

```
. regress index c.v220##i.(dPost dMat)
```

Wir vereinfachen dieses Kommando nochmals, indem wir statt der beiden Dummyvariablen die ursprüngliche Variable *v100r* angeben, die erste Kategorie wird dementsprechend als Referenzkategorie verwendet und erhält den Wert null:

```
. regress index c.v220##i.v100r
```

```
      Source |       SS           df       MS      Number of obs   =       316
-------------+----------------------------------   F(5, 310)       =      9.87
       Model |  83.6791552         5   16.735831   Prob > F        =    0.0000
    Residual |  525.734413       310  1.69591746   R-squared       =    0.1373
-------------+----------------------------------   Adj R-squared   =    0.1234
       Total |  609.413568       315  1.93464625   Root MSE        =    1.3023

------------------------------------------------------------------------------------
               index |      Coef.   Std. Err.      t    P>|t|     [95% Conf. Interval]
---------------------+--------------------------------------------------------------
                v220 |   .0232859   .0054265     4.29   0.000     .0126085    .0339633
                     |
               v100r |
Postmaterialistinnen |  -.3533063   .5105699    -0.69   0.489    -1.357927    .6513145
        Materialisten |   1.695683   .6114643     2.77   0.006     .4925375    2.898828
                     |
         v100r#c.v220 |
Postmaterialistinnen |  -.0077755   .0100278    -0.78   0.439    -.0275067    .0119557
        Materialisten |  -.0283558   .0109066    -2.60   0.010     -.049816   -.0068956
                     |
               _cons |   2.265506   .2871137     7.89   0.000     1.700568    2.830444
------------------------------------------------------------------------------------
```

Der Determinationskoeffizient erklärt 13,73 % der Varianz, was einer Erhöhung von 1,88 % gegenüber dem ersten Modell entspricht. Bevor wir die Ergebnisse interpretieren, schauen wir uns das Ganze grafische an. Wir erzeugen einen Marginsplot nach Berechnung der Regression getrennt für die drei Ausprägungen des Inglehardt-Indexes. Diese Grafik wird auch Conditional-Effects-Plot genannt. Bei dieser Darstellung werden die vorhergesagten Y-Werte und die X-Variable für alle Kombinationen der Moderatorvariable im Koordinatensystem abgetragen. In unserem Beispiel wird die geschätzte Ausländerfeindlichkeit für bestimmte Ausprägungen des Alters mit dem Befehl `margins` berechnet, wir legen 18 bis 86 Jahre in zwei Jahres Schritten fest. Die Ausgabe erfolgt anhand der Ausprägungen der (Moderator)Variable *v100r*, die Materialisten, Postmaterialisten und Materialisten berücksichtigt. Nachfolgend wird die Grafik mit `marginsplot` erzeugt.

```
. margins v100r, at(v220=(18(2)86))

. marginsplot, noci
```

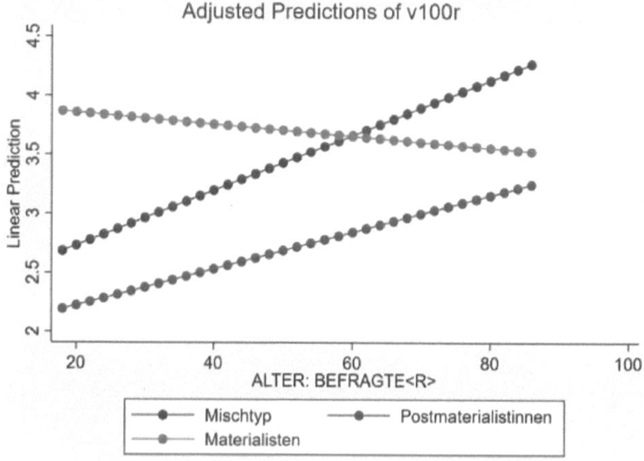

Wie angenommen, sind die Schätzwerte bei Materialisten höher als bei Mischtypen und Postmaterialisten weisen die geringste Ausländerfeindlichkeit auf. Je älter die Befragten werden, desto mehr näheren sich die drei Gruppen einander an. Der Unterschied zwischen den Materialisten und dem Mischtyp nimmt ab, im Alter von über 60 Jahren sind Mischtypen sogar ausländerfeindlicher als Materialisten. Der Unterschied zwischen den Postmaterialisten und Mischtyp nimmt mit dem Alter zu. Die exakten Unterschiede zwischen den Gruppen und die Information, ob die Effekte signifikant sind, beurteilen wir anhand der Regressionsausgabe. Bevor wir dazu übergehen, müssen wir uns aber mit den theoretischen Grundlagen der Interaktionseffekte auseinandersetzten. Werden notwendige Interaktionsterme nicht in das Regressionsmodell einbezogen, führt das zur Verletzung der Homoskedastizitätsannahme der Residuen. Sind in einer Regression Interaktionsterme vorhanden, so ist das andererseits nicht unproblematisch für die Interpretation der Koeffizienten. Die Regressionskoeffizienten von Variablen, zwischen denen eine Interaktion vorliegt, heißen in diesem Fall nicht partielle Regressionskoeffizienten, sondern **konditionale Regressionskoeffizienten** (bedingte Regressionskoeffizienten bzw. bedingte Haupteffekte). Die Koeffizienten sind unter einer Bedingung (Kondition) gültig: Nur für diejenigen, die bei der jeweils anderen Variablen den Wert 0 aufweisen. Kann eine der Variablen des Interaktionsterms nicht, den Wert 0 annehmen, dann sind die konditionalen Regressionskoeffizienten nicht sinnvoll interpretierbar. Aus diesem Grund **zentrieren** wir metrische unabhängige Variablen, wenn die Ausprägungen keinen Nullpunkt enthalten, bevor wir die Regression mit dem Interaktionsterm berechnen. Wir zentrieren das Alter am Mittelwert[46],

[46] Wir müssen nicht unbedingt um den Mittewert zentrieren, beispielsweise wäre es auch möglich 18 Jahre etc. als Nullpunkt zu wählen. 18 Jahre sind im Allbus das Mindestalter.

dazu lassen wir uns zuerst das arithmetische Mittel ohne fehlende Werte ausgeben. Anschließend wird die zentrierte Altersvariable erstellt, indem wir das arithmetische Mittel von jeder Ausprägung abziehen. Der Wert 0 stellt jetzt das durchschnittliche Alter dar, das sind 49 Jahre alte Befragte. Anschließend berechnen wir das Regressionsmodell mit den zentrierten Variablen:

```
. sum v220 if !missing(index, v100r, v220)

. gen c_v220=v220-r(mean)

. regress index c.c_v220##i.v100r
```

Source	SS	df	MS			
				Number of obs	=	316
				F(5, 310)	=	9.87
Model	83.679155	5	16.735831	Prob > F	=	0.0000
Residual	525.734413	310	1.69591746	R-squared	=	0.1373
				Adj R-squared	=	0.1234
Total	609.413568	315	1.93464625	Root MSE	=	1.3023

index	Coef.	Std. Err.	t	P>|t|	[95% Conf.	Interval]
❶ c_v220	.0232859	.0054265	4.29	0.000	.0126085	.0339633
v100r						
Ⓐ ❷ Postmaterialistinnen	-.7385131	.168763	-4.38	0.000	-1.070579	-.4064472
❸ Materialisten	.2909038	.2288946	1.27	0.205	-.1594797	.7412874
v100r#c.c_v220						
Ⓑ ❷ Postmaterialistinnen	-.0077755	.0100278	-0.78	0.439	-.0275067	.0119557
❸ Materialisten	-.0283558	.0109066	-2.60	0.010	-.049816	-.0068956
❹ _cons	3.419115	.0952532	35.89	0.000	3.23169	3.60654

Abbildung 6.11: Regression mit Interaktionsterm

Zuerst interpretieren wir die Ergebnisse anhand der Koeffizienten des Outputs. Die hier beschriebenen Effekte lassen sich auch anhand der weiter unten aufgeführten Regressionsgleichungen nachvollziehen. Die konditionalen Effekte gelten bei Interaktionseffekten nur für diejenigen, die in der jeweils anderen Variablen den Wert 0 aufweisen. Nun starten wir mit dem am einfachsten zu beschreibenden Koeffizienten:

❹ Regressionskonstante α: Die Regressionskonstante gibt den durchschnittlichen Wert an, wenn alle anderen unabhängigen Variablen den Wert 0 aufweisen. In unserem Beispiel sind das Mischtypen durchschnittlichen Alters. Ihre geschätzte durchschnittliche Ausländerfeindlichkeit beträgt **3,419115**.

Ⓐ Effekt der konditionalen Regressionskoeffizienten (Haupteffekte): Effekt des Wertewandels (Dummyvariablen): Die Koeffizienten werden im Hinblick auf die Referenzkategorie (Mischtypen) betrachtet, in unserem Beispiel β_2 und β_3[47], diese geben den Unterschied der jeweiligen Gruppe des Inglehart Indexes zur Regressionskonstante an (siehe Grafik und Berechnungen unten). Dabei ist zu beachten, dass sie sich auf diejenigen beziehen, deren Alter 0 beträgt, die Personen im durchschnittlichen Alter, hier etwa 49 Jahre.

❷ Postmaterialistinnen im durchschnittlichen Alters Alter weisen gegenüber Mischtypen eine um (-) **0,7385131** geringere Ausländerfeindlichkeit auf.

❸ Materialisten durchschnittlichen Alters sind im Verhältnis zu Mischtypen um (+) **0,2909038** ausländerfeindlicher, das Ergebnis ist nicht signifikant[48]. Mit dem Stata Taschenrechner lassen wir uns die Werte dieser Koeffizienten mit den nachfolgenden Kommandos ausgeben, dabei ist die Codierung der Werte zu berücksichtigt:

```
. display _b[2.v100r]

. display _b[3.v100r]
```

Ⓑ Interaktionseffekt (β_4 und β_5): Zur Interpretation des Alterseffekts der unterschiedlichen Gruppen (Dummyvariablen) betrachten wir die Vorzeichen der Koeffizienten β_2 im Verhältnis zu β_4 und β_3 im Verhältnis zu β_5. Bei identischen Vorzeichen verstärkt sich der Gruppen-Effekt, bei unterschiedlichen Vorzeichen schwächt sich der Effekt ab. Die Werte der Interaktions-Koeffizienten spiegeln zudem den Unterschied zum Regressionsgewicht β_1 wider. Für die Berechnung des Regressionsgewichts der jeweiligen Gruppe wird der Haupteffekt des Alters und der jeweiligen Interaktionseffekte addiert. Somit interpretieren wir anhand der Interaktionsterme wie folgt.

❷ (-, -) Ein Anstieg des Alters der Postmaterialisten um ein Jahr, führt zu einem Anstieg des Gruppenunterschieds gegenüber Mischtypen um (+) 0,0077755, allerdings nicht signifikant. Der Unterschied der Regressionsgewichte beträgt -0,0077755, für die Postmaterialistinnen berechnet sich das Regressionsgewicht aus ß_1+ ß_4 = 0,0232859 - 0,0077755 = 0,01551038.

---

[47] Siehe Interpretation Dummyvariablen: Abschnitt 6.5.3.

[48] Interaktionseffekte werden oft nicht signifikant, außer es ist ein deutlicher Effekt vorhanden. Deshalb setzten wir verwenden wir bei Interaktionseffekten oftmals eine Irrtumswahrscheinlichkeit von 10 %.

❸ (+, -) Sind die Materialisten ein Jahr älter, nimmt der Gruppenunterschied zu den Mischtypen um (-) **0,0283558** ab. Der Unterschied der Regressionsgewichte beträgt 0,0232859. Das Regressionsgewicht der Materialisten wird berechnet anhand von $\beta_1 + \beta_5$ = 0,0232859 - 0,0283558 = -0,0050699.

Das bedeutet, dass sich die Unterschiede in Bezug auf die Ausländerfeindlichkeit zwischen Materialisten und Mischtypen bei Personen, die 10 Jahren über dem Durchschnittsalter sind angeglichen haben und ältere Mischtypen höhere Werte bei der Ausländerfeindlichkeit aufweisen als die Materialisten (siehe Grafik, unten). Mit Stata lassen sich die Schätzwerte der Ausländerfeindlichkeit, für Mischtypen und Materialisten die 10 Jahre älter als der Durchschnitt sind wie folgt berechnen:

```
. display _b[_cons] + _b[c_v220]*10 + _b[1.v100r] +
  _b[1.v100r#c.c_v220]*10

. display _b[_cons] + _b[c_v220]*10 + _b[3.v100r] +
  _b[3.v100r#c.c_v220]*10
```

❶ Alterseffekt (Haupteffekt): Der konditionale Effekt des Alters (β_1) bezieht sich nur auf diejenigen, die bei den Interaktionsvariablen den Wert 0 aufweisen, d.h. die Referenzkategorie: Das Regressionsgewicht des zentrierten Alters bezieht sich auf Mischtypen durchschnittlichen Alters. Der Anstieg des Alters um ein Jahr bewirkt eine um **0,0232859** höhere Ausländerfeindlichkeit (siehe unten: Regressionsgewicht der Mischtypen):

```
. display _b[c_v220]*1 + _b[1.v100r#c.c_v220]
```

Weitere Interpretationen zeigen wir nachfolgend anhand der Regressionsgleichungen und separat für die drei Ausprägungen des Inglehardt-Indexes. Es empfiehlt sich die Gleichungen mit den obenstehenden Erläuterungen des Regressionsoutputs und den nachfolgenden Grafiken zu vergleichen:

Ausländerfeindlichkeit $= \boldsymbol{\alpha} + \boldsymbol{\beta_1} \cdot x_1 + \boldsymbol{\beta_2} \cdot x_2 + \boldsymbol{\beta_3} \cdot x_3 + \boldsymbol{\beta_4} \cdot (x_1 \cdot x_2) + \boldsymbol{\beta_5} \cdot (x_1 \cdot x_3 \cdot) =$

$\boldsymbol{\alpha} + \boldsymbol{\beta_1}$ ·Alter + $\boldsymbol{\beta_2}$·Postmaterialisten+ $\boldsymbol{\beta_3}$·Materialisten+ $\boldsymbol{\beta_4}$ · (Alter · Postmaterialisten) + $\boldsymbol{\beta_5}$ · (Alter · Materialisten)

3,419115 + 0,0232859 ·Alter -0,7385131 ·Postmaterialisten+ 0,2909038 ·Materialisten+ -0,0077755· (Alter · Postmaterialisten) -0,0283558 · (Alter · Materialisten)

Ausländerfeindlichkeit (Mischtypen) = $\boldsymbol{\alpha}+\ \boldsymbol{\beta_1}\cdot$Alter + $\boldsymbol{\beta_2}\cdot 0+\ \boldsymbol{\beta_3}\cdot 0+\ \boldsymbol{\beta_4}\ \cdot$ (Alter **0**) + $\boldsymbol{\beta_5}\ \cdot$ (Alter **0**) =

$\boldsymbol{\alpha}+\ \boldsymbol{\beta_1}\cdot$Alter =

3,419115 + 0,02328588 ·Alter

Ausländerfeindlichkeit (Postmaterialisten) = $\boldsymbol{\alpha}+\ \boldsymbol{\beta_1}\cdot$Alter + $\boldsymbol{\beta_2}\cdot 1+\ \boldsymbol{\beta_3}\cdot 0+\ \boldsymbol{\beta_4}\ \cdot$ (Alter **1**) + $\boldsymbol{\beta_5}\ \cdot$ (Alter **0**) =

$\boldsymbol{\alpha}+(\boldsymbol{\beta_1}+\ \boldsymbol{\beta_4})\cdot$Alter $+\boldsymbol{\beta_2}\cdot = (\boldsymbol{\alpha}+\boldsymbol{\beta_2})+(\boldsymbol{\beta_1}+\ \boldsymbol{\beta_4})\cdot$Alter =

(3,419115 -0,7385131) + (0,0232859 -0,0077755) ·Alter =

2,6806019 + 0,01551038 ·Alter

Ausländerfeindlichkeit (Materialisten) = $\boldsymbol{\alpha}+\ \boldsymbol{\beta_1}\cdot$Alter + $\boldsymbol{\beta_2}\cdot 0+\ \boldsymbol{\beta_3}\cdot 1+\ \boldsymbol{\beta_4}\ \cdot$ (Alter **0**) + $\boldsymbol{\beta_5}\ \cdot$ (Alter **1**) =

$\boldsymbol{\alpha}+(\boldsymbol{\beta_1}+\ \boldsymbol{\beta_5})\cdot$Alter $+\boldsymbol{\beta_3}\cdot=(\boldsymbol{\alpha}+\boldsymbol{\beta_3})+(\boldsymbol{\beta_1}+\ \boldsymbol{\beta_5})\cdot$Alter =

(3,419115 + 0,2909038) + (0,0232859-0,0283558) ·Alter =

3, 7100188 -0,0050699 ·Alter

Statt die Schätzwerte der Ausländerfeindlichkeit beim durchschnittlichen Alter, für die drei Gruppen von Hand zu berechnen, arbeiten wir mit den gespeicherten internen Stata Resultaten. Dadurch ergeben sich geringe Rundungsfehler. Durch die Faktor Variablen Notation sind die Ausprägungen des Inglehart Indexes (1, 2, 3) anzugeben:

```
. display _b[_cons] + _b[c_v220]*0 + _b[1.v100r]*0 +
  _b[1.v100r#c.c_v220]*0

. display _b[_cons] + _b[c_v220]*0 + _b[2.v100r] +
  _b[2.v100r#c.c_v220]*0

. display _b[_cons] + _b[c_v220]*0 + _b[3.v100r] +
  _b[3.v100r#c.c_v220]*0
```

Die geschätzte Ausländerfeindlichkeit bei durchschnittlichem Alter[49] entspricht den Werten der Regressionskonstanten der jeweiligen Gruppe (siehe Grafik). Bei den Mischtypen entsprechen sie der Regressionskonstante. Bei den beiden Dummyvariablen berechnen sie

[49] Wir verzichten im folgendem auf Hinweis, dass wir durch die Zentrierung das durchschnittliche Alter betrachten.

sich aus der Summe aus Regressionskonstante α und dem jeweiligen Wert des konditionalen Effekts β_2 bzw. β_3 (siehe Gleichung):

Mischtypen: **3,419115**

Postmaterialistinnen: 2,6806019

Materialisten: 3, 7100188

Geschätzter Alterseffekt: Diese Schätzwerte stimmen mit den Regressionsgewichten der jeweiligen Gruppe überein (siehe Grafik). Bei den Mischtypen stimmen sie mit β_1 überein. Für die beiden Dummyvariablen wird die Summe des Regressionsgewichte β_1 und dem jeweiligen Wert des Interaktionseffekts β_4 bzw. β_5 berechnet (siehe Gleichung):

Mischtypen: 0,02328588

Postmaterialistinnen: 0,01551038

Materialisten: -0,00506993

Mit dem Kommando berechnen sich der Wert als:

```
. display _b[c_v220]*1 + _b[1.v100r#c.c_v220]
. display _b[c_v220]*1 + _b[2.v100r#c.c_v220]
. display _b[c_v220]*1 + _b[3.v100r#c.c_v220]
```

Anhand eines Conditional-Effects-Plots (Marginsplot) lassen sich die genannten Ergebnisse grafisch nachvollziehen. In vielen Fällen ist die Interpretation somit einfacher als anhand des Regressionsoutputs. Wir schreiben folgenden Befehl, wobei wir beim mittelwertzentrierten Alter beim Wert 0 beginnen, damit die Darstellung unsere Berechnung widerspiegelt:

```
. regress index c.c_v220##i.v100r
. margins v100r, at(c_v220=(0(2)37))
. marginsplot, noci
```

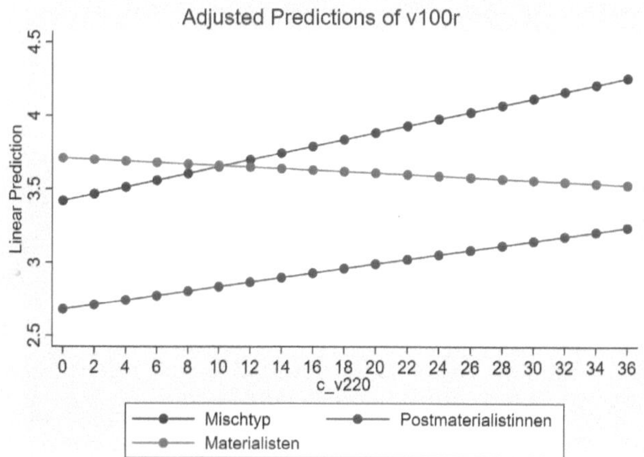

Die nachfolgende Grafik[50]stellt die verschiedenen Koeffizienten übersichtlich dar.

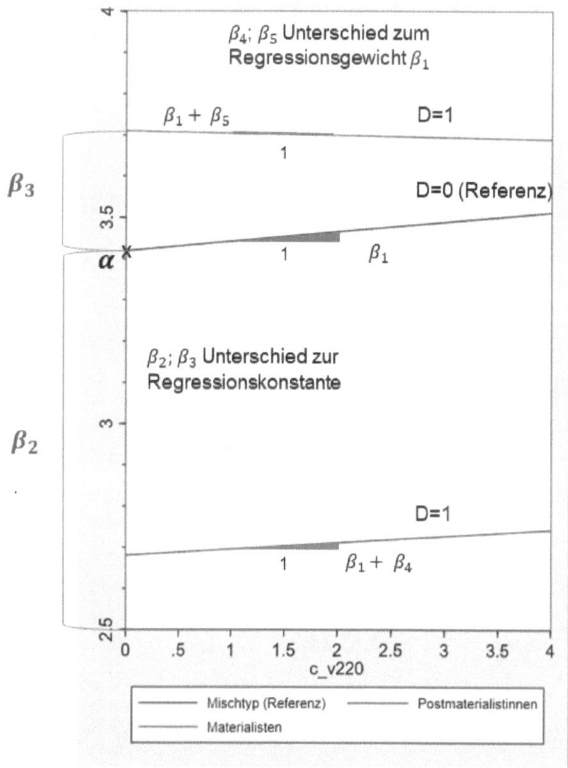

Abbildung 6.12: Grafische Darstellung der Regressionsanalyse mit Interaktionsterm (sactterplots.do)

---

[50] Die Grafik wurde mit dem weitern Optionen und Zeichenelementen leicht modifiziert (siehe Kapitel 9).

Interaktionseffekte zwischen metrischen Variablen

Jetzt betrachten wir ein Beispiel für zwei metrische unabhängigen Variablen mit dem zuvor verwendeten Datensatz (**allbus2012_inter.dta**). Wir gehen davon aus, dass das Alter und die politische Einstellung einen Einfluss auf die Ausländerfeindlichkeit ausüben und der Alterseffekt je nach politischer Einstellung variiert. Zugrunde liegt der Annahme die Reifungshypothese, nach der Personen, die sich am Ende des linken und rechten Spektrums verorten, sich mit zunehmendem Alter in ihrer Einstellung annähern. Zur Messung der politischen Einstellung verwenden wir die Links-Rechts-Selbsteinstufung (als metrische Variable *v101*). 1 steht für extrem links und 10 für extrem rechts. Vor der Berechnung zentrieren wir die Altersvariable (*v220*) um erneut um den Mittelwert und die Links-Rechts-Selbsteinstufung an ihrem Minimum, dem Wert 1. Somit steht der Wert 0 für extrem links und 9 für extrem rechts. Die Zentrierung erlaubt es den Wert 0 sinnvoll zu interpretieren[51]. Anschließend berechnen wir die Regression mit und ohne Interaktionseffekt. Die Regression mit Interaktionseffekt interpretieren wir anschließend.

```
. sum v220 if !missing(index, v101, v220)
. gen cv220=v220-r(mean)
. gen cv101=v101-1 if !missing(index, v101, v220)
. regress index cv220 cv101
. regress index c.cv220##c.cv101
```

Source	SS	df	MS			
				Number of obs	=	304
				F(3, 300)	=	16.11
Model	79.9914539	3	26.663818	Prob > F	=	0.0000
Residual	496.411301	300	1.65470434	R-squared	=	0.1388
				Adj R-squared	=	0.1302
Total	576.402755	303	1.90231932	Root MSE	=	1.2864

	index	Coef.	Std. Err.	t	P>|t|	[95% Conf.	Interval]
Ⓐ	❶ cv220	.0454652	.0109355	4.16	0.000	.0239452	.0669851
	❷ cv101	.2302346	.0452516	5.09	0.000	.1411839	.3192854
Ⓑ	c.cv220#c.cv101	-.006156	.002323	-2.65	0.008	-.0107275	-.0015844
	❸ _cons	2.248488	.2012311	11.17	0.000	1.852484	2.644491

[51] Eine Mittelwertzentrierung der Links-Rechts-Selbsteinstufung ist nicht sinnvoll, da der Wert 0 dann die Befragten in der politischen Mitte repräsentiert.

Wir erhalten folgende Koeffizienten:

α = 2,248488***; β_1 = 0,0454652***; β_2 =0,2302346*** ; β_3 = -0,006156** mit * = p < 0,05; ** p < 0,01 und *** p < 0,001.

Den Regressionsoutput interpretieren wir wie folgt, wobei alle Koeffizienten signifikant sind:

❸ Regressionskonstante α: Der Wert der Regressionskonstante steht für Befragte, die bei allen unabhängigen Variablen den Wert 0 aufweisen. In dieser Analyse sind das Personen im durchschnittlichen Alter, die sich extrem links orientieren, für sie beträgt die durchschnittliche geschätzte Ausländerfeindlichkeit **2,248488** (siehe Grafik) Mit dem Taschenrechner setzten wir die Werte in die Gleichung ein:

```
. display _b[_cons] + _b[cv220]*0 + _b[cv101]*0 +
  _b[c.cv220#c.cv101]*0
```

Ⓐ Effekte der konditionalen Regressionskoeffizienten (Haupteffekte): Die Interpretation der konditionalen metrischen Variablen erfolgt wie im vorhergehenden Beispiel und bezieht sich auf Befragte, die bei den jeweils anderen Variablen den Wert 0 aufweisen. Der Wert 0 steht beim zentrierten Alter für das durchschnittliche Alter und bei der Variable Links-Rechts-Selbsteinstufung für links. Die Regressionsgewichte β_1 und β_2 interpretieren wir nun wie folgt:

❶ Alterseffekt: Der Alterseffekt (β_1) für extrem links eingestellte beträgt 0,0454652. Steigt das durchschnittliche Alter der links orientierten um ein Jahr an, so sind die Personen **0,0454652** Punkte ausländerfeindlicher (siehe Grafik und Gleichung unten: Regressionsgewicht extrem Links orientierte).

❷ Effekt der politischen Einstellung: Der Effekt der politischen Bildung (β_2) für Befragte durchschnittlichen Alters beträgt 0,2302346. Befragte durchschnittlichen Alters, die sich um einen Punktwert auf der Links-Rechts-Selbsteinstufung höher einstufen, sind durchschnittlich um **0,2302346** ausländerfeindlicher. Dieser Kennwert gibt den Unterschied zur Regressionskonstante (extrem links orientierte) bei unterschiedlicher politischer Einstellung an. Weil metrische Variablen viele Ausprägungen aufweisen ist die Interpretation in der Regel schwierig und deshalb können wir beliebige Werte des Wertebereichs einsetzten, zum Beispiel für extrem rechts eingestellte: $0{,}2302346 \cdot 9$ Dadurch lässt sich die Regressionskonstante für extrem rechts eingestellte berechnen: $2{,}248488 + 0{,}2302346 \cdot 9 = 4.3205994$.

Ⓑ Interaktionseffekt: Alterseffekt bei unterschiedlichen Ausprägungen der Variable politische Einstellung: Entspricht den Unterschieden zum Regressionsgewicht β_1 bei unterschiedlicher politischer Einstellung (siehe Grafik). Zur Interpretation ist es notwendig sich die Vorzeichen des Moderators (hier politische Einstellung) und des Interaktionseffekts anzuschauen, das heißt β_2 im Verhältnis zu β_3. Bei identischen Vorzeichen verstärkt sich der Effekt, bei unterschiedlichen Vorzeichen schwächt sich der Effekt ab. Der Interaktionseffekt (β_3) hat ein anderes Vorzeichen als das Regressionsgewicht β_2. In unserem Beispiel bedeutet das, dass sich der Effekt auf die abhängige Variable abschwächt. Je älter die Befragten sind, desto weniger wirkt sich eine Einstellung, die weiter rechts liegt, auf die Ausländerfeindlichkeit aus. Mit jedem Jahr und pro Punktewert auf der Skala der politischen Einstellung sinkt die Ausländerfeindlichkeit um **-0,006156**. Das Ganze kann auch umgekehrt formuliert werden. Je weiter rechts sich Befragte einstufen, desto geringer wirkt sich ein Anstieg des Alters auf die Ausländerfeindlichkeit aus. Beispielsweise ist der Unterschied zwischen dem Regressionsgewicht extrem links im Verhältnis zu extrem rechts eingestellten: -0,006156 ·9 = -0,055404. Das Regressionsgewicht der extrem rechts eingestellten lautet dementsprechend: 0,0454652 - 0,055404 = -0,0099388.

Eine detaillierte Interpretation zeigen wir anhand der Regressionsgleichung und separat für zwei Ausprägungen der Skala der politischen Einstellung, den Links- und Rechtsextremen:

Ausländerfeindlichkeit = $\boldsymbol{\alpha} + \boldsymbol{\beta_1} \cdot x_1 + \boldsymbol{\beta_2} \cdot x_2 - \boldsymbol{\beta_3} \cdot (x_1 \cdot x_2)$ =

$\boldsymbol{\alpha} + \boldsymbol{\beta_1}$·Alter + $\boldsymbol{\beta_2}$· Politische Orientierung - $\boldsymbol{\beta_3}$·(Alter ·Politische Orientierung) =

2,248488+ 0,0454652·Alter + 0,2302346· Politische Orientierung -0,006156 ·(Alter · Politische Orientierung)

Ausländerfeindlichkeit (Linksextreme)= 2,248488+ 0,0454652 ·Alter + 0,2302346 ·0 - 0,006156 ·(Alter· 0) =

2,248488+ 0,0454652· Alter

Ausländerfeindlichkeit (Rechtsextreme)= 2,248488+ 0,0454652 ·Alter + 0,2302346·9 - 0,006156 ·(Alter · 9) =

4.32059992 + 0,0454652 ·Alter -0,006156 ·(Alter · 9) =

4.32059992 -0,0099388· Alter

Die Berechnungen sind mit dem Stata Taschenrechner einfacher, wobei sich geringe Rundungsfehler ergeben:

Geschätzte Ausländerfeindlichkeit bei durchschnittlichem Alter (Regressionskonstante):

```
. display _b[_cons] + _b[cv220]*0 + _b[cv101]*0 +
_b[c.cv220#c.cv101]*0
```

```
. display _b[_cons] + _b[cv220]*0 + _b[cv101]*9 +
_b[c.cv220#c.cv101]*0
```

Linksextreme: **2,2484876**

Rechtsextreme: 4.3205992

Geschätzter Alterseffekt pro Jahr (Regressionsgewicht):

```
. display _b[cv220]*1 + _b[cv101]*0 + _b[c.cv220#c.cv101]*0
```

```
. display _b[cv220]*1 +  _b[c.cv220#c.cv101]*9
```

Linksextreme: **0,04546517**

Rechtsextreme: - 0,00993846

Geschätzter Effekt der politischen Einstellung pro Skalenpunkt (Unterschied Regressionskonstante):

Pro Skalenpunkt: **0,23023462**

```
. display _b[cv101]*1
```

Für Rechtsextreme: 2.0721116

```
. display _b[cv101]*9
```

Die Interpretation anhand der Koeffizienten ist nicht unkompliziert, wie anhand der oben gezeigten Schritte deutlich wird. Leichter wird sie mit dem **Conditional-Effects-Plot** (Marginsplot). Wir verwenden hierbei die zentrierten Werte, um die Berechnungen anschaulich darzustellen. Das zentrierte Alter beginnt bei null, das entspricht dem durchschnittlichen Alter (49 Jahre). Damit wir nur die links- und rechtsextremen Gruppen wiedergeben, wählen wir die entsprechenden Variablenwerte 0 und 9 aus. Mit der Option `quietly` werden die Schätzwerte unterdrückt. Die `quietly`-Option kann vor jedem Kommando stehen, dann wird die Ausgabe unterdrückt. Den Marginsplot modifizieren wir mit einigen Optionen (siehe Kapitel 9):

```
. quietly margins, at(cv220=(0(1)37) cv101=(0,9))
. marginsplot,noci plotregion (margin(zero))
  plot1opts(msymbol(o)) plot2opts(msymbol(o)) xmtick(1(1)40)
  ymtick(2.5(0.1)4.5)
```

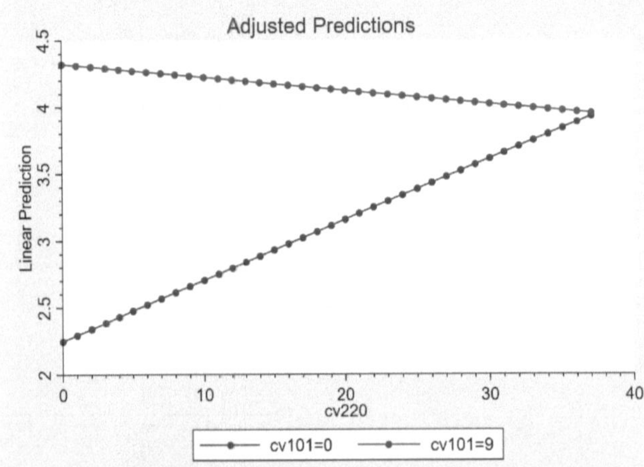

Anhand der Berechnung wird sichtbar, dass Linksextreme im durchschnittlichen Alter weniger ausländerfeindlich sind als Rechtsextreme, der Unterschied nimmt mit zunehmendem Alter ab. Während Rechtsextreme durchschnittlichen Alters über zwei Skalenpunkte ausländerfeindlicher als Linksextreme sind, reduziert sich bei ihnen mit höherem Alter die Ausländerfeindlichkeit.

Für verschiedene Werte der politischen Einstellung ist es auch möglich einen Marginsplot zu erstellen. Wir haben für die politische Einstellung alle möglichen Werte (0 bis 9) einbezogen:

```
. quietly margins, at(cv220=(0(1)37) cv101=(0(1)9))
. marginsplot, noci legend(rows(3))
```

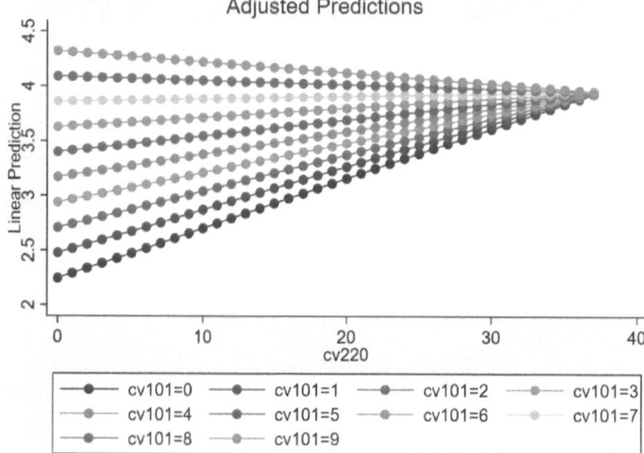

Bitte beachten: Wenn wir mit Interaktionseffekten arbeiten, sollten wir folgenden Punkte Beachtung schenken. Diese wurden teilweise an verschiedenen Stellen aufgeführt:

- Die Regressionsgewichte werden bei Interaktionen bedingte oder konditionale Regressionskoeffizienten genannt. Sie beziehen sich auf Personen, die in der jeweils anderen Variablen den Wert 0 aufweisen.
- Aus diesem Grund ist der konditionale Effekt nicht interpretierbar, falls der Wert 0 einer Variablen nicht in der Stichprobe vorhanden ist. Metrischen Variablen, die keinen natürlichen Nullpunkt aufweisen, sollten zentriert und kategoriale Variablen als Dummyvariablen einbezogen werden.
- Standardisierte Regressionskoeffizienten werden zwar wie üblich von Stata im Regressionsoutput angezeigt, sie dürfen bei Interaktionen aber nicht wie üblich interpretiert werden. Für weiter Information verweisen wir auf Aiken und West (1991, 40ff.).
- Es empfiehlt sich nicht nur die Interaktionseffekte, sondern alle Koeffizienten zu interpretieren.
- Die Berechnungen von vorhergesagten Werten und deren grafische Darstellung (Marginsplot) inklusive Konfidenzintervallen und Standardfehler zur Interpretation ist empfehlenswert.
- Falls Multikollinearität bei Interaktionsmodellen auftritt, ignorieren wir diese in der Regel.

Diesem Kapitel liegt folgende Literatur zugrunde: Bauer (2010), Diaz-Bone (2013, 211ff.), Hamilton (2013, 188ff.), Langer (2003a, 2003b), Urban und Mayerl (2018, 210ff., 312ff., 326ff.). Weitere Literatur zu Interaktionseffekten finden sich bei Aiken und West (1991), Berry et al. (2012), Brambor et al. (2005), Cohen et al. (2003, 255ff.), Fox (2016, 140ff.), Jaccard und Turisi (2003), Kam und Franzese (2007), Lohmann (2010), Royston (2013) und Williams (2019, 2015, 2012).

6.5.6 Ausgabe-Tabellen erzeugen

Die Outputs von Regressionsanalysen oder anderen Stata Tabellen eignen sich üblicherweise nicht für Publikationen. Zwar ist es möglich einzelne Werte oder Tabellen zu kopieren etc. aber das ist aufwendig. Stata bietet für Regressionsanalysen verschiedene Möglichkeit an, die Kennwerte in Form von Tabellen darzustellen beispielsweise mit dem Befehl `estout` (siehe `help estout`). Allerdings geben diese Befehle Elemente, wie den Standardfehler und das empirische Signifikanzniveau nicht gleichzeitig aus. Falls Sie Information zu dieser Art der Darstellung benötigen, empfehlen wir Kohler und Kreuter (2017, 324ff.)

Eine einfachere Art sich geeignete Tabellen ausgeben zu lassen, bietet das Programm `esttab` von Jan Benn, `outreg` von John Luke Gallup oder `outreg2` von Roy Wada. **Outreg2** stellen wir an dieser Stelle vor. Zum Installieren schreiben wir folgendes Kommando:

```
. ssc install outreg2, replace
```

☞ Wir greifen nun auf die Regressionsanalysen aus Abschnitt 6.5.4 mit dem **ESS8DE.dta** zurück. Bevor wir eine erste Tabelle erzeugen, müssen wir eine Berechnung durchführen und diese anschließend mit dem `outreg2`-Befehl an ein Dokument senden.

Eine Tabelle in Word erzeugen wir mit der Option `word` und eine Exceltabelle mit `excel`, auch die Kombination von beidem ist möglich. Zuerst folgt der Befehl `outreg2,` dann wird mit `using` ein Name für das zu erzeugende Dokument gewählt. Die Art der Ausgabedatei steht nach einem Komma. Zuvor erstellte Ausgaben werden mit dem `replace`-Befehl überschrieben. Falls wir diesen Befehl nicht verwenden, fügt das Programm alle zuvor erstellten Ausgaben in das Dokument ein. Zur Veranschaulichung des Befehls lassen wir uns und den Output einer Regressionsanalyse ausgeben und danach erzeugen wir eine Worddatei und eine Exceltabelle:

```
. regress stflife agea age2 logh

. outreg2 using regression, word excel replace
```

Durch Anklicken der blau markierten Dateinamen im Ergebnis Fenster öffnen wir die Dokumente. Alternativ öffnet sich durch den Befehl `shellout` das Dokument, der Dateinamen- und das Format sind anzugeben. Wir lassen uns zuerst die Excel-Tabelle und anschließend die Word-Tabelle anzeigen:

```
. shellout regression.xml

. shellout regression.rtf
```

Als nächstes erstellen wir eine Tabelle mit mehreren Regressionsmodellen. Damit die Modelle identische Fallzahlen aufweisen, schließen wir alle Befragten mit fehlenden Werten bei mindestens einer Variablen aus. Die **Fallzahlangleichung** kann auf verschiedene Art erfolgen. Mit dem `if`-Befehl und der `missing`-Funktion haben wir bereits bei einigen Kommandos gearbeitet, indem wir `if !missing()` nach dem ursprünglichen Kommando eingefügt haben. Eine andere Möglichkeit bietet die Fallzahlangleichung mit der `egen`-Funktion und und `rowmiss`. Für jede Beobachtung wird die Anzahl der fehlenden Werte in den angegebenen Variablen berechnet.

```
. egen mis=rowmiss(stflife agea age2 logh health)

. ta mis
```

2,544 Befragte weisen keine fehlenden Werte bei allen Variablen auf. Mit diesen Fällen berechnen wir alle Analysen, um mit identischen Fällen in den Modellen zu arbeiten.

Zuerst berechnen wir das erste Modell und die Ausgabe im Wordformat, mit der `ctitle`-Option wird die Überschrift „Modell 1" erstellt. In der Voreinstellung gibt das Programm den Determinationskoeffizienten aus, wir ersetzen ihn gegen den korrigierten Determinationskoeffizienten mit der Option `adjr2`:

```
. regress stflife agea age2 logh if mis==0

. outreg2 using reg.doc, replace ctitle(Model 1) adjr2
```

Anschließend wird die zweite Regressionsanalyse berechnet und im Dokument mit der Option `append` **zur Tabelle hinzugefügt:**

```
. regress stflife agea age2 logh health if mis==0

. outreg2 using reg.doc, append ctitle(Model 2) adjr2

. shellout reg.doc
```

	(1)	(2)
VARIABLES	Model 1	Model 2
agea	-0.0828***	-0.0679***
	(0.0110)	(0.0106)
age2	0.000843***	0.000772***
	(0.000111)	(0.000107)
logh	0.994***	0.823***
	(0.0581)	(0.0567)
health		-0.645***
		(0.0420)
Constant	7.668***	8.922***
	(0.258)	(0.260)
Observations	2,544	2,544
Adjusted R-squared	0.111	0.186

Standard errors in parentheses

*** p<0.01, ** p<0.05, * p<0.1

Das Programm ist mit verschiedenen Formaten, wie Word, Excel oder LaTeX kompatibel. Die Stata Hilfe bietet eine Reihe von Information zu dem Befehl und seinen Optionen:

```
. help outreg2
```

Neben der Ausgabe von Regressionsergebnissen kann `outreg2` noch diverse Tabellen, für verschiedene Arten von Regressionsanalysen, aber auch Tabellen mit deskriptiven Statistiken etc., erstellen. Wir wenden den Befehl an, um deskriptiven Statistiken, für einige in unserer Regression vorhandene Variablen anhand einer Tabelle darzustellen. Da der `outreg2`-Befehl zuerst die Kennwerte für alle Variablen berechnet, reduzieren wir den Datensatz und erzeugen anschließend eine Tabelle (mit deskriptiven Kennwerten. Dazu verwenden wir die `sum(log)`-Option, wodurch die Fallzahl, das arithmetische Mittel, die Standardabweichung, Minimum und Maximum tabelliert wird. Mit `sum(detail)` erzeugt das Programm ausführlichere deskriptive Statistiken.

```
. keep stflife agea health

. outreg2 using sum.xml, replace sum(log) keep(stflife agea
  health)

. shellout sum.xml
```

VARIABLES	(1) N	(2) mean	(3) sd	(4) min	(5) max
stflife	2,846	7.523	2.010	0	10
health	2,849	2.350	0.902	1	5
agea	2,849	48.56	18.50	15	94

Tabelle 6.7: Deskriptive Kennwerte

Detaillierte Information zu diesem Befehl findet sich bei Roy Wada (2005).

6.6 Zusammenfassung der Befehle

Befehl	Beschreibung
`[twoway] scatter yx`	Streudiagramm
`acprplot`	Augmented-Component-Plus-Residual Plot
`avplot`	Added-Variable-Plots
`beta`	Regression: Beta-Koeffizienten
`binscatter`	Spezielles Streudiagramm
`egen newvar=rowmiss(varlist)`	Anzahl fehlender Werte berechnen (Fallzahlangleichung)
`estat hettest`	Breusch-Pagan-Test auf Heteroskedastizität
`estat imtest, white`	White-Test auf Heteroskedastizität
`estat vif`	Varianz-Inflationsfaktor
`graph matrix`	Scatterplot-Matrix
`i.varname (c.varname)`	Faktor Variablen Notation (i.Operator)
`kdensity varname, normal`	Kern-Dichte-Schätzer mit Normalverteilungskurve
`ktau`	Kendalls Tau
`level(99)`	99 % Konfindenzintervall
`lowess`	Smoother für Plots
`margins`	Post-Estimation Befehl: Schätzwerte
`marginsplot`	Marginsplot und Conditional-Effects-Plot
`marginsplot, noci`	Marginsplot ohne Konfidenzintervall

Befehl	Beschreibung
noheader	Unterdrücken Anova und Modellfit Block
outreg2	Tabellen publizieren
outreg2: adjr2	Korrigiertes R^2
outreg2: ctitle	Titel ändern
outreg2: shellout regression	Dokument öffnen
predict	Post-Estimation Befehl: Schätzwerte
predict varname, cooksd	Cook´s D
predict varname, residuals	Residuen
pwcorr	Korrelationskoeffizient r
qnorm	Normal-Probability Plot
quietly	Unterdrücken der Ausgabe
regress depvar indepvars	Lineare Regressionsanalyse
regress depvar indepvars, robust	Robuste Standardfehler
regress postestimation	Post-Estimation Befehle
rvfplot, yline(0)	Residual-versus-Fitted Plot
scatter yv, jitter()	Jitter-Scatterplot
sfrancia	Shapiro-Francia Test auf Normalverteilung
spearman	Spearmanscher Korrelationskoeffizient
swilk	Shapiro-Wilk Test auf Normalverteilung

6.7 Übungsaufgaben

☞ Wir verwenden in diesem Kapitel die Dateien **ESS8DE.dta, allbus216_red.dta und umwelt.dta**

1. Wir möchten untersuchen, ob es einen Zusammenhang zwischen der Religiosität (rlgdgr) und der Häufigkeit gibt, mit der Personen beten (pray). **Datensatz ESS8DE.dta**

a) Berechnen Sie die Korrelation nach Pearson und interpretieren Sie die Ergebnisse.

b) Ist der Korrelationskoeffizient für diesen Zusammenhang eine geeignete Maßzahl?

2. Berechnen Sie ein Regressionsmodell, das erläutert, ob das Glücksempfinden (*happy*) die Lebenszufriedenheit (*stflife*) erhöht. **Datensatz ESS8DE.dta**
a) Interpretieren Sie alle relevanten Koeffizienten,
b) Wie hoch ist die geschätzte Lebenszufriedenheit für Befragte, die höchst glücklich sind?
c) Sie möchten überprüfen, ob Personen mit Scheidungserfahrung (*dvrcdeva*) weniger zufrieden sind. Was müssen Sie tun, um die Variable in das Modell einzubeziehen?
d) Welche Kennwerte sind bei der multiplen Regression nun zusätzlich zu beachten?
e) Ergänzen Sie das Modell um die Variable Bildung (*edubde1*), die Referenzkategorie sollen Befragte sein, die angeben: „Grundschule nicht beendet", „Abschluss einer Förderschule" oder „Volks- oder Hauptschule". Die Ausprägung „(Noch) kein Schulabschluss" wird nicht einbezogen. Interpretieren Sie die Ergebnisse der Variable Schulbildung.
3. Sie möchten die letzten beiden Regressionsmodelle aus Aufgabe 2 in Word publizieren. Wie gehen Sie vor?
4. Wir vermuten einen Zusammenhang zwischen dem Einkommen (*inc*) und den Bildungsjahren (S01). **Datensatz allbus2016_red.dta**
a) Schließen Sie zuerst Bildungsjahre unter 8 und über 23 aus. Erstellen anschließend Sie passende Streudiagramme. Ist der Zusammenhang linear?
b) Wir nehmen an, dass auch das Geschlecht einen Einfluss auf das Einkommen ausübt. Berechnen Sie ein passendes Regressionsmodell.
c) Interpretieren Sie die Regressionsgewichte.
d) Zentrieren Sie die Schulbildung um ihren Mittelwert und berechnen Sie die Regression erneut. Ist das Vorgehen sinnvoll?
e) Wie gehen Sie vor, wenn wir annehmen, dass der Einfluss der Bildung sich für Männer und Frauen unterschiedlich auf das Einkommen auswirkt?
f) Wie hoch ist das geschätzte Einkommen für Frauen und Männer, die 5 Jahren mehr an Schulbildungsjahren aufweisen als der Durchschnitt?
5. Wir möchten wissen, ob die Umwelteinstellung (*umweltein*) von folgenden Faktoren abhängig ist: Innovative Ansätze (*inno*), Höhe des Konsums (konsum) und der Schulbildung (*bild*). **Datensatz umwelt.dta** (BMUB 2015).
   a) Berechnen Sie die Regression mit allen Variablen.

b) Verwenden Sie als Referenzkategorien die hohe Bildung.

c) Führen Sie für das Regressionsmodell die Prüfung auf Modellverstöße durch

6. Wir vermuten einen Zusammenhang zwischen dem Einkommen (*inc*) und dem Alter (*agea*). Berechnen Sie eine Regression für Personen unter 66 Jahren. Ist der Zusammenhang linear? Falls nein, wie gehen Sie vor? **Datensatz ESS8DE.dta**
7. Berechnen Sie eine Regression zwischen der Lebenszufriedenheit und der Schulbildung in Jahren. Prüfen Sie, ob der Zusammenhang linear ausfällt. Falls nein, wie gehen Sie vor? **Datensatz allbus216_red.dta**

Lösungen der Übungsaufgaben:

ÜbungenKapitel06.do

7. Binär logistische Regression

Eine Art der Regressionsanalyse haben wir bereits im letzten Kapitel vorgestellt, die lineare Regression. Dieses Analyseverfahren setzt metrisches[1] Skalenniveau der abhängigen Variable voraus. Bei zahlreichen Fragestellungen weist die abhängige Variable, zwei Ausprägungen auf, wie die Teilnahme oder Nichtteilnahme an Wahlen oder Personen die arbeitslos sind oder nicht. Manchmal sollen zwei alternative Ereignisse analysiert werden, ob eine Person ein bestimmtes Produkt kauft oder Jemand eine Krankheit aufweist oder nicht. Die binär logistische Regression ist ein regressionsanalytisches Verfahren, das sich für dichotom abhängige Variablen anbietet. Die abhängige Variable wird üblicherweise binär codiert, die Ausprägungen weisen somit 0 und 1 auf. 0 steht für „trifft nicht zu" und 1 für „trifft zu", analog zur Kodierung von Dummyvariablen. In mancher Hinsicht ist die logistische Regression mit der linearen Regression vergleichbar: Bei der logistischen Regression werden ebenfalls Regressionskoeffizienten und Standardfehler für jede unabhängige Variable und andere Kennzahlen berechnet. Die Grundlagen der linearen Regressionsanalyse sind deshalb für dieses Kapitel wichtig und werden als Grundlage vorausgesetzt.

Zu Beginn erklären wir, warum sich die lineare Regression nicht für binär abhängige Variablen eignet. Zentrale Begriffe und Grundkonzepte der logistischen Regression werden im nachfolgenden Abschnitt erläutert. Beginnend mit Kapitel 7.2 widmen wir uns dem gebräuchlichsten Regressionsmodell für binäre Daten, der (binär) logistischen Regression[2]. Im nachfolgenden Unterkapitel wird die Ausgabe der logistischen Regression detailliert besprochen und anschließend verschiedene Möglichkeiten zur Interpretation der Koeffizienten vorgestellt. Verschiedene Tests zur Überprüfung des Modellfits bilden den Abschluss, bevor wir zu Übungsaufgaben überleiten.

☞ Wir verwenden in diesem Kapitel den Datensatz **school.dta**

7.1. Grundlagen

7.1.1. Ausgangspunkt Lineare Regression

Vor der Einführung der logistischen Regression, musste man sich der linearen Regression für binäre Daten bedienen. Warum dieses Verfahren für diese Art von Daten nicht gut geeignet ist, zweigen wir anhand eines Beispiels. Wir möchten wissen, ob Kinder von höher

---

[1] Oder mindestens ordinales Skalenniveau.

[2] Ein alternatives Verfahren stellt das Probit-Modell dar, das auf einer anderen Verteilung beruht, der Standardnormalverteilung.

gebildeten Eltern eher das Gymnasium besuchen, als Kinder von weniger gebildeten Eltern. Die Ausprägungen der abhängigen Variable *hischool* sind so codiert, dass 0 für diejenigen steht, die kein Gymnasium besuchen und 1 für den Besuch dieser Schulart. Die unabhängige Variable *avedu* gibt die durchschnittliche Schulbildung beider Eltern in Jahren an, die Ausprägungen umfassen die Werte 9 bis 13 Jahre. Wir verwenden den Datensatz **school.dta** und berechnen die lineare Regression:

```
. use school.dta, clear

. regress hischool avedu
```

```
      Source |       SS           df       MS      Number of obs   =     1,156
-------------+----------------------------------   F(1, 1154)      =   1129.60
       Model |  125.322536         1  125.322536   Prob > F        =    0.0000
    Residual |   128.02954     1,154  .110944142   R-squared       =    0.4947
-------------+----------------------------------   Adj R-squared   =    0.4942
       Total |  253.352076     1,155  .219352447   Root MSE        =    .33308

------------------------------------------------------------------------------
    hischool |      Coef.   Std. Err.      t    P>|t|     [95% Conf. Interval]
-------------+----------------------------------------------------------------
       avedu |   .4282389   .0127416    33.61   0.000     .4032396    .4532382
       _cons |  -4.280126   .1373503   -31.16   0.000     -4.54961   -4.010642
------------------------------------------------------------------------------
```

Die Regressionskonstante beträgt -4,28 und das Regressionsgewicht weist den Wert 0,43 auf. Das Regressionsgewicht der linearen Regression gibt an, wie sich der Schätzwert von Y ändert, wenn sich X um eine Einheit erhöht. Wenn ein Elternpaar eine um ein Jahr höher Schulbildung aufweist, erhöht sich Y um 0,43. Der Wert der Regressionskonstante gibt an, wie hoch der Schätzwert von Y ausfällt, wenn X den Wert null annimmt. Anhand dieser Werte können wir für jede Ausprägung der abhängigen Variable den Schätzwert berechnen. Die Schätzwerte sind wiederum bedingte Mittelwerte der abhängigen Variable. Für Befragte mit deren Eltern 12 Schulbildungsjahren besitzen, ermitteln wir einen Schätzwert von 0,88:

$$\hat{y}_{12\,Jahre} = -4{,}28 + 0{,}43 \cdot 12$$

Mit dem Stata Taschenrechner berechnen wir:

```
. display _b[_cons] + _b[avedu]*12
```

Wie aber ist dieser Wert zu interpretieren? Die abhängige Variable kann nur die Werte 0 und 1 annehmen, weder der Wert 0,88 noch 0,43 usw. sollten somit vorkommen. Dennoch ist es möglich anhand des linearen Regressionsmodells Schätzwerte für Variablen mit den Ausprägungen 0 und 1 zu berechnen. Eine Möglichkeit besteht darin die Kennwerte als geschätzte Wahrscheinlichkeit zu interpretieren. In unserem Beispiel liegt die

Wahrscheinlichkeit für den Besuch eines Gymnasiums bei 88 % falls Eltern eine Schulbildung von 12 Jahren aufweisen. Der Schätzwert kann folglich als Wahrscheinlichkeit interpretiert werden, mit der ein Kind ein Gymnasium besucht. Dementsprechend wird das lineare Regressionsmodell für dichotome abhängige Variablen als **lineares Wahrscheinlichkeitsmodell** (LWM oder LPM) bezeichnet.

Es scheint möglich, die lineare Regression mit binär abhängigen Variablen zu berechnen und diese sinnvoll zu interpretieren. Betrachten wir nun Elternpaare mit einer Schulbildung von 13 Schulbildungsjahren. Der Schätzwert von Y beträgt in diesem Fall 0,88 + 0,43. Der Wert liegt über dem Wert 1, obwohl die abhängige Variable nur die Werte 0 und 1 annehmen kann. Augenscheinlich repräsentiert das Modell die Daten nicht gut. Anhand eines Streudiagramms mit Regressionsgerade erkennen wir das deutlich:

```
. twoway lfit hischool avedu || scatter hischool avedu
```

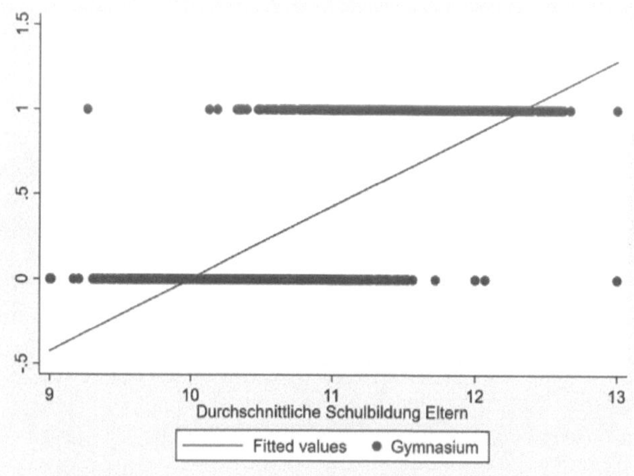

Die Berechnung des linearen Wahrscheinlichkeitsmodells erzeugt nicht nur Schätzwerte über 1, sondern auch Werte unter 0. Diese Werte kann die abhängige Variable allerdings nicht annehmen. Auch stellt die Gerade keine gute oder passende Schätzung der Daten dar: Die Schätzung ist ungenau und es besteht kein linearer Zusammenhang zwischen X und Y. Das ist ein Verstoß gegen die Linearitätsannahme der linearen Regression. Ein weiteres Problem betrifft die Heteroskedastizitäts-Annahme. Diese testen wir anhand eines Residual-versus-Fitted Plots:

```
. rvfplot, yline(0)
```

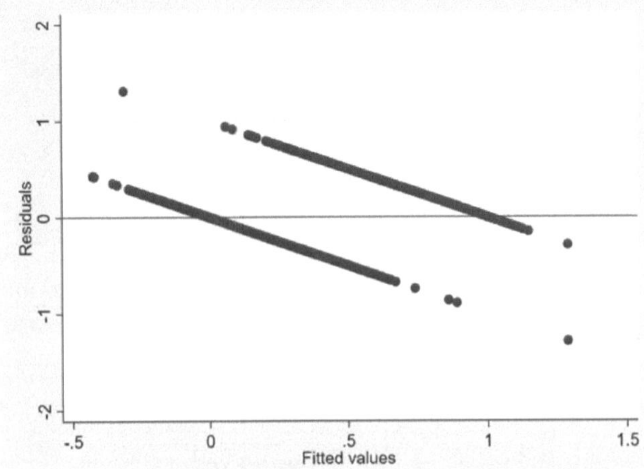

Das Muster weist eindeutig auf Heteroskedastizität hin. Das lineare Wahrscheinlichkeitsmodell eignet sich demnach nicht für dichotom abhängige Variablen. Es sollte ein Modell Anwendung finden, dass nur Wahrscheinlichkeiten im Wertebereich zwischen 0 und 1 erzeugt und die Daten besser schätz, als das lineare Wahrscheinlichkeitsmodell. Eines dieser Modelle ist die logistische Regression. Anhand einer Grafik verdeutlichen wir die Schätzung des Modells. Dazu verwenden wir den `logit`-Befehl und unterdrücken die Ausgabe mit der `quietly`-Option. Anschließend berechnen wir die Schätzwerte für Y und lassen uns ein Streudiagramm ausgeben:

```
. quietly logit hischool avedu

. predict yhat

. scatter yhat hischool avedu, connect(l .) symbol(i O) sort
  ylabel(0 1)
```

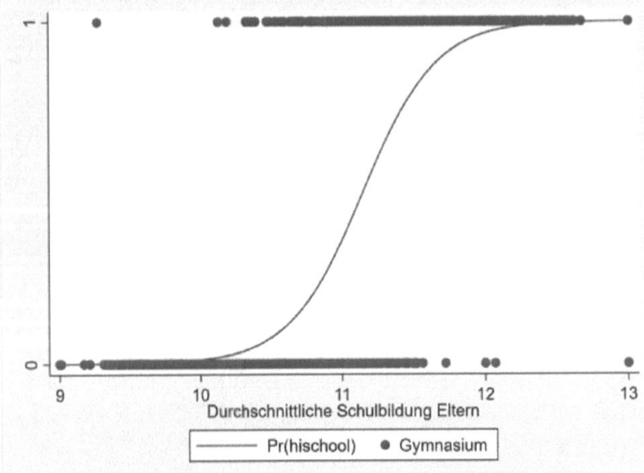

Die logistische Regression schätzt Wahrscheinlichkeiten im Bereich von 0 und 1 während die Kurve sich weitaus besser an unsere Daten anpasst als eine Gerade.

7.1.2. Odds, Odds Ratio und Logits

Bevor wir uns mit der Analyse von Daten mittels der logistischen Regression beschäftigen, sind einige Begriffe zu klären. Diese werden wir anhand eines vereinfachten Beispiels mit dem eben verwendeten Datensatz erläutern. Wir reduzieren den Wertebereich unserer Variable *avedu*, auf 0 und 1 und erzeugen daraus die Variable *dedu*. Die neue Variable nimmt den Wert 0 für Elternpaare an, deren durchschnittliche Bildung 9 bis 11 Jahre beträgt und 1 für Elternpaare die über mehr als 11 bis 13 Schulbildungsjahre verfügen. Den Zusammenhang zwischen beiden Variablen stellen wir anhand einer Kreuztabelle[3] dar:

```
. ta hischool dedu, column
```

Gymnasium	Hohe Schulbildung Eltern 0 Nein	1 Ja	Total
0 Nein	684 91.94	97 23.54	781 67.56
1 Ja	60 8.06	315 76.46	375 32.44
Total	744 100.00	412 100.00	1,156 100.00

Vergleichbar wie beim linearen Wahrscheinlichkeitsmodell, interpretieren wir die bedingten Anteile der Kreuztabelle als Wahrscheinlichkeiten, mit der ein Kind ein Gymnasium besucht. Zu diesem Zweck werden die Wahrscheinlichkeiten für Eltern mit niedriger und hoher Bildung und Kindern die nicht auf das Gymnasium gehen betrachtet: Bei Kindern, deren Eltern eine niedrige Bildung aufweisen, beträgt die Wahrscheinlichkeit 684/744= 0,9194. Für Kinder von Eltern mit hoher Bildung 97/412=0,2354. Neben den Wahrscheinlichkeiten des Nicht-Besuchs eines Gymnasiums können wir die Wahrscheinlichkeiten ins Verhältnis zu der Anzahl derjenigen setzen, die ein Gymnasium besuchen: Bei Kindern von Eltern mit niedrigem Schulabschluss beträgt das Verhältnis 684/60=11,40.[4] Dieses Verhältnis der Wahrscheinlichkeiten wird **Chance** bezeichnet oder häufiger mit dem englischem Begriff für Chance – **Odds.** In Bezug auf unser Beispiel lautet

---

[3] Die Wertlabels haben wir zuvor umbenannt, um die Tabelle übersichtlicher zu gestalten.

[4] Bei der Berechnung anhand von Anteilwerten erhalten wir identische Ergebnisse: 0,9194/0,0806, abgesehen von Rundungsfehlern.

die Interpretation folglich: Die Chance, dass Kinder von Eltern mit niedrigem Schulabschluss kein Gymnasium besuchen ist 11,4-mal höher als die Chance ein zu Gymnasium besuchen. In Stata berechnen wir diesen Wert mit dem Taschenrechner:

```
. display 684/60
```

Dagegen beträgt die Chance für Kinder von Elternpaaren mit hohem Schulabschluss, dass ihr Kind nicht aufs Gymnasium geht 97/315=0,31. Werte unter null sind schwer zu interpretieren, deshalb betrachten wir stattdessen Eltern mit hohem Schulabschluss und Kinder, die das Gymnasium besuchen. Sie weisen eine 3,25-mal höhere Chance auf ein Gymnasium zu besuchen als keines zu besuchen. Der Wert errechnet sich aus 315/97=3,25, was dem Kehrwert von 97/315 entspricht. Als mathematische Formel lautet die entsprechende Chance für den Besuch eines Gymnasiums, für beide Gruppen von Eltern:

$$\text{Chance}_{\text{Gymnasium ja}} = \frac{\text{Wahrscheinlichkeit}_{\text{Gymnasium ja}}}{\text{Wahrscheinlichkeit}_{\text{Gymnasium nein}}} = \text{Odds} = \frac{P(Y=1)}{1-P(Y=1)}$$

Die Odds setzten die Wahrscheinlichkeiten ins Verhältnis: Die Wahrscheinlichkeit den Wert 1 im Verhältnis zur Wahrscheinlichkeit den Wert 0 zur erhalten, letztere Wahrscheinlichkeit wird auch als Gegenwahrscheinlichkeit bezeichnet. In unserem Fall gibt der Zähler die Wahrscheinlichkeit des Besuchs eines Gymnasiums an P(Y=1) und der Nenner die Gegenwahrscheinlichkeit an, die Wahrscheinlichkeit kein Gymnasium zu besuchen. Beide Wahrscheinlichkeiten ergeben in der Summe eins, deshalb berechnet sich die Gegenwahrscheinlichkeit aus 1-P(Y=1). Die Chance für Kinder mit Eltern, die einen niedrigen Schulabschluss besitzen, weisen somit eine Chance von 60/684=0,9194/0,0806 = 0,088 für den Besuch eines Gymnasiums auf.

Neben den Odds lässt sich das Verhältnis der Chancen von beiden Odds miteinander vergleichen[5]. Dieses Verhältnis wird **Chancenverhältnis** oder **Odds Ratio** genannt. Das Chancenverhältnis ein Gymnasium zu besuchen ist für Kinder von Eltern mit hohem Schulabschluss fast **37**-mal[6] höher als für Kinder von Eltern mit niedrigem Schulabschluss 3,25/0,088 = 36,93. Die Odds Ratio bietet eine anschauliche Möglichkeit, den Zusammenhang zwischen der Bildung von Eltern und dem Besuch des Gymnasiums

---

[5] Mit dem Befehl tabodds lassen sich die Odds berechnen, die Odds Ratio mit tabodds, or. In der Medizin oder der Epidemiologie wird dieser Befehl häufiger verwendet, in den Sozialwissenschaften sehr selten.

[6] Ebenso wie wir die Odds „umdrehen“ können, ist das bei Odds Ratio möglich, um Werte unter eins leichter zu interpretieren.

darzustellen. Diese Kennzahl wird in der Statistik auch als Zusammenhangsmaß verwendet. Der Wertebereich dieses Kennwertes liegt zwischen 1 und + ∞

Nun stellt sich die Frage, wie und warum die eben besprochenen Kennwerte in der logistischen Regression Anwendung finden. Dazu müssen wir noch einmal an das lineare Wahrscheinlichkeitsmodell anknüpfen. Ein Problem stellt der Wertebereich dieses Regressionsmodells dar, der Wahrscheinlichkeiten über 1 erlaubt. Odds haben einen Wertebereich, der zwischen 0 und + ∞ liegt und sind somit besser geeignet als Wahrscheinlichkeiten, um eine dichotome abhängige Variable in einem linearen Modell zu modellieren. Allerdings ist die Verteilung der Odds und Odds Ratio nicht symmetrisch, was wiederum zu Problemen führt. Weiterhin treten bei eine Linearkombination, wie dem linearen Modell stets negative und positive Werte auf – der Wertebereich der Regressionskoeffizienten muss aber zwischen - ∞ und + ∞ liegen. Und der Wertebereich, der anhand der Regressionskoeffizienten berechneten Wahrscheinlichkeiten zwischen 0 und 1. Durch das logarithmieren der Odds wird der Wertebereich angepasst und die Symmetrie der Verteilung gewährleistet. Die **logarithmierten Odds** werden **Logits** genannt und werden formal dargestellt als:

$$\text{Logit} = \ln(\text{Odds}) = \ln\left(\frac{P(Y=1)}{1-P(Y=1)}\right)$$

Die Gleichung für ein Regressionsmodell mit dem Logit als abhängige Variable lautet dementsprechend:

$$\text{Logit} = \alpha + \beta_1 x_{1i} + \beta_2 x_{2i} + \beta_k x_{ki}$$

Logarithmierte Werte sind schwierig, zu interpretieren: Auf unser Beispiel angewendet, würde das bedeuten, dass wir von logarithmierten Chance des Besuchs eines Gymnasiums sprechen. Durch Umformen stellen wir die Logits in Wahrscheinlichkeiten dar:

$$\pi = P(Y=1) = \frac{e^L}{1+e^L} = \frac{e^{\alpha+\beta_1 x_{1i}+\beta_2 x_{2i}+\beta_k x_{ki}}}{1+e^{\alpha+\beta_1 x_{1i}+\beta_2 x_{2i}+\beta_k x_{ki}}}$$

Die Odds können wir ebenso umformen (Entlogarithmierung (e^{β})) und als Linearkombination beschreiben.

$$\text{Odds} = e^{\alpha+\beta_1 x_{1i}+\beta_2 x_{2i}+\beta_k x_{ki}}$$

Das logistische Regressionsmodell weist wie oben aufgezeigt drei äquivalente Formulierungen und folglich verschiedene mögliche Interpretationen auf (ab Abschnitt 7.4).

7.2. Logistische Regression in Stata

Bei der logistischen Regression wird ähnlich, wie bei der linearen Regression vorgegangen. Es werden Regressionskoeffizienten geschätzt, die eine bestmögliche Anpassung an die beobachteten Daten aufweisen. Während bei der linearen Regression, die Methode der kleinsten Quadrate Anwendung findet, eignet sich dieses Verfahren nicht für die logistische Regression. Wahrscheinlichkeiten erfüllen Voraussetzungen wie Linearität oder Homoskedastizität nicht. Stattdessen wird die **Maximum-Likelihood-Methode** (ML) verwendet: Dabei werden die Regressionskoeffizienten so geschätzt, dass die Wahrscheinlichkeit (englisch Likelihood) diese Daten zu beobachten, maximal wird. Normalerweise wird nicht die **Likelihood-Funktion** verwendet, sondern ihre logarithmierte Variante, die **Log-Likelihood**, diese kann einfacher maximiert werden. Stata verwendet diese Variante, weshalb in der Ausgabe der Begriff Log-Likelihood steht.

Stata bietet zwei Befehle, um die logistische Regression zu berechnen: `logistic` und `logit`. Mit dem **logistic**-Befehl werden per Voreinstellung die Odds Ratio[7] berechnet, mit dem **logit**-Befehl die Logits. Durch erneute Angabe des jeweiligen Befehls und einer Option, lassen sich bei jedem der beiden Befehle die Ausgaben von Odds Ratio in Logits und umgekehrt umwandeln. Die Ergebnisse des `logit`-Befehls zeigen im Gegensatz zum `logistic`-Befehl einen Iterations-Block, siehe unten. Die logistische Regression wird für unser oben gezeigtes Beispiel mit den beiden Befehlen wie nachfolgend berechnet. Wir verwenden den `logit`-Befehl, um die Iterationen zu erzeugen, und nachfolgend die `or`-Option für die Ausgabe von Odds Ratio.

```
. logistic hischool dedu

. logistic, coef
```

Folgendes Kommando führt zu vergleichbaren Regressionsoutputs:

```
. logit hischool dedu

. logit, or
```

[7] Durch Exponieren der Logits ist dies auch möglich, aber aufwendiger als mit dem entsprechenden Stata Befehl.

```
   Iteration 0:   log likelihood = -728.43908❶
   Iteration 1:   log likelihood = -443.94425
   Iteration 2:   log likelihood =  -433.6274
Ⓐ  Iteration 3:   log likelihood = -433.42903
   Iteration 4:   log likelihood = -433.42891
   Iteration 5:   log likelihood = -433.42891❷

   Logistic regression                          Number of obs   =    1,156❹
                                              Ⓑ LR chi2(1)      =   590.02❺
                                                Prob > chi2     =   0.0000❻
   Log likelihood = -433.42891❸                 Pseudo R2       =   0.4050❼

   ------------------------------------------------------------------------------
       hischool |     Coef.❽  Std. Err.❾     z❿    P>|z|⓫     [95% Conf. Interval]⓬
   -------------+----------------------------------------------------------------
Ⓒ         dedu |   3.611475   .1777991    20.31   0.000     3.262995    3.959955
          _cons |  -2.433613   .1346427   -18.07   0.000    -2.697508   -2.169719
   ------------------------------------------------------------------------------
```

Abbildung 7.1: Ausgabe logistische Regression mit Logits

```
   Logistic regression                          Number of obs   =    1,156❹
                                              Ⓑ LR chi2(1)      =   590.02❺
                                                Prob > chi2     =   0.0000❻
Ⓐ  Log likelihood = -433.42891❸                 Pseudo R2       =   0.4050❼

   ------------------------------------------------------------------------------
       hischool | Odds Ratio❽  Std. Err.❾     z❿    P>|z|⓫     [95% Conf. Interval]⓬
   -------------+----------------------------------------------------------------
Ⓒ         dedu |   37.02062   6.582234    20.31   0.000     26.12767    52.45496
          _cons |   .0877193   .0118108   -18.07   0.000     .0673732    .1142098
   ------------------------------------------------------------------------------
```

Abbildung 7.2: Ausgabe logistische Regression mit Odds

7.3. Der Regressionsoutput der logistischen Regression

In diesem Abschnitt geben wir eine kurze Übersicht der Kennwerte aus Abbildung 7.1 und Abbildung 7.2, die das Programm ausgibt, wenn wir den `logistic` oder `logit`-Befehl `logistic` anwenden. Wie die Kennwerte interpretiert werden, erläutern wir in den nächsten Abschnitten. Die Codierung der Variablen ist für die Interpretation der Regressionskoeffizienten wichtig: Bei der abhängigen Variable *hischool* steht der Wert 0 für diejenigen, die kein Gymnasium besuchen und 1 für den Besuch dieser Schulart. Die unabhängige Variable *dedu* nimmt den Wert 0 für Elternpaare an, deren durchschnittliche Bildung 9 bis 11 Jahre beträgt und 1 für Elternpaare die über mehr als 11 bis 13 Schulbildungsjahre verfügen.

Iterationsblock

Da die logistische Regression mit der Maximum-Likelihood-Methode arbeitet, werden vereinfacht gesagt verschiedene Lösungen geschätzt, bis die beste Lösung für die maximale Wahrscheinlichkeit gefunden ist. Dieses Wiederholen wird als **Iteration** (englisch iteration) bezeichnet. Der **Iterationsblock** listet die logarithmierten Wahrscheinlichkeiten bei jeder Iteration auf. Ein Modell ohne Residuen würde einen Wert von 0 besitzen, in diesem Fall wäre die Wahrscheinlichkeit maximal und hätte den Wert 1. Je größer der Log-Likelihood-Wert ausfällt, desto geringer sind die Abweichungen zwischen den geschätzten und beobachteten Werten. Zudem ist das Modell umso besser, je größer der Unterschied zwischen dem ersten Log-Likelihood-Modell und dem letzten ausfällt.

❶ Im Iterationsblock steht zuerst die Log-Likelihood des ersten Modells. Dieses Modell enthält keine unabhängigen Variablen und wird als **Nullmodell** (LL_0) bezeichnet.

❶ Für die nächste Iteration werden die unabhängigen Variablen in das Modell aufgenommen, dieses Modell ist das **vollständige Modell** (LLv). Da das Ziel darin besteht, die Wahrscheinlichkeit zu maximieren, steigt mit jeder Iteration die logarithmierte Wahrscheinlichkeit bzw. die Log-Likelihood. Die Iterationen werden so lange durchgeführt, bis der Unterschied zwischen aufeinanderfolgenden Iterationen sehr klein ausfällt.

❷ Die letzte Iteration gibt die maximierte Log-Likelihood für das vollständige Modell (LLv) aus.

Ⓐ

❸ Der Wert des maximierten Modells erscheint noch einmal unterhalb des Iterationsblocks. Beim `logistic`-Befehl wird nur dieser Wert angezeigt, ohne den Iterationsblock auszugeben.

Ⓑ

Modellfit Block

Dieser Block gibt die Fallzahl und die Anpassung des logistischen Regressionsmodells anhand von Koeffizienten an.

❹ **Number of obs** Die Anzahl der Beobachtungen, in unserem Beispiel 1156 Befragte.

❺ **LR chi2(1)** gibt den Wert von **Likelihood Ratio** χ^2 an. Dieser Koeffizient beschreibt die Güte des Gesamtmodells. In Klammern stehen die Anzahl der Freiheitsgrade. Der Wert folgt einer χ^2-Verteilung und testet die Nullhypothese, dass alle Koeffizienten außer der Konstanten null sind, beziehungsweise die unabhängigen Variablen keinen Beitrag zur Verbesserung der Schätzung liefern. Er wird berechnet als Differenz des Nullmodells und des vollständigen Modells, multipliziert mit -2: -2(-728,43908 - -433,42891) = 590,02034. Der Wert ist vergleichbar wie der F-Wert in der linearen Regression: Der empirische Wert wird mit dem tabellierten Wert der χ^2-Verteilung verglichen, um zu überprüfen ob das Gesamtmodell signifikant von Null verschieden ist. Statt dieses Wertes verwenden wir meistens den nachfolgenden Koeffizienten und vergleichen ihn mit der vorab festgesetzten Irrtumswahrscheinlichkeit.

❻ **Prob > chi2** Der Wert gibt die Wahrscheinlichkeit für das Eintreffen der Nullhypothese an. In unserem Beispiel ist der Wert kleiner als 0,0000, d. h. das Testergebnis ist hochsignifikant. Wir interpretieren diesen Wert wie das empirische Signifikanzniveau p.

❼ **Pseudo R2** steht für McFaddens Pseudo R^2. Dieser Wert wird ähnlich wie der Determinationskoeffizient der linearen Regression berechnet, wobei sein Wertebereich zwischen 0 und 1 liegt. Er wird berechnet als Differenz des Nullmodells und des vollständigen Modells und dann ins Verhältnis zum Nullmodell gesetzt:

$$R^2_{MF} = \frac{-728{,}43908 + 433{,}42891}{-728{,}43908} = 0{,}40498949$$

Pseudo R^2 darf nicht wie R^2 interpretieren werden: Bei der der linearen Regression gibt R^2 den Anteil der „erklärten Varianz" an der „gesamten Varianz" der abhängigen Variable an. Die logistische Regression basiert auf der Maximum-Likelihood-Methode, wobei die Schätzer so berechnet werden, dass die Wahrscheinlichkeit maximiert wird. Pseudo R^2 geben deshalb nicht den Anteil erklärter Varianz an. Die Bezeichnung Pseudo R^2 ist folglich etwas verwirrend. In der Regel nimmt Pseudo R^2 kleinere Werte als der des Determinationskoeffizienten des linearen Regressionsmodells an. Neben McFaddens Pseudo R^2 existieren weitere Pseudo R^2 Koeffizienten, deren Obergrenze meist unter 1 liegt (vergleiche Kapitel 7.5). McFaddens Pseudo R^2 weist einen Wertbereich auf, der zwischen 0 und 1 liegt. Mehr Information zur Interpretation und verschiedenen Arten von Pseudo-R^2 finden Sie in Kapitel 7.5. In unserem Beispiel beträgt McFaddens Pseudo R^2 0,405, dieser Wert ist als hoch zu bezeichnen. Die Anpassung des logistischen Regressionsmodells sollte nicht nur anhand der oben genannten Koeffizienten erfolgen. Einige Autoren interpretieren beispielsweise McFaddens Pseudo R^2 gar nicht inhaltlich. Weiter unten zeigen wir besser geeignete Maßzahlen auf.

Koeffizienten Block

Dieser zeigt die Ergebnisse logistischen Regressionsschätzung und Kennwerte der Inferenzstatistik. Rechts steht der Name der abhängigen Variable (*hischool*), darunter die Variablennamen der unabhängigen Variablen[8]. Zum Schluss steht _cons für die Regressionskonstante.

8 **Coef. / Odds Ratio** Unter der zweiten Spalte des Koeffizienten Blocks stehen die Schätzwerte der Regressionskoeffizienten: die Konstante und die Regressionsgewichte. Die formale Interpretation der Regressionskoeffizienten beim `logit`-Befehl entspricht dem des linearen Regressionsmodells. Die Regressionskonstante gibt den Schätzwert für die Befragten an, wenn die unabhängigen Variablen den Wert 0 aufweisen. In unserem Fall sind das Elternpaare mit einer niedrigen Schulbildung. Die Regressionsgewichte beschreiben wie sich der Schätzwert beim Anstieg der unabhängigen (metrischen) Variable um eine Einheit verändert. Bei Dummyvariablen erfolgt die Interpretation im Hinblick auf die Referenzkategorie. Allerdings müssen wir beachten, dass es sich bei den Koeffizienten um Logits (Coef.) oder Odds Ratio (Odds Ratio) handelt. Wie wir diese interpretieren, besprechen wir weiter unten.

9 **Std. Err.** steht für den **Standardfehler des Regressionskoeffizienten**. Ebenso wie bei der linearen Regression kann anhand des Standardfehlers die Zuverlässigkeit der Regressionsschätzungen beurteilt werden Je kleiner der Standardfehler ausfällt, desto zuverlässiger ist die Schätzung der Koeffizienten. Wie bei der linearen Regression wird er selten interpretiert, sondern dient zur Berechnung der z-Statistik und der Konfidenzintervalle.

10 **z** gibt den empirischen z-Wert der z-Statistik an. Er berechnet sich ähnlich wie t-Statistik in der linearen Regression, berechnet der Wert sich als Quotient aus dem Regressionskoeffizienten und Standardfehler. Anhand des Wertes wird ermittelt, ob die sich Koeffizienten signifikant von Null unterscheiden. Dazu müssen wir den Wert mit der tabellierten z-Verteilung vergleichen oder verwenden den Kennwert p, das empirische Signifikanzniveau. Beide Werte dienen somit als **Signifikanztest der Regressionskoeffizienten**. Wenn wir ein Modell mit mehreren unabhängige Variablen berechnen ist es notwendig andere Verfahren zur Überprüfung der

[8] In unserem Modell haben wir nur eine unabhängige Variable.

Signifikanz anwenden. Einer dieser Tests ist der Likelihood Ratio-Test, er wird Kapitel 7.5 beschrieben.

⓫ P>|z| steht für das empirische Signifikanzniveau p. Ist der Wert größer als die vorab festgelegte Irrtumswahrscheinlichkeit, gehen wir von einem signifikanten Zusammenhang aus. Ab einer Stichprobengröße von mindestens 100 Fällen kann der Wert sinnvoll interpretiert werden.

⓬ **[95% Conf. Interval]** gibt Auskunft über das 95 % Konfidenzintervall der Regressionskoeffizienten. Es gibt den Bereich an, in dem der tatsächliche Wert der Regressionskoeffizienten innerhalb der Population mit einer bestimmten Sicherheit liegt. In Stata ist das per Voreinstellung das 95 % Konfidenzintervall.

7.4. Interpretation Regressionskoeffizienten

Im Koeffizienten Block (siehe Abbildung 7.1 und Abbildung 7.2) werden unter anderen die Regressionskoeffizienten ausgegeben. Wenn wir die Werte des Regressionsgewichts der zweiten Ausgabe anschauen (vergleiche Abbildung 7.2) sehen wir, dass dieser mit einem Wert übereinstimmt, den wir in Kapitel 7.1.2 von Hand berechnet haben: Dem Odds Ratio für Personen, deren Eltern über einen hohen Schulabschluss verfügen, gerundet beträgt er 37. Das bedeutet die Schüler gehen **37**-mal öfter aufs Gymnasium als Schüler deren Eltern einen niedrigen Schulabschluss besitzen[9]. Diese Art der Interpretation ist nicht die einzige mögliche und sie birgt einige Probleme (siehe Kapitel 7.4.2.) Anhand eines erweiterten Modells zeigen wir im Folgenden verschiedene Arten der Interpretation auf. Wir verwenden dazu den Datensatz **school.dta**. Gehen wir beispielsweise davon aus, dass es einen Zusammenhang zwischen der Bildung der Eltern (*dedu*) und dem Berufsprestige des Vaters (*prestige*) und dem Besuch des Gymnasiums gibt. Später erweitern wir das Modell um die Variable Geschlecht des Befragten, deshalb gleichen wir die Fallzahl zuvor an, indem wir fehlende Werte für alle relevanten Variablen ausschließen und berechnen die logistische Regression:

```
. egen miss=rowmiss(hischool dedu prestige)

. logit hischool dedu prestige if miss==0

. logit,or
```

---

[9] Der Wert der Regressionskante kann bei Odds Ratio hingegen nicht sinnvoll interpretiert werden.

```
Logistic regression                             Number of obs     =      1,154
                                                LR chi2(2)        =     723.50
                                                Prob > chi2       =     0.0000
Log likelihood = -365.17306                     Pseudo R2         =     0.4976
```

hischool	Coef.	Std. Err.	z	P>|z|	[95% Conf.	Interval]
dedu	2.831919	.1923183	14.73	0.000	2.454982	3.208856
prestige	.0698306	.0068416	10.21	0.000	.0564214	.0832399
_cons	-5.777954	.4067446	-14.21	0.000	-6.575158	-4.980749

```
Logistic regression                             Number of obs     =      1,154
                                                LR chi2(2)        =     723.50
                                                Prob > chi2       =     0.0000
Log likelihood = -365.17306                     Pseudo R2         =     0.4976
```

hischool	Odds Ratio	Std. Err.	z	P>|z|	[95% Conf.	Interval]
dedu	16.97801	3.265181	14.73	0.000	11.64623	24.75075
prestige	1.072327	.0073364	10.21	0.000	1.058043	1.086802
_cons	.003095	.0012589	-14.21	0.000	.0013946	.0068689

Im nachfolgenden zeigen wir vier weitere Möglichkeiten zur Interpretation der Regressionskoeffizienten auf.

7.4.1. Interpretation Vorzeichen Logits

Bei den Logits handelt es sich um logarithmierte Werte, die Interpretation des Koeffizienten ist demensprechend nicht sinnvoll. Allerdings können wir das Vorzeichen wie bei der linearen Regression interpretieren: Ein negatives Vorzeichen steht für einen negativen Zusammenhang während ein positives Vorzeichen auf einen positiven Zusammenhang hinweist. Ein positives Vorzeichen drückt demensprechend bei den Logits aus, dass die (logarithmierte) Chance oder Wahrscheinlichkeit ansteigt, ein negatives, dass sie sinkt. In unserem Beispiel steigt mit dem Berufsprestige des Vaters die Chance, aufs Gymnasium zu gehen. Bei Dummyvariablen, wie der Bildung der Eltern, vergleichen wir den Wert des Koeffizienten in Bezug zur Referenzkategorie. Der Wert 2,83 besagt, dass Kinder deren Eltern Abitur besitzen eine höhere Wahrscheinlichkeit haben das Gymnasium zu besuchen im Vergleich zu Kindern deren Eltern kein Abitur aufweisen. Die Höhe der Veränderung kann nicht wie in der linearen Regression angegeben werden, deshalb ist diese Art der Interpretation nicht sehr aussagekräftig.

7.4.2. Interpretation Odds Ratio

Eine andere Option bietet die Interpretation mittels Odds Ratio (auch Effektkoeffizient bezeichnet), wobei es wiederum verschiedene Möglichkeiten gibt, diesen Kennwert zu deuten. Während die Logits auf einem linear-additiven Modell beruhen, basiert das Modell mit Odds durch die Entlogarithmierung auf einem multiplikativen Modell (siehe Formel Odds Ratio Kapitel 7.1.2). Odds Ratio kann nur positive Werte annehmen: Werte unter 1 geben an, dass die Wahrscheinlichkeiten oder Chancen gegenüber der anderen Gruppe sinken, Werte über 1, dass sie steigen. Ein Wert von 1 steht für keinen Zusammenhang. Diese Interpretation ist analog zur Interpretation der Vorzeichen der Logits. Sollen die Odds Ratio inhaltlich interpretiert werden, so kann dies bei Werten größer als 1 anhand des Kennwertes erfolgen. Bei Werten unter eins ist es einfacher den Kehrwert (siehe Kapitel 7.1.2) zu bilden. In unserem Beispiel vergleichen wir Schüler von Eltern mit hohem Bildungsabschluss gegenüber Schülern von Eltern mit niedrigem Schulabschluss: Für Befragte deren Eltern über einen hohen Schulabschluss verfügen steigt die vorhergesagte Chance für den Besuch eines Gymnasiums etwa um den Faktor 17, gegenüber Personen, deren Eltern einen niedrigen Schulabschluss besitzen. Gelegentlich werden die Odds Ratio als Prozentwerte angegeben. Dazu wird vom Wert 1 abgezogen und anschließend mit 100 multipliziert, bei Werten unter 0 ziehen wir von 1 den Wert des Koeffizienten ab und multiplizieren danach mit 100. Für das Prestige berechnen wir folgenden Wert: (1,072327 - 1)*100 = 7,23 %. Wenn das Prestige um eine Einheit steigt, erhöhen sich die Odds für den Besuch des Gymnasiums um 7,23 %. Diese Art der Interpretation ist mit Vorsicht anzuwenden und nicht unumstritten. Keinesfalls darf der Wert als Wahrscheinlichkeit interpretiert werden. Der Zusammenhang ist in der logistischen Regression nicht linear, deshalb können wir bei der Berechnung von Schätzwerten für andere Ausprägungen von X nicht mit dem Wert multiplizieren, wie bei der linearen Regression. Eine Person, dessen Vater 10 Prestigewerte besitzt, weist keine prozentuierten Odds von 10 * 7,23 %=72 % auf! Der Effekt wird bei dieser Art der Berechnung unterschätzt. Die korrekte Berechnung erfordert es die Odds zu potenzieren: 1.072327^{10} = 2,0103534. In Prozent umgerechnet sind das (2,0103534-1)*100 = 101 %.

Die Berechnung der Odds für verschiedene Werte der unabhängigen Variable kann anhand des Stata Taschenrechners erfolgen. Die Odds für Befragte mit Eltern die einen hohen Schulabschluss und deren Väter ein Berufsprestige von 60 aufweisen, verwenden wir den Stata-Taschenrechner, nach Ausgabe über den `logit`-Befehl oder `logistic`-Befehl:

```
. display exp(_b[_cons] +_b[dedu]*1+ _b[prestige]*60)
```

Die Odds betragen 3.4687813 oder in Prozent:

```
. display (exp(_b[_cons] +_b[dedu]*1+ _b[prestige]*60)-1)*100
```

Möchten wir ermitteln, wie hoch die Odds für Befragte sind, deren Väter über ein Prestige von 60 und über einen niedrigen Schulabschluss(*dedu*=0) verfügen, geben wir folgendes Kommando an. Den Koeffizienten für die Bildung der Eltern können wir weglassen, da der Dummy den Wert 0 annimmt:

```
. display exp(_b[_cons] + _b[prestige]*60)
```

Wir erhalten der Schätzwert 0,20431023. Die Chance (Odds) ein Gymnasium zu besuchen beträgt somit 0,20431023. Wenn wir den Kehrwert verwenden, ist die Interpretation unkomplizierter. Der Wert 4,8945175 steht für dieselben Personen (niedriger Schulabschluss und Prestige von 60), aber für die Odds des Nicht-Gymnasium-Besuch (siehe Kapitel 7.1.2).

Die gleichzeitige Ausgabe von Logits, Odds und standardisierten Koeffizienten kann anhand des Befehls `listcoef` erfolgen. Zur Installation für Stata Versionen geben wir `search post` ein und suchen `spost13_ado`, das von Long and Freese (2014b) entwickelt wurde. Mit der Installation können verschiedene Befehle ausgeführt werden, die in Stata 12 oder höher funktionieren. Weitere Information finden Sie unter: https://jslsoc.sitehost.iu.edu/spost13.htm

Nutzer von Stata ab Version 9-13 können alternativ `spost9_ado` installieren.

Nach der Installation wird der `listcoef`-Befehl mit der Option `help` ausgeführt, diese Option gibt eine Legende der Abkürzungen an:

```
. listcoef, help
```

	b	z	P>|z|	e^b	e^bStdX	SDofX
dedu	**2.8319**	**14.725**	**0.000**	**16.978**	**3.886**	**0.479**
prestige	**0.0698**	**10.207**	**0.000**	**1.072**	**3.892**	**19.459**
constant	**-5.7780**	**-14.205**	**0.000**	.	.	.

```
       b = raw coefficient
       z = z-score for test of b=0
   P>|z| = p-value for z-test
     e^b = exp(b) = factor change in odds for unit increase in X
 e^bStdX = exp(b*SD of X) = change in odds for SD increase in X
   SDofX = standard deviation of X
```

In der Ausgabe erscheinen die Logits, Odds, z-Werte und das dazugehörige empirische Signifikanzniveau p, auch werden die standardisierten Koeffizienten ausgegeben. Sie geben die Veränderung der Odds an, wenn sich X um eine Standardabweichung erhöht. Die Standardisierung der Koeffizienten dient dem Vergleich der Einflussstärken innerhalb eines Modells. Urban und Mayerl (2018, 396f.) verweisen auf die Möglichkeit teil-standardisierte

Logits zu berechnen oder durchschnittliche Marginaleffekte zu betrachten. Stata bietet dazu die `sd`-Option des `listcoef`-Befehls an:

```
. listcoef, std help
```

Dennoch ist dieses Vorgehen, ebenso wie bei der linearen Regressionsanalyse, nicht unproblematisch. Aus diesem Grund gehen wir an dieser Stelle nicht weiter darauf ein und verweisen auf Breen et al. (2018, 47ff.), Long und Freese (2014a, 235ff.), und Urban und Mayerl (2018, 396ff.).

Der `listcoef`-Befehl kann auch zur Umrechnung in Prozentwerte erfolgen, indem mit er mit `percent`-Option ausgeführt wird:

```
. listcoef, percent help
```

Bei negativen Odds bzw. die Logits, kann mit der `reverse`-Option der Kehrwert gebildet werden:

```
. listcoef, reverse help
```

Die Optionen lassen sich mit einander kombinieren, weitere finden Sie mit dem Hilfe-Kommando.

7.4.3. Interpretation Wahrscheinlichkeiten

Eine weitere Möglichkeit besteht darin die Logits in Wahrscheinlichkeiten umzuwandeln. Diese Art der Interpretation wird von vielen Autoren als besonders sinnvoll erachtet, denn Odds liefern weniger anschauliche Ergebnisse. Verschiedene Befehle können dazu verwendet werden. Schätzwerte für verschiedene Ausprägungen der unabhängigen Variablen lassen sich mit dem `display`-Befehl (siehe Kohler und Kreuter (2017, S. 369)) oder der `prvalue`-Befehl (vergleiche Wenzelburger et al. (2014, 77f.)) erzeugen. Allerdings ist dieses Vorgehen relativ kompliziert und jede Kombination von Variablenwerten muss separat berechnet werden. Einfacher geht das mit dem `margins`-Befehl. Wollen wir für Befragte deren Eltern einen hohen Schulabschluss aufweisen, die geschätzten Wahrscheinlichkeiten für Berufsprestige-Werte zwischen 20 und 70 in 10er Schritten berechnen, schreiben wir:

```
. margins, at(prestige=(20(10)70) dedu=1) noatlegend
```

	Margin	Delta-method Std. Err.	z	P>|z|	[95% Conf.	Interval]
_at						
1	.1751698	.0414101	4.23	0.000	.0940074	.2563322
2	.2991989	.0476404	6.28	0.000	.2058254	.3925724
3	.4618718	.0433818	10.65	0.000	.3768451	.5468986
4	.6330902	.031738	19.95	0.000	.5708849	.6952956
5	.7762253	.0221312	35.07	0.000	.732849	.8196017
6	.8745837	.0166926	52.39	0.000	.8418669	.9073006

In der ersten Zeile findet sich die Wahrscheinlichkeit des Besuchs des Gymnasiums bei einem Prestigewert von 20, in der zweiten Zeile von 30 etc. Anhand der Ausgabe sehen wir anschaulich, dass der Anstieg der Wahrscheinlichkeiten nicht linear verläuft wie bei den Logits, sondern erst langsam zunimmt, dann ansteigt und sich dann abschwächt (+0,12; + 0,16; +0,17; +0,14; +0,10). Bei 40 Punkten des Prestiges beträgt die geschätzte Wahrscheinlichkeit bereits 63,31 %.

Für alle Ausprägungen der X Variablen lassen sich die Wahrscheinlichkeiten als Alternative mit dem `prtab`-Befehl ausgeben, falls wir die Regression nicht mit der Faktorvariablen Notation berechnen:

```
. prtab prestige if dedu==1
```

Bei diesem Befehl ist es möglich, die Schätzwerte nur für einzelne Wertekombinationen zu berechnen. Anstatt Wahrscheinlichkeiten für alle Befragte deren Eltern einen hohen Schulabschluss besitzen, beschränken wir und uns auf den Personen mit einem Prestigewert von 60:

```
. prtab prestige if dedu==1 & prestige==60
```

Prestige Vater	Prediction
60	0.7762

```
        dedu  prestige
x=         1        60
```

Wahrscheinlichkeiten von Variablenkombinationen stellen wir mit diesem Befehl anschaulicher als mit dem `margins`-Befehl dar. Die Wahrscheinlichkeiten für Schüler von Eltern mit einem Berufsprestige von 60 lauten:

```
. prtab prestige dedu if prestige==60
```

```
              |       Hohe
              |   Schulbildung
Prestige      |      Eltern
Vater         |    Nein      Ja
--------------+------------------
           60 |  0.1696  0.7762
--------------+------------------

        dedu    prestige
x=  .15384615         60
```

Die Tabelle zeigt die Wahrscheinlichkeiten für Befragte mit Eltern mit hohem und niedrigem Schulabschluss. Bei niedrigem Bildungsniveau der Eltern beträgt der Schätzwert etwa 17 %, hingegen bei Eltern mit hohem Schulabschluss über 77 %, wenn beide einen Prestigewert von 60 aufweisen.

Wie wir oben gesehen haben, verändern sich die Wahrscheinlichkeiten nicht gleichmäßig mit Anstieg des Prestigewerts. Anhand von Grafiken, wie dem **Marginsplot** (**Conditional-Effects-Plot**) lässt sich das anschaulich darstellen. Eine Grafik für die Wahrscheinlichkeiten von Befragten, deren Berufsprestige zwischen 20 und 70 (in 5er Schritten) liegt, erzeugen wir nun. Die Grafik getrennt nach der Schulbildung erstellen wir mit folgendem Kommando:

```
. margins, at(prestige=(20(5)70)) by(dedu) noatlegend

. marginsplot, by(dedu)
```

Eine gemeinsame Grafik mit den beiden Ausprägungen der Variable Schulbildung der Eltern lassen wir uns mit diesem Kommando ausgeben:

```
. margins, at(prestige=(20(5)70)) by(dedu) noatlegend

. marginsplot
```

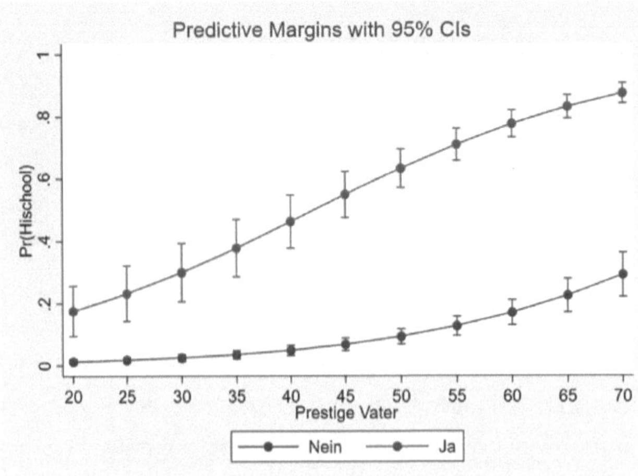

Die Grafik zeigt den nicht linearen Anstieg der Wahrscheinlichkeiten in Abhängigkeit vom Berufsprestige und die Unterschiede zwischen den beiden Gruppen von Schülern. Bei Befragten deren Eltern über einen hohen Schulabschluss verfügen, steigt die Wahrscheinlichkeit des Gymnasium-Besuchs mit höherem Berufsprestige zunächst stärker an und flacht mit höheren Prestigewerten etwas ab. Hingegen steigt die Wahrscheinlichkeit auf ein Gymnasium zu gehen für Kinder von Eltern mit niedrigem Schulabschluss zuerst nur gering und ab einem Prestigewert von etwa 55 stärker. Insgesamt unterscheiden sich die Wahrscheinlichkeiten für die beiden Gruppen von Schülern sehr stark. Anhand der Grafik wird deutlich, dass die alleinige Interpretation der Regressionskoeffizienten bei der logistischen Regression nicht sinnvoll ist. Sie geben keine Auskunft über den ungleichmäßigen Anstieg der Wahrscheinlichkeiten. Es empfiehlt sich die vorhergesagten Wahrscheinlichkeiten für mehrere Ausprägungen der unabhängigen Variablen zu berechnen, Gleiches gilt für die Interpretation von Odds Ratio. Ein Conditional-Effects-Plot eignet sich unserer Meinung nach sehr gut die Wahrscheinlichkeiten zu interpretieren.

7.4.4. Durchschnittliche Marginaleffekte

In den letzten Jahren hat sich Verwendung von **durchschnittlichen Marginaleffekten** („average marginal effect" (AME)) bewährt. Durchschnittliche Marginaleffekte werden anhand der Mittelwerte der Marginaleffekte berechnet, sie sind deshalb eine Alternative zu standardisierten Koeffizienten. Die Marginaleffekte messen die Veränderung der Wahrscheinlichkeit bei unterschiedlichen X-Werten, während alle anderen unabhängigen Variablen konstant gehalten werden. Marginaleffekte sind abhängig von den Ausprägungen der unabhängigen Variable, durchschnittliche Marginaleffekte nicht. Diese Koeffizienten haben zudem den Vorteil, dass sie als durchschnittlicher Effekt auf die Wahrscheinlichkeit leicht zu interpretieren sind. Steigt X um eine Einheit, so steigt die Wahrscheinlichkeit von

Y=1 durchschnittlich um AME Punkte an. Die durchschnittlichen Marinaleffekte sind allerdings nur Durchschnittseffekte, dies hat einen Informationsverlust zur Folge. Auch wird der nicht lineare Verlauf der Wahrscheinlichkeiten bei diesen Kennwerten vernachlässigt. Dennoch weisen sie gegenüber Odds Ratio und Logits viele Vorteile auf, unter anderem die einfachere Interpretation und Robustheit. Weiterhin können Marginaleffekte zum Vergleich von Regressionskoeffizienten zwischen zwei hierarchisch geschachtelten Modellen (vergleiche Abschnitt 7.5.4) genutzt werden. In Stata verwenden wir für die Berechnung den `margins`-Befehl mit der `dydx(varlist)`-Option, mit einem Sternchen berechnen wir die Effekte für alle unabhängigen Variablen:

```
. margins, dydx(*)
```

```
Average marginal effects                      Number of obs     =      1,154
Model VCE     : OIM

Expression    : Pr(hischool), predict()
dy/dx w.r.t. : dedu prestige
```

	dy/dx	Delta-method Std. Err.	z	P>|z|	[95% Conf.	Interval]
dedu	.2715219	.0095451	28.45	0.000	.2528139	.2902299
prestige	.0066953	.0005927	11.30	0.000	.0055336	.007857

Die durchschnittlichen Marginaleffekte, die sich auf Personen beziehen, die bei allen Variablen dem Durchschnitt entsprechen, interpretieren wir wie folgt: Die Wahrscheinlichkeit für den Besuch eines Gymnasiums P(Y=1) erhöhen sich im Mittel (aller Beobachtungen der Stichprobe) um 0,0067 (bzw. 0,7 %), wenn sich das Prestige um eine Einheit (marginal) erhöht. Durchschnittliche Befragte, deren Eltern Abitur besitzen, weisen eine um 0,27 höhere Wahrscheinlichkeit auf das Gymnasium zu besuchen[10]. Bei Regressionsmodellen mit Interaktionseffekten ist es die Berechnung von durchschnittlichen Marginaleffekten nicht unproblematisch, da der Interaktionseffekt nicht alleine vom Koeffizienten des multiplikativen Terms bestimmt wird (Best und Wolf 2012, 389ff., 2010, 838ff.; Breen et al. 2018, 47ff.; Karaca-Mandic et al. 2012; Long und Freese 2014a, 232ff.).

[10] In den letzten Jahren erfreut sich das lineare Wahrscheinlichkeitsmodell aufgrund der unter anderem der leichten Interpretierbarkeit wachsender Beliebtheit, insbesondere in den Wirtschaftswissenschaften. Allerdings verzerren die Ergebnisse bei stark schiefen bzw. nicht normalverteilten X-Variablen. Das kann sogar dazu führen, dass sich das Vorzeichen umkehrt.

7.5. Modellfit

In Kapitel 7.3 haben wir verschiedene Kennwerte der logistischen Regression vorgestellt. Im Modellfit-Block finden sich Kennwerte zur Beurteilung der Güte der Anpassung des logistischen Regressionsmodells. Stata gibt per Voreinstellung nur einige Kennzahlen, wie McFaddens Pseudo-R^2aus. Wie gut die Anpassung des Modells ausfällt, sollte nicht nur anhand dieser Maßzahlen überprüft werden. Weitere wichtige Kennwerte zur Beurteilung der binär logistischen Regression stellen wir in diesem Abschnitt vor.

7.5.1. Hosmer-Lemeshow-Test

Der Hosmer-Lemeshow-Test (Hosmer et. al. (2013, 157ff.)) auf Güte der Anpassung der logistischen Regression stellt eine Modifikation des Pearson-Chi-Quadrat-Test dar. Bei diesem Test werden die beobachteten und geschätzten Häufigkeiten verglichen, um zu berechnen, wie gut sich das Modell an die Daten angepasst. Genauer gesagt werden die geschätzten Wahrscheinlichkeiten mit den beobachteten Daten zu verglichen. Der Hosmer-Lemeshow-Test teilt die Stichprobe in (g) annähernd große Gruppen auf und überprüft die Differenzen zwischen beobachteten und vorhergesagten Werten. Üblicherweise werden g=10 Gruppen gebildet. Je geringer die Differenz, umso besser fällt die Modellanpassung aus. Die Nullhypothese lautet bei diesem Test, dass die Differenz zwischen vorhergesagten und beobachteten Werten 0 beträgt. Ein hoher p-Wert des Hosmer-LemeshowTests (niedriger chi2 Wert) deutet somit auf eine gute Anpassung des logistischen Regressionsmodells hin. Bei einem p-Wert (Prob > chi2) kleiner als 0,05 lehnen wir die Nullhypothese ab, das Modell bildet die Daten nicht gut ab. Ein p-Wert größer als 0,05 weist im Umkehrschluss nicht auf eine gute Anpassung hin, denn beispielsweise ist eine 10 %ige Wahrscheinlichkeit, dass die Unterschiede nicht rein zufällig auftreten als sehr gering zu beurteilen.

In Stata kann der Test mit dem Godness-of-Fit Test der Post-Estimation Befehle `estat gof` berechnet werden. Zur Angabe der Gruppenanzahl wird die Option `group()` verwendet, nachdem der Regressionsbefehl ausgeführt wurde.

```
. estat gof, group(10)
```

```
Logistic model for hischool, goodness-of-fit test

  (Table collapsed on quantiles of estimated probabilities)

       number of observations =      1154
             number of groups =        10
      Hosmer-Lemeshow chi2(8) =        14.39
                  Prob > chi2 =         0.0722
```

Das empirische Signifikanzniveau p weist mit einem Wert von 0,072 darauf hin, dass die Unterschiede zwischen den vorhergesagten und beobachteten Werten zufällig auftreten. Allerdings ist eine etwa 7 prozentige Wahrscheinlichkeit dennoch als nicht besonders hoch zu bewerten. Zudem ist Hosmer-Lemeshow-Test in der Literatur nicht unumstritten, manche Autoren verweisen auf seine hohe Fehlerquote bzw. geringe statistische Power. Besonders problematisch erscheint die willkürliche Wahl der Gruppen, die Auswirkungen auf die Ergebnisse hat[11].

Kohler und Kreuter (2017, 377f.) schlagen als alternativen Test die **Pearson Chi-Quadrat-Statistik** vor, falls nicht annähernd so viele Kovariaten-Muster wie Fälle vorliegen. Kovariaten-Muster sind alle Kombinationen von Ausprägungen der unabhängigen Variablen, die ins Modell aufgenommen werden. Besitzen zwei Variablen zwei Ausprägungen, können maximal 2x2 Muster auftreten. Je mehr Ausprägungen die Variablen aufweisen, desto mehr Muster können vorhanden sein. Die Pearson Chi-Quadrat-Statistik wird ohne die `group`-Option erzeugt.

```
. estat gof
```

```
Logistic model for hischool, goodness-of-fit test

       number of observations =      1154
 number of covariate patterns =       113
             Pearson chi2(110) =      155.02
                   Prob > chi2 =        0.0031
```

Die Interpretation der Pearson-Chi-Quadrat-Statistik entspricht der des Hosmer-Lemeshow-Tests. In unserem Beispiel ist die Anzahl der Kovariaten-Muster nicht hoch, wir können diesen Test folglich anwenden. Anhand der Ausgabe ist sichtbar, dass der empirische p-Wert unter 0,05 liegt. Folglich wird die Nullhypothese (vorläufig) verworfen, das Modell bietet keine gute Anpassung an die Daten (Hosmer et al. 2013, 157ff.; Hosmer und Hjort 2002; Long und Freese 2014a, 223ff.).

7.5.2. Klassifikationsmatrix

Ein weiterer Test steht mit der Klassifikationsmatrix zur Verfügung. Dazu wird ein Post-Estimation-Befehl nach Berechnung der Regression aufgerufen:

```
. estat classification
```

---

[11] Allison (2014) schlägt Alternativen, wie die standardisierte Pearson-Teststatistik vor. Jeroen Weesie (2002) hat dafür ein ADO (pearsonx2) für Stata 13 geschrieben, allerdings ist für Stata 15 keine neue Version erhältlich.

```
Logistic model for hischool

              -------- True --------
Classified |         D            ~D  |      Total
-----------+--------------------------+-----------
     +     |       311            68  |        379
     -     |        63           712  |        775
-----------+--------------------------+-----------
   Total   |       374           780  |       1154

Classified + if predicted Pr(D) >= .5
True D defined as hischool != 0
--------------------------------------------------
Sensitivity                     Pr( +| D)   83.16%
Specificity                     Pr( -|~D)   91.28%
Positive predictive value       Pr( D| +)   82.06%
Negative predictive value       Pr(~D| -)   91.87%
--------------------------------------------------
False + rate for true ~D        Pr( +|~D)    8.72%
False - rate for true D         Pr( -| D)   16.84%
False + rate for classified +   Pr(~D| +)   17.94%
False - rate for classified -   Pr( D| -)    8.13%
--------------------------------------------------
Correctly classified                        88.65%
--------------------------------------------------
```

In der Klassifizierungsmatrix der binär logistischen Regression werden den Beobachtungen die Werte 0 und 1 zugewiesen. Fälle mit Wahrscheinlichkeiten ≥ 0,50 erhalten in der Regel den Wert 1 die anderen den Wert 0. Nun können wir unterscheiden, ob das Modell eine richtige Vorhersage getroffen hat oder nicht. Im Idealfall sollten die beiden Gruppen sehr unterschiedliche geschätzte Wahrscheinlichkeiten aufweisen. In der Ausgabe stehen in den Zeilen unter „Classified" die Zeichen Plus und Minus. Das Pluszeichen gibt an, wie viele Fälle mit 1 und das Minuszeichen wie viele mit 0 klassifiziert wurden. In der Spalte bei „True" D und ~D wird die tatsächliche Verteilung dargestellt, wobei D für 1 und ~D für 0 steht.

In unserem Beispiel gehen 374 Personen aufs Gymnasium, wobei durch die logistische Regression 311 richtig vorhergesagt wurden. Von den 780 Befragten, die kein Gymnasium besuchen, wurden 712 korrekt zugeordnet. Die letzte Zeile des Outputs gibt den Prozentsatz der richtig Klassifizierten wieder, 88,65 %. Dieser Wert errechnet sich aus der Summe der korrekt klassifizierten bezogen auf alle Beobachtungen an: 311+712 im Verhältnis zu 1154. Der Wert wird als **Count R^2** bezeichnet. Allerdings ist der Wert mit Vorsicht zu interpretieren: Alleine aufgrund der Verteilung der abhängigen Variable, ohne Kenntnis der unabhängigen Variable, kann eine erste Klassifikation vorgenommen werden. Diese beruht auf der am häufigsten vorkommenden Variablenausprägung der abhängigen Variable:

```
. ta hischool if miss==0
```

In unserem Fall würden wir diejenigen Schüler, die kein Gymnasium besuchen vorhersagen und treffen somit in 780 von 1154 Fällen, d. h. mit 67,6 % eine richtige Vorhersage. Vergleichen wir diesen Wert mit dem Prozentsatz der korrekt Klassifizierten (88,65 %) beträgt die Zunahme an Erklärungskraft durch Kenntnis der unabhängigen Variable etwa 20 Prozentpunkte, was als relativ gut zu bewerten ist. Als Weiterentwicklung von **Count R^2** berücksichtigt der korrigierter Koeffizient **Count R^2adj** die zwei unterschiedlichen Klassifikationsmöglichkeiten, mit und ohne Kenntnis der unabhängigen Variable. Im nächsten Kapitel zeigen wir, wie wir diesen Wert und andere berechnen.

Besonders bei den Medizinern sind zwei andere Kennziffern von Bedeutung, die Spezifität und Sensitivität, die bei der Diagnose von Krankheiten eine Rolle spielen. Die Klassifikation erfolgt in Kranke (Ausprägung 1), die korrekt als krank (Sensitivität) zugeordnet wurden und Gesunde (Ausprägung 0)[12] welche richtig als gesund (Spezifität) klassifiziert wurden. In unserem Beispiel wurden 311 von 374 Schülern die das Gymnasium besuchen, korrekt als Gymnasiasten klassifiziert, das entspricht einer Sensitivität von 83,16 %. Bei den Nicht-Gymnasiasten sind es 712 von 780 Schülern, insgesamt beträgt die Spezifität hier 91,28 %.

7.5.3. Weitere Tests: fitstat

Long und Freese (2014a, 123ff., 2001) haben einen Post-Estimation-Befehl (siehe Abbildung 7.3) entwickelt, der verschiedene Kennwerte ausgibt. Für Stata Versionen ab Version 13 werden diese Kennwerte nach Installation der Datei `spost13_ado`, für die Versionen 11-13 mit `spost9_ado` (vergleiche Abschnitt 7.4.2) und dem `fitstat`-Befehl, erzeugt. Dazu schreiben wir nach dem Befehl für die logistische Regression:

```
. fitstat
```

[12] (Krank) Trifft nicht zu.

	logit
❶ **Log-likelihood**	
Model	-365.173
Intercept-only	-726.921
❷ **Chi-square**	
Deviance(df=1151)	730.346
LR(df=2)	723.496
p-value	0.000
❸ **R2**	
McFadden	0.498
McFadden(adjusted)	0.494
McKelvey & Zavoina	0.637
Cox-Snell/ML	0.466
Cragg-Uhler/Nagelkerke	0.650
Efron	0.569
Tjur's D	0.566
Count	0.886
Count(adjusted)	0.650
❹ **IC**	
AIC	736.346
AIC divided by N	0.638
BIC(df=3)	751.499
❺ **Variance of**	
e	3.290
y-star	9.051

Abbildung 7.3: Fitstat Ausgabe

In Kapitel 7.3 haben wir bereits einige der Kennwerte erläutert, die bei diesem Test ausgegeben werden. Wir geben nach dem jeweiligen Kennwert an, wo sich die Interpretation dieser Kennzahlen im beschrifteten Regressionsoutput finden.

❶ Log-Likelihood/ Iterationsblock ❶❷

Die Log-Likelihood Werte des Nullmodells (Intercept-only) und des maximierten Models (Model) werden hier angezeigt. Je größer die Differenz zwischen dem Nullmodell und dem maximierten Modell, desto besser ist die Schätzung. In unserem Beispiel ist die Differenz als gut zu beurteilen.

❷ Chi-square/ Modellfit Block ❺❻

Unter Chi-square steht der Wert der Devianz (Deviance), diese berechnet sich auf Basis der Log-Likelihood des maximierten Modells: $-2*LL_M$. Anhand dieses Wertes und einem weiteren Kennwerts kann der Likelihood Ratio $\chi 2$ (LR (df=2)) Koeffizient berechnet werden[13]. Dieser dient als Test des Gesamtmodells und zum Vergleich von untereinander hierarchischen geschichteten Modellen, welche wir unten besprechen. Zur Überprüfung der Signifikanz des Gesamtmodells verwenden wir den empirische p-Wert (p-Value). Dieser wird wie üblich mit der zuvor festgelegten Irrtumswahrscheinlichkeit verglichen.

❸ R2/ Modellfit Block ❼

An dieser Stelle gibt das Programm eine Reihe von unterschiedlichen Varianten von Pseudo-R^2 an, diese unterscheiden sich in der Art der Berechnung und können verschiedene Obergrenzen erreichen. Die meisten beruhen auf drei unterschiedlichen Berechnungsarten.

1. Pseudo R^2 als Verbesserung des maximierten Modells gegenüber dem Nullmodell. Je größer die Differenz, desto besser ist der Modellfit und desto höher fällt Pseudo R^2 aus.
2. Pseudo R^2 als erklärte Variabilität. Der durch das Model erklärte Anteil an der Gesamtvariabilität wird berechnet. Je mehr Variabilität erklärt wird, desto besser ist das Modell angepasst.
3. Pseudo R^2 als das Quadrat der Korrelation. Es wird berechnet als das Quadrat der Korrelation zwischen den vorhergesagten Werten des Modells und den tatsächlichen Werten, vergleichbar wie bei R^2 in der linearen Regression. Der Wertebereich liegt zwischen 0 und 1.

Die Pseudo R^2 Koeffizienten sind nicht wie R^2 in der linearen Regression zu interpretieren, sie basieren auf der Maximum-Likelihood- nicht OLS-Methode. Dementsprechend erklären sie nicht den Anteil an erklärter Varianz. Höhere Werte sprechen für einen besseren Modellfit, die Höhe des Kennwerts lässt sich aber nicht wie in der OLS Regression interpretieren. Durch die unterschiedliche Art der Berechnung der Pseudo-R^2 Koeffizienten, variiert ihre Höhe innerhalb eines Modells meistens stark – aus diesem Grund können sie nicht untereinander verglichen werden. Zudem ist es nicht möglich die Werte von ein und demselben Pseudo-R^2 zwischen verschiedenen Stichproben gegenüberzustellen. Nachfolgend stellen wir die in der Ausgabe angegebenen Kennwerte kurz vor:

McFaddens Pseudo R^2

McFaddens Pseudo R^2 gibt Stata automatisch bei der Berechnung der logistischen Regression aus. Der Kennwert basiert auf Berechnungsart 1 und 2. Der Wert des

---

[13] Dazu wird die Devianz des Nullmodells berechnet: -2 * LL_0 und dann die Differenz berechnet: LR Chi-Square = Dev0 – DevM. Der Wert wird beim logit- oder logistic-Befehl allerdings aus der Differenz des Nullmodells und maximierten Modells erzeugt: Likelihood Ratio $\chi 2$ = -2 * (LL_0 – LL_M) (Williams (2019b)).

Koeffizienten steigt mit der Anzahl der unabhängigen Variablen. Der Wertebereich liegt zwischen 0 und 1.

McFadden (adjusted)

Das ist die korrigierte Variante von McFaddens Pseudo-R^2, dessen Größe nicht von der Anzahl der unabhängige Variablen abhängt, es wird als McFadden (adjusted) bezeichnet. Werden zusätzliche unabhängige Variablen einbezogen, steigt der Wert nur bei besserem Modellfit, ansonsten kann der Wert sinken. Der Kennwert kann sogar negative Werte annehmen.

McKelvey & Zavoina

Für die Berechnung wird Ansatz 3 und ein ähnlicher Ansatz wie unter 2 beschrieben verwendet, der dem Determinationskoeffizienten R^2 nachempfunden ist: Sie basiert auf der Vorhersage einer kontinuierlichen latenten Variablen y^*, die den beobachteten 0 und 1 Werten in den Daten zugrunde liegt. Die Modellvorhersagen der latenten Variablen können mit Hilfe der Modellkoeffizienten und den unabhängigen Variablen berechnet werden. Der Wertebereich dieses Koeffizienten liegt zwischen 0 und 1.

Cox-Snell/ML

Dieser Kennwert wird auch Maximum Likelihood R^2 oder Cox-Snell R^2 bezeichnet und basiert auf Berechnungsart 1. Der Wertebereich liegt zwischen 0 und unter 1.

Cragg-Uhler/Nagelkerke

Dieser Koeffizient basiert auf Cox-Snell/ML und wurde von Cragg und Uhler so angepasst, dass die Obergrenze den Wert 1 annehmen kann.

Efron

Bei diesem Koeffizienten findet Berechnungsmethode 2 und 3 Anwendung. Pseudo-R^2 basiert auf der quadrierten Korrelation zwischen den geschätzten Werten und den beobachteten Werten. Dazu werden die Modellresiduen quadriert, summiert und durch die Gesamtabweichung in der abhängigen Variablen dividiert. Der Kennwert ähnelt dem Determinationskoeffizienten in der Art der Berechnung und kann Werte zwischen 0 und 1 annehmen.

Tjur's D

Diese Maßzahl ist eine relativ neue Pseudo-R^2 Variante, die eine Obergrenze von 1 aufweist und intuitiv zu interpretieren ist. Dieser Kennwert wird auch „Coefficient of Discrimination“ bezeichnet. Er basiert auf der Berechnung von Mittelwerten: Für jede der Kategorie der abhängigen Variable wird der Mittelwert der vorhergesagten Wahrscheinlichkeit und dann die Differenz zwischen diesen beiden Mittelwerten berechnet. Tjur's D wird 0, falls alle geschätzten Wahrscheinlichkeiten gleich ausfallen. Den Maximalwert von 1 erreicht er nur, wenn die geschätzten und beobachteten Wahrscheinlichkeiten bei allen Beobachtungen gleich sind. Allerdings steigt der Koeffizient nicht immer mit der Anzahl der unabhängigen Variablen, er kann sogar sinken.

Count

Das Pseudo-R^2 Count ist identisch mit Count R^2, den wir anhand der Klassifikationsmatrix (siehe oben) berechnet haben. Dieser Ansatz ist mit der OLS Berechnung vergleichbar. Bei der binär logistischen Regression können allerdings ohne Kenntnis der unabhängigen Variablen immer mehr als 50% der Fälle korrekt vorhergesagt werden, indem die Kategorie mit der größten Häufigkeit gewählt wird. Aus diesem Grund wird für diesen Kennwert ein Korrekturfaktor einbezogen, woraus die korrigierte Maßzahl berechnet wird:

Count (adjusted)

Die korrigierte Variante von Count R^2 gibt den Anteil der korrekten Vorhersagen an. Wir können damit die Fehlerreduktion durch Kenntnis unabhängige Variable gegenüber der Vorhersage auf Basis der Randverteilung der abhängigen Variable angeben. Der Wert von 0,650 gibt an, dass sich der Fehler bei der Vorhersage um 65 % reduziert.

Einige Autoren bevorzugen McKelvey & Zavoina, McFaddens Pseudo- R^2 oder Tjur's D. Alle Kennwerte weisen in unserem Beispiel auf einen guten Modellfit hin. Eine Übersicht zur Berechnung der verschiedenen Pseudo-R^2 Kennwerte und Diskussion der Vor-und Nachteile finden Sie bei Allison (2013), Long (1997, 102ff.), Long und Freese (2014a, 6ff., 126ff.), Menard (2002, 18ff.), Tjur (2009) Ucla (2011) und Williams (2015).

 **IC**

IC steht für Informations-Kriterium, das sind Kriterien zur Wahl eines statistischen Modells. In Stata stehen zwei verschiedene zur Auswahl: **AIC** (Akaike's Information Kriterium) und **IC** (Bayesian Information Kriterium).

Im Gegensatz zum **Likelihood Ratio Test** sind diese Kennwerte auch zum Vergleich von Modellen geeignet, die nicht untereinander hierarchisch geschichtet (nested) sind. Zudem liefern sie bei großen Stichproben bessere Resultate und berücksichtigen die unterschiedliche Anzahl von unabhängigen Variablen. Je kleiner die Werte von AIC oder BIC ausfallen, desto besser ist der Modellfit. Wenn Modelle miteinander verglichen werden, fällt die Anpassung des Modells mit den niedrigeren AIC oder BIC Werten besser aus.

AIC und BIC basieren auf der negativen Log-Likelihood-Funktion. AIC ist abhängig von der Stichprobengröße, während BIC durch einen logarithmischen Term bei größeren Stichproben bessere Resultate liefert. Der `fitstat`-Befehl gibt einen modifizierten AIC

Wert aus, der an die Stichprobengröße angepasst wurde (AIC divided by N). Dieser Kennwert kann zur Gegenüberstellung unterschiedlicher Modelle verwendet werden, die nicht hierarchisch geschachtelt sind. Wenn Sie BIC zur Gegenüberstellung verschiedener Modelle verwenden schlägt Raftery (1995, S. 139) zur leichteren Interpretation des Modellfits die nachfolgenden Richtwerte vor. Dabei wird untersucht, ob das zweite Modell eine bessere Modellanpassung aufweist, als das erste Modell. Im nächsten Abschnitt vergleichen wir zwei Modelle miteinander. Die Differenz de BIC Wertes lautet -124,44. Somit ist die Modellanpassung des zweiten Modells gegenüber dem ersten Modell als sehr gut zu bewerten (Best und Wolf 2010, S. 844; Long und Freese 2001, 8f.; Raftery 1995; Williams 2015).

Absolute Differenz	Beurteilung erweitertes Modell
0-2	Schwach
2-6	Anzeichen
6-10	Stark
>10	Sehr stark

Tabelle 7.1: Richtwerte BIC

❺ Variance of

Diese Kennzahlen (Vaianz von y* und dem Residuum e) basieren auf der Annahme eines latenten Variablenmodells. Unter anderem werden sie für die Berechnung von McKelvey & Zavoina verwendet. Weitere Information dazu finden Sie bei Andreß et al. (1997, 394ff.) und Williams (2019a).

Mit einem alternativen Befehl estat ic erhalten wir einige der oben aufgeführten Kennwerte. Die Log-Likelihood Werte, die Anzahl der Freiheitsgrade und AIC und BIC gibt der Befehl aus. Der Befehl ist ein Post-Estimation Befehl und wird nach Berechnung der Regression angegben:

```
. estat ic
```

7.5.4. Vergleich hierarchischer Modelle

Häufig wollen wir verschiedene Regressionsmodelle gegenüberstellen. Zum Vergleich hierarchisch geschachtelter Modelle bieten sich verschiedene Maßzahlen an. Bei Modellen, die auf verschiedene Wahrscheinlichkeitsverteilungen beruhen, sind die Fitmaße **AIC** und **BIC** (siehe oben) zu empfehlen. Für hierarchische Modelle gibt der `fitstat`-Befehl verschiedene Kennwerte gleichzeitig aus. Zwei Modelle können dabei in einem Schritt einander gegenübergestellt werden. Im ersten Schritt berechnen wir mit Stata das Modell mit der geringeren Anzahl an unabhängigen Variablen und anschließend das, um weitere unabhängige Variablen ergänzte Modell. Wollen wir den Regressoutput unterdrücken, schreiben wir vor `fitstat` den Befehl `quietly`:

```
. quietly logit hischool dedu if miss==0

. quietly fitstat, save

. quietly logit hischool dedu prestige if miss==0

. fitstat, diff
```

	Current	Saved	Difference
Log-likelihood			
Model	-365.173	-430.821	65.648
Intercept-only	-726.921	-726.921	0.000
Chi-square			
D(df=1151/1152/-1)	730.346	861.641	-131.295
LR(df=2/1/1)	723.496	592.200	131.295
p-value	0.000	0.000	0.000
R2			
McFadden	0.498	0.407	0.090
McFadden(adjusted)	0.494	0.405	0.089
McKelvey & Zavoina	0.637	0.479	0.158
Cox-Snell/ML	0.466	0.401	0.064
Cragg-Uhler/Nagelkerke	0.650	0.560	0.090
Efron	0.569	0.492	0.077
Tjur's D	0.566	0.492	0.074
Count	0.886	0.865	0.022
Count(adjusted)	0.650	0.583	0.067
IC			
AIC	736.346	865.641	-129.295
AIC divided by N	0.638	0.750	-0.112
BIC(df=3/2/1)	751.499	875.743	-124.244
Variance of			
e	3.290	3.290	0.000
y-star	9.051	6.312	2.739

```
Note: Likelihood-ratio test assumes saved model nested in current model.

Difference of  124.244 in BIC provides very strong support for current model.
```

Der unter Chi-square aufgeführte Likelihood Ratio $\chi 2$ (LR (df=2/1/1)) Wert kann nun für einen weiteren Test verwendet werden. Dieser Test heißt **Likelihood Ratio-Test** und testet, ob das Einbeziehen weiterer unabhängigen Variablen zu einer signifikanten Verbesserung des Modells führt[14]. Dazu berechnet der Test die Differenz der Log-Likelihood des Modells mit weniger unabhängigen Variablen und des Modells mit mehr Variablen und multipliziert den Wert mit -2. Der empirische p-Wert gibt an, ob die

14 Zum Testen einzelner Regressionskoeffizienten können andere Test angewendet werden. Weitere Information zu geeigneten Stata Befehlen finden Sie bei Acock (2018, 346ff.) und Long und Freese (2014a, 200ff.).

Testgröße signifikant von Null verschieden ist. Der Test kann somit auch zur Überprüfung der Signifikanz für komplexere Hypothesen verwendet werden. Allerdings ist er nur zum Vergleich von Modellen aus identischen Stichproben und identischer Fallzahl geeignet. Bei der Berechnung sollte zuvor die Fallzahlangleichung erfolgen (siehe Abschnitt 7.4).

Weiterhin ist es möglich, die Pseudo-R^2 Maß gegenüberzustellen. Diese sind aber nur zum Vergleich von hierarchischen Modellen mit identischen Fallzahlen geeignet. Zudem ist zu beachten, dass manche Varianten von Pseudo-R^2 mit der Hinzunahme von unabhängigen Variablen größer werden. Die Informations-Kriterium AIC und BIC hingegen können für einen Vergleich von unterschiedlichen Modellen Anwendung finden, diese müssen nicht hierarchisch geschachtelt sein.

Wenn wir unsere beiden Modelle gegenüberstellen, sehen wir, dass der Wert des Likelihood Ratio-Test 131,30 beträgt und der empirische p-Wert die Annahme stützt, dass durch das Einbeziehen des Berufsprestiges des Vaters sich die Erklärungskraft des Modells signifikant verbessert. Beide Variablen üben somit gemeinsam in diesem Modell einen signifikanten Einfluss aus. Alle Pseudo-R^2 Varianten weisen im erweiterten Modell höhere Werte auf, auch die der korrigierten Koeffizienten. Insgesamt sind alle Pseudo-R^2 Werte als sehr zu bezeichnen, was an dem unserem modifizierten Übungsdatensatz liegt. Die Differenz von AIC und BIC ist ebenfalls groß. Anhand von Tabelle 7.1 zur Interpretation der Differenz von BIC Werten, lesen wir ab, dass das erweiterte Modell eine bessere Anpassung bietet. Das wird auch anhand des Kommentars unter der Ausgabe deutlich „Difference of 124.244 in BIC provides very strong support for current model". Zusätzlich zur Variable Schulbildung der Eltern, das Berufsprestiges des Vaters einzubeziehen, führt zu einer besseren Modelpassung. Die Auswahl von Variablen für die logistische Regression sollte sich aber anhand passender Theorien orientieren und nicht willkürlich erfolgen (Acock 2018, 339ff.; Andreß et al. 1997, 40ff., 262ff.; Backhaus et al. 2018, 268 ff.; Best und Wolf 2010; Gould et al. 2010, 25f., 255; Long und Freese 2014a, 120ff.; Urban und Mayerl 2018, 387ff.; Williams 2019b, 2015)[15]. Vertiefende Information zur binär logistischen Regression finden Sie bei Andreß et al. (1997, 261ff.), Cohen (2003, 479ff.), Darlington und Hayes (2017, 551ff.), Fox (2016, 370ff.), Hosmer (2013) und Long und Freese (2014a).

---

15 Diese Autoren wurden für das Kapitel herangezogen.

7.6. Zusammenfassung der Befehle

Befehl	Beschreibung
`estat classification`	Klassifikationstabellen
`estat ic`	Post-Estimation Befehl mit Fitmaßen
`estat gof`	Pearson Chi-Quadrat-Statistik
`estat gof, group()`	Hosmer–Lemeshow Test
`fitstat`	Verschiedene Fitmaße
`listcoef, help`	Ausgabe verschiedener Arten von Regressionskoeffizieten
`logistic`	Logistische Regression mit Odds (logistic, coeff für Logits)
`logit`	Logistische Regression mit Logits (logit, or für odds)
`margins`	Post-Estimation Befehl: geschätzte Wahrscheinlichkeiten
`margins, dydx(_all)`	Durchschnittliche Marginaleffekte (AME)
`marginsplot`	Margingsplot
`prtab`	Geschätzte Wahrscheinlichkeiten

7.7. Übungsaufgaben

☞ Wir verwenden in diesem Kapitel den Datensatz **survey12.dta**

1. Wir möchten untersuchen, ob der die Befürwortung der Legalisierung von Marihuana (*grass*) vom Geschlecht (*sex*), Bildung (*educ*) und Alter (*age*) abhängt. Dabei soll der Wert 0 für die Ablehnung der Legalisierung und 1 die Befürwortung der Legalisierung von Marihuana stehen.

a) Berechnen Sie die logistische Regression und interpretieren Sie die Regressionskoeffizienten des Logits und Odds-Modells.

b) Interpretieren Sie den Modellfit anhand der ausgegebenen Werte.

c) Wir möchten wissen, wie hoch die Odds für die Legalisierung von Marihuana für männliche Befragte im Alter von 20 Jahren und 10 Jahren Schulbildung ausfallen.

2. Wie hoch ist die Wahrscheinlichkeit für die Legalisierung von Marihuana zu stimmen, wenn die befragte Person weiblich, über 13 Jahre Schulbildung verfügt und 25 Jahre alt ist? Zeigen Sie zwei Wege für die Regression aus Aufgabe 1 auf.

3. Erstellen Sie einen Conditional-Effect-Plot für die Regression, aus Aufgabe 1 getrennt für Frauen und Männer.

a) Für die Schulbildung zwischen 10 und 16 Jahren in 2er Schritten und dem Alter zwischen 18 und 80 Jahren in 10 Jahresabständen. Die Schulbildung soll auf der X-Achse dargestellt werden.

b) Für die Schulbildung zwischen 10 und 16 Jahren in 2er Schritten und dem Alter zwischen 18 und 80 in 10 Jahresabständen. Das Alter soll auf der X-Achse dargestellt werden.

4. Berechnen Sie die durchschnittlichen Marginaleffekte das Regressionsmodell aus Aufgabe 1 und interpretieren Sie die durchschnittlichen Marginaleffekte.

5. Berechnen Sie für Aufgabe 1 den Hosmer-Lemeshow-Test und Pearson Chi-Quadrat-Statistik und interpretierten Sie die Werte.

6. Welche Faktoren beeinflussen die Einstellung zur Todesstrafe (*deathpen*)? Aufgrund theoretischer Vorarbeiten gehen wir davon aus, dass das Geschlecht (*sex*) und die politische Einstellung (*presi*) eine Rolle spielen. Berechnen Sie zur Überprüfung der Annahme die logistische Regression.

a) Lassen Sie sich eine Klassifikationstabelle ausgeben und interpretieren Sie diese im Hinblick auf Sensitivität, Spezifizität und korrekte Klassifikation.

b) Das Regressionsmodell wird um die Variable Schulbildungsjahre (*educ*) erweitert. Vergleichen Sie den Modellfit beider Modelle miteinander anhand von `fitstat`.

Lösungen der Übungsaufgaben:

ÜbungenKapitel07.do

8. Mittelwertvergleiche

Gibt es einen Zusammenhang zwischen der Internetnutzung und dem Alter? Nutzen junge das Internet häufiger als ältere Personen? Ähnliche Fragestellungen haben wir bereits in den Kapiteln 5 und 6 behandelt. Zur Untersuchung solcher Annahmen wurden verschiedene Zusammenhangsmaße vorgestellt. Diese Annahmen werden auch als Hypothesen bezeichnet, den genannten Beispielen liegen Zusammenhangshypothesen zugrunde. Eine weitere Art von Hypothesen besprechen wir an dieser Stelle, die **Unterschiedshypothesen** . In den Sozialwissenschaften verwenden wir am häufigsten Zusammenhangshypothesen und Unterschiedshypothesen. In einigen Fällen lassen sich Forschungsfragen sowohl als Zusammenhangshypothesen als auch Unterschiedshypothesen formulieren. Die Zusammenhangshypothese aus unserem Beispiel kann in eine Unterschiedshypothese überführt werden, dann lautet sie: Gibt es einen Unterschied zwischen jungen und älteren Personen hinsichtlich der Internetnutzung? Zur Überprüfung des Unterschieds der Internetnutzung könnten wir die Mittelwerte der Variable Internetnutzung in Minuten aus dem ESS 2016 betrachten. Zentrale Verfahren zur Überprüfung von Unterschiedshypothesen, stellen wir in diesem Kapitel vor.

Zuerst erläutern wir wichtige Begriffe, wie die Grundlagen von Signifikanztests und der allgemeinen Vorgehensweise beim statischen Testen, diese sind auch für das Verständnis der Signifikanztests ab Kapitel 5 relevant, insofern sie nicht bereits bekannt sind. Anschließend widmen wir uns verschiedenen Arten von Hypothesentests für Mittelwerte. Am Ende des Kapitels stellen wir nichtparametrische Testverfahren für Unterschiedshypothesen dar. Auf Hypothesentests für Anteile gehen wir nicht ein, dazu verweisen wir auf Acock (2018, 155ff.).

☞ Wir verwenden in diesem Kapitel überwiegend die Daten des ESS 2016 (**ESS8DE.dta)**

8.1. Arten von Hypothesen

Beim Hypothesentest formulieren wir anhand theoretischer Überlegungen die Forschungshypothese. In unserem Beispiel spielt unter anderem das Generation Gap (Alterskluft) eine Rolle: Jüngere Personen weisen eine höhere Internetkompetenz als ältere auf und nutzen das Internet öfter als ältere. Die **Forschungshypothese** wird meistens mit H_1 in manchen Fällen auch mit H_A bezeichnet. Neben der Forschungshypothese wird eine Gegenhypothese aufgestellt (siehe nächste Abschnitt), diese heißt auch **Nullhypothese**. Die Nullhypothese oder Gegenhypothese wird mit H_0 abgekürzt. Im Beispiel des Alters und der Internetnutzung könnten wir als Forschungshypothese formulieren, dass ein Unterschied zwischen der Internetnutzung von jüngeren und älteren Personen existiert. Die Nullhypothese lautet folglich, dass kein Unterschied in der Internetnutzung besteht. Bezogen auf Mittelwerte bedeutet das, bezogen auf die Forschungshypothese, die Mittelwerte der beiden Gruppen sich unterscheiden. Die Hypothese sagt allerdings nicht aus, wie sich die Gruppen unterscheiden. So würde die Forschungshypothese zutreffen, wenn die älteren Personen im Durchschnitt öfter das Internet nutzen oder umgekehrt die jüngeren Personen. Solche Hypothesen heißen **ungerichtete Hypothesen** oder **zweiseitige Hypothesen**, denn der Unterschied kann in zwei Richtungen gehen. Wenn wir die Mittelwerte der beiden Gruppen betrachten, sollten sich diese laut Forschungshypothese unterscheiden und laut Nullhypothese nicht. Oder anders ausgedrückt ist die Differenz der Mittelwerte laut Nullhypothese null und laut Forschungshypothese ungleich null. Unsere Hypothesen beschreiben wir anschließend formal. Wobei wir griechische Buchstaben für die Kennzeichnung von Werten aus der Grundgesamtheit und lateinische Buchstaben für Kennwerte der Stichprobe verwenden. Für das arithmetische Mittel wird das Symbol μ genutzt, die beiden Gruppen kennzeichnen wir mit 1 und 2.

$H_1: \mu x_1 \neq \mu x_2;\ H_0: \mu x_1 = \mu x_2$

$H_1: \mu x_1 - \mu x_2 \neq 0;\ H_0: \mu x_1 - \mu x_2 = 0$

Ungerichtete Hypothesen sind allerdings wenig informativ. Wenn wir Forschungshypothesen so umformulieren, dass sie eine Richtung aufzeigen, nennen wir diese Art von Hypothesen **gerichtete** oder **einseitige Hypothesen**. Diese Hypothesen besagen, dass etwas größer oder kleiner, besser oder schlechter etc. ist:

$H_1: \mu x_1 > \mu x_2;\ H_0: \mu x_1 \leq \mu x_2$

$H_1: \mu x_1 < \mu x_1;\ H_0: \mu x_1 \geq \mu x_1$

Wenn wir davon ausgehen, dass junge Personen öfter das Internet nutzen als ältere, ist es möglich, die Forschungshypothese auf zwei Arten zu formulieren. Der Mittelwert der Internetnutzung der Jüngeren ist größer als der Mittelwert der Internetnutzung der Älteren. Oder umgekehrt: Der Mittelwert der Internetnutzung der Älteren ist kleiner als der Mittelwert der Internetnutzung der Jüngeren. Verwenden wir Buchstaben statt Nummern, schreiben wir die Hypothesenpaare formal als Mittelwertdifferenz:

$H_1: \mu x_J - \mu x_Ä > 0;\ H_0: \mu x_J - \mu x_Ä \leq 0$

$H_1: \mu x_Ä - \mu x_J < 0;\ H_0: \mu x_Ä - \mu x_J \geq 0$

Die gerade besprochenen Hypothesen beziehen sich auf Mittelwertunterschiede. Es ist aber möglich auchzu testen, ob ein Mittelwert von einem hypothetischen Wert abweicht. Zur

Veranschaulichung betrachten wir die Internetnutzung von jungen Erwachsenen (vergleiche Ein- Stichproben t-Test in Kapitel 8.2). Wir vermuten, dass diese Gruppe das Internet mehr oder weniger als 185 Minuten pro Tag nutzt. Dann schreiben wir formal:

Ungerichtete Hypothese: H_1: $\mu \neq 185$; H_0: $\mu = 185$

Diese Forschungshypothese ist nicht besonders informativ. Wir formulieren Sie um: Wir gehen davon aus, das junge Erwachsene das Internet öfter als 185 Minuten nutzen. Die Hypothese ist nun gerichtet (rechtsseitiger Test):

Gerichtete Hypothese: H_1: $\mu > 185$; H_0: $\mu \leq 185$

8.2. Grundlagen von Signifikanztest

Nicht nur die Frage, ob ein Zusammenhang zwischen Variablen existiert, sondern ob dieser signifikant[1] ausfällt, ist von Interesse. Die Daten, mit denen wir arbeiten stammen in der Regel aus Stichproben[2]. Mit einem **Signifikanztest**[3] können wir überprüfen, ob der vorgefundene Zusammenhang oder Unterschied über die Stichprobe hinaus Gültigkeit in der Grundgesamtheit besitzt. Dabei besteht das Problem, dass die Grundgesamtheit anhand von Stichproben nicht exakt abgebildet werden kann. Möglicherweise tritt der vorgefundene Zusammenhang oder Unterschied durch eine (zufällige) Abweichung der Stichprobe von der Grundgesamtheit auf. Nehmen wir hypothetisch an, dass der Unterschied in der Internetnutzung von jüngeren und älteren Personen 30 Minuten beträgt, der Unterschied kann durch die Unschärfe bei der Stichprobenziehung zufällig entstehen oder tatsächlich in der Grundgesamtheit vorliegen. Wenn wir in unserem Beispiel das arithmetische Mittel der Internetnutzung betrachten, ist es denkbar, dass die Abweichungen vom Mittelwert zufällig auftreten oder nicht. Obwohl es nicht möglich ist, zu ermitteln, wie hoch die durchschnittliche Internetnutzung in der Grundgesamtheit ausfällt, können wir dennoch eine Aussage über die Stichproben treffen, wenn der Mittelwertunterschied in der Grundgesamtheit null wäre. Dann würden die Unterschiede zwischen verschiedenen Stichproben um den Mittelwert null streuen. Die überwiegende Zahl würde nahe bei null liegen und

---

[1] Der Begriff Signifikanz steht dabei stets für die statistische Signifikanz.

[2] Stichprobe steht hierbei Synonym für einfache Zufallsstichproben. Bei komplexen Stichproben müssen wir anders vorgehen. Weitere Information finden Sie unter anderem bei Kohler und Kreuter (2017, 225ff.) und Kreuter und Valliant ((2007)).

[3] Das Konzept der statistischen Signifikanz ist in der Wissenschaft allerdings nicht unumstritten.

Mittelwertunterschiede weit von null entfernt wären unwahrscheinlich. Diese Gedanken spiegeln die Grundlagen des Signifikanztests wider:

Wir stellen eine **Forschungshypothese** auf - meistens wird die Forschungshypothese so formuliert, dass von einem Unterschied oder Zusammenhang zwischen zwei Variablen ausgegangen wird. Anschließend wird dieser Hypothese eine zweite Hypothese entgegengesetzt, das heißt, es wird stets beim statistischen Testen stets ein Hypothesenpaar betrachtet[4]. Die andere Hypothese, d.h. die Gegenhypothese wird so formuliert, dass sie das Gegenteil unserer Forschungshypothese behauptet, sie wird **Nullhypothese** bezeichnet. Nun überlegen wir, welche Ergebnisse anhand der Stichprobe wahrscheinlich und welche unwahrscheinlich wären. Finden wir anhand der Stichprobe ein Ergebnis, das im Sinne der Nullhypothese unwahrscheinlich ist, so widerspricht das der Nullhypothese. Die Annahme der Nullhypothese, dass kein Unterschied besteht, ist folglich unwahrscheinlich. Das Ergebnis spricht damit im Umkehrschluss für unsere Forschungshypothese. Ein im Sinne der Nullhypothese unwahrscheinliches Ergebnis wird als signifikant bezeichnet. Bei Signifikanztests besteht aber immer die Problematik, dass wir eine Hypothese nie mit absoluter Sicherheit bestätigen bzw. verwerfen können, sondern immer nur mit einer gewissen Wahrscheinlichkeit.

Die Wahrscheinlichkeit, mit der wir ein unwahrscheinliches Ergebnis erhalten ist zugleich die Wahrscheinlichkeit mit der wir Nullhypothese ablehnen, obwohl sie zutrifft. Aus diesem Grund nennen wir diese Wahrscheinlichkeit **Irrtumswahrscheinlichkeit, Fehler erster Art** oder **α-Fehler**. Die Obergrenze der Irrtumswahrscheinlichkeit, wird als Signifikanzniveau bezeichnet. In den Sozialwissenschaften sind geläufige Irrtumswahrscheinlichkeiten bzw. **Signifikanzniveaus** 5 % 1 % und 0,1 % (siehe Kapitel 5.2.). Eine Irrtumswahrscheinlichkeit von 5 % festzulegen bedeutet, dass man ein Ergebnis als signifikant akzeptiert, welches rein zufällig in 5 Prozent aller Stichprobenziehungen auftreten würde, wenn der vermutete Unterschied oder Zusammenhang in der Grundgesamtheit, nicht besteht. Warum setzten wir dann nicht eine sehr geringe Irrtumswahrscheinlichkeit an? Das liegt daran, dass bei statistischen Tests nicht nur ein Fehler, sondern zwei auftreten. Je kleiner der **α-Fehler**, desto größer fällt der zweite Fehler aus. Dieser wird **Fehler zweiter Art** oder **β-Fehler** genannt. Die Nullhypothese wird dann nicht zurückgewiesen, obwohl sie falsch ist. Zudem müssen wir beachten, dass bei großen Stichproben die Nullhypothese eher abgelehnt wird und ein Effekt signifikant wird als bei einem geringeren Stichprobenumfang.

[4] Auch wenn wir dies nicht immer explizit angeben.

Neben der Überprüfung der Signifikanz sollte die **Effektstärke**[5] auch überprüft werden (siehe Abschnitt 8.3.2).

Vielleicht fragen Sie sich, warum wir den „Umweg" über die Falsifikation (**Falsifikationsprinzip**) der Nullhypothese wählen, statt die Forschungshypothese zu verifizieren? Die Arten von Hypothesen, die wir meistens untersuchen, sind sogenannte universelle Hypothesen. Diese sind durch Beobachtung falsifizierbar, aber ohne die Beobachtung aller Einheiten nicht verifizierbar. Zum Beispiel lässt sich die Hypothese „alle Katzen sind getigert" durch das Auffinden einer anders gemusterten Katze falsifizieren, aber nicht ohne Überprüfung aller Katzen verifizieren: Wir können nicht alle Katzen dieser Welt aufspüren, sondern nur einen geringen Anteil an allen Katzen betrachten, indem wir eine Stichprobe aus allen Katzen ziehen. Dieses Vorgehen setzt voraus, dass wir die Nullhypothese falsifizieren.[6]

8.2.1. Vorgehensweise bei Hypothesentests

Die Vorgehensweise bei der Überprüfung statistischer Hypothesen beschreiben wir in vier Schritten:

(1) Null- und Alternativhypothese formulieren

(2) Auswahl einer geeigneten Teststatistik und Testverteilung

(3) Festlegung der Irrtumswahrscheinlichkeit

(4) Teststatistik berechnen und Entscheidung über Akzeptanz oder Ablehnung der Nullhypothese

Exemplarisch zeigen wir das weitere Vorgehen nun für Hypothesen über zwei Mittelwerte auf. Bei einer Stichprobe ist das Vorgehen ähnlich.

(1) Die Formulierung der Null- und Forschungshypothese haben wir bereits im vorhergehenden Unterkapitel besprochen. Formal schreiben wir:

---

[5] Überlegungen zur Teststärke (auch Power oder Trennschärfe) sollten berücksichtigt werden, siehe exemplarisch Acock (2018, 173ff.) oder Mayerhofer et. al (2015, 166ff.).

[6] Nach Popper sollte die Nullhypothese immer wieder anhand von Replikationen falsifiziert werden, nur so können wir sagen, dass das Ergebnis des Hypothesentests nicht zufällig auftritt.

Zweiseitiger Test:

H_1: $\mu x_1 - \mu x_2 \neq 0$; H_0: $\mu x_1 - \mu x_2 = 0$

Linksseitiger Test:

H_1: $\mu x_1 - \mu x_2 < 0$; H_0: $\mu x_1 - \mu x_2 \geq 0$

Rechtsseitiger Test:

H_1: $\mu x_1 - \mu x_2 > 0$; H_0: $\mu x_1 - \mu x_2 \leq 0$

(2) Anschließend legen wir eine geeignete Teststatistik fest, die der Verteilung der jeweiligen Zufallsvariable[7] entspricht. Meistens ist das die Normalverteilung oder t-Verteilung. Welche Teststatistiken dazu notwendig sind, haben Statistiker erforscht. In Statistikprogrammen wie Stata sind entsprechende Teststatistiken enthalten. Wichtig ist es, nur zu wissen, welche Teststatistik wir für welche Fragestellung einsetzten müssen. In unserem Fall verwenden wir zur Berechnung der Teststatistik den Mittelwertunterschied und die Standardabweichung, die passende Verteilung für diesen Test ist die t-Verteilung. Diese Verteilung wird auch Studentische Verteilung bezeichnet und wurde von William Sealy Gosset entwickelt, um die korrekte Berechnung Mittelwertunterschieden in kleinen Stichproben zu ermöglichen[8]. Anhand der Teststatistik ermitteln wir, wie groß die Wahrscheinlichkeit wäre, den tatsächlichen beobachtbaren Zusammenhang zu ermitteln, wenn die Nullhypothese zutreffen würde.

(3) Um zu überprüfen, ob die Teststatistik für die Ablehnung der Nullhypothese spricht oder die Nullhypothese beibehalten wird, müssen wir eine Irrtumswahrscheinlichkeit (Signifikanzniveau) zuvor festlegen. Wie bereits besprochen wählen wir meistens 5 %, 1 % oder 0,1 %.

(4) Unterschreitet die anhand der Stichprobendaten berechnete Wahrscheinlichkeit die gewählte Irrtumswahrscheinlichkeit, wird die Nullhypothese bis auf Weiteres verworfen und die Forschungshypothese angenommen. Falls die Wahrscheinlichkeit größer oder gleich der Irrtumswahrscheinlichkeit ist, wird die Nullhypothese bis auf Weiteres beibehalten. Anhand von Verteilungstabellen können wir die Wahrscheinlichkeit für die be-

[7] Das ist eine Variable, die das Ergebnis eines Zufallsexperiments darstellt. In der Regel arbeiten wir mit Zufallsstichproben, die daraus resultierenden Variablen sind folglich Zufallsvariablen.

[8] Für größere Stichproben ist die Berechnung mittels der Standardnormalverteilung möglich: Die t-Verteilung kann bei mehr als 30 Beobachtungen durch die Normalverteilung approximiert werden.

rechnete Testgröße bestimmen und diese mit der Irrtumswahrscheinlichkeit vergleichen. Dabei ist zu beachten, dass die Grenze zur Unterschreitung (**Ablehnungsbereich der Nullhypothese** oder **kritischer Bereich**[9]) nicht nur von der Höhe der Irrtumswahrscheinlichkeit, sondern der auch Art der Hypothese abhängt. Bei zweiseitigen (ungerichteten) Hypothesen existieren zwei Ablehnungsbereiche der Nullhypothese, die Bereiche am unteren und oberen Rand der Testverteilung (siehe Abbildung 8.1) liegen.

Wählen wir eine Irrtumswahrscheinlichkeit (α) von 5 %, ist es erforderlich, dass die Teststatistik unterhalb der unteren oder der oberhalb der oberen 2,5 % der Werte (der jeweiligen Zufallsvariablen) liegt, damit wir die Nullhypothese (vorläufig) ablehnen. Bei einseitigen (gerichteten) Hypothesen ist nur ein Ablehnungsbereich vorhanden. Je nachdem wie die Forschungshypothese formuliert wird, ist, befindet sich der Ablehnungsbereich links oder rechts. Geht aus der Forschungshypothese hervor, dass die Mittelwertdifferenz zweier Gruppen kleiner als null ist, liegt der Ablehnungsbereich links (**linksseitiger Ablehnungsbereich, linksseitiger Hypothesentest**). Dann muss die Teststatistik bei einer Irrtumswahrscheinlichkeit von 5 % im Bereich der unteren 5 % der Zufallsvariable liegen, damit die Nullhypothese abgelehnt (vorläufig) wird. Bei Forschungshypothesen über Mittelwertdifferenzen, die größer als null sind, befindet sich der Ablehnungsbereich auf der rechten Seite (**rechtsseitiger Ablehnungsbereich, rechtsseitiger Hypothesentest**) und es notwendig, dass die Teststatistik im Bereich der oberen 5 % der Zufallsvariable liegt, damit wir die Nullhypothese (vorläufig) ablehnen.

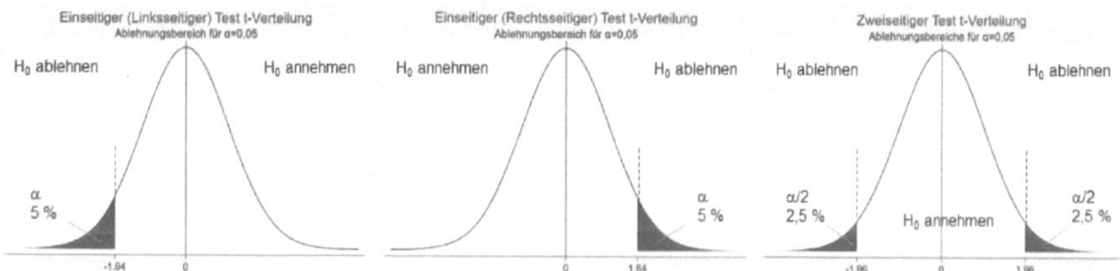

Abbildung 8.1: Ablehnungsbereiche t-Verteilung

Für die Entscheidung, ob wir die Nullhypothese vorläufig verwerfen oder beibehalten, ist es nicht zwangsläufig notwendig, die aus den Stichprobendaten berechnete Teststatistik zu

[9] Kritischen Bereiche (große Stichproben) und 5 % Irrtumswahrscheinlichkeit: Ungerichtete Hypothesen: ± 1,96; linkssteigen Tests: – 1,64 rechtsseitigen Tests: + 1,64.

verwenden und mit den Werten der entsprechenden Verteilungstabelle[10] vergleichen. Statistikprogramme, wie Stata geben einen **p-Wert** (**empirisches Signifikanzniveau**[11]) aus. Der Wert besagt mit welcher Wahrscheinlichkeit die Teststatistik einen so extremen Wert wie den beobachteten Wert der Teststatistik oder einen noch extremeren Wert annimmt. Das bedeutet, dass der p-Wert die Wahrscheinlichkeit angibt, dass die Teststatistik den anhand der Stichprobe berechneten Wert aufweist oder einen Wert, der noch weiter im Ablehnungsbereich der Nullhypothese liegt. Für Entscheidung über Akzeptanz oder Ablehnung der Nullhypothese vergleichen wir den p-Wert mit der vorher festgelegten Irrtumswahrscheinlichkeit:

$p < \alpha$: Nullhypothese ablehnen

$p \geq \alpha$: Nullhypothese beibehalten

Nachfolgende Tabelle bietet eine Übersicht der in den Sozialwissenschaften üblichen Irrtumswahrscheinlichkeiten und entsprechenden Bezeichnungen, für die Die Symbole werden verwendet, um die unterschiedlichen Grade der Signifikanz zu kennzeichnen.

α	Irrtumswahrscheinlichkeit	Bezeichnung	Symbolik*
< 0,001	< 0,1 %	hochsignifikant	***
< 0,01	< 1,0 %	(sehr) signifikant	**
< 0,05	< 5,0 %	signifikant	*
< 0,10	< 10,0 %	schwach signifikant	+ ~ † #

Tabelle 8.1: Irrtumswahrscheinlichkeit und Signifikanz

Manche Statistikprogramme verwenden bei der Berechnung von Teststatistiken nur zweitseitige Tests. Beispielsweise bietet SPSS beim t-Test keine Option einseitig zu testen. In Stata bietet die Regressionen keine Option für einseitige Tests. Trotzdem ist es möglich einseitig zu testen. In solchen Fällen teilen wir den p-Wert durch 2, wenn der Wert der Teststatistik in der laut Nullhypothese vermuteten Richtung liegt. Finden wir beispielsweise ein empirisches Signifikanzniveau von p=0,04 vor, ermitteln wir als Wert 0,02. Manche

---

[10] In Stata können wir uns verschiedene Verteilungstabellen ausgeben lassen: `ttable` erstellt die t-Tabelle für 1 bis 200 Freiheitsgrade. Die Anzahl der Freiheitsgrade kann auch angegeben werden, zum Beispiel für 500: `ttable 500`.

[11] Vergleiche Kapitel 5.2.

Teststatistiken erlauben es allerdings nicht einseitige Hypothesen zu testen, das sind beispielsweise der F-Test und der Chi-Quadrat-Test (Kühnel und Krebs 2007, 253ff.; Ludwig-Mayerhofer et al. 2015, 136ff.; Bortz und Schuster 2016, 97ff.).

8.2.2. Konfidenzintervalle

In anderen Kapiteln haben wir bereits den Begriff **Konfidenzintervall** (auch Vertrauensbereich oder Vertrauensintervall) benutzt, ohne auf die konkrete Bedeutung einzugehen. Mittelwerte oder Anteile von Zufallsstichproben sind die besten Schätzwerte für die entsprechenden Kennwerte in der Grundgesamtheit. Die Schätzung beruht in diesem Fall auf einen einzigen Wert, weshalb diese Parameter als Punktschätzer bezeichnet werden. Nur einen Wert als Schätzwert zu verwenden ist jedoch nicht unproblematisch. Zur Illustration betrachten wir als Punktschätzer die durchschnittliche Handynutzung der in Deutschland lebenden Bevölkerung. Wir gehen davon aus, anhand einer Stichprobe im Umfang von 1000 Befragten ein arithmetisches Mittel von 3,25 Stunden als Schätzwert für die Handynutzung zu erhalten. Würden wir erneut Stichproben im Umfang von 1000 Befragten ziehen, so wäre es aber sehr unwahrscheinlich, dass wir genau diesen Wert ermitteln. Statt eines einzelnen Werts ist es möglich, ein Intervall zu schätzen, das den Punktschätzer mit einer gewissen Wahrscheinlichkeit enthält. Diese Intervalle nennen wir Konfidenzintervalle.

Formal beschreiben wir diese wie folgt:

KONF[untere Grenze; obere Grenze] = Sicherheitswahrscheinlichkeit

z.B.: KONF[3,19; 3,31] = 0,95

Die Breite des Konfidenzintervalls ist abhängig vom Standardfehler und der Irrtumswahrscheinlichkeit beziehungsweise der Sicherheitswahrscheinlichkeit (Komplement der Irrtumswahrscheinlichkeit). Die Größe des Standardfehlers wird wiederum durch die Stichprobengröße und Varianz der Grundgesamtheit bestimmt. Bei großen Stichproben sind die Konfidenzintervalle nicht so breit wie bei kleinen Stichproben und die Schätzung ist genauer. Je größer die Sicherheitswahrscheinlichkeit, desto breiter wird das Konfidenzintervall. Die Sicherheitswahrscheinlichkeit beträgt in der Regel 95 % oder 99 %, sie wird in diesem Zusammenhang auch als **Konfidenzniveau** bezeichnet. Deshalb sprechen wir auch von (95 % oder 99 %) Konfidenzintervallen. In unserem Beispiel enthält das Intervall mit den Grenzen 3,22 bis 3,28 Stunden den (wahren unbekannten) Mittelwert der Handynutzung mit einer Sicherheitswahrscheinlichkeit von 95 %[12]. Eine andere Interpretation lautet: Das Konfidenzintervall stellt die Spannenweite von plausiblen Werten für den unbekannten Mittelwert (der Grundgesamtheit) dar. Werte außerhalb des Konfidenzintervalls sind relativ unplausibel.

In Stata berechnen wir Konfidenzintervalle für Mittelwerte mit dem Befehl `ci means`. Wir lassen uns das 95 %-Konfidenzintervall für die Internetnutzung von Personen unter 30 Jahren ausgeben, anhand der Daten des ESS 8 (**ESS8DE.dta**). Das Kommando lautet demzufolge:

```
. ci means netustm if agea<30
```

Variable	Obs	Mean	Std. Err.	[95% Conf.	Interval]
netustm	532	263.8421	8.045433	248.0373	279.6469

Die untere Grenze des 95 % Konfidenzintervalls lautet 248,03 und die obere Grenze 279,65. Das Intervall enthält den (wahren) unbekannten Mittelwert mit einer Sicherheitswahrscheinlichkeit von 95 %. Anders formuliert, liegt der wahre Parameter in den Intervallgrenzen in 95 % der Fälle bzw. mit einer Wahrscheinlichkeit von 95 %, aber in 5 % der Fälle nicht. Die Sicherheitswahrscheinlichkeit legen wir mit der `level(#)`-Option fest. Ein 99 % Konfidenzintervall erzeugen wir mit:

```
. ci means netustm if agea<30, level(99)
```

Konfidenzintervalle sind eine sinnvolle Ergänzung für verschiedene Signifikanztests. Besonders bei großen Stichproben ist es sinnvoll neben den Signifikanztests Konfidenzintervalle zur Interpretation der Ergebnisse einzubeziehen, da die Ergebnisse eher signifikant werden als bei kleinen Stichproben. Konfidenzintervalle verwenden wir manchmal auch als Signifikanztest:

Bei zweiseitigen (ungerichteten Hypothesen) gilt: Liegt bei einem Ein-Stichproben Test (vergleiche Kapitel 8.2) der hypothetische Mittelwert außerhalb des Konfidenzintervalls, so ist der Unterschied signifikant mit der vorab festgelegten Irrtumswahrscheinlichkeit, ansonsten ist der Unterschied nicht signifikant. Nehmen wir exemplarisch das obige Beispiel der Internetnutzung: Wir vermuten, dass die Internetnutzung nicht 185 Stunden (hypothetischer Wert) beträgt und testen mit einer Irrtumswahrscheinlichkeit von 5 %: Liegt der Wert 185 nicht im 95 % Konfidenzintervall, so verwerfen wir die Nullhypothese.

---

[12] Die Berechnung erfolgte für n= 1000 Personen und einer Standardabweichung von einer Stunde.

Bei einseitigen Tests ist das Vorgehen etwas komplizierter[13]. In diesem Fall ist es notwendig, dass der hypothetische Wert außerhalb des 2·α-Konfidenzintervalls liegt, damit die Forschungshypothese akzeptiert wird. Bei linksseitigen Tests muss der Mittelwert der Stichprobe kleiner als der hypothetische Mittelwert ausfallen und bei rechtsseitigen Tests größer als der hypothetische Wert. Wenn diese Voraussetzungen gegeben sind, schließen wir auf einen signifikanten Unterschied (siehe Berechnung Kapitel 8.2.) Wir zeigen dieses Vorgehen anhand der gerichteten Forschungshypothese aus dem Beispiel der Internetnutzung. Wir möchten überprüfen, ob die Internetnutzung mehr als 185 Stunden beträgt, die Irrtumswahrscheinlichkeit α soll 5 % betragen. Dazu ist es notwendig das 90 % Konfidenzintervall (0,05·2 = 0,10) zu berechnen, auf jeder Seite liegen 5 % der Fläche:

```
. ci means netustm if agea<30, level(90)
```

Variable	Obs	Mean	Std. Err.	[90% Conf.	Interval]
netustm	532	263.8421	8.045433	250.5854	277.0988

Das arithmetische Mittel der Stichprobe (263,84) ist größer als der hypothetische Mittelwert (185). Der Wert 185 liegt nicht im 90 % Konfidenzintervall, somit ist der Unterschied in der Internetnutzung signifikant mit einer Irrtumswahrscheinlichkeit von 5 %. Junge Erwachsene surfen durchschnittlich mehr als 185 Minuten im Internet.

Bei zwei unabhängigen Stichproben (t-Test, siehe Kapitel 8.3) ist es möglich die Konfidenzintervalle der jeweiligen Stichprobe miteinander zu vergleichen[14]. Bei zweiseitigen Tests gilt Folgendes: Falls die Konfidenzintervalle sich nicht überschneiden, besteht ein signifikanter Unterschied zwischen den Gruppen. Das Gegenteil ist nicht unbedingt zutreffend. Wenn Konfidenzintervalle überlappen, kann dennoch ein signifikanter Unterschied zwischen den Stichproben vorhanden sein. Aussagen über die Signifikanz von Mittelwertdifferenzen, wenn sich die Konfidenzintervalle überlappen, können wir nicht pauschal treffen. Stattdessen ist es zu empfehlen in diesem Fall einen t- Test durchzuführen.

Es besteht auch die Möglichkeit das Konfidenzintervall der Differenz der Mittelwerte zu berechnen und im Sinne eines Signifikanztests zu interpretieren. Schließt dieses Konfidenzintervall den Wert null ein, ist der Unterschied zwischen den beiden Stichproben nicht signifikant. Konfidenzintervalle lassen sich auch bei einer Stichprobe und bei abhängigen

---

[13] Ludwig-Mayerhofer et al. ((2015, S. 165).) beschreiben das Vorgehen anschaulich.

[14] Diese Art von Konfidenzintervall und das Konfidenzintervall der Mittelwertdifferenz werden beim t-Test automatisch generiert.

Stichroben als Signifikanztests nutzen. Weitere Hinweise zu diesem Thema und wie Konfidenzintervalle korrekt interpretiert werden, geben unter anderem Cumming (2012, 102ff.), Cumming und Finch (2005) und Janczyk und Pfister (2015).

Zur Veranschaulichung analysieren wir die Internetnutzung von jungen und älteren Personen, anhand der zuvor verwendeten Daten. Bevor wir für beide Gruppen die 95 % Konfidenzintervalle berechnen, erstellen wir anhand des Alters (*age*) eine neue Variable.

```
. recode agea(15/29=0 "0 young")(30/65=1 "1
  older")(66/max=.),gen(dage)

. drop if dage >1

. bysort dage: ci means netustm
```

```
-> dage = 0 young

    Variable |        Obs        Mean    Std. Err.       [95% Conf. Interval]
-------------+---------------------------------------------------------------
     netustm |        532    263.8421    8.045433        248.0373    279.6469

-> dage = 1 older

    Variable |        Obs        Mean    Std. Err.       [95% Conf. Interval]
-------------+---------------------------------------------------------------
     netustm |      1,341    170.1171    4.571921        161.1482     179.086
```

Die 95 % Konfidenzintervalle überschneiden sich nicht, dementsprechend sind die Unterschiede zwischen den beiden Stichproben mit einer Irrtumswahrscheinlichkeit von 5 % oder kleiner signifikant.

In zahlreichen Veröffentlichungen finden sich Balkendiagramme mit Fehlerbalken zur Veranschaulichung von Mittelwertunterschieden. In Stata ist bis einschließlich Version 15 ist kein entsprechender Befehl implementiert. Alexander Staudt (2020) hat ein Modul entwickelt, mit dem es möglich ist Balkendiagramme mit Konfidenzintervallen zu erstellen. Mit folgendem Kommando finden wir das Programm, um es anschließend zu installieren:

```
. findit cibar
```

Das Diagramm. für unser Beispiel erstellen wir mit:

```
. cibar netustm, over1(dage)
```

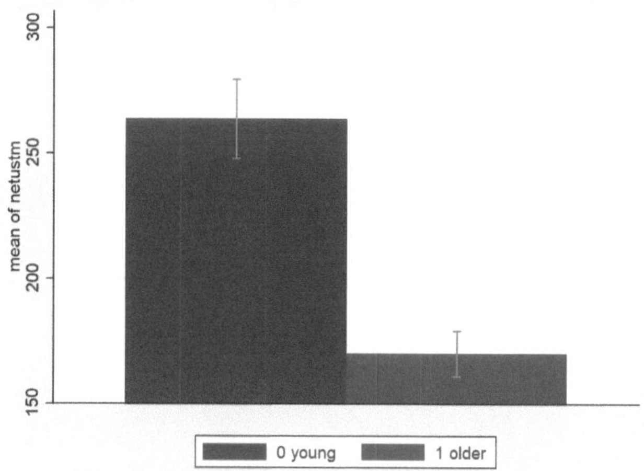

Mit der level(#)-Option verändern wir die Sicherheitswahrscheinlichkeit. Das 99 % Konfidenzintervall erzeugen wir mit folgendem Kommando:

```
. cibar netustm, over1(dage) level(99)
```

8.3. Ein-Stichproben t-Test

Ob der Mittelwert einer Variablen einem bekannten (hypothetischen) Wert (der Grundgesamtheit) entspricht oder größer oder kleiner als der Wert ausfällt, untersuchen wir üblicher Weise mit dem **t-Test für eine Stichprobe**. Vorausgesetzt wir bei diesem Test, dass die Variablen metrisches Skalenniveau aufweisen und normalverteilt sind. Von der Normalverteilungsannahme kann bei größeren Stichproben (über 30 Fälle) abgewichen werden, da der Test robust gegen Verletzungen der Annahmen reagiert. Es empfiehlt sich bei kleinen Stichproben die Normalverteilungsannahme mit einem **Normal-Probability Plot** und den **Shapiro-Francia Test** zu überprüfen (vergleiche Abschnitt 6.5.4 Normalverteilung der Residuen). In vielen Bereichen von Unternehmen bis hin zur Wissenschaft, findet der Test Anwendung, zum Beispiel: Ein Hersteller von Smartphones möchte überprüfen, ob die durchschnittliche Akkulaufzeit tatsächlich 11 Stunden entspricht, wie vom Hersteller der Akkus angegeben. Ob die durchschnittliche Akkulaufzeit im 95 % Konfidenzintervall liegt, interessiert ihn zusätzlich. Zur Überprüfung seiner Fragen zieht er eine Zufallsstichprobe aus der letzten Produktion und berechnet den t-Test und das 95 % Konfidenzintervall.

Wir nehmen ein anderes Beispiel aus dem Bereich Mediennutzung, das wir anschließend anhand eines Datensatzes nachvollziehen: Regelmäßig wird die Nutzung digitaler Medien wie das Internet diskutiert. Eine Studie zur Nutzungsdauer des Internets in Deutschland kommt zum Schluss, dass Jugendliche zwischen 14 und 29 Jahren durchschnittlich 185 Minuten online waren. Wir gehen davon aus, dass Jugendliche das Internet im Jahr 2016 nicht genauso oft nutzten oder öfter nutzen. Die Annahme überprüfen wir anhand des ESS 2016 (**ESS8DE.dta**) und stellen zwei Forschungshypothesen auf:

1. Ungerichtete Hypothese: Jugendliche zwischen 15 und 29 Jahren nutzen das Internet nicht durchschnittlich 185 Minuten am Tag.

2. Gerichtete Hypothese (rechtsseitiger Test): Jugendliche zwischen 15 und 29 Jahren nutzen das Internet durchschnittlich öfter als 185 Minuten am Tag:

1. H_1: $\mu \neq 185$; H_0: $\mu = 185$

2. H_1: $\mu > 185$; H_0: $\mu \leq 185$

Stata stellt zur Überprüfung dieser Hypothesen den `ttest`-Befehl.[15] zur Verfügung. Dieser Test wird auch zum Vergleich von zwei Stichproben verwendet. Die Syntax-Grundstruktur lautet:

```
ttest varname == # [if] [in] [, level(#)]
```

Nach dem Befehl `ttest` folgt der Variablenname, der Variable, die wir testen wollen. Anschließend wird der Testwert (#) mit einem doppelten Gleichheitszeichen angegeben. Mit der Option `level(#)` legen wir das Konfidenzniveau des Konfidenzintervalls fest, per Voreinstellung wird das 95 % Konfidenzintervall ausgegeben. Wir berechnen den t-Test mit den Daten des ESS 2016 (**ESS8DE.dta**), die Variable Internetnutzungsdauer wird im Datensatz mit *netustm* bezeichnet. Das Alter (*agea*) schränken wir entsprechend auf 15-29 Jahre ein.

```
. ttest netustm==185 if agea<30
```

[[OutputsT1Test]]

[15] Wollen wir Anteile (Prozentwerte) statt Mittelwerte testen, verwenden wir den Befehl `prtest` für ein oder zwei Populationsanteile. Die Ausgabe ist ähnlich wie bei `ttetst`-Befehl aufgebaut. Weitere Information dazu finden Sie bei Acok ((2018, 155ff.).).

```
One-sample t test
------------------------------------------------------------------------------
Ⓐ Variable |   Obs ❶      Mean ❷  Std. Err.❸  Std. Dev. ❹[95% Conf. Interval] ❺
---------+--------------------------------------------------------------------
 netustm |    532    263.8421    8.045433    185.5689    248.0373    279.6469
------------------------------------------------------------------------------
    mean = mean(netustm) ❻                                        t =   9.7996 ❼
Ⓑ Ho: mean = 185❽                              degrees of freedom =      531 ❾

    Ha: mean < 185❿           Ha: mean != 185⓫             Ha: mean > 185⓬
 Pr(T < t) = 1.0000        Pr(|T| > |t|) = 0.0000          Pr(T > t) = 0.0000
```

Abbildung 8.2: Einstichproben t-Test

Die Ausgabe enthält folgende Elemente:

❶ **Obs** Die Anzahl der Beobachtungen. In unserem Beispiel sind es 532 Fälle.

❷ **Mean** Das arithmetische Mittel der untersuchten Variablen. Die durchschnittliche Internetnutzung beträgt 263, 84 Minuten.

❸ **Std. Err** Der Standardfehler des Mittelwerts. Das ist die geschätzte Standardabweichung des Stichprobenmittelwerts. Er berechnet sich aus der Standardabweichung der Stichprobe dividiert durch die Quadratwurzel des Stichprobenumfangs: $185{,}5689/\sqrt{532}$ = 8,04. Dieser Wert wird zur Berechnung der t-Statistik benötigt. Je kleiner der Standardfehler des Mittelwerts ausfällt, desto wahrscheinlicher ist es, dass unser Stichprobenmittelwert nahe am wahren Mittelwert der Grundgesamtheit liegt.

❹ **Std. Dev** Die Standardabweichung der Variable. Die Streuung des Mittelwerts beträgt 185,57 und ist somit relativ groß.

❺ **[95% Conf. Interval]** Das 95 % Konfidenzintervall des Mittelwerts. Konfidenzintervalle bieten mehr Information als der reine t-Test. Die Untergrenze des Intervalls liegt bei 248,04 und die Obergrenze bei 279,65. In unserem Beispiel enthält das Intervall mit den Grenzen 248,04 bis 279,65 Minuten den (unbekannten) Mittelwert der Internetnutzung mit einer Sicherheitswahrscheinlichkeit von 95 %[16]. Zusätzlich können wir das Konfidenzintervall nutzen, um die Signifikanz ungerichteter Hypothesen zu überprüfen: Falls der laut Forschungshypothese angenommene Mittelwert nicht im Konfidenz-

[16] Vergleiche die Berechnung des Konfidenzintervalls in Abschnitt 8.1.3

intervall liegt, kann die Nullhypothese mit einer der festgelegten Irrtumswahrscheinlichkeit (hier 5 %) verworfen werden. Das trifft hier zu, 185 liegt nicht im 95 % Konfidenzintervall. Stata kann nur zweiseitige Konfidenzintervalle ausgeben, deshalb ist es nicht möglich die einseitige Hypothese anhand des hier ausgegebenen Konfidenzintervalls zu überprüfen. In diesem Fall ist es notwendig, dazu das 2·α-Konfidenzintervall zu betrachten. In Abschnitt 8.1.3 haben wir das Vorgehen erläutert.

Ⓑ

❻ **mean = mean(netustm)** Das getestete (hypothetische) arithmetische Mittel. In unserem Beispiel das arithmetische Mittel der Internetnutzung in Minuten pro Tag.

❼ **t = 9.7996** Der Wert der Teststatistik des t-Tests. Er berechnet sich aus dem arithmetischen Mittel der Stichprobendaten und der Differenz vom festgelegten Wert im Verhältnis zum Standardfehler des Mittelwerts: (263,8421-185)/ 8,045433 = 9,79. Den Wert 9,79 vergleichen wir mit der t-Tabelle: Wir sehen einerseits, ob der Wert im Ablehnungsbereich[17] der Nullhypothese liegt und zum anderen, ist es möglich, mittels der entsprechenden Tabelle die Wahrscheinlichkeit für das Zutreffen der Nullhypothese abzulesen. Diese liegt für unsere beiden Nullhypothesen bei unter 0,0000. Die Wahrscheinlichkeiten entsprechen dem jeweiligen p-Wert (siehe⓫).

❽ **Ho: mean = 185** Der getestete Mittelwert. In unserem Fall eine Internetnutzungsdauer von 185 Minuten.

❾ **degrees of freedom = 531** Die **Anzahl der Freiheitsgrade** (englisch: degrees of freedom (df)). Diese berechnen sich aus der Anzahl der gültigen Beobachtungen minus 1 (siehe Abschnitt 6.5.2).

Die nächsten Elemente stehen für die drei möglichen Varianten der Forschungshypothese. Das Programm Stata weiß nicht, ob wir eine gerichtete Hypothese oder eine ungerichtete Hypothese untersuchen,[18] deshalb werden alle drei möglichen von Hypothesen Varianten getestet und die dazugehörigen p-Werte aufgeführt. Wir verwenden, den für unsere Frage-

---

[17] Die Verteilungstabelle für den t-Wert der Verteilung erhalten wir mit `ttable 531`. Allerdings kann dieser Befehl nicht die Wahrscheinlichkeiten für unseren den empirischen t-Wert ausgeben. Dazu müssen wir andere Verteilungstabellen heranziehen.

[18] Bei den einseitigen Tests entsprechen die p-Werte der Hälfte des p-Werts des zweiseitigen Tests bzw. 1-(p/2).

stellung relevanten Test. Fällt der p-Wert kleiner als die zuvor festgelegte Irrtumswahrscheinlichkeit α (normalerweise 0,05; 0,01 oder 0,001) aus, schließen wir darauf, dass der Mittelwert statistisch signifikant größer oder kleiner als der hypothetische Wert ist.

❿ **Ha: mean < 185** Einseitiger Test (Linksseitiger Test): Die untersuchte Forschungshypothese lautet, der Mittelwert ist kleiner als 185. Der p-Wert wird als nächstes angegeben:

Pr(T < t) = 1.000: Gibt den empirischen p-Wert an, dieser beträgt 1. Nullhypothese wird in diesem Fall nicht verworfen ($p \geq \alpha$: Nullhypothese beibehalten)

⓫ **Ha: mean != 185** Zweieitiger Test: Die von Stata überprüfte Forschungshypothese lautet, der Mittelwert ist ungleich 185.

Pr(|T| > |t|) = 0.0000: Der empirische p-Wert ist kleiner als 0,001 (0,0000[19]). Die Forschungshypothese wird (vorläufig) akzeptiert ($p < \alpha$: Nullhypothese ablehnen).

⓬ **Ha: mean > 185**. Einseitiger Test (Rechtsseitiger Test): Es wird angenommen (Forschungshypothese), dass der Mittelwert größer als 185 ist.

Pr(T > t) = 0.0000 Der empirische p-Wert (0,0000) ist kleiner als 0,001. Die Forschungshypothese wird aus diesem Grund (vorläufig) angenommen ($p < \alpha$: Nullhypothese ablehnen).

Nun betrachten wir den zweiten Teil des Outputs im Hinblick auf unsere beiden Forschungshypothesen etwas ausführlicher: Die ungerichtete Hypothese wird formal beschrieben als:

$H_1: \mu \neq 185$; $H_0: \mu = 185$

Im Output finden wir den dazugehörigen Test in der Mitte:

```
Ha: mean != 185. Pr(|T| > |t|) = 0.0000.
```

Ha steht für die Forschungshypothese (Alternativhypothese) und das Symbol != für ungleich (≠). Anhand des p-Werts ermitteln wir, dass die Nullhypothese mit einer Irrtumswahrscheinlichkeit von 5 %, 1% und 0,1 % (vorläufig) abgelehnt wird. Das bedeutet, mit einer Irrtumswahrscheinlichkeit von 0,1% kann ausgeschlossen werden, dass die durchschnittliche Internetnutzung 185 Minuten beträgt.

---

[19] Weitere Nachkommastellen werden nicht angezeigt.

Die zweite Forschungshypothese, die wir untersuchen ist gerichtet. Formal lautet sie:

H_1: μ > 185; H_0: μ ≤ 185.

Somit ist ein rechtsseitiger Test bzw. der Ablehnungsbereich der Nullhypothese rechts. Wir schauen uns folglich den rechten Teil der Ausgabe an:

```
Ha: mean > 185. Pr(T > t) = 0.0000.
```

Mit einer Irrtumswahrscheinlichkeit von 0,1% kann (vorläufig) bestätigen werden, dass die durchschnittliche Internetnutzung mehr als 185 Minuten beträgt.

Stata gibt per Voreinstellung das 95 % Konfidenzintervall aus. Wollen wir stattdessen andere Konfidenzniveaus angeben, verwenden wir die Option `level`. Das 99 % Konfidenzintervall wird bei dem Einstichprobentest Test mit folgendem Kommando erzeugt:

```
. ttest netustm==185 if agea<30, level(99)
```

8.4. t-Test für unabhängige Stichproben

Die Frage, ob sich die Mittelwerte zweier unabhängiger Gruppen (Stichproben) signifikant unterscheiden wird üblicherweise mit dem **t-Test für unabhängige Stichproben** überprüft. Unabhängige Stichproben liegen vor, wenn die beiden Stichproben unabhängig voneinander per Zufallsauswahl gezogen wurden. Überprüfen wir beispielsweise die Arbeitszeit von Männern und Frauen oder vergleichen das Einkommen in Ostdeutschland mit Westdeutschland miteinander, dann handelt es sich um unabhängige Stichproben. Die Berechnung des t-Tests für unabhängige Stichproben setzt eine metrische abhängige Variable und eine dichotome unabhängige Variable voraus. Falls die Stichproben weniger als 30 Beobachtungen umfassen, ist es notwendig für jede Stichprobe getrennt zu ermitteln, ob die Stichprobe normalverteilt ist. Weiterhin sollten die Streuung der abhängigen Variablen in beiden Stichproben gleich ausfallen, die sogenannte **Varianzhomogenität** muss somit überprüft werden. Sind die Streuungen nicht gleich, verwenden wir einen Korrekturfaktor bei der Berechnung der Teststatistik (siehe Kapitel 8.3.1).

☞ Exemplarisch untersuchen wir folgende Forschungshypothese mit den Daten des ESS 2016 (**ESS8DE.dta**): Jüngere (young[20]) Personen nutzen das Internet häufiger als ältere (older) Personen.

---

[20] Wir verwenden die englische Schreibweise für junge und ältere Befragte.

Wir schreiben dazu formal[21] für diese gerichtete Hypothese:

Rechtsseitiger Test:

H_1: $\mu x_1 - \mu x_2 > 0$; H_0: $\mu x_1 - \mu x_2 \leq 0$ bzw.

H_1: $\mu x_Y - \mu x_O > 0$; H_0: $\mu x_Y - \mu x_O \leq 0$.

Stata verwendet für den Zweistichproben Test den `ttest`-Befehl, den wir bereits beim Einstichprobentest kennengelernt haben. Die Syntax-Grundstruktur lautet:

```
ttest varname [if] [in] , by(groupvar) [options1]
```

Nach dem Befehl folgt der Variablenname der abhängigen Variablen, nach dem Komma wird die unabhängige Variable (Gruppenvariable) mit der `by(groupvar)`-Option angegeben. Mit der `level(#)`-Option kann das Konfidenzniveau verändert werden, das per Voreinstellung bei 95 % liegt.

Zur Berechnung des t-Test für unabhängige Stichproben ist es unerheblich, welche Ausprägungen die dichotome Gruppenvariable aufweist. Wir verwenden als Gruppenvariable die zuvor berechnete Variable *dage*. Die Ausprägung 0 steht für jüngere und 1 für ältere (siehe Syntax Abschnitt 8.1.3). Die Gruppenvariable *dage* wird mit der `by(groupvar)`-Option festgelegt:

```
. ttest netustm, by(dage)
```

Bitte beachten: Beim t-Test für unabhängige Stichproben bildet Stata die Mittelwertdifferenz, indem vom Mittelwert der Gruppe mit der niedrigen Variablenausprägung der Mittelwert der Gruppe mit der höheren Variablenausprägung abgezogen wird. Wenn wir wie oben formal geschrieben die Differenz jung minus ältere testen, ist es notwendig, dass die erste Gruppe (jüngere/young) einen niedrigerer Wert, als die zweite (ältere/older) aufweiset. Bei unserer Variable Alter (*dage*) ist die Codierung passend. Würden die jüngeren einen höheren Wert bei der Codierung aufweisen als für ältere Personen, berechnet Stata die Differenz Ältere-Junge. Dann liegt der Ablehnungsbereich der Nullhypothese links statt rechts! Alternativ könnten wir in diesem Fall die Variablen „umpoolen".

[21] Wir könnten auch die Mittelwertdifferenz $\mu x_O - \mu x_Y < 0$ testen, dann wäre der Ablehnungsbereich der Nullhypothese links.

```
Two-sample t test with equal variances
------------------------------------------------------------------------------
   Group |     Obs        Mean ❶  Std. Err.   Std. Dev.   [95% Conf. Interval]❷
Ⓐ--------+--------------------------------------------------------------------
 0 young |     532    263.8421    8.045433    185.5689    248.0373    279.6469
 1 older |   1,341    170.1171    4.571921    167.4222    161.1482     179.086
---------+--------------------------------------------------------------------
combined |   1,873    196.7384    4.108743    177.8189    188.6802    204.7966
---------+--------------------------------------------------------------------
    diff |            93.72503    8.852326                76.36356    111.0865
------------------------------------------------------------------------------
    diff = mean(0 young) - mean(1 older)❸                     t =  10.5876❹
Ⓑ Ho: diff = 0❺                              degrees of freedom =     1871❻

    Ha: diff < 0❼              Ha: diff != 0❽              Ha: diff > 0❾
 Pr(T < t) = 1.0000        Pr(|T| > |t|) = 0.0000          Pr(T > t) = 0.0000
```

Abbildung 8.3: Zwei-Stichproben t-Test

Die Ausgabe unterscheidet sich nur wenig von der des Einstichprobentests, daher gehen wir nicht ausführlich auf alle Elemente ein. Eine detaillierte Beschreibung der Kennwerte finden Sie in der Stata Ausgabe des Einstichprobentests im vorhergehenden Kapitel.

In diesem Teil stellt Stata Kennwerte getrennt für die beiden Gruppen (0 young; 1 older) und für beide Gruppen gemeinsam (combined) aus. Darunter finden sich die Kennwerte im Hinblick auf die Mittelwertdifferenz (diff).

❶ **Mean** Das arithmetische Mittel der abhängigen Variablen getrennt für die unabhängige Gruppenvariable, wenn beide Gruppen gemeinsam betrachtet werden und die Differenz zwischen den beiden Mittelwerten angegeben.

Diff. Die Differenz der Mittelwerte beträgt 93,72[22] Stunden. Wir sehen, dass sich die arithmetischen Mittel der beiden Gruppen relativ stark unterscheiden. Zur Beurteilung der Signifikanz sollten wir auch die Mittelwertdifferenz (93.72503) im Verhältnis zur Standardabweichung der beiden Gruppen (177.8189 unter combined) betrachten, daraus lässt sich die **Effektstärke** bzw. **Effektgröße** (siehe Abschnitt 8.3.2) berechnen:

```
. display 93.72503/177.8189
```

---

[22] Würden wir eine OLS Regression berechnen, entspricht die Differenz dem Regressionsgewicht der Altersvariable (Dummy/dgae): `regress netustm dage`.

❷ **[95% Conf. Interval]** In den ersten beiden Zeilen werden die Konfidenzintervalle getrennt für beide Gruppen und darunter das Konfidenzintervall der Mittelwertdifferenz dargestellt. Wie bereits in Abschnitt 8.1.3 beschrieben, ist es möglich die Konfidenzintervalle, nicht nur deskriptiv auszuwerten, sondern als Signifikanztest für zweiseitige Hypothesen zu nutzen. Die Intervalle der beiden Gruppen überlappen nicht, dies zeigt an, dass der Unterschied mit einer Irrtumswahrscheinlichkeit von 5 % signifikant ausfällt.

Ⓑ

❸ **diff = mean(0 young) - mean(1 older)** Die getestete Mittelwertdifferenz. Es wird in Klammern angegeben wie Stata die Differenz berechnet: Von dem Mittelwert der Gruppe mit der niedrigeren Variablenausprägung wird der Mittelwert der Gruppe mit der höheren Variablenausprägung abgezogen. In unserem Beispiel die Differenz des arithmetischen Mittels der Internetnutzung in Minuten für jüngere versus ältere Personen.

❹ **10.5876** Der Wert der Teststatistik des t-Tests. Daraus werden die p-Werte des einseitigen und zweiseitigen Tests berechnet. Bei gerichteten Hypothesen muss das Vorzeichen beachtet werden (siehe Abschnitt 8.1.2), da die kritischen Werte je nach Seite des Ablehnungsbereichs der Nullhypothese negative oder positive Vorzeichen aufweisen.

❺ **Ho: diff = 0** Gibt die Nullhypothese für den zweiseitigen Test an: Die Differenz der Mittelwerte beträgt 0.

❻ **degrees of freedom = 1871**. Die Anzahl der Freiheitsgrade. Diese entsprechen der Anzahl der gültigen Beobachtungen minus 2. Da wir zwei Mittelwerte betrachten, reduziert sich die Anzahl um zwei, satt wie bei einem Mittelwert um 1.

Wie beim Einstichprobentest überprüft das Programm drei mögliche Hypothesen Varianten (Forschungshypothesen H_a): Die ungerichtete Hypothese und zwei ungerichtete Hypothese werden getestet und die dazugehörigen p-Werte aufgeführt. Wenn der p-Wert kleiner als die zuvor festgelegte Irrtumswahrscheinlichkeit α (normalerweise 0,05; 0,1 oder 0,001) ausfällt, schließen wir darauf, dass die Differenz der Mittelwerte statistisch signifikant größer oder kleiner als null ist.

❼ **Ha: diff < 0. Pr(T < t) = 1.000** Einseitiger Test (Linksseitiger Tests): Die Forschungshypothese lautet, die Mittelwertdifferenz ist kleiner als 0. Übertragen auf unser Beispiel wird die Forschungshypothese getestet, dass jüngere durchschnittlich weniger im Internet surfen als ältere. Der p-Wert ist größer als 0,05, weshalb wir die Nullhypothese nicht ablehnen. Allerdings haben wir eine andere Forschungshypothese formuliert, deshalb ist dieser Teil der Ausgabe für uns nicht relevant.

❽ **Ha: diff != 0. Pr(|T| > |t|) = 0.0000** Zweieitiger Test: Die Forschungshypothese lautet, dass die Mittelwertdifferenz ungleich 0 ist. In Bezug auf unser Beispiel wird die Forschungshypothese, dass jüngere durchschnittlich mehr oder weniger Zeit im Internet verbringen als ältere Personen überprüft. Anhand des p-Werts können wir die Nullhypothese ablehnen und die Forschungshypothese mit einer Irrtumswahrscheinlichkeit von 0,1 % vorläufig annehmen. Wir haben allerdings eine gerichtete Hypothese formuliert. Ob diese angenommen wird sehen wir im nächsten Teil der Ausgabe.

❾ **Ha: diff > 0. Pr(T > t) = 0.0000** Einseitiger Test (Rechtsseitiger Tests): Stata analysiert die Forschungshypothese, dass die Mitteldifferenz größer ist als 0. In unserem Beispiel bedeutet das, dass jüngere durchschnittlich mehr als ältere im Internet surfen. Der p-Wert ist kleiner als eine Irrtumswahrscheinlichkeit von 0,1 %. Wir nehmen die Forschungshypothese dementsprechend vorläufig an.

Zusammenfassend lässt sich sagen, dass jüngere Personen durchschnittlich 263,8421 Minuten im Internet verbringen, ältere hingegen nur 170,1171 Minuten. Jüngere sind im Schnitt 93,72 Minuten länger im Internet als ältere Personen, der Unterschied ist signifikant. In unserem Beispiel enthält das Intervall mit den Grenzen 76,36356 bis 111,0865 Minuten die (wahre unbekannte) Mittelwertdifferenz der Internetnutzung mit einer Sicherheitswahrscheinlichkeit von 95 %. Zur Veranschaulichung des t-Tests ist ein Balkendiagramm mit Konfidenzintervallen geeignet. In Abschnitt 8.1.3 haben wir das passende Diagramm bereits erstellt. Anhand der Fehlerbalken ist deutlich zu erkennen, dass die Konfidenzintervalle sich nicht überschneiden und sich die Mittelwerte folglich signifikant unterscheiden.

Stata bietet noch eine andere Variante des t-Tests für unabhängige Stichproben an, die wir verwenden, wenn der Datensatz ein anderes Format aufweist: Wenn für jede Gruppe eine separate (abhängige) Variable vorhanden ist, beispielsweise eine Variable für die Internetnutzung der jüngeren und eine für die Internetnutzung der älteren Personen. Die Datensatzstruktur ist in diesem Fall ähnlich wie das Wide-Format bei abhängigen Stichproben (vergleiche Kapitel 8.5):

netustm1 (jüngere)	netustm2
120	60
200	35
188	50
220	110

Tabelle 8.2: Anderes Datensatzformat t-Test

Liegt dieses Format vor, verwenden wir den t-Test-Befehl für Variablen statt Gruppen („Two-sample t test using variables"), der wie der t-Test für abhängige Stichproben geschrieben wird, aber die Option `unpaired` enthält, beispielsweise:

```
. ttest netustm1== netustm2, unpaired
```

Weitere Information bietet die Stata Hilfe:

```
. help ttets
```

8.4.1. Varianzungleichheit

Varianzhomogenität in der Grundgesamtheit stellt eine der Voraussetzung zur Berechnung des t-Tests für unabhängige Stichproben dar. Diese können wir in Stata mit verschiedenen Tests überprüfen. Wir zeigen hier den **Levene-Test**, er reagiert robust auf Abweichungen von der Normalverteilung. Wir überprüfen, ob die Varianzen der beiden Gruppen von Internetnutzern aus dem vorherigen Beispiel sich nicht signifikant unterscheiden. Der Befehl zur Berechnung des Levene-Tests lautet `robvar`:

```
. robvar netustm, by(dage)
```

```
   RECODE of
  agea (Age
          of    Summary of Internet use, how much
respondent,      time on typical day, in minutes
calculated)          Mean   Std. Dev.        Freq.

    0 young     263.84211   185.56892          532
    1 older     170.11708   167.42221        1,341

      Total     196.73839   177.81886        1,873

W0  =  13.670429   df(1, 1871)     Pr > F = 0.00022414

W50 =  15.257229   df(1, 1871)     Pr > F = 0.00009715

W10 =  15.562438   df(1, 1871)     Pr > F = 0.00008277
```

Die Nullhypothese dieses Tests basiert auf der Annahme, dass sich die Varianzen der Gruppen nicht unterscheiden. Die zugrundeliegende Teststatistik ist die F-Verteilung. Den berechneten empirischen F-Wert können wir mit der F-Verteilung vergleichen[23] um zu überprüfen, ob die Varianzen sich signifikant unterscheiden. Alternative verwenden wir das anhand des F-Werts berechnete empirische Signifikanzniveau p. Wir lehnen die Nullhypothese (vorläufig) nicht ab, wenn p größer als die vorab festgelegte Irrtumswahrscheinlichkeit ist, wir empfehlen 5 %. Ein nicht signifikantes Ergebnis bedeutet folglich, dass die Varianzen homogen sind. Zur Problematik dieser Art von Hypothesentest verweisen wir auf Abschnitt 6.5.4 (Test auf Normalverteilung).

Unter W0 wird das Ergebnis des Levene-Tests ausgegeben. In unserem Beispiel beträgt der Wert der Teststatistik 13,67, wobei der dazugehörige p-Wert kleiner als 0,001 ausfällt. Wir lehnen die Nullhypothese (vorläufig) ab, die Varianzen sind nicht gleich. Zuvor haben wir den t-Test für gleiche Varianzen berechnet, es ist aber notwendig, den modifizierten t-Test für ungleiche Varianzen zu berechnen (siehe unten).

Brown und Forsythe haben als Alternative für schiefe Verteilungen zwei Tests entwickelt, diese sind robuster als der Levene-Tests, welcher auf dem arithmetischen Mittel beruht. Die eine Alternative (W50) ersetzt das arithmetische Mittel durch den Median. Beim zweiten wird satt des arithmetische Mittels das um 10 % getrimmte arithmetische Mittel (W10) verwendet (Stata Press 2017, 2492f.). In unserem Fall würde sich das Ergebnis selbst bei schiefen Verteilungen nicht ändern.

Bei ungleichen Varianzen wird der bereits vorgestellte t-Test für unabhängige Stichproben verwendet und die Option `unequal` eingefügt[24]:

```
. ttest netustm, by(dage) unequal
```

[23] Mit Stata kann die F-Tabelle mit `ftable` erzeugt werden. Für unser Beispiel lautet der kritische Wert 10,86 bei einer Irrtumswahrscheinlichkeit von 0,001. Das Kommando lautet: `ftable 1 1871, alpha(0.001)`.

[24] Im Falle der `unequal`-Option wird die Berechnung nach Satterthwaite durchgeführt. Manche Autoren verwenden stattdessen den Welch-Test (Option `welch` statt `unequal`). Dieser Test verwendet zur Berechnung eine etwas andere Formel für die Freiheitsgrade. Die Ergebnisse sind aber nahezu identisch.

```
Two-sample t test with unequal variances
------------------------------------------------------------------------------
   Group |     Obs        Mean    Std. Err.   Std. Dev.   [95% Conf. Interval]
---------+--------------------------------------------------------------------
 0 young |     532    263.8421    8.045433    185.5689    248.0373    279.6469
 1 older |   1,341    170.1171    4.571921    167.4222    161.1482     179.086
---------+--------------------------------------------------------------------
combined |   1,873    196.7384    4.108743    177.8189    188.6802    204.7966
---------+--------------------------------------------------------------------
    diff |            93.72503    9.253726                75.56343    111.8866
------------------------------------------------------------------------------
    diff = mean(0 young) - mean(1 older)                          t =  10.1284
Ho: diff = 0                     Satterthwaite's degrees of freedom =  892.438

    Ha: diff < 0                 Ha: diff != 0                 Ha: diff > 0
 Pr(T < t) = 1.0000         Pr(|T| > |t|) = 0.0000          Pr(T > t) = 0.0000
```

Die Ausgabe ist nahezu identisch mit dem t-Test für gleiche Varianzen. Einige Kennwerte unterscheiden sich, durch die unterschiedliche Berechnung der Teststatistik. Das sind unter anderem der t-Wert, das Konfidenzintervall der Mittelwertdifferenz und die Anzahl der Freiheitsgrade. Der Wert der Teststatistik unterscheidet sich mit 10,1284 kaum von dem des zuvor berechneten t-Tests für gleiche Varianzen. Der Hypothesentest kommt zu einem identischen Ergebnis (rechte Seite: Ha: diff > 0). Wir nehmen die Forschungshypothese (vorläufig) an. Jüngere Personen verbringen signifikant mehr Zeit im Internet als ältere.

8.4.2. Effektgröße

Haben wir anhand der Teststatistik ermittelt, dass sich die Mittelwerte zweier unabhängiger Gruppen signifikant unterscheiden, wissen wir dennoch nicht, wie groß der Effekt tatsächlich ausfällt. Nehmen wir ein fiktives Beispiel: Der der Unterschied in einem Schulleistungstest zwischen Jungen und Mädchen beträgt 4 Punkte. Zur Interpretation ist es notwendig, die theoretisch möglichen Ausprägungen der Variable zu kennen. Nehmen wiederum an, dass die Ausprägungen zwischen 0 und 200 liegen, so wäre ein signifikanter Unterschied von 4 Punkten dennoch sehr gering. Auf ein weiteres Problem haben wir in Abschnitt 8.1.1 hingewiesen. Bei großen Stichproben ist es wahrscheinlicher, dass die Nullhypothese abgelehnt und ein Effekt signifikant wird, als bei einem geringeren Stichprobenumfang. Aus diesem Grund ist es nicht sinnvoll, nur die Signifikanz zu überprüfen, sie erlaubt keine Aussagen über die Höhe des statistischen Effekts. Das empirische Signifikanzniveau p wird vom Stichprobenumfang beeinflusst, weshalb auch Vergleiche zwischen Ergebnissen unterschiedlicher Tests oder unterschiedlich großer Stichproben nicht aussagekräftig sind. Daher empfiehlt es sich zum Vergleich eine (standardisierte) **Effektgröße** (auch **Effektstärke**) neben der Signifikanz zu berechnen. Cohen (1992) hat einen Kennwert für Mittelwertunterschiede vorgeschlagen, der die Größe der Effekte beschreibt: **Cohens d**. Folgende Schwellenwerte haben Cohen (1992) und Sawilowsky (2009) beschrieben: Werte zwischen sehr gering (d= 0,01), klein (d = 0,20), Mittel (d = 0,50), groß (d =0,80) und sehr groß (d ≥ 1,2).

Cohens d für Mittelwertunterschiede bei unabhängigen Stichproben berechnet sich aus der Differenz der Mittelwerte im Verhältnis zur gemeinsamen Standardabweichung. Von Hand haben wir ihn im Kapitel 8.3 mit dem Stata Taschenrechner berechnet: 0,52708137:

```
. display 93.72503/177.8189
```

Stata kann Cohens d mit dem Befehl `esize twosample` und der Option `cohensd` direkt ausgeben. Bei Varianzungleichheit fügen wir die Option `unequal` ein. Den Wert für unser obiges Beispiel erhalten wir mit:

```
. esize twosample netustm, by(dage) cohensd unequal
```

```
                              Obs per group:
                                 0 young =          551
                                 1 older =        1,726
```

Effect Size	Estimate	[95% Conf.	Interval]
Cohen's *d*	.5424964	.4388221	.6458838

```
              Satterthwaite's degrees of freedom =  892.4382
```

Der Wert 0,54 weist auf einen mittelstarken Effekt hin. Neben dem Wert wird das 95 % Konfidenzintervall von Cohens d ausgegeben.

Falls wir nicht mit eigenen Daten arbeiten, sondern nur über Angaben zu Mittelwerten und Standardabweichungen aus wissenschaftlichen Artikeln etc. verfügen, ist es dennoch möglich, Cohens d zu berechnen. Dazu verwenden wir den `esizei`-Befehl. Wir geben dazu folgende Information an:

```
esizei #Stichprobengröße1 #Mittelwert1 #Standardabweichung1
#Stichprobengröße2 #Mittelwert2 #Standardabweichung2
```

Zur Illustration verwenden wir die Daten aus unserem Beispiel. Wir schreiben folgendes Kommando und erhalten wiederum den Wert 0, 54 aus der obigen Tabelle:

```
. esizei 532 263.8421 185.5689 1341 170.1171 167.4222
```

Der Befehl ist nicht für den Einstichproben t-Test oder abhängige Stichproben geeignet. Die Effektstärke muss dann „per Hand“ zu berechnet werden (siehe Cohen (1992)).

8.5. t-Test für abhängige Stichproben

Mit dem **t-Test für abhängige Stichproben** überprüfen wir, ob die Mittelwerte zweier abhängiger Stichproben verschieden sind. Von abhängigen Stichproben sprechen wir bei Messwiederholungen, aber auch wenn wir eine Stichprobe ziehen und zum Untersuchungsobjekt noch ein weiteres hinzunehmen, welches in irgendeiner Art und Weise vom ersten abhängt. Beispiele für die zuletzt genannte Situation wären zusammenlebende Paare und deren Kinder. Mit dem t-Test für abhängige Stichproben lassen sich beispielsweise folgende Fragestellungen untersuchen: Gibt es Unterschiede in der Reaktionszeit, wenn jemand keine Drogen oder Drogen konsumiert? Gibt es Unterschiede in der Zeit die Männer und Frauen mit Kinderbetreuung verbringen?

Die Voraussetzungen für die Berechnung dieses Tests sind ähnlich, wie die des t-Tests für unabhängige Stichproben: Die Variablenpaare müssen metrisches Skalenniveau aufweisen. Bei kleinen Stichproben (unter 30 Fälle) ist es notwendig, dass diese normalverteilt sind. Die Überprüfung der Normalverteilungsannahme haben wir in Abschnitt 6.5.4 bereits besprochen.

Schauen wir uns ein Beispiel an: Wir möchten überprüfen, ob die Reaktionszeit von Personen ohne den Konsum vom Marihuana im Vergleich zur Reaktionszeit mit Marihuana Konsum geringer ist. Die Reaktionszeit ohne Marihuana bezeichnen wir mit OM, die mit als MM. Formal schreiben wir:

Linksseitiger Test:

$H_1: \mu x_1 - \mu x_2 < 0;\ H_0: \mu x_1 - \mu x_2 \geq 0$ bzw.

$H_1: \mu x_{OM} - \mu x_{MM} < 0;\ H_0: \mu x_{OM} - \mu x_{MM} \geq 0$

In Stata berechnen wir den t-Test für abhängige Stichproben ebenfalls mit dem `ttest`-Befehl, den wir für unabhängige Stichproben oder eine Stichprobe verwenden. Allerdings ist zu beachten, welches Format der Datensatz besitzt. Meistens weisen Daten das **Wide-Format** auf, indem jede Spalte eine Variable und jede Zeile eine Beobachtung repräsentiert. Daneben existiert das **Long-Format**, das bei Daten, die auf Messwiederholung beruhen, häufig verwendet wird, beispielsweise Paneldaten. Bei diesem Format werden die Messungen einer Beobachtung in mehreren Zeilen dargestellt, pro Messzeitpunkt eine Zeile. Den t-Test für abhängige Stichproben kann Stata nur für Daten im Wide-Format berechnen. Jeder Messzeitpunkt wird durch eine Variable repräsentiert, die in einer Spalte steht. Liegen die Daten im Long-Format vor, strukturieren wir sie mit dem Stata Befehl `reshape` um, siehe[25]:

```
. help reshape
```

Die Syntax-Grundstruktur des t-Tests für abhängige Stichproben lautet:

```
ttest varname1 == varname2 [if] [in] [, level(#)]
```

Bei einseitigen Hypothesen ist zu beachten, dass Stata die Differenz der Mittelwerte so bildet, dass von den Ausprägungen der erstgenannten Variablen die der zweiten Variable abgezogen werden (*varname1-varname2*). Je nachdem in welcher Reihenfolge wir die Variablen im angeben Befehl angeben verändert sich somit das Vorzeichen der Teststatistik und der Ablehnungsbereich der Nullhypothese. Wenn wir die Variablenreihenfolge der formalen Schreibweise der Forschungshypothese anpassen, sind wir auf der sicheren Seite.

Unsere Forschungshypothese untersuchen wir anhand des Datensatzes **drugs.dta**. Die Variable *reac_bef* gibt die Reaktionszeit ohne Marihuana Konsum und *reac_aft* nach dem Konsum von Marihuana an. Entsprechend der formalen Schreibweise lautet das Kommando:

```
. ttest reac_bef = reac_aft
```

```
Paired t test
------------------------------------------------------------------------------
Variable |     Obs        Mean    Std. Err.   Std. Dev.   [95% Conf. Interval]
---------+--------------------------------------------------------------------
reac_bef |      25      5.0376    .1951267    .9756335    4.634878    5.440322
reac_aft |      25      5.6384    .2372444    1.186222    5.148752    6.128048
---------+--------------------------------------------------------------------
    diff |      25      -.6008     .172675    .8633748   -.9571836   -.2444164
------------------------------------------------------------------------------
     mean(diff) = mean(reac_bef - reac_aft)                      t =  -3.4794
 Ho: mean(diff) = 0                             degrees of freedom =       24

 Ha: mean(diff) < 0           Ha: mean(diff) != 0           Ha: mean(diff) > 0
 Pr(T < t) = 0.0010       Pr(|T| > |t|) = 0.0019          Pr(T > t) = 0.9990
```

Diese Art der Ausgabe kennen wir aus dem vorhergehenden Kapitel. Aus diesem Grund besprechen wir die einzelnen Elemente nicht mehr, sondern widmen uns den Ergebnissen des Tests. Die Differenz der durchschnittlichen Reaktionszeit beträgt -0,60 Sekunden. Das negative Vorzeichen der Teststatistik weist darauf hin, dass die Reaktionszeit zum ersten Messzeitpunkt (ohne Marihuana) geringer ist als die zum zweiten Zeitpunkt. Für die Überprüfung unserer gerichteten (linksseitigen) Forschungshypothese betrachten wir die linken Elemente:

`Ha: mean(diff) < 0 an: Pr(T < t) = 0.0010.`

---

[25] Ausführliche Information dazu bieten Hamilton (2013, 52ff.) und Kohler und Kreuter (2017, 338ff.).

Der empirische p-Wert liegt unter 0,01 %, aber über 0,001, der Unterschied ist (Irrtumswahrscheinlichkeit kleiner 1 %) sehr signifikant. Zusammengefasst lässt sich feststellen, dass die Reaktionszeit nach dem Konsum von Marihuana signifikant zugenommen hat, im Durchschnitt um 0,6 Sekunden. Das Intervall mit den Grenzen -0,9571836 bis -0,2444164 Sekunden enthält die (wahre unbekannte) Mittelwertdifferenz der Reaktionszeit mit einer Sicherheitswahrscheinlichkeit von 95 %. Ob der Effekt bedeutsam ist, lässt sich anhand dieser Kennzahlen nicht eindeutig sagen, dazu ist es notwendig, die Effektstärke heranzuziehen. Die Berechnung der Effektstärke ist bei diesem Test nicht mithilfe eines Stata Befehls möglich. Bei Bedarf müssen wir diesen „von Hand" berechnen (siehe Kapitel 8.3.2).

8.6. Nichtparametrische Tests

In den vorhergehenden Kapiteln haben wir uns mit Testverfahren beschäftigt, für die unsere Variablen bestimmte Voraussetzungen erfüllen müssen, wie metrisches Skalenniveau der abhängigen Variablen. Diesen Verfahren liegen Annahmen über die Verteilung von Zufallsvariablen zugrunde, sie werden deshalb als **parametrische Verfahren** bezeichnet. Wenn die Voraussetzungen nicht erfüllt sind, werden **verteilungsfreie** oder **nonparametrische** Verfahren herangezogen. Sie weisen weniger strenge Voraussetzungen als die parametrischen Verfahren auf. Wir zeigen an dieser Stelle zwei Testverfahren, die für zur Überprüfung von Unterschiedshypothesen zwischen zwei ordinalen oder metrische Variablen geeignet sind: Den Wilcoxon-Rangsummen Test für unabhängige Stichproben und den Wilcoxon-Vorzeichen-Rang-Test für abhängige Stichproben.

8.6.1. Wilcoxon-Rangsummen Test

Der **Wilcoxon-Rangsummen Test** (auch Mann-Whitney-U-Test oder U-Test) kann als verteilungsfreie Alternative zum t-Test für unabhängige Stichproben Anwendung finden. Der Test weist weniger Teststärke auf, die Ergebnisse werden folglich seltener signifikant als beim t-Test für unabhängige Stichproben. Zur Berechnung dieses Tests ist es erforderlich, dass die Variablen mindestens ordinales Skalenniveau aufweisen und unabhängig voneinander sind. Bei stark unterschiedliche Stichprobenumfängen oder zum Vergleich von schiefen Verteilungen empfiehlt es sich den Median-Test zu verwenden (siehe Acok (2018, 184f.)). Der Wilcoxon-Rangsummen Test verwendet Rangplätze zur Berechnung der Teststatistik. Es wird die Nullhypothese getestet, dass sich der durchschnittliche Rang der Individuen beider Stichproben nicht unterscheidet. Für die Berechnung der Rangplätze werden beide Stichproben gemeinsam betrachtet und anhand der Ausprägungen der Variablen eine Rangreihe erstellt. Den niedrigsten Rangplatz erhält die Beobachtung mit der geringsten

Ausprägung, den höchsten der Fall mit der höchsten Ausprägung. Die Rangplätze weisen somit die Werte 1, 2, 3 bis n auf. Nach Berechnung der Ränge werden für jede Stichprobe getrennt Rangsummen vergeben. Falls beide Gruppen vergleichbare Werte besitzen, haben sie in etwa gleich viele niedrige und hohe Rangplätze. Dementsprechend sollten sich die Verteilungen sehr ähnlich sein und die Unterschiede zwischen den Gruppen gering ausfallen. Stata vergleicht die Ränge für jede Gruppe mit den Rängen, die wir bei zufälligen Ereignissen erwarten würden. Als Testverteilung wird in Stata die Standardnormalverteilung (z-Verteilung) verwendet. Liegt die Gesamtstichprobengröße ($n_1 + n_2$) unter 26, so kann dieser Test nicht angewendet werden. Harris und Hardin (2013) haben für den Wilcoxon-Rangsummen Test und Wilcoxon-Vorzeichen Test (siehe nächstes Kapitel) zwei exakte Tests entwickelt, die eine andere Testverteilung verwenden und für kleine Stichproben geeignet sind. Diese können über `findit ranksumex` oder `findit signrankex` installiert werden. Von der Syntax Struktur und der Ausgabe sind die Befehle vergleichbar mit der in Stata implementierten Tests. Die Syntax-Grundstrukturen lauten:

```
ranksum varname [if] [in], by(groupvar) [porder]

ranksumex varname [if] [in], by(groupvar) [options]
```

Zur Veranschaulichung des Wilcoxon-Rangsummen Test wählen wir das politische Interesse von Männern und Frauen. Wir vermuten, dass Frauen weniger an Politik interessiert sind als Männer. Diese gerichtete Forschungshypothese überprüfen wir anhand der Daten des ESS 2016 (**ESS8DE.dta**). Das politische Interesse (*politr*) hat den Wert 1 für hohes Interesse und 4 für gar kein Interesse, die Gruppenvariable Geschlecht (*gndr*) weist den Wert 1 für Männer und 2 für Frauen auf. Der Befehl für den Test lautet `ranksum` gefolgt von der abhängigen Variablen und der Gruppenvariable nach dem Komma:

```
. ranksum polintr, by(gndr)
```

```
Two-sample Wilcoxon rank-sum (Mann-Whitney) test

        gndr |      obs    rank sum    expected
-------------+---------------------------------
        Male |     1507     1964896     2148982
      Female |     1344     2100630     1916544
-------------+---------------------------------
    combined |     2851     4065526     4065526

unadjusted variance    4.814e+08
adjustment for ties    -58414678
                      ----------
adjusted variance      4.230e+08

Ho: polintr(gndr==Male) = polintr(gndr==Female)
             z =  -8.951
    Prob > |z| =   0.0000
```

In der Stata Ausgabe wird die Teststatistik und das entsprechende empirische Signifikanzniveau nur für den zweiseitigen Test (ungerichtete Hypothese) ausgegeben. Dementsprechend wird in der Ausgabe die ungerichtete Nullhypothese angezeigt, darunter der entsprechende Wert der Teststatistik und das empirische Signifikanzniveau p:

Ho: polintr(gndr==Male) = polintr(gndr==Female)

z = -8.951

Prob > |z| = 0.0000

Ho: polintr(gndr==Male) = polintr(gndr==Female) steht für die Nullhypothese, dass die Verteilungen identisch sind. Bei ungerichteten Hypothesen spielt das Vorzeichen der Teststatistik keine Rolle. Damit wir die Nullhypothese ablehnen, muss der p-Wert kleiner als die Irrtumswahrscheinlichkeit sein, das ist hier der Fall: Der p-Wert **Prob > |z| = 0.0000)** hat den Wert 0,0000. Wir sehen, dass es einen signifikanten Unterschied zwischen den Gruppen gibt. Männer und Frauen unterscheiden sich hinsichtlich ihres politischen Interesses. Wir untersuchen allerdings eine gerichtete Hypothese. Dementsprechend ist es nicht möglich direkt anhand der Ausgabe abzulesen, ob unsere Hypothese bestätigen oder verworfen wird. Stattdessen müssen wir überlegen, wie wir die Werte korrekt interpretieren:

Bei gerichteten Hypothesen ist es erforderlich zusätzlich zum p-Wert, das Vorzeichen der Teststatistik beachten. Daraus ergibt sich, ob die Teststatistik im Ablehnungsbereich der Nullhypothese liegt oder nicht (siehe Abschnitt 8.1.2). Stata verwendet zur Berechnung der Teststatistik die Summe der Rangplätze derjenigen Gruppe, die den kleineren Variablenwert bei der unabhängigen Variablen (Gruppenvariable) aufweist. Ein negativer Wert der Teststatistik bedeutet folglich, dass die erste Gruppe hauptsächlich niedrigere Rangplätze aufweist als die zweite. Bei einem positiven Wert wären in der ersten Gruppe durchschnittlich höhere Rangplätze vorhanden.

In unserem Beispiel wurde die Gruppenvariable wie folgt codiert: Männer mit 1 und Frauen mit 2. Bei der Variable Politikinteresse steht der Wert 1 für hohes politisches Interesse und 4 für gar kein Interesse. Der negativer Wert der Teststatistik weist folglich daraufhin, dass Männer ein höheres Interesse an Politik besitzen als Frauen. Das haben wir laut unserer Forschungshypothese angenommen. Im nächsten Schritt überprüfen wir, ob das Ergebnis signifikant ausfällt. Dazu teilen wir das empirische Signifikanzniveau durch 2, da der p-Wert für den zweiseitigen Test ausgegeben wird, aber ein einseitiger erforderlich ist (vergleiche Abschnitt 8.2.1). Der p-Wert (**Prob > |z| = 0.0000**) ist so klein, dass wir in diesem Fall auf die Berechnung verzichten. Die Nullhypothese wird mit einer Irrtumswahrscheinlichkeit von 0,1 % abgelehnt. Die Forschungshypothese, dass Frauen weniger an Politik interessiert sind als Männer kann (vorläufig) bestätigt werden.

Anhand des Stata Outputs kann man nicht sehen, wie sich die Variablenwerte zwischen den Gruppen unterscheiden, denn der Test gibt keine Mittelwerte aus. Den Median, das arithmetischen Mittels und den Interquartilsabstand lassen wir nun mit dem `tabstat`-Befehl ausgeben:

```
. tabstat polintr, statistic (p50 mean iqr) by(gndr)
```

```
Summary for variables: polintr
     by categories of: gndr (Gender)
```

gndr	p50	mean	iqr
Male	2	1.974784	2
Female	2	2.245536	1
Total	2	2.10242	1

Bei beiden Gruppen beträgt der Median 2, das arithmetische Mittel der Männer liegt bei 1,94 und das der Frauen bei 2,25. Anhand des Interquartilsabstands ist zu ermitteln, dass die Streuung der Messwerte bei den Männern größer ist als bei den Frauen. Wir interpretieren somit, dass Männer in etwas größerem Umfang an Politik interessiert sind als Frauen, aber das Interesse an Politik in der Gruppe der Männer heterogener ausfällt als bei den Frauen.

8.6.2. Wilcoxon-Vorzeichen-Rang-Test

Der **Wilcoxon Vorzeichen Rang-Test** stellt die verteilungsfreie Alternative zum t-Test für abhängige Stichproben dar. Er testet die Nullhypothese, dass die Mediane der beiden Verteilungen identisch sind. Für die Teststatistik verwendet Stata die Standardnormalverteilung (z-Verteilung). Wie bereits beim Wilcoxon-Rangsummen Test basiert der Test auf Rangplätzen, wobei die Berechnung der Rangsummen in anderer Weise erfolgt. Zuerst werden pro Messwertpaar die Differenzen zwischen den Vorher- und Nachher Messungen berechnet, diese können positive oder negative Vorzeichen oder null aufweisen. Anhand der Differenzen werden Ränge erzeugt: Die kleineste Differenz erhält den ersten Rang usw. Die Vorzeichen der Differenzen werden bei diesem Test beachtet, indem die Rangplätze das entsprechende Vorzeichen zugeordnet bekommen. Weisen die Differenzen der Paare den Wert null auf, werden sie bei dem weiteren Vorgehen nicht berücksichtigt. Ausgehend von der Nullhypothese ist zu erwarten, dass die Anzahl der Beobachtungen mit positiven und negativen Vorzeichen etwa gleich oft vorkommen.

Als Beispiel wählen wir die Partnerschaftszufriedenheit: Wir vermuten, dass Ehefrauen (*sat_f*) unzufriedener mit der Ehe sind als ihre Männer (*sat_m*). Diese Forschungshypothese untersuchen wir mit dem Datensatz **satmar.dta**. Die Zufriedenheit hat Ausprägungen zwischen 1 (sehr unzufrieden) bis 10 (sehr zufrieden). In Stata berechnen wir den Test mit dem Befehl `signrank` und geben die Gruppen, die wir miteinander vergleichen mit einem Gleichheitszeichen an (vergleiche Kapitel 8.4) Für kleine Stichproben empfiehlt sich der exakte Test `signrankex` (siehe Abschnitt 8.5.1). Die Syntax Struktur und Ausgabe sind bei beiden Befehlen ähnlich. Die Syntax-Grundstrukturen lauten:

```
signrank varname = exp [if] [in]

signrankex varname = exp [if] [in]
```

Wie beim t-Test für abhängige Stichproben kann Stata nur Daten im Wide-Format einbeziehen (vergleiche Kapitel 8.4). Wir verwenden den in Stata implementierten Test und schreiben folgendes Kommando zur Überprüfung unserer Hypothese:

```
. signrank sat_f = sat_m

Wilcoxon signed-rank test

        sign |      obs   sum ranks    expected
-------------+---------------------------------
    positive |        4        43.5       157.5
    negative |       17       271.5       157.5
        zero |        4          10          10
-------------+---------------------------------
         all |       25         325         325

unadjusted variance     1381.25
adjustment for ties      -19.50
adjustment for zeros      -7.50
                     ----------
adjusted variance       1354.25

Ho: sat_f = sat_m
             z =  -3.098
    Prob > |z| =   0.0019
```

Ebenso wie beim Wilcoxon-Rangsummen Test berechnet Stata nur den zweiseitigen Test. Das zeigt sich anhand der Ausgabe:

Ho: sat_m = sat_f steht für die Nullhypothese, dass die beiden Verteilungen identisch sind. Bei ungerichteten Hypothesen interpretieren wir nur den empirischen p-Wert, nicht das Vorzeichen der Teststatistik (siehe ausführlich Abschnitt 8.5.1). Bei gerichteten Hypothesen müssen wir beachten, was wir vom Vorzeichen der Teststatistik ableiten: Ein negatives Vorzeichen gibt an, dass die negativen Differenzen überwiegen, die erste Gruppe weist mehr niedrige Ausprägungen auf als die zweite Gruppe. Hat die Teststatistik einen positiven

Wert, überwiegen die positive Differenzen und in der ersten Gruppe weist die Variable überwiegend höhere Ausprägungen auf als die der zweiten Gruppe.

Bevor wir die Werte interpretieren, müssen wir überlegen was die Ausgabe in Bezug auf unsere Daten bedeutet. Wir berechnen die Differenz Frauen minus Männer, wobei bei der Zufriedenheit der Wert 1 für „vollkommen unzufrieden" und 10 für „vollkommen zufrieden" steht. Das negative Vorzeichen der Teststatistik drückt aus, dass Frauen weniger zufrieden mit der Partnerschaft sind als Männer. Das entspricht unserer Forschungshypothese, und spricht für die Ablehnung der Nullhypothese. Dennoch müssen wir das empirische Signifikanzniveau betrachten: **Prob > |z| = 0.0019**. Der p-Wert gilt für den zweiseitigen Test, aus diesem Grund müssen wir den Wert durch 2 teilen: 0,0019/2= 0,00095. Demzufolge wird unsere Forschungshypothese mit einer Irrtumswahrscheinlichkeit von 0,1 % (vorläufig) bestätigt. Um die Mittelwerte und die Streuung der beiden Gruppen zu interpretieren, lassen wir uns diese ausgeben, zum Beispiel mit dem folgenden Kommando:

```
. tabstat sat_f sat_m, statistic (p50 mean iqr)
```

Wir verzichten an dieser Stelle auf die Ausgabe. Die Gruppe der Männer weist einen Median von 8, ein arithmetisches Mittel von 7,6 und einen Interquartilsabstand von 2 auf. Frauen sind weniger zufrieden, der Median lautet 7, das arithmetische Mittel 6,04 und der Interquartilsabstand beträgt 6. Die Gruppe der Frauen ist folglich heterogener in Bezug auf die Partnerschaft eingestellt als die der Männer. Weiterführende Literatur zu den verschiedenen Testverfahren finden Sie bei Acock (2018, 149ff.) Bortz und Schuster (2016, 97ff.), Bortz et al. (2008, 78ff.) und Field (2013, 213ff.) und Ludwig-Mayerhofer et al. (2015, 155ff.).

8.7. Zusammenfassung der Befehle

Befehl	**Beschreibung**
`ci means`	Konfidenzintervall Mittelwert (Normalverteilung)
`cibar varname`	Balkendiagramm mit Fehlerbalken
`ttest varname ==#`	Ein-Stichproben t-Test (Mittelwerte)
`ttest varname, by(groupvar)`	t-Test unabhängige Stichproben (Gruppen)
`ttest varname1 == varname2`	t-Test unabhängige Stichproben (Variablen)
`robvar varname`	Test auf Varianzhomogenität

Befehl	Beschreibung
`ttest varname, by(var) unequal`	t-Test unabhängige Stichproben, Varianzungleichheit
`esize twosample varname`	Effektgröße Cohens d
`esizei #obs1 #mean1 #sd1 #obs2 #mean2 #sd2`	Effektgröße Cohens d: direkte Eingabe der Werte
`ttest varname1 == varname2`	t-Test abhängige Stichproben
`ranksum varname`	Wilcoxon-Rangsummen Test
`signrank varname`	Wilcoxon-Vorzeichen-Rang-Test

8.8. Übungsaufgaben

1. Eine Kampfschule wirbt damit, dass durch Selbstverteidigungskurse die Angst von Frauen vor Verbrechen vermindert wird. Wir möchten diese Hypothese überprüfen und befragen 50 Teilnehmerinnen des Kurses vor (*fear1*) und nach dem Kurs (*fear2*). Die Frage, ob sie Angst vor Verbrechen haben, umfasst Werte von 1 (gar keine Angst) bis 7 (sehr große Angst). Überprüfen Sie die Hypothese anhand eines geeigneten Tests und dem Datensatz **fear.dta**.

2. Erstellen Sie ein 95 % und 99 % Konfidenzintervall für die Variable Internetnutzung (*netustm*) aus dem **ESS8DE.dta**. Interpretieren Sie die Werte.

3. Verschiedene Theorien gehen davon aus, dass Männer und Frauen über unterschiedliche Gesundheitskonzepte verfügen und Frauen ihren subjektiven Gesundheitszustand schlechter einschätzen als Männer. Mit den Daten des ESS 2016 (**ESS8DE.dta)** untersuchen wir diese Forschungshypothese anhand der Variable *health*. Welchen Test wenden Sie an? Führen Sie den Test durch und interpretieren Sie das Ergebnis.

4. Sie möchten grafisch überprüfen, ob es Unterschiede zwischen Männern und Frauen hinsichtlich des Interesses an Nachrichten zum politischen Geschehen gibt (Variablen *gndr* und *nwspol*). Wie gehen Sie vor? Wie können Sie die Ergebnisse interpretieren? Welchen Hypothesentests würden Sie für diese Fragestellung nutzen? Datensatz: **ESS8DE.dta**.

5. Wie groß ist die Effektstärke, wenn Sie von zwei unabhängigen Stichproben über folgende Information verfügen: Stichprobe 1: 1,508 Fälle, arithmetisches Mittel 73.47; Standardabweichung 88,10. Stichprobe 2: 1,343 Fälle, arithmetisches Mittel 60,12; Standardabweichung 78,98?

6. In einer Statistikvorlesung wird nach zwei Monaten statt der traditionellen Vorlesung Eine innovative Lehrmethode eingeführt. Nun soll überprüft werden, ob die Studierenden mit der neuen Lehrmethode mehr Punkte in einem Mathematiktest erzielten als bei dem identischen Test mit der alten Lehrmethode. Um welche Art der Hypothese handelt es sich? Welchen Test müssen Sie anwenden? Überprüfen Sie die Forschungshypothese anhand des Datensatzes **digilmeth.dta**.

7. Laut einer Umfrage beschäftigen sich die Bürger in Deutschland durchschnittlich 73 Minuten pro Tag mit Nachrichten zum politischen Geschehen. Wir vermuten, dass es weniger als 73 Minuten sind. Um welche Art der Hypothese handelt es sich? Überprüfen Sie unsere Hypothese mit den Daten des ESS 2016 (**ESS8DE.dta**; Variable: *nwspol*).

8. Wir möchten wissen, ob sich die Arbeitszeit inklusive Überstunden zwischen Männern und Frauen unter 66 Jahren unterscheidet. Wir vermuten, dass Männer mehr Stunden arbeiten als Frauen. Überprüfen Sie die Hypothese mit einem geeigneten Test. Wie groß ist die Effektstärke?

Lösungen der Übungsaufgaben:

ÜbungenKapitel08.do

9. Grafiken

Mit Stata können Sie viele unterschiedliche Arten von Grafiken erstellen und diese durch zahlreiche Optionen verändern. Einige Grafik-Typen haben wir bereits in den vorhergehenden Kapiteln vorgestellt. An dieser Stelle gehen wir ausführlicher darauf ein, wie wir diese Grafiken mit Kommandos verändern können. Spezial-Grafiken und Grafiken, die Stata-Anwender entwickelt haben, klammern wir dabei aus.

Die nachfolgenden Kapitel sind wie folgt gegliedert: Zunächst stellen wir für verschiedene Arten von Grafiken die individuellen Möglichkeiten, das Aussehen zu verändern, dar. Anschließend folgen Gestaltungsmöglichkeiten, die auf nahezu alle Grafiken anwendbar sind, wie Titel oder Farbschemata. Abschließend beschäftigen wir uns mit verschiedenen Optionen, wie Speicherformaten.

Einen Überblick über die immense Anzahl unterschiedlicher Grafik-Typen und Gestaltungsmöglichkeiten findet sich in der Stata-Dokumentation, die in der Toolbar unter **Help > PDF documentation** . Das entsprechende Kapitel heißt **Stata Graphics Reference Manual** und erscheint durch Klicken auf **[G] Graphics**. Mit folgendem Kommando rufen wir die Hilfe zu Grafiken im Viewer auf:

```
. help graph intro
```

Mit Klick auf **[G-1] graph intro** erscheint das **Stata Graphics Reference Manual**, das alle Elemente, die auf der Seite des Viewers aufgeführt werden, beschreibt. Dazu zählt unter anderem die Übersicht der verschiedenen Grafik-Typen, die sich auch mit dem Befehl

```
help graph
```

öffnet.

Das Manual von Stata 15 gliedert sich in folgende Kapitel, auf die wir in den nachfolgenden Abschnitten verweisen:

[G-1] Introduction and overview

[G-2] Commands

[G-3] Options

[G-4] Styles, concepts, and schemes

In der Stata **Online Hilfe**[1] werden bei jedem Grafik-Kommando dessen Syntax-Grundstruktur und die vorhandenen Optionen ausführlich dargestellt. Diese wird mit Befehl

---

[1] Wir verwenden die Begriffe Online-Hilfe und Hilfe nachfolgend synonym.

`help` und dem jeweiligen Grafik-Kommando geöffnet. Teilweise wird dort zu Unteroptionen verlinkt, diese sind blau gekennzeichnet. Weitere Information zum Umgang mit den Unteroptionen und Auswahlmöglichkeiten finden Sie in Abschnitt 9.1.1.

Einen schematischen Überblick über verschiedene Stata-Grafiken findet sich auf der folgenden Stata Homepage (2019b):

https://www.stata.com/support/faqs/graphics/gph/stata-graphs/

Dokumentationen, Video-Tutorials etc. sind dort unter folgender Adresse der Stata Homepage (2019a) vorhanden:

https://www.stata.com/features/publication-quality-graphics/

Zu empfehlen ist zudem das Buch von Mitchell „A Visual Guide to Stata Graphics“ (2012). Es widmet sich ausführlich dem Thema Grafiken und wird deshalb als weitere Literatur empfohlen. Im Kapitel 4.3.1 finden Sie weiterhin Information dazu, wie es möglich istGrafiken, ohne Befehle, mittels des Graph Editors zu modifizieren.

☞ Wir verwenden in diesem Kapitel überwiegend die Datei **allbus2014_red.dta**

Bevor wir starten noch ein Hinweis: Wir können mehrere Grafikfenster nebeneinander öffnen, wenn wir nach dem Grafik Befehl die Option `name(xy)` angeben:

```
. histogram V493, name(histo_hhinc)
. graph hbox V493, name(box_hhinc)
```

Je nachdem, ob die Grafiken in separeten Fenstern oder in einem Grafik-Fenster plaziert werden sollen, verwenden wir den Befehl `autotabgraphs`:

```
. set autotabgraphs on
. set autotabgraphs off
```

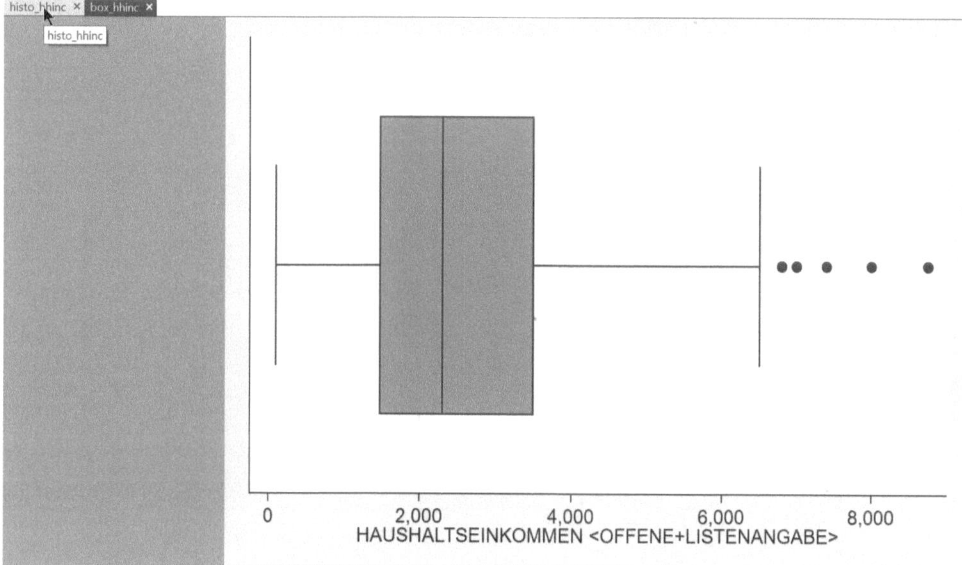

Hilfe zu diesen Befehlen finden Sie unter

```
. help autotabgraphs
```

Ein anderes Kommando sollte an dieser Stelle nicht fehlen:

```
. graph display
```

Nachdem das Grafik-Fenster geschlossen wurde, wird mit dem Kommando die Grafik wieder aus dem Arbeitsspeicher im Grafik-Fenster angezeigt.

9.1 Verschiedene Grafik-Typen

Die Wahl des Grafik-Typs hängt vom Skalenniveau und den Analyseverfahren ab. In den verschiedenen Kapiteln dieses Buchs finden sich dementsprechend die dazugehörigen Grafiken, wie Balkendiagramme, Boxplots, Streudiagramme etc. An dieser Stelle lernen Sie Befehle kennen, um die in diesem Buch dargestellten Grafiken zu modifizieren. Aufgrund der Fülle von Möglichkeiten können wir nur eine Auswahl an Optionen, wie Änderung der Farbeinstellungen oder Abstände, erläutern. Für die in den einzelnen Buch-Kapiteln verwendeten Grafiken, stellen wir zuerst die Basis Syntax vor. Anschließend folgen Informationen zu diversen Kommando-Optionen, die anhand von Beispiel-Kommandos und Bildern erläutert werden.

9.1.1. Tortendiagramme

[G-2] graph pie

Stata bietet drei verschiedene Arten von Tortendiagrammen an, mit der Online-Hilfe informieren wir uns darüber:

```
. help graph pie
```

Unter dem Begriff **Syntax** sehen Sie drei verschiedene Syntax-Grundstrukturen: Die beiden ersten Kommandos sind zum Erstellen von Tortendiagrammen, die verschiedene Variablen in einer Grafik zusammenfassen. Das letzte Kommando eignet sich für Tortendiagrame, deren Stücke die absoluten Häufigkeiten oder Prozentwerte einer Variable grafisch wiedergeben. Dieses Kommando haben wir bereits unter deskriptive Statistiken kennengelernt. Die anderen Kommandos benötigen wir für unsere Zwecke nicht, aber die nachfolgenden Ausführungen gelten gleichermaßen für alle Arten von Tortendiagrammen. Die Syntax-Grundstruktur für das Tortendiagramm, das wir besprechen, lautet:

```
graph pie [if] [in] [weight], over(varname) [options]
```

Die Syntax erläutert, welche verschiedenen Bedingungen (`if` und `in`) und Optionen (`options`) zur Verfügung stehen. Die Optionen werden in der Online-Hilfe ausführlich dargestellt, teilweise wird zu Unteroptionen verlinkt. Die **Verlinkungen** sind stets **blau** gekennzeichnet. Enthalten Unteroptionen in Klammern einen Text in blauer Schrift, so kann mit Klicken auf den Text eine Beschreibung für die vordefinierten Auswahlmöglichkeiten der Unteroption geöffnet werden. Ebenso können Sie den Text nach dem Befehl `help` angeben und als Kommando ausführen. Dann öffnet sich die Online-Hilfe. Nehmen wir als Beispiel `color(colorstyle)`. Durch Anklicken des Begriffs `colorstyle` öffnet sich die Online-Hilfe, zu den in Stata implementierten Farben und weiterer Information zu den Farbstilen. In gleicher Weise erhalten Sie die Online-Hilfe zur Option mit dem Befehl `help` und der Angabe des Begriffs `colorstyle`:

```
. help colorstyle
```

Zur Illustration erstellen wir zuerst ein Tortendiagramm für die Variable *V204*, die abfragt, ob Befragte der Meinung sind, dass Sozialleistungen in Deutschland gekürzt werden sollten. Mit folgendem Befehl erzeugt Stata eine Übersicht aller Merkmalsausprägungen der Variable:

```
. labelbook V204
```

Die Variable weist den Wert 0 auf, diesen definieren wir als fehlenden Wert mit dem `mvdecode`-Befehl und erzeugen anschließend das Tortendiagramm:

```
. mvdecode V204,mv(0=.a)
. graph pie, over(V204)
```

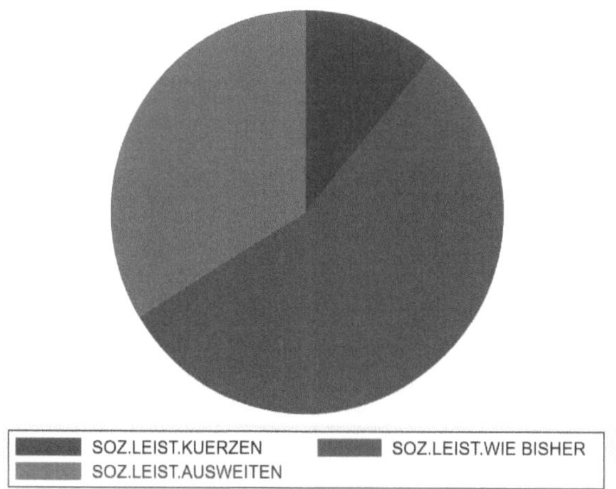

Tortenstücke verändern

Änderungen an den Tortenstücken nehmen wir mit der Option `pie()` vor. Die verschiedenen Möglichkeiten stehen unter `pie_subopts`. Beispielsweise lassen sich die Farben der Tortenstücke verändern und die Stücke abtrennen. Damit Stata weiß, welches Stück wir anpassen möchten, ist dessen Nummer anzugeben. Die Nummerierung erfolgt im Uhrzeigersinn. Die Farben der einzelnen Stücke variieren wir, indem wir die Option `pie()` mit der Unteroption `color()` verwenden. Durch Klicken auf `colorstyle` oder über das Kommando `help colorstyle` erscheint die Übersicht der möglichen Farben und die dazugehörigen Bezeichnungen, die Stata verwendet. Es stehen verschiedene Farbräume wie HSV, RGB und CMYK und Intensitäten zur Verfügung, diese gelten für alle Grafiktypen. Für Veröffentlichungen im wissenschaftlichen Kontext empfiehlt es sich dezente Farben oder Graustufen auszuwählen. Wir entscheiden uns für drei verschiedene Grautöne. Die Unteroption geben wir innerhalb der Option nach einem Komma an:

```
. graph pie, over(V204) pie(1,color(gs10)) pie(2,color(gs12))
  pie(3,color(gs14))
```

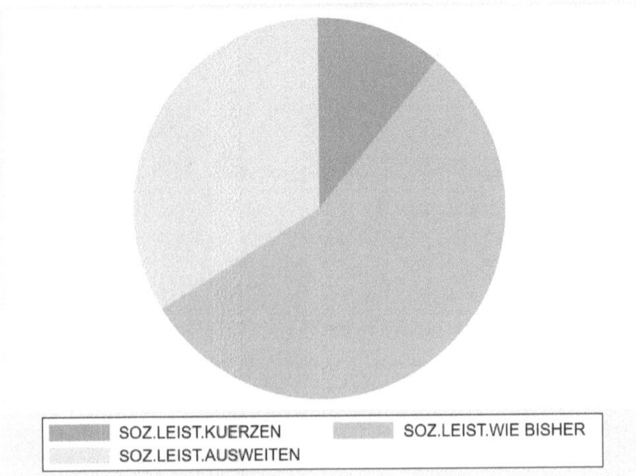

Weitere Einstellungen, wie das Definieren der Intensität der Farben oder das Mischen von Farben ist möglich, siehe:

```
. help colorstyle
```

Es ist auch möglich, einzelne Tortenstücke aus dem Kreis herauszulösen. Eine ausführliche Erläuterung dazu findet sich in Abschnitt 4.3.1. Die Unteroption `explode()` regelt das Herauslösen der Tortenstücke: Der Abstand der Lücke zu den anderen Stücken wird mit Zahlen bestimmt. Unter dem Stichwort `relativesize` sind die Auswahlmöglichkeiten einzusehen. In der Voreinstellung verwendet Stata als Lücke 3,8 % von der Fläche der Grafik. Eine Lücke von 8 % beim zweiten Tortenstück erhalten wir mit folgendem Kommando:

```
. graph pie, over(V204) pie(2, explode(8))
```

Die Unteroptionen sind miteinander kombinierbar. Verschiedene Farben und Abtrennung aller Tortenstücke erreichen wir mit diesem Kommando:

```
. graph pie, over(V204) pie(1,color(gs10)) pie(2,color(gs12)
  explode(8)) pie(3,color(gs14) explode(8))
```

Beschriftung der Tortenstücke

Die Beschriftung der Tortenstücke erfolgt über die Option `plabel()`. Dabei können Sie zwischen den Unteroptionen absolute Häufigkeiten (`sum`), Prozentwerte (`percent`) und Wertelabels (`name`) auswählen. Eigene Beschriftungen zu erzeugen ist ebenso möglich. Informationen zu Beschriftungen der Tortenstücke mit Häufigkeiten und Prozentwerten haben wir ausführlich in Abscnitt 4.3.1 vorgestellt. Es besteht die Möglichkeit, alle Tortenstücke zu beschriften oder einzelne Stücke auswählen. Der Befehl `_all` dient dazu, alle Tortenstücke zu beschriften. Das Tortendiagramm mit der Angabe von Prozentwerten über allen Tortenstücken erhalten wir mit `percent`:

```
. graph pie, over(V204) plabel(_all percent)
```

Die Auswahl einzelner Stücke erfolgt für jedes Tortenstück, indem für die zu beschriftenden Stücke jeweils `plabel()` und die Nummer des jeweiligen Stückes in Klammern angegeben wird. Das Prinzip wird anhand der Beschriftungen des zweiten und dritten Tortenstücks mit absoluten Häufigkeiten erläutert. Der Begriff `sum` regelt als Unteroption, dass Stata Häufigkeiten erzeugt:

```
. graph pie, over(V204) plabel(2 sum) plabel(3 sum)
```

Wertelabels werden mit `name` angezeigt. Beschriften wir alle Tortenstücke mit Wertelabels, ist folgendes Kommando erforderlich:

```
. graph pie, over(V204) plabel(_all name)
```

Die Beschriftungen lassen sich miteinander kombinieren. Damit sie sich nicht überlagern, verwenden wir den Befehl `gap()`. Dadurch wird der Radialabstand verändert. Negative Nummern verlagern die Beschriftungen nach innen, positive nach außen. Wir versetzen die Wertelabels nach innen mit:

```
. graph pie, over(V204) plabel(_all percent) plabel(_all
  name,gap(-10))
```

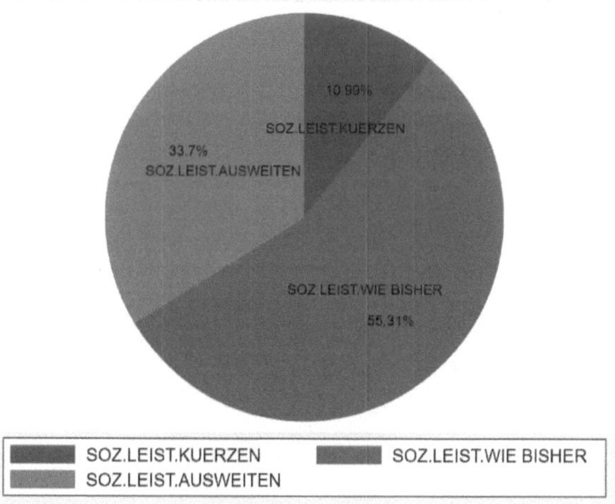

Bei dieser Grafik sind die Beschriftungen optisch nicht sehr ansprechend: Die Wertelabels weisen Großbuchstaben auf und sind sehr lang. Wir erzeugen deshalb eigene Beschriftungen mit der Option `plabel()`. Dazu geben wir separat für jedes Tortenstück die Nummer und den Text in Anführungszeichen an, mit mindestens einem Zeichen Abstand zwischen Text und Nummer. Wir beschriften mit den Prozentwerten und eigenen Wertelabels:

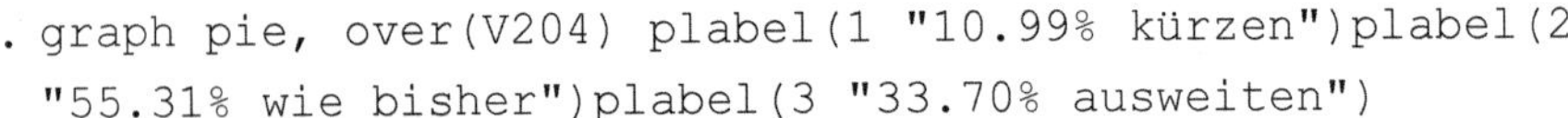

```
. graph pie, over(V204) plabel(1 "10.99% kürzen")plabel(2
  "55.31% wie bisher")plabel(3 "33.70% ausweiten")
```

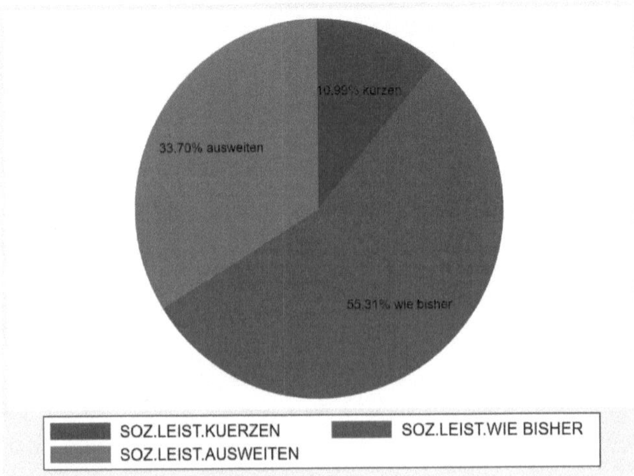

9.1.2. Balkendiagramme

[G-2] graph bar

Stata kann vertikale und horizontale Balkendiagramme erzeugen. In der Stata Hilfe finden wir die Information zu dem Kommando mit:

```
. help graph bar
```

Die Syntax-Grundstruktur für die beiden Varianten von Balkendiagrammen unterscheidet sich in einem Buchstaben:

```
graph bar yvars [if] [in] [weight] [, options]
graph hbar yvars [if] [in] [weight] [, options]
```

Der Begriff `bar` steht für vertikale und `hbar` für horizontale Balkendiagramme . In Stata werden mit Balkendiagrammen deskriptive Maßzahlen für eine oder mehrere Variablen grafisch erstellt, z.B. Balkendiagramme, die das arithmetische Mittel einer Variablen anhand eines Balkens zeigen. Doch wir können das Kommando zur grafischen Beschreibung absoluter Häufigkeiten oder der Prozentwerte einer Variablen benutzen (siehe Abschnitt 4.3.1). Auf diese Art von Grafiken beschränken wir uns überwiegend in diesem Kapitel. Balkendiagramme für Mittelwerte, gruppierte und gestapelte Balkendiagramme haben wir bereits in den Abschnitten 5.5.1 und 5.5.2 erläutert. Elemente, die das Aussehen der Grafiken verändern – wie Farben, Labels und Abstände der Balken – stehen nachfolgend im

Vordergrund. Diese können bei allen Arten von Balkendiagrammen Anwendung finden. Zur Illustration verwenden wir eine Variable, die angibt ob eine Person sich durch Kollegen oder Vorgesetzte zu Unrecht kritisiert oder schikaniert fühlt (*V296*). Bevor wir das Kommando ausführen, ermitteln wir, welche Werte wir ausschließen müssen und wandeln diese Werte in fehlende Werte um:

```
. label list V296
. mvdecode V296,mv(0=.a)
```

Wie beim Tortendiagramm erhalten wir mit der `over()`-Option ein Balkendiagramm mit Prozentwerten.

```
. graph bar, over(V296)
```

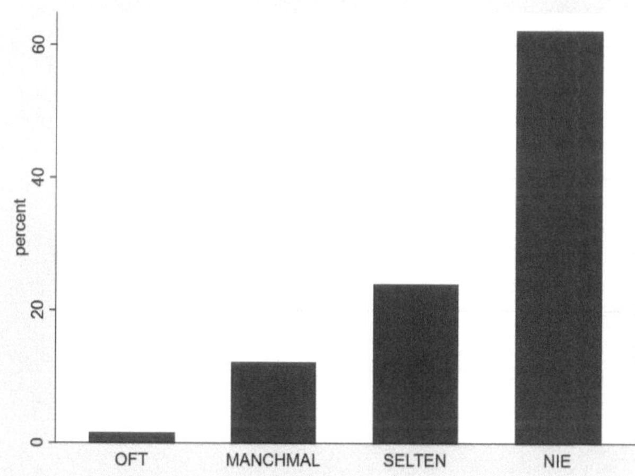

Für ein vertikales Balkendiagramm wird der Buchstabe „`h`" im Befehl `bar` ergänzt:

```
. graph hbar, over(V296)
```

Mit der Option `count` gibt Stata ein Balkendiagramm mit absoluten Häufigkeiten aus, wenn wir den Begriff nach dem Variablennamen in Klammern schreiben:

```
. graph bar (count), over(V296)
```

Balken verändern

Optionen zur Anpassung der Balkenfarbe und Abstände zwischen den Balken werden an dieser Stelle erläutert. Unter der Unteroption `lookofbar_options` stehen die verfügbaren Optionen. Für die Veränderung von Farben ist die Unteroption `bar()` zuständig. Alle Infos rund um Farben etc. stehen unter `bar(#, barlook_options)`. Durch Klicken auf den Begriff sehen wir weitere Information oder können uns das Graph-Manual ([G-3] barlook_options) anzeigen lassen. Falls alle Balken dieselbe Farbe erhalten sollen, benutzen wir die Option `bar()` und schreiben die Zahl 1 und den Farbcode in Klammern. Die Angabe der Zahl 1 ist notwendig, da Stata übermittelt werden muss, für welche Variable es eine andere Farbe ausgeben soll. Das liegt daran, dass Stata hauptsächlich zur Erstellung von Balkendiagrammen für mehrere Variablen benutzt wird und das Kommando eine Variablenliste (siehe Syntax-Grundstruktur `yvars`) erfordert. Ein Balkendiagramm für die Variable *V296* in heller Graustufe erhalten wir mit:

```
. graph bar, over(V296) bar(1,color (gs10))
```

Bei Balkendiagrammen, die mehrere Variablen einbeziehen, ist für jede Variable die Option `bar()` mit der Nummer anzugeben, die sich aus der Reihenfolge im Kommando ergibt. Als Beispiel nehmen wir das Nettoeinkommen und Haushaltseinkommen und färben die beiden Balken in verschiedenen Grautönen ein:

```
. graph bar V419 V493, bar(1,color (gs10)) bar(2,color
  (gs15))
```

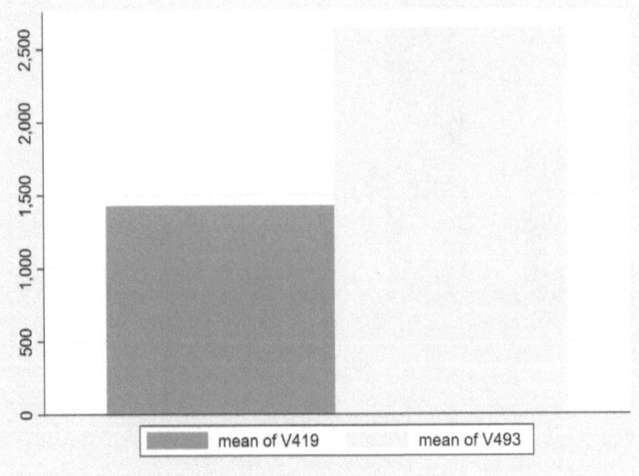

Bei Balkendiagrammen für eine Variable, verändern wir die Farbe einzelner Balken, indem wir die Option `asyvars` einfügen. Somit werden die Ausprägungen der Variable wie jeweils einzelne Variablen behandelt. Dann werden die einzelnen Ausprägungen der Variable wie separate (Dummy)Variablen behandelt. Hierbei werden, wie oben beschrieben die Farben mit Nummern dem jeweiligen Balken zugeordnet. Verschiedene Graustufen erhalten wir mit folgendem Kommando:

```
. graph bar, over(V296) asyvars bar(1,color (gs8))
  bar(2,color (gs10)) bar(3,color (gs12))bar(4,color (gs14))
```

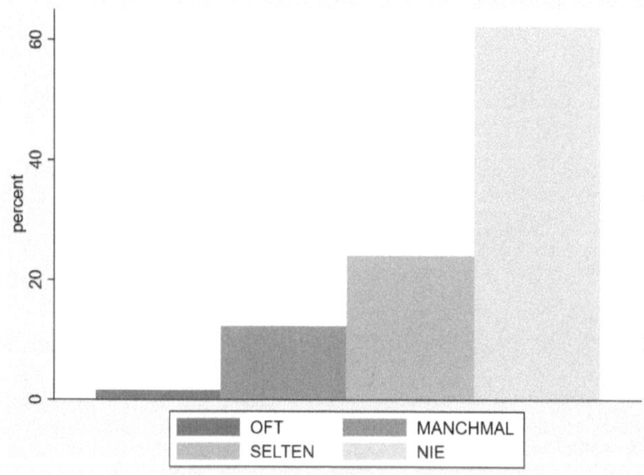

Mit der asyvars-Option werden die Balken ohne Lücken angezeigt. Die Abstände zwischen den Balken werden mit der bargap(#)-Option eingestellt, wobei das Raute Symbol (#) als Platzhalter für eine Zahl steht. Wenn wir Balkendiagramme für eine Variable betrachten, müssen wir wiederum auf die Option asyvars zurückgreifen. Negative Zahlen in der bargap(#)-Option lassen die Balken überlappen, 0 steht für keine Lücke und positive Werte für Lücken zwischen den Balken. Die Zahl in Klammern gibt den Prozentsatz an, um welche die Breite der Balken vermindert wird und somit Lücken zwischen diesen entstehen. Wollen wir eine Lücke zwischen den Balken erzeugen, welchen die Balkenbreite um 5 % reduziert, schreiben wir:

```
. graph bar, over(V296) asyvars bargap(5)
```

Wir können die vorgestellten Befehle miteinander kombinieren. Abstände zwischen den Balken und Farben ändern wir beispielsweise mit folgendem Kommando:

```
. graph bar, over(V296) asyvars bar(1,color (gs8))
  bar(2,color (gs10)) bar(3,color (gs12))bar(4,color (gs14))
  bargap(5)
```

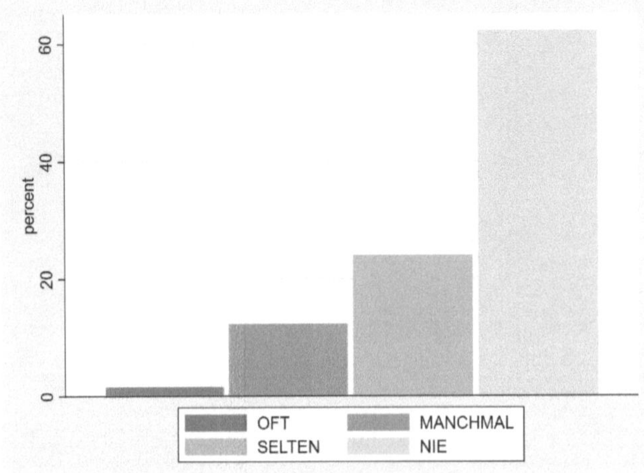

Beschriftung der Balken

Beschriftungen über den Balken fügen wir mittels der Option `blabel(bar)` hinzu. Informationen dazu finden Sie unter (`help`) `blabel_option`. Diese Option gilt sowohl für Balkendiagramme, die Prozentwerte darstellen, als auch für Balkendiagramme, die absolute Häufigkeiten veranschaulichen. Für Prozentwerte über den Balken geben wir das folgende Kommando an:

```
. graph bar, over(V296) blabel(bar)
```

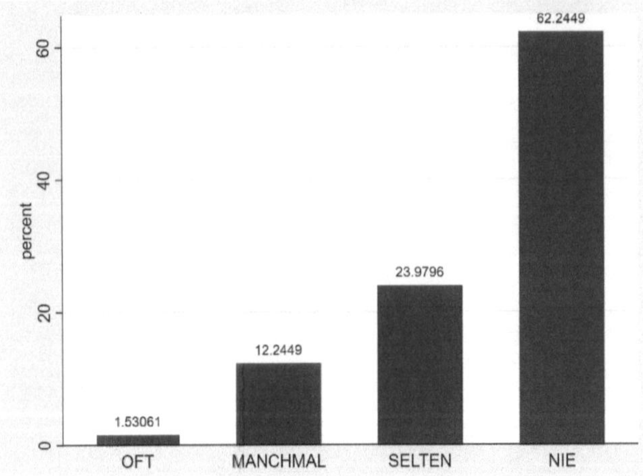

Nachkommastellen lassen sich mit der Unteroption `format(%fmt)` ändern. Information zu den möglichen Formaten findet sich mit dem Kommando `help format`. Zwei Nachkommastellen erhalten wir mit:

```
. graph bar, over(V296) blabel(bar, format(%4.2f))
```

Die Ausgabe für Balkendiagramme mit absoluten Häufigkeiten erfolgt mit der Angabe `count`, die restlichen Syntax-Elemente sind jedoch identisch:

```
. graph bar (count), over(V296) blabel(bar)
```

Beschriftungen mit Wertelabels über den Balken kann Stata ausgeben, dazu ist es notwendig die Option `asyvars` und `blabel(name)` anzugeben:

```
. graph bar, over(V296) asyvars blabel(name)
```

Die Position der Beschriftung ändern wir mit dem der Unteroption `position()`: Nach Angabe der Art der Beschriftung gewählt und einem Komma gewählt. Dafür stehen wiederum vier Optionen zur Verfügung: Innerhalb der Balken (`inside`), außerhalb (`outside`), am Boden (`base`) und mittig (`center`). Letzteres zeigen wir hier:

```
. graph bar, over(V296) blabel(bar, position(center))
```

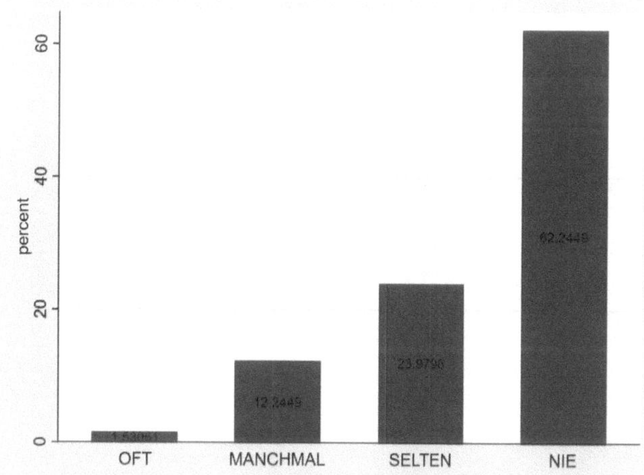

Mit dem Befehl `gap()` lassen sich die Abstände der Beschriftungen ebenfalls festlegen. In Klammern geben wir an, um wie viel Prozent die Beschriftung oberhalb der Balken oder innerhalb der Balken stehen soll. Dazu verwenden wir positive und negative Werte. Wenn wir Prozentwerte außerhalb der Balken erstellen mit 1% Abstand zu den Balken, so lautet das Kommando:

```
. graph bar, over(V296) blabel(bar, gap(1))
```

Eigene Werte darstellen

Stata erlaubt es, Daten anhand von Balkendiagrammen (und Dot-Charts) genauso darzustellen, wie sie im Datensatz stehen. Es werden somit nicht Prozentwerte etc., sondern nur die Werte der Zellen ausgegeben, ähnlich der Weise, wie es bei Excel möglich ist. Das Vorgehen funktioniert mit der `asis`-Option. Wir können uns dies für die Darstellung von Balkendiagrammen mit eigenen Variablenwerten zu Nutze machen. Dazu müssen wir zuerst einen Datensatz mit der `input`-Option (siehe Kapitel 2.4) erzeugen. Beispielsweise stellen wir Arbeitslosenzahlen für verschiedene Länder dar: DE 3,2 %, AT 4,8 %, IR 5,4 % und FR 8,8 %. Als Kommando geben wir ein:

```
. clear
. input DE AT IR FR
. 3.2 4.8 5.4 8.8
. end
```

Das Balkendiagramm erzeugen wir anschließend mit dem Kommando, das mehrere Variablen berücksichtigt:

```
. graph bar (asis) DE AT IR FR
```

Die Balken können, ebenso wie bei den bereits erläuterten Balkendiagrammen modifiziert werden. Möchten wir Labels angeben, so schreiben wir folgendes Kommando:

```
. graph bar (asis) DE AT IR FR, blabel(name)
```

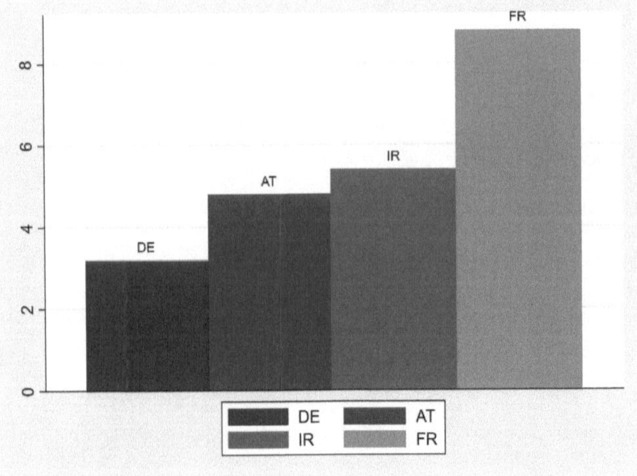

Wir stellen nun die Länder und Arbeitslosenquoten anhand einer einzigen Variablen dar, dann lautet der `input`-Befehl:

```
. clear
. input str6 country unemp
. "DE" 3.2
. "AT" 4.8
. "IR" 5.4
```

```
. "FR" 8.8
. end
```

Zur Ausgabe der Grafik müssen wir uns nun der `over`-Option bedienen. Für ein horizontales Balkendiagramm schreiben wir:

```
. graph hbar (asis) unemp, over(country)
```

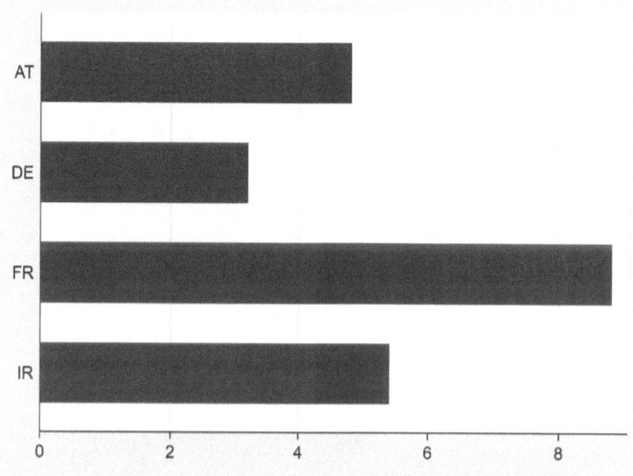

9.1.3. Histogramme

[R] histogram

Histogramme dienen der grafischen Darstellung einer metrischen Variablen. In Stata benutzen wir dazu den Befehl `histogram`. Mit diesem Befehl lassen sich neben Histogrammen auch Balkendiagramme erstellen. Wenn wir uns die Syntax-Grundstruktur des Befehls mittels der Hilfe anschauen, sehen wir, dass eine Option `discrete_opts` lautet. Diese Option wird für diskrete Variablen verwendet, um Balkendiagramme zu erstellen. Wir lassen uns die Information zum Kommando mittels des Hilfe-Befehls anzeigen:

```
. help histogram
```

Auf den Befehlsnamen folgt der Variablenname und – bei Bedarf – weitere Optionen; diese stehen in Klammern. Hier ist die Syntax-Grundstruktur:

```
histogram varname [if] [in] [weight] [, [continuous_opts |
discrete_opts] options]
```

Stata gibt laut Voreinstellung bei Histogrammen die Häufigkeitsdichte einer Variablen an. In Abschnitt 4.3.2 haben wir verschiedene Möglichkeiten der Modifikation – wie Darstellung von Häufigkeiten, Prozentwerte und Veränderung der Anzahl der Klassen – bereits ausführlich erläutert. An dieser Stelle widmen wir uns eingehend den Optionen, die uns ermöglichen, Balken zu verändern und die Normalverteilungskurve einzuzeichnen.

Zur Illustration verwenden wir die Variable Fernsehnutzung in Minuten (*V71*). Das Histogramm erstellen wir mit:

```
. histogram V71
```

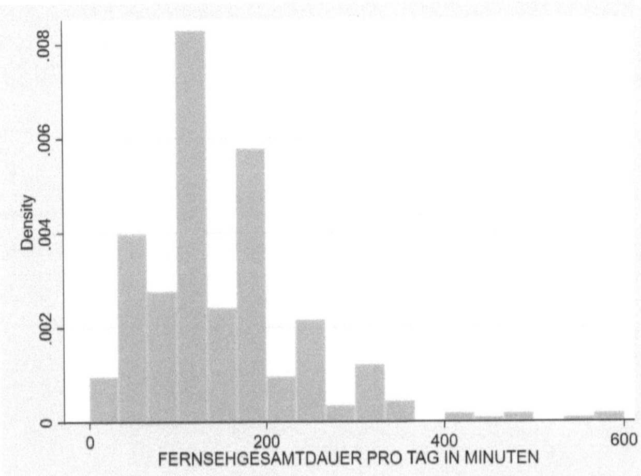

Absolute Häufigkeiten anstatt der Häufigkeitsdichte erzeugen wir mit der Option `frequency` und Prozentwert mit `percent`:

```
. histogram V71, frequency
. histogram V71, percent
```

Die Anzahl der Balken lassen sich über die `bin(#)`-Option steuern. Ein Histogramm mit 8 Balken und Prozentwerten erzeugen wir mit folgendem Kommando:

```
. histogram V71, percent bin(8)
```

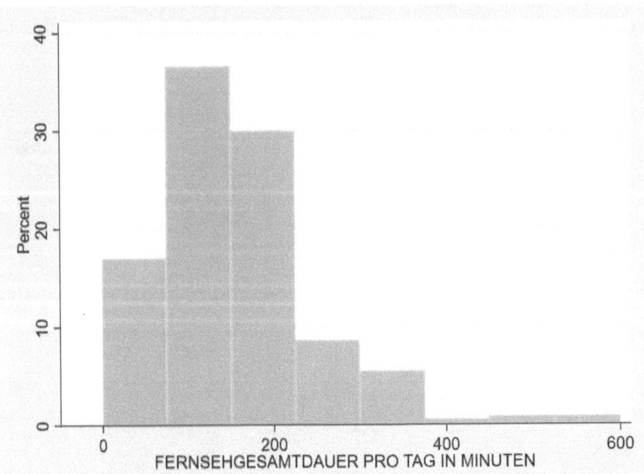

Das Aussehen der Grafik verändert sich durch die geringere Anzahl von Balken erheblich. Diese Problematik sollten Sie sich stets vor Augen führen, bevor Sie Änderungen an der Anzahl der Klassen vornehmen.

Der Befehl für Histogramme erstellt ein Balkendiagramm, wenn wir die `discrete`-Option einbeziehen. Als Beispiel verwenden wir die Variable aus dem letzten Kapitel *V296*. Stata erzeugt nun ein Balkendiagramm, dessen Balken sich berühren. Lücken zwischen den Balken, werden mit der `gap()-Option` angefordert und Prozentwerte mit `percent`:

```
. histogram V296, discrete percent gap(10)
```

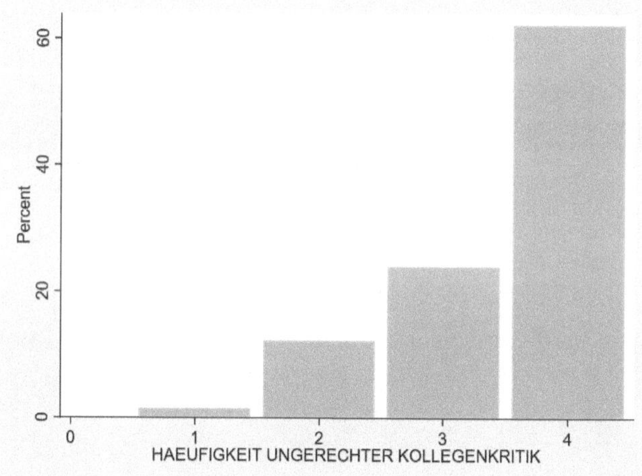

Das Erzeugen des Balkendiagramms mit dem `histogramm`-Befehl erfordert weitaus mehr Schritte als der `graph bar`-Befehl. Zudem können wir beim `histogram`-Befehl einzelnen die Balkenfarbe nicht anpassen.

Balken verändern

Im obigen Abschnitt haben wir bereits gezeigt, wie wir die Abstände zwischen den Balken verändern. An dieser Stelle widmen wir uns den Balkenfarben, der Richtung und den Beschriftungen. Eine einheitliche Farbe (siehe auch Abschnitt 9.1.1) für alle Balken wird mit der Option `color` erzielt. Eine helle Graustufe erscheint mit folgendem Befehl:

```
. histogram V71, color(gs12)
```

Allerdings sind in bei dieser Grafik die Ränder der Balken nun kaum zu erkennen, entsprechend ist die Optik nicht besonders ansprechend. Es empfiehlt sich die Füllung und Umrandung der Balken mit unterschiedlichen Farben zu versehen. In der Hilfe finden Sie dazu Information unter `bar_options` und `barlook_options`. Die Option `blcolor()` steuert die Farbe der Umrandung und `bfcolor()` die Füllfarbe. Zwei helle Grautöne erhalten wir mit:

```
. histogram V71, bfcolor(gs12) blcolor(gs10)
```

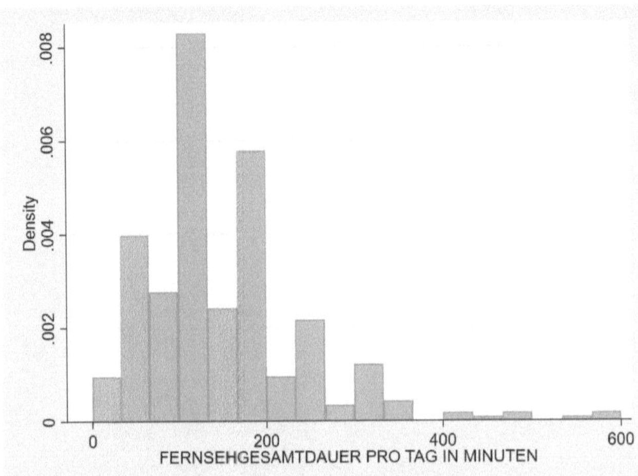

In der Voreinstellung erstellt Stata vertikale Histogramme. Die Option horizontal wird verwendet für Horizontale verwendet. Graustufen und zehn Balken gibt das folgendem Kommando aus:

```
. histogram V71, bfcolor(gs12) blcolor(gs10) bin(10)
  horizontal
```

Bei vertikalen Histogrammen ist es möglich, die Balken mit Dichte, Prozentwerten und Häufigkeiten zu beschriften, dazu dient die `addlabels`-Option. Weist das Histogramm viele Balken auf, wird die Darstellung allerdings unübersichtlich. Anhand eines Balkendiagramms für die kategoriale Variable *V296* zeigen wir das Vorgehen. Mit den entsprechenden Optionen erfolgt die Darstellung in Graustufen, mit Prozentwerten und Lücken zwischen den Balken:

```
. histogram V296, discrete percent gap(10) color(gs14)
  addlabels
```

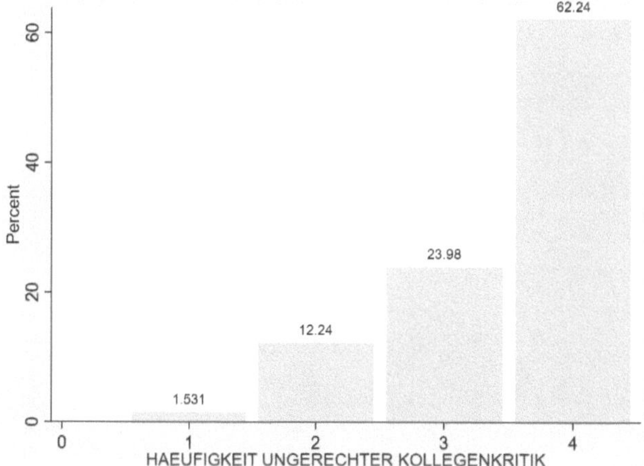

Normalverteilungskurve

Bei Bedarf kann die Normalverteilungskurvebeim Histogramm eingezeichnet werden. Dies steuert die Option `normal`. Das Histogramm der Variable *V71* mit Normalverteilungskurve wird durch dieses Kommando erzeugt:

```
. histogram V71, bfcolor(gs12) blcolor(gs10) normal
```

Wem die Farbe der Kurve nicht zusagt, kann diese mit der Option `normopts()` und der Unteroption `lcolor()` modifiziert werden.

```
. histogram V71, bfcolor(gs12) blcolor(gs10) normal
  normopts(lcolor(gs1))
```

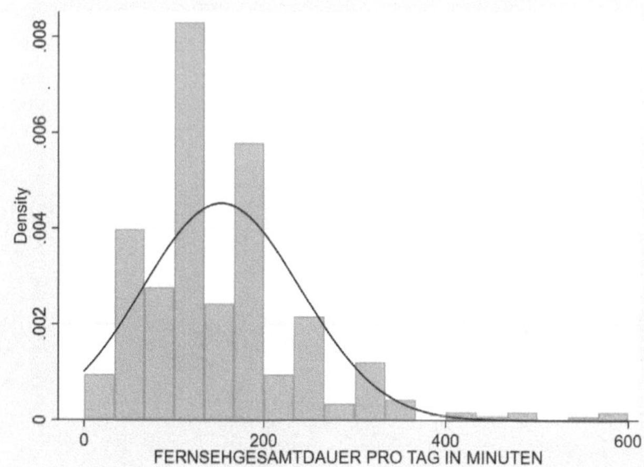

9.1.4. Boxplots

[G-2] graph box

In den Abschnitten 4.3.2 und 5.5.2 haben wir verschiedene Varianten von Boxplots betrachtet: Boxplots für eine Variable und Boxplots zum Vergleich von Verteilungen (konditionale Boxplots). Diese werden mit der `by`- oder `over`-Option erstellt. Wie Ausreißer im Boxplot nicht angezeigt werden, wird dort ebenfalls erläutert. Mittels des Hilfe Kommandos besorgen wir uns Information zum Kommando:

```
. help graph box
```

Zwei verschiedene Varianten der Syntax-Grundstruktur sind dort aufgeführt. Die erste dient dazu, vertikale Boxplots darzustellen, die zweite horizontale:

```
graph box yvars [if] [in] [weight] [, options]
graph hbox yvars [if] [in] [weight] [, options]
```

Als Beispiel dient das Nettoeinkommen (*V419*). Das Kommando für den Boxplotlautet lautet:

```
. graph box V419
```

Die horizontale Darstellung erfolgt mit `hbox` :

```
. graph hbox V419
```

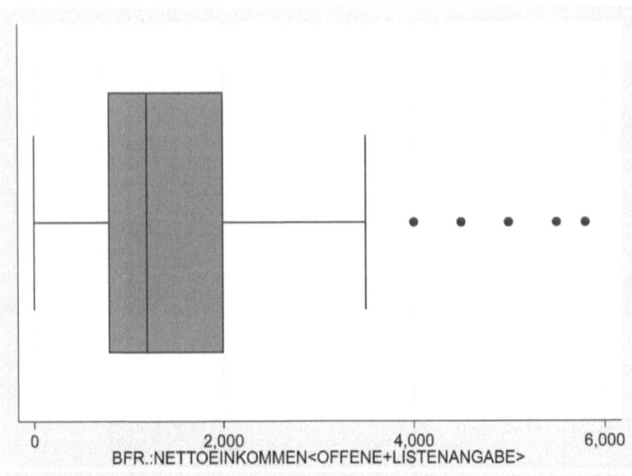

Ausreißer werden durch Angabe der Option `nooutsides` nicht angezeigt:

```
. graph hbox V419, nooutsides
```

Die Farbe von Boxplots lässt sich ähnlich wie bei Balkendiagrammen modifizieren. Allerdings ist es notwendig, die Farben für Ausreißer mit einer separaten Option einzustellen. Unter `marker(#, marker_options)` lautet findet sich die notwendige Information. Die Farbe der Box wird mit der Option `box()` der Farb-Unteroption `color` gesteuert. Für die Marker ist das Schema identisch, die Option heißt hierbei `marker()` die Unteroption `mcol`. Bei einem Boxplot ist die Nummer 1 anzugeben. Dunkle Graustufen für Box und Marker erhalten wir mit:

```
. graph hbox V419, box(1, color(gs4))  marker(1, mcol(gs4))
```

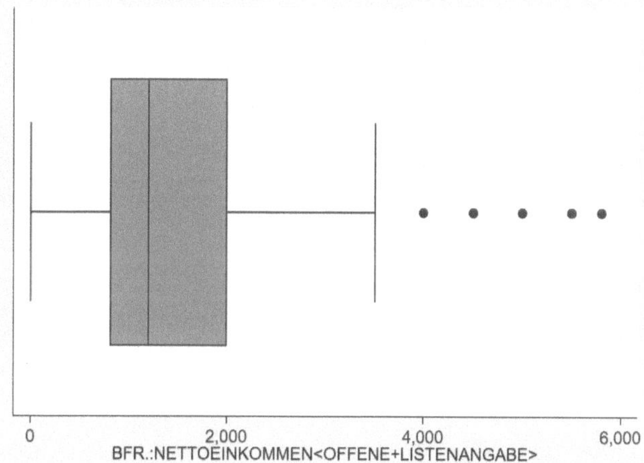

Zwei verschiedene Varianten stehen bei gruppierten Boxplots zur Verfügung: Entweder alle Boxplots erhalten eine identische Farbe oder jede Box erhält eine jeweils separate Farbe. Identische Farben für alle Boxplots und Marker erhalten wir mit der Angabe der Zahl 1 bei den `box`- und `marker`-Optionen. Dunkelblaue Grafiken für die X-Variable Gebiet (Ostdeutschland/Westdeutschland) erzeugt das folgende Kommando:

```
. graph hbox V419, over( V7) box(1, color(dknavy)) marker(1,
  mcol(dknavy))
```

Boxen mit unterschiedlichen Farben werden erzeugt, wenn für jede Box und den dazugehörigen Marker die Farben separat angegeben werden und die `asyvars`-Option im Kommando steht (siehe Balkendiagramme). In unserem Beispiel weist die X-Variable zwei Ausprägungen auf, folglich sind die Zahlen 1 und 2 anzugeben. Das Kommando für zwei verschiedene Blautöne lautet:

```
. graph hbox V419, over( V7) asyvars box(1, color(dknavy))
  box(2, color(edkblue)) marker(1, mcol(dknavy)) marker(2,
  mcol(edkblue))
```

9.1.5. Streudiagramme

[G-2] graph twoway scatter

Streudiagramme haben wir bei der Einführung in die bivariate Regressionsanalyse vorgestellt. Verschiedene Varianten finden sich in den Kapiteln 6.1 und 6.4. Im Folgenden zeigen wir Streudiagramme mit Elementen wie Regressionsgerade und Konfidenzintervalle. Anschließend gehen wir auf Optionen für Marker ein, die auf andere Punktdiagramme, wie Dot-Charts übertragbar sind. Abbildung 9.1 gibt eine Übersicht, welche verschiedenen Elemente wir in Streudiagrammen anpassen können. Markersymbole, Farbe, Größe und Beschriftung der Marker stehen dabei im Mittelpunkt. Weitere Optionen für Streudiagramme finden sich im Kapitel 9.2. Mit der Stata-Hilfe erhalten wir Information zum Kommando für Streudiagramme und den möglichen Optionen :

```
. help graph twoway scatter
```

Die Syntax-Grundstruktur gibt uns einen ersten Hinweis, wie das Kommando aufgebaut ist.

```
[twoway] scatter varlist [if] [in] [weight] [, options]
```

Der Befehl für Grafiken (`graph`) wird in der Syntax nicht angezeigt, dennoch können wir ihn verwenden, wenn er vor dem Begriff `twoway` steht. In Klammern erscheint der Befehl `twoway`, dieser Begriff verweist darauf, dass es sich um eine Grafik in einem Koordinatensystem handelt. Dieser Befehl kann, muss aber nicht im Kommando stehen. Nach dem Befehl für das Streudiagramm `sactter` folgt eine Variablenliste: Die zuletzt angeführte Variable wird auf der X-Achse abgetragen.

Als Beispiel wählen wir das Einkommen und die Arbeitsstunden der Befragten. Der Wert 99996 ist noch im Datensatz enthalten und wird mit `mvdecode` ausgeschlossen. Anschließend lassen wir uns das Streudiagramm mit dem ausführlichen `graph`-Befehl ausgeben:

```
. labelbook V495
. mvdecode V495, mv(99996=.a)
. graph twoway scatter V495 V118
```

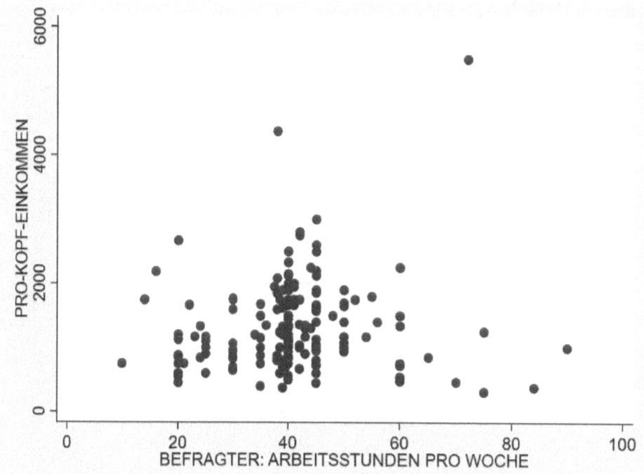

Es ist möglich, das erste Kommando weiter abzukürzen. Die zwei nachfolgenden Kommandos erzeugen identische Streudiagramme:

```
. twoway scatter V495 V118
. sc V495 V118
```

Regressionsgerade

Die bivariate Regression wird häufig durch ein Streudiagramm mit Regressionsgerade ergänzt. Für das Streudiagramm verwenden wir das Kommando `lfit`. Hinweise, wie es angewendet und welche Optionen es gibt, finden sich unter:

```
. help twoway lfit
```

Mit diesem Kommando erzeugt Stata ein zweidimensionales Diagramm, das nur die Regressionsgerade abbildet, das Streudiagramm fehlt. Das Kommando für unser Beispiel lautet:

```
. twoway lfit V495 V118
```

Ein Streudiagramm mit Regressionsgerade erzeugt das Programm, indem es zwei Grafiken überlagert. Im Kommando wird zuerst die Syntax für die erste Grafik und nach zwei senkrechten Strichen die Syntax für die zweite Grafik angegeben. Statt Striche anzugeben, können beide Grafiken-Kommandos jeweils innerhalb von Klammern stehen.[2]

Die Syntax-Grundstruktur für überlagerte zweidimensionale Grafiken lautet:

```
scatter ... || line ... || lfit ... || ...
twoway (scatter ...) (line ...) (lfit ...) ...
```

[2] Es können mehrere und verschiedene Grafiken, aus dem twoway Schema überlagert werden.

Auf unser Beispiel übertragen lautet das Kommando mit beiden Varianten:

```
. scatter V495 V118 || lfit V495 V118
. twoway (scatter V495 V118) (lfit V495 V118)
```

Wem das Aussehen der Regressionsgerade nicht zusagt, kann diese modifizieren, beispielsweise ist es möglich die Linienstärke, Farbe oder den Stil der Linie zu verändern. Entsprechende Optionen finden sich unter `cline_options` und `lcolor(colorstyle)`. Optionen werden der jeweiligen Grafik mit einem Komma zugeordnet. Eine dunkelblaue Regressionsgerade erzeugen wir mit:

```
. scatter V495 V118 || lfit V495 V118, lcolor(edkblue)
```

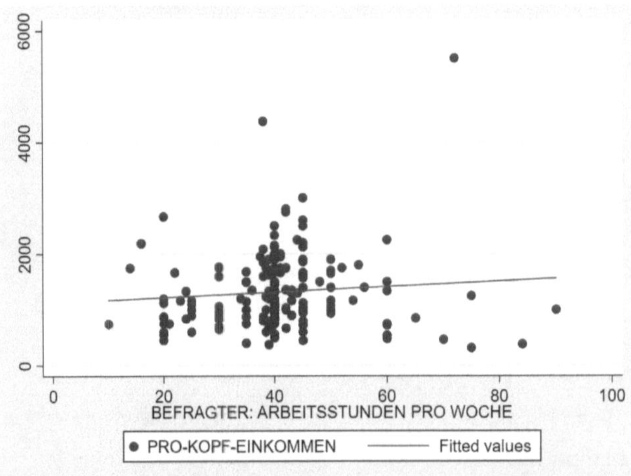

Konfidenzintervall

Eine weitere Möglichkeit besteht darin, eine Regressionsgerade mit Konfidenzintervall zu erzeugen, das Kommando `lfitci` dient dazu. Die Stata Hilfe gibt weitere Information zu dem Kommando an:

```
. help twoway lfitci
```

Eine Grafik mit Regressionsgerade und 95 % Konfidenzintervall erhalten wir mit folgendem Kommando:

```
. twoway lfitci V495 V11
```

Allerdings ist nun, wie im obigen Beispiel, nur die Grafik ohne Streudiagramm zu sehen. Aus diesem Grund überlagern wir beide Grafiken erneut:

```
. scatter V495 V118 || lfitci V495 V118
```

Das Konfidenzintervall kann verschiedene Konfidenzniveaus annehmen, zum Beispiel 99 %. Dazu dient die Option `level()`, die wir bereits im Zusammenhang mit Konfidenzintervallen für Mittelwerte kennengelernt haben. Den Marker-Stil passen wir mit der Option `msymbol()` an, ausführlich erläutern wir das im nächsten Abschnitt. Wenn wir die Marker unseres Beispiels modifizieren, muss die Option nach dem Kommando für das Streudiagram stehen. Auf der rechten Seite werden die Optionen aufgeführt, die sich auf das Konfidenzintervall beziehen, in unserem Fall das 99%-Konfidenzintervall:

```
. scatter V495 V118, msymbol(x) || lfitci V495 V118,
  level(99)
```

Marker verändern

Stata bietet eine Reihe unterschiedlicher Einstellungen für Marker von Streudiagrammen und anderen Punktdiagrammen an. Mit Klicken auf die Option `marker_options` zeigt das Programm die unterschiedlichen Möglichkeiten auf. Die Option `msymbol()` ist für Marker-Stile zuständig. Unter `msymbol(symbolstylelist)` erscheint eine Übersicht der implementierten Varianten. Mit dem Kommando `palette symbolpalette` gibt das Programm eine Grafik der gängigen Stile aus. Eine komplette Liste, die alle Elemente ihrer Stata Version beinhaltet, erhalten Sie mit dem Kommando `graph query symbolstyle` in der Ausgabe. Zur Illustration verwenden wir große X Marker in unserem Streudiagramm:

```
. sc V495 V118, msymbol(X)
```

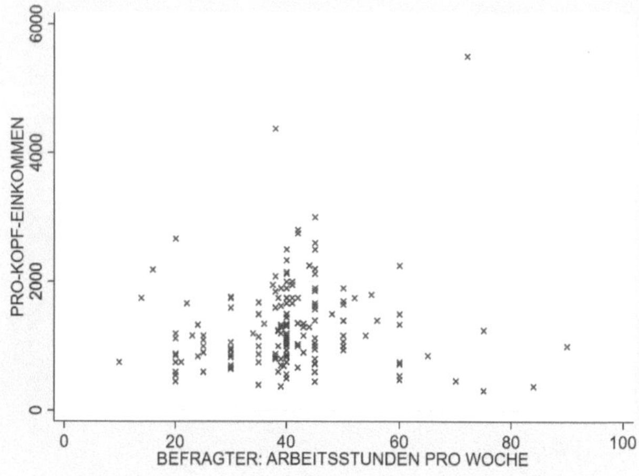

Die unterschiedlichen Farben der Marker legt die Option `mcolor()()` fest. Weitere Angaben zu den Farben sehen Sie unter `mcolor(colorstylelist)`. Rote Marker erhalten wir mit:

```
. sc V495 V118, mcolor(red)
```

Eine weitere Option für Marker betrifft deren Größe. Mit klicken auf `msize (markersizestylelist)` sehen Sie die zahlreichen Varianten. Die Option `msize()()` erzeugt in Kombination mit der Angabe `medium` mittelgroße Marker:

```
. sc V495 V118, msize(medium)
```

Mit Stata lassen sich Marker mit Variablenwerten oder Wertelabels beschriften, diese dienen zur Identifizierung von Beobachtungen im Streudiagramm. Die Option `mlabel()` erstellt diese sogenannten **Marker-Labels**. In Klammern steht die Variable, mit der wir die Marker beschriften. Die Darstellung wird allerdings bei Grafiken mit vielen Fällen schnell unübersichtlich. Besitzt eine Variable keine Wertelabels gibt Stata lediglich die numerischen Werte an, wo es ansonsten Wertelabels aufführt. Zur Illustration verwenden wir die Wertelabels der Variable Geschlecht (*V81*). Die ursprüngliche Variable hat sehr lange Wertelabels in Großbuchstaben. Diese klonen und versehen sie mit anderen Wertelabels und lassen uns anschließend die Grafik für die Befragten 10 bis 40 ausgeben:

```
. clonevar V81n= V81
. label define gndr_lb 1"m" 2"w"
. label values V81n gndr_lb
. sc V495 V118 in 10/40, mlabel(V81n)
```

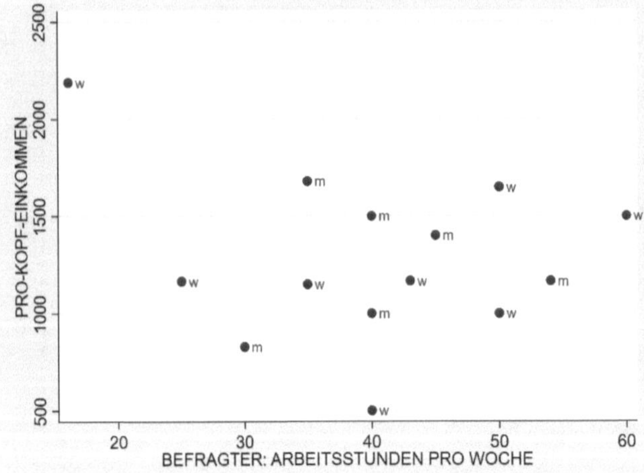

Die Position der Marker-Labels ist nicht optimal. Mit der Option `mlabposition()` wird die Position der Labels gesteuert. Durch Klicken auf `mlabposition (clockposstyle)` finden wir Information zur Veränderung der Position, wie die

Angabe welche Zahlen (0 bis 12) welcher Position entsprechen. Die Zahlen 1 bis 12 stellen das gedachte Zifferblatt einer Uhr dar, die 0 der Mitte des Markers:

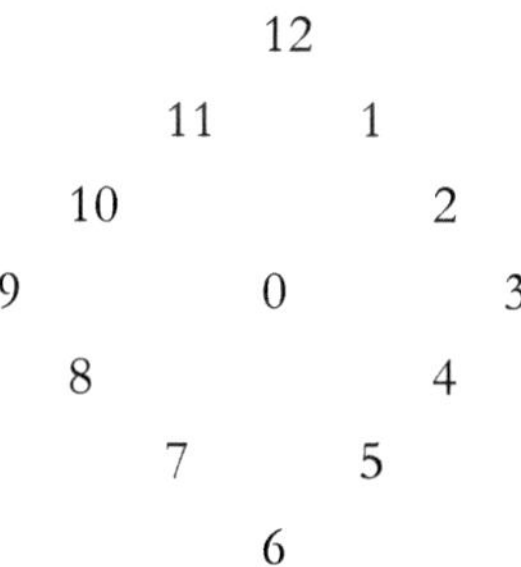

Zudem bietet es sich an, die Lücke zwischen Markerlabel und Marker zu korrigieren. `mlabgap(relativesize)` zeigt die Auswahlmöglichkeiten für die Größe der Marker an. Mit der Option `mlabgap()` bestimmen wir die Größe der Lücke. Eine Position der Marker auf 1 Uhr und eine Lücke von 1% des Marker-Durchmessers erhalten wir mit folgendem Kommando:

```
. sc V495 V118 in 1/40,mlabel(V81n) mlabposition(1)
  mlabgap(1)
```

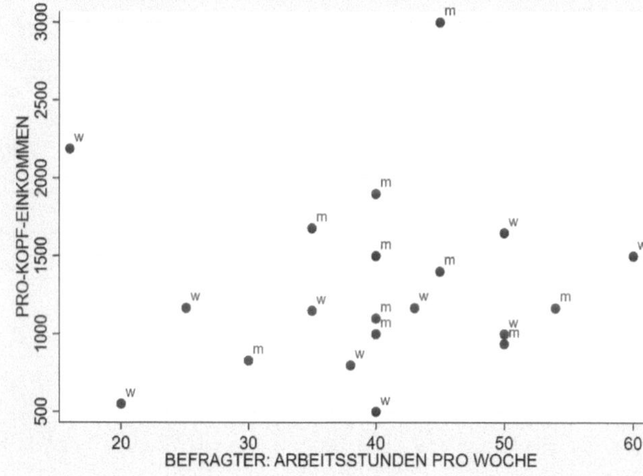

9.1.6. Spezielle Grafiken-Typen

[G-2] graph other

Die zuvor gezeigten Grafiken stellen eine Auswahl an gängigen Diagrammen für die univariate und bivariate Datenanalyse dar. Daneben bietet Stata zahlreiche Spezial-Grafiken für komplexe statistische Verfahren, wie Panelregression oder Ereignisanalyse an. Einige dieser Spezialgrafiken haben wir in den vorhergehenden Kapiteln vorgestellt. Beispielsweise den Added-Variable-Plots oder den Normal-Probability Plot. Eine Übersicht über die unterschiedlichen Spezial-Grafiken generiert das Kommando `help graph_other`. Durch Klicken auf die blau unterlegten Befehlsnamen erscheint eine ausführliche Beschreibung der jeweiligen Grafik, der Syntax-Grundstruktur und der unterschiedlichen Optionen. Angaben zu den verfügbaren Optionen finden sich wie bei allen Grafiken unter `options`. Zur Veranschaulichung betrachten wir den Kern-Dichte-Schätzer. Der Befehl lautet `kdensity`. Durch Klicken auf den Begriff oder mittels der Stata Hilfe `help kdensity`, erscheint die entsprechende Hilfe zu diesem Befehl im Viewer. Die Grafik für die Variable Einkommen mit Normalverteilungskurve (Option `normal`) erhalten wir mit:

```
. kdensity V495, normal
```

Die Dichtekurve und die Normalverteilungskurve passen wir bei Bedarf an. Unter `cline_options` finden sich die Übersicht zu Optionen, wie Linien-Stil, Stärke oder Farbe um nur einige zu nennen. Farbveränderungen sind mit `lcolor()` zu erzielen. Wird nur diese Option angegeben, erhält nur die Dichtekurve eine andere Farbe. Die Normalverteilungskurve wählen wir mit der Option `normopts()` aus, die Farb-Option stellt nun eine Unteroption dar:

```
. kdensity V495, normal lcolor(gs0) normopts(lcolor(gs0))
```

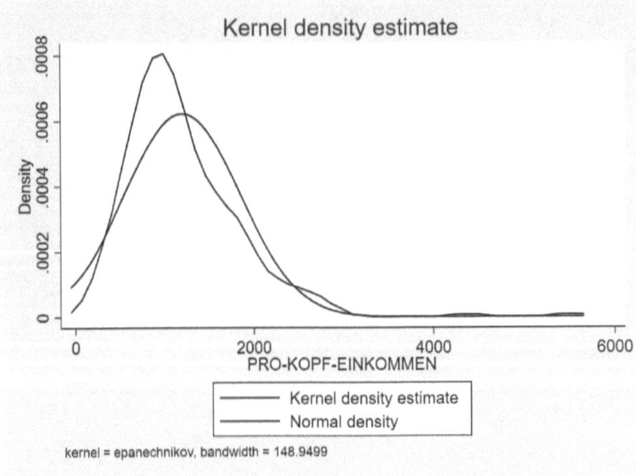

9.2 Grafiken verändern

[G-3] Options

An dieser Stelle zeigen wir verschiedene Optionen, die bei den meisten Grafiken zur Verfügung stehen. Die zuvor besprochenen Optionen werden dabei ausgeklammert. Abbildung 9.1 beschreibt eine Auswahl an unterschiedlichen Grafik-Elementen, durch Optionen ist es möglich sie zu modifizieren. Das Vorgehen zeigen wir im Nachfolgenden auf.

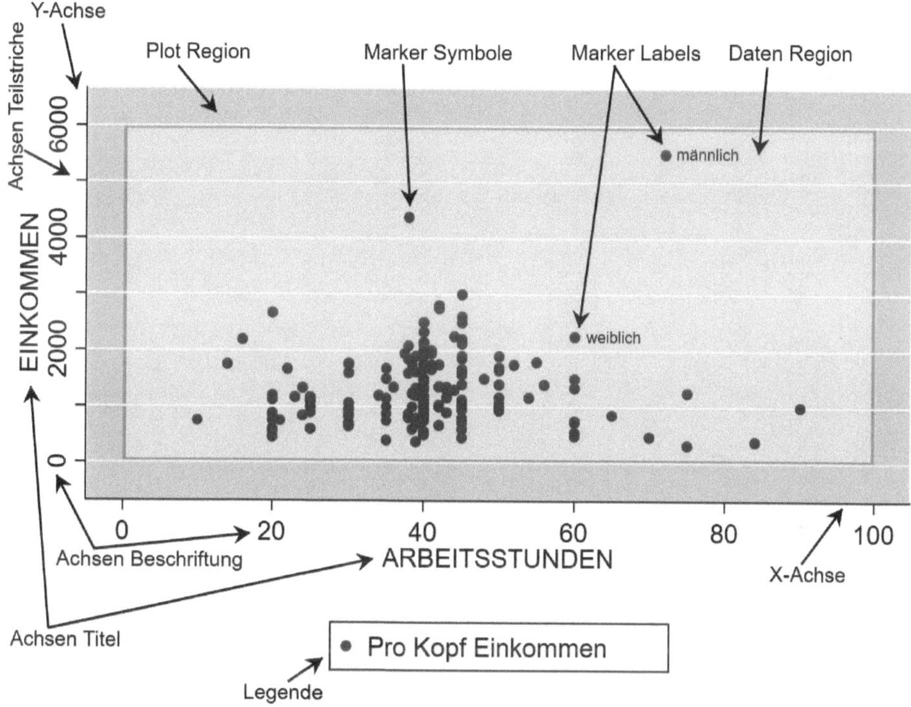

Abbildung 9.1: Verschiedene Grafikelemente

9.2.1. Achsen

Zur Anpassung der Achsen stehen zahlreiche Optionen zur Auswahl. Wir beschäftigen uns mit Achsentiteln, Teilstrichen, Beschriftungen und Skalierung der Achsen. Anhand des Streudiagramms aus Abschnitt 9.1.5 zeigen wir die verschiedenen Gestaltungsmöglichkeiten auf.

Achsentitel

Bei Grafiken die über ein (kartesisches) Koordinatensystem verfügen, können die Titel der X-und Y-Achse verändert werden[3]. Die entsprechenden Optionen lauten `xtitle()` und `ytitle()`. In Klammern geben wir an, welcher Text im Titel stehen soll. Bei einzeiligen Titeln schreiben wir den Text in Anführungszeichen.

Mit der Stata-Hilfe finden Sie die Information unter:

```
. help axis_title_options
```

Weiterhin besteht die Möglichkeit Farbe, Größe und Ausrichtung des Textes etc. mit Unteroptionen zu steuern. Zuerst illustriert ein Streudiagramm das Prinzip:

```
. scatter V495 V118, xtitle("Arbeitsstunden pro Woche")
  ytitle("Nettoeinkommen im Monat")
```

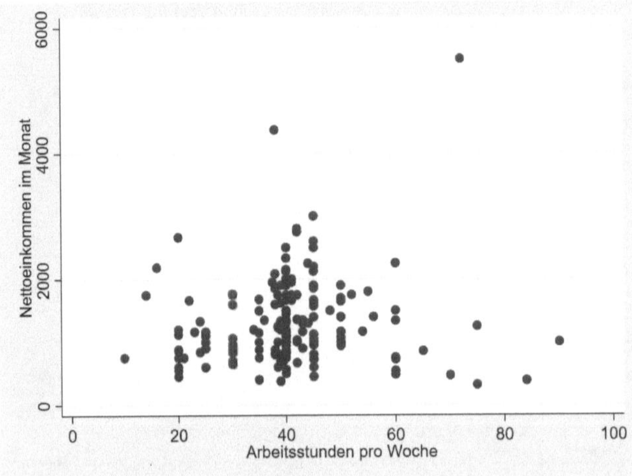

Mehrzeilige Titel erzeugt Stata, indem für jede Zeile jeweils ein Text in Anführungszeichen geschrieben wird. Das nachfolgende Kommando erzeugt eine Grafik mit zweizeiligen Titeln:

```
. scatter V495 V118, xtitle("Arbeitsstunden" "pro Woche")
  ytitle("Nettoeinkommen" "im Monat")
```

Weitere Optionen zur Veränderung des Textes in Titeln finden sich unter:

```
. help textbox_options
```

Die Größe der Titel lässt sich mit der Unteroption `size()` einstellen. Beispielsweise gibt es die Stile `small`, `large`, `huge`.

---

[3] Bei Balkendiagrammen und Boxplots kann mit den aufgezeigten Befehlen nur die Y-Achse verändert werden.

```
. scatter V495 V118, xtitle("Arbeitsstunden pro Woche",
  size(large)) ytitle("Nettoeinkommen im Monat")
```

Es ist ebenso möglich, die Ausrichtung des Textes anzupassen, mit `placement()` und der Angabe `east`, `west` etc. Zum Beispiel um einen linksausgerichteten X-Achsentitel zu generieren:

```
. scatter V495 V118, ytitle("Nettoeinkommen im Monat")
  xtitle("Arbeitsstunden pro Woche", placement(west))
```

Die Unteroption `margin()` steuert den Abstand zwischen Achsentitel und Achsen. Information dazu bietet `margin(marginstyle)`. Mittleren Abstand zur X-Achse erhalten wir mit:

```
. scatter V495 V118, ytitle("Nettoeinkommen im Monat")
  xtitle("Arbeitsstunden pro Woche", margin(medium))
```

Eine Umrandung der Titel ist mit der Unteroption `box` möglich. Für die Umrandung existieren wiederum Optionen, die Farbe, Abstand des Titels zur Box etc. regeln Zur Illustration umranden wir den X-Achsentitel. Der Text soll wenig Abstand zur Box und großen Abstand zur X-Achse aufweisen. Sobald wird die Option `box` verwenden, ist es notwendig für den Abstand zwischen Umrandung und Achsen die Unteroption `bmargin()` anzugeben. Die Option `margin()` regelt in diesem Fall den Abstand des Legenden-Textes zur Umrandung:

```
. scatter V495 V118, ytitle("Nettoeinkommen im Monat")
  xtitle("Arbeitsstunden pro Woche", box margin(small)
  bmargin(large))
```

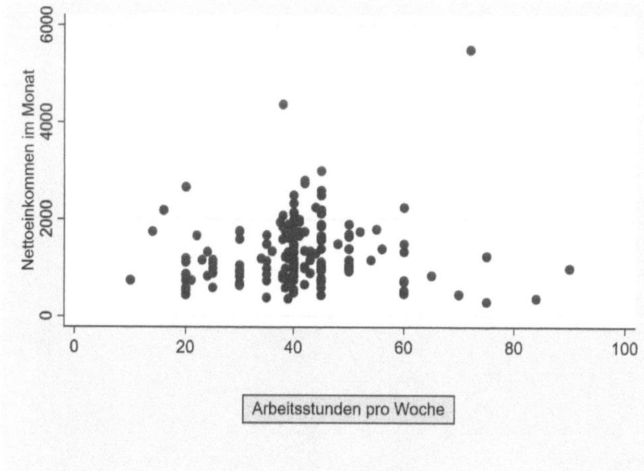

Achsen-Teilstriche

Information rund um Optionen für Achsen-Teilstriche und Achsen-Beschriftungen bietet folgendes Kommando:

```
. help axis_label_options
```

Es stehen zwei Optionen zur Verfügung: Zusätzliche Teilstriche in der Größe der vorhandenen Teilstriche werden mit der `xtick()` und `ytick()`-Option. erzeugt. Sollen zusätzliche Teilstriche kleiner als die Haupt-Teilstriche ausfallen, so verwenden wir die `xmtick()`- oder `ymtick()`-Option. In Klammern wird eine Nummernliste (siehe `help numlist`) angegeben, wobei die erste Zahl die Position des ersten zusätzlichen Steilstrichs und die letzte das Ende angibt: In Klammern stehen die Anzahl der Schritte. Für Teilstriche von 10 bis 90 in 20er Schritten schreiben wir:

```
. scatter V495 V118, xtick(10(20)90)
```

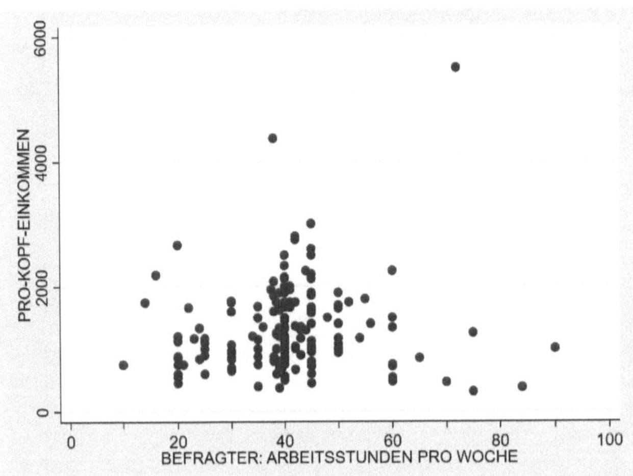

Kleinere Teilstriche zeichnet Stata nach demselben Schema:

```
. scatter V495 V118, xmtick(10(20)90)
```

Wir haben somit einen zweiten Teilstrich zwischen den ursprünglichen Teilstrichen eingezeichnet.

Achsen-Beschriftungen

Achsen beschriften wir meistens mit Zahlen, die unterhalb der Achsenteilstriche stehen. Diese Achsenlabels lassen sich ähnlich wie die Teilstriche verändern. Die oben genannte Online-Hilfe bietet ebenfalls Information dazu an. Die Anzahl der Beschriftungen legen wir mit der `xlabel()` bzw. `ylabel()`-Option und der Nummernliste fest. Beschriftungen von 0 bis 100 im Abstand von 10 Zahlen erhalten wir mit folgendem Befehl:

```
. scatter V495 V118, xlabel(0(10)100)
```

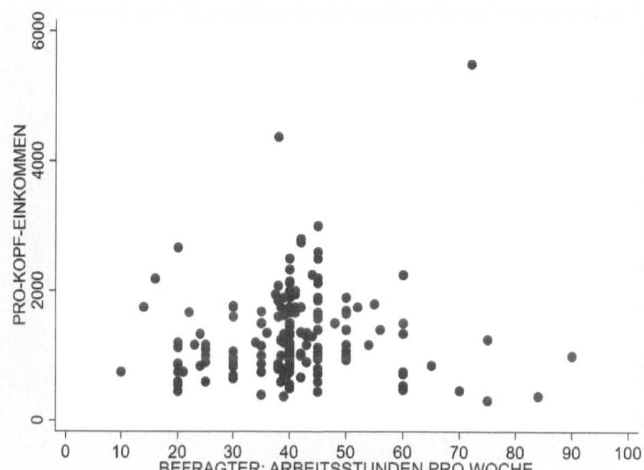

Mit Unteroptionen besteht die Möglichkeit, die Achsenlabels weiter modifizieren. Die Winkel der Achsenbeschriftungen lassen sich mit `angle()` einstellen. Einen 45° Winkel erhalten wir mit:

```
. scatter V495 V118, xlabel(0(10)100, angle(45))
```

Die Größe der Achsenlabels wird mit `labsize()` angepasst, Auswahlmöglichkeiten für die Textgröße sind beispielsweise `small`, `large` etc. Die Achsen können wir zudem mit Wertelabels versehen, insofern die X-oder Y-Variablen Wertelabels aufweisen. Zur Illustration verwenden wir das Einkommen und die Variable Arbeitslosigkeit und lassen uns das Streudiagramm mit Wertelabels im 45° Winkel ausgeben. Zuvor schließen wir fehlende Werte aus. Die Kommandos lauten:

```
. mvdecode V129, mv (0=.a)
. scatter V495 V129, xlabel(2(1)6, valuelabel labsize(vsmall)
  angle(45))
```

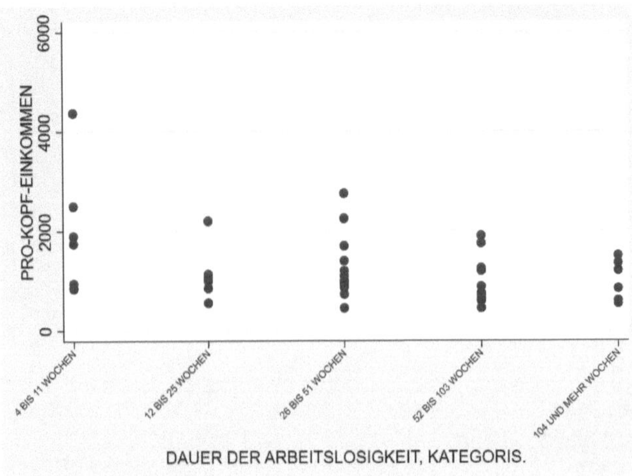

Skalierung der Achsen

Achsen können auf unterschiedliche Art und Weise modifiziert werden. Sie auszublenden, zu spiegeln oder ihre Unter- und Obergrenzen festzulegen sind nur einige Optionen. Letztere zeigen wir an dieser Stelle. Mit der Stata-Hilfe und folgendem Kommando erhalten wir eine Übersicht der Skalierungsoptionen:

```
. help axis_scale_options
```

Die Optionen `xscale()` und `yscale()`-Option steuern alle diese Veränderungen. Wenn wir Unter- und Obergrenzen neu festlegen, verändert sich die Größe der Datenregion und der Plotregion. Stata erzeugt als Voreinstellung eine Datenregion, die fast die gesamte Plotregion bedeckt. Die Datenregion kann mit Stata nur verkleinert, aber nicht vergrößert werden. Dementsprechend wird der Abstand der Datenregion zur Plotregion nur größer und nicht kleiner. Die Festlegung neuer Unter-und Obergrenzen erfolgt mit der Unteroption `range()` und Angabe des Bereichs. Die X-Achse soll nun auf den Wert 200 und die Y-Achse auf 10000 ausgedehnt werden, folglich schreiben wir:

```
. scatter V495 V118, xscale(range (0 200)) yscale(range(0
  10000))
```

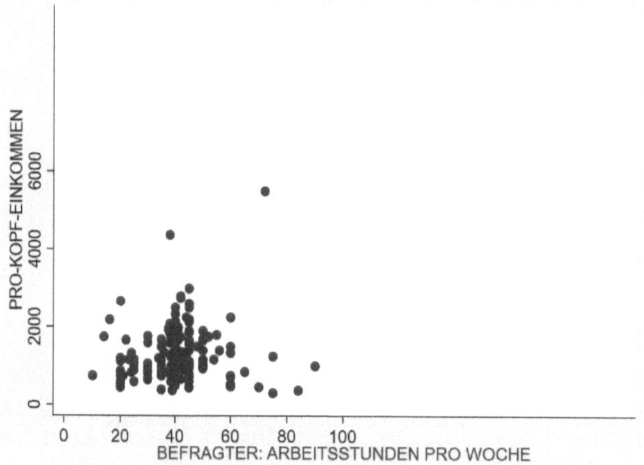

Durch die Achsenskalierung nimmt der Rand zwischen Datenregion und Plotregion zu, die ursprünglichen Achsen-Beschriftungen bleiben erhalten. Stata gestattet nicht, Datenpunkte wegzulassen, indem Sie die Skalen anpassen. Nehmen wir als Beispiel die Arbeitsstunden. Sollten Sie größere Werte als das Minimum (10) oder kleinere als Maximum (90) der Variablenwerte angeben, so ignoriert das Programm diese. Bei Bedarf werden allerdings nur bestimmte Variablenwerte berücksichtigt. Dementsprechend stellt Stata nur einen Ausschnitt aus der ursprünglichen Grafik dar. In diesem Fall geben wir mit der `if`-Bedingung an, auf welchen Bereich sich die Grafik beschränkt. Entsprechend passt sich die Skala an. Zu Illustration berücksichtigen wir nur Befragte, die mehr als 35 Stunden arbeiten:

```
. scatter V495 V118 if V118 >35
```

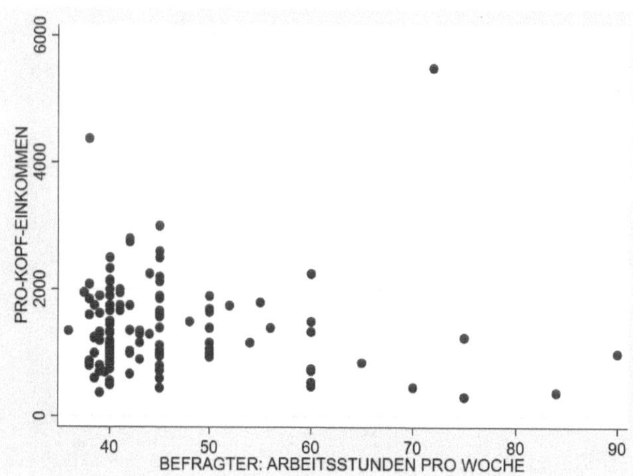

9.2.2. Größe der Grafiken

Stata gibt per Voreinstellung Grafiken in der Größe 4 x 5,5 Inch (ca. 10 cm Höhe und 14 cm Breite) aus, sie lassen sich durch die Option `xsize()` bzw. `ysize()`()anpassen. Wir gehen an dieser Stelle nur kurz auf diese Optionen ein. Meistens wird die Größe der Grafik beim Import in Office-Programme etc. angepasst und nicht in Stata selbst. Diese Option ist dennoch interessant, da sich dadurch das Verhältnis von Höhe und Breite ändern lässt. Mit der Stata Hilfe finden Sie Information zu den hier aufgeführten Optionen unter:

```
. help region_options
```

Innerhalb der Klammern wird die Größe der jeweiligen Achse in Inch angeben. Folglich können wir die X-Achse und Y-Achse separat anpassen. Zur Veranschaulichung wählen wir zwei identische Werte für unser Streudiagramm:

```
. scatter V495 V118, xsize(2) ysize(2)
```

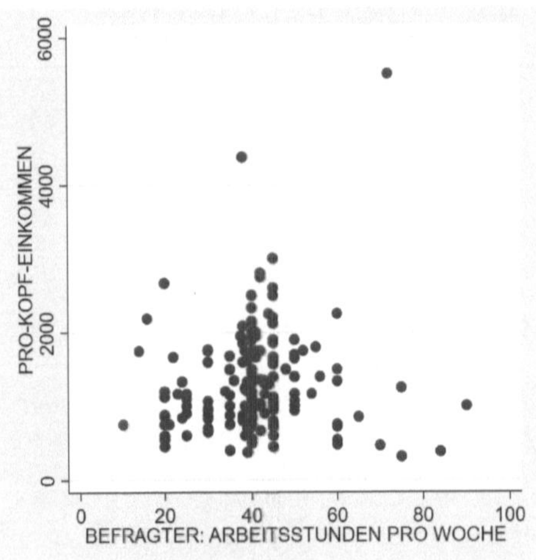

9.2.3. Legende

Einige Grafiken weisen eine Legende auf, zum Beispiel Balkendiagramme oder Streudiagramme mit mehr als zwei Variablen. Diese lassen sich mit der `legend()`-Option() verändern. Weitere Hinweise finden Sie in der Stata Hilfe:

```
. help legend_options
```

Die Option enthält zahlreiche Unteroptionen. Wir widmen uns der Position, der Beschriftung und der Anzahl der Zeilen und Spalten. Als Beispiel verwenden wir die das Balkendiagramm aus Abschnitt 9.1.2 und das Streudiagramm aus Abschnitt 9.1.5, die wir um die Variable Geschlecht (*V81*) ergänzen.

```
. graph bar, over(V296) asyvars
```

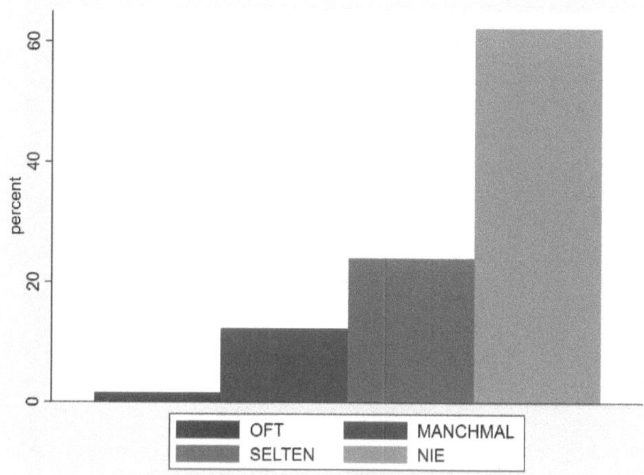

Bevor wir auf die Optionen eingehen, erstellen wir zwei Variablen für das Einkommen, das der Männer und der Frauen, und lassen uns anschließend das Streudiagramm mit drei Variablen ausgeben. Stata bildet die Datenpunkte für die verschiedene Y-Variablen nun in unterschiedliche Farben ab.

```
. gen income_m=V495 if V81==1
. gen income_f=V495 if V81==2
. scatter income_m income_f V118
```

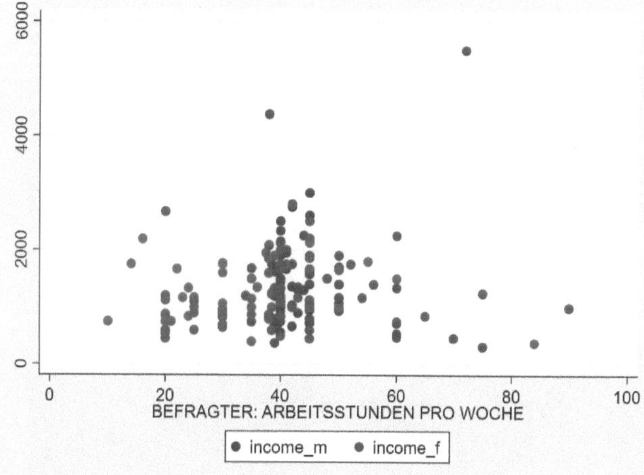

Legenden enthalten Symbole und Beschriftungen. Symbolen in Legenden können aus Farben, Marker, Linien etc. bestehen. Die Beschriftungen stellen Variablennamen, Variablenlabels oder Wertelabels dar. In unserem Balkendiagramm werden Wertelabels und im Streudiagramm Variablennamen angezeigt. Gelegentlich ist es notwendig, das Aussehen der Legende zu verändern, dazu dient die `legend()`-Option.

Wie viele Zeilen die Legende umfasst, beeinflussen wir mit der Unteroption `row()`. In Klammern steht die Anzahl der Zeilen. Im Streudiagramm erhalten wir eine Legende mit zwei Zeilen durch folgendes Kommando:

```
. scatter income_m income_f V118, legend(row(2))
```

Die Anpassung der Zeilen wirkt sich indirekt auf die Anzahl der Spalten aus sowie umgekehrt. Die Spaltenzahl wird mit Unteroption `cols()` gesteuert. Das Kommando für eine Spalte beim Balkendiagramm bzw. fünf Zeilen heißt:

```
. graph bar, over(V296) asyvars legend(cols (1))
```

Oder mit der `row()`-Unteroption:

```
. graph bar, over(V296) asyvars legend(row(5))
```

Die Legenden-Beschriftungen passen wir mit der `label()`-Unteroption an. Jede einzelne Beschriftung muss separat geändert werden, da andernfalls der ursprüngliche Text erhalten bleibt. Weiterhin ist zu beachten, in welcher Reihenfolge die Variablen im Grafik-Kommando angegeben werden. Im Streudiagramm steht zuerst die Variable für das Einkommen der Männer und dann die für das Einkommen der Frauen. In der Label-Option repräsentiert die Zahl 1 die erste Variable, 2 die zweite etc. Für die `label()`-Unteroption gilt zudem, dass zwischen der Angabe des Variablenwerts und der Beschriftung in Anführungszeichen mindestens ein Leerzeichen stehen muss. Im Streudiagramm und Balkendiagramm ändern wir die Beschriftungen. Die Variablenreihenfolge der Y-Variablen haben wir im Streudiagramms zur demonstrationszwecken geändert:

```
. scatter income_f income_m V118 , legend(label (1 "Einkommen
  Frauen") label (2 "Einkommen Männer"))
```

Beim Balkendiagramm verwenden wir den `asyvars`-Befehl. Dieser bewirkt, dass die Ausprägungen der Variable wie jeweils separate Variablen behandelt werden. Die erste Ausprägung steht für die erste Variable etc. Unsere Variable weist vier Werte (1 bis 4) auf, im Kommando geben wir dementsprechend die Zahlen 1 bis 4 an:

```
. graph bar, over(V296) asyvars legend(label (1 "1 oft")
  label(2 "2 manchmal") label(3 "3 selten") label(4 "4 nie"))
```

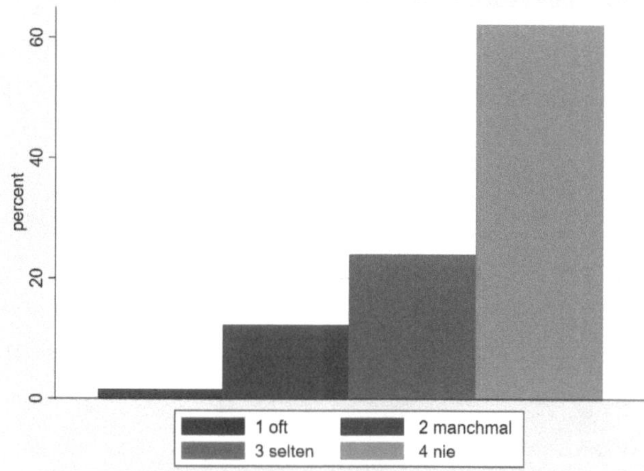

Die Position der Legende kann durch die `position()`-Unteroption festgelegt werden. Dreizehn Positionen stehen zur Auswahl, welche wir durch die Zahlen 0 bis 12 bestimmen. Wie bereits in Abschnitt 9.1.5 unter „Marker verändern" beschrieben entsprechen 1 bis 12 dem gedachten Zifferblatt, während die Zahl 0 die Mitte repräsentiert. Das Balkendiagramm mit der Legende auf 12 Uhr lassen wir uns ausgeben mit folgendem Kommando:

```
. graph bar, over(V296) asyvars legend(position (12))
```

Bei Bedarf können wir die Legende mit der Option `off` ausblenden, beispielsweise beim Balkendiagramm:

```
. graph bar, over(V296) asyvars bargap(5) legend(off)
```

Weitere Information zu Änderungen an des Legenden-Textes, wie Farben oder Größe der Beschriftung, Abstände der Umrandung etc. findet sich in der Stata-Hilfe unter:

```
. help textbox_options
```

Die verschiedenen Optionen, haben wir bereits im letzten Kapitel im Zusammenhang mit Optionen für Achsentitel kennengelernt. Die Modifikation der Textgröße ist mit der Unteroption `size` vorzunehmen. Eine kleine Schrift erhalten wir mit:

```
. graph bar, over(V296) asyvars legend(size(small))
```

Die Umrandung der Legende und deren Hintergrund und Linienfarben wird dagegen mit der Unteroption `region()` festgelegt. Die Legende des Balkendiagramms stellen wir mit Schrift in Navy-Blau, großem Abstand zur X-Achse und hellem Blau als Hintergrundfarbe dar:

```
. graph bar, over(V296) asyvars legend(color(dknavy)
  bmargin(large) region(fcolor(ltblue)))
```

9.2.4. Plot und Grafikregion

Stata Grafiken weisen drei verschiedene Regionen auf, Daten-, Plot- und Grafikregion (siehe Abschnitt 9.2) Kapitel. Verschiedene Option, zur Modifikation der Plot und Grafikregion zeigen wir an dieser Stelle. Mittels des Kommandos `help region_options` ruft das Programm die Stata Hilfe zu den Themen Grafikregionen und Grafikgröße auf. Dort finden Sie die bereits in Abschnitt 9.2.2 beschriebenen Optionen zur Veränderung der Grafikgröße. Einstellungen die Plotregion betreffend werden mit der `plotregion()`-Option durchgeführt, während die Option `graphregion()` für die Grafikregion zuständig ist. Durch die beiden Optionen lassen sich Farben, Schattierungen, Breite der Ränder, Umrandungen der Regionen etc. einstellen.

Farben lassen sich wie bereits mehrfach gezeigt, mit der Unteroption `color()` variieren. Die Plotregion des Balkendiagramms aus dem letzten Kapitel wird mit folgendem Kommando in einem gedämpften Grauton dargestellt:

```
. graph bar, over(V296) asyvars plotregion(color(dimgray))
```

Am Beispiel der Streudiagramme aus dem vorhergehenden Kapitel zeigen wir die Änderung der Farbe der Grafikregion. Die Farbe Rotbraun (`sienna`) erhalten wir mit folgendem Kommando:

```
. scatter income_m income_f V118, graphregion(color(sienna))
```

Die Breite der Ränder der beiden Regionen ändern wir mit der Unteroption `margin()` ab. Manche Stata Anwender finden es störend, dass sich die Nullpunkte der X-Achse und Y-Achse nicht treffen, ein kleiner Rand um die Plotregion ist dafür verantwortlich. Mit der Angabe `zero` verschwindet dieser Rand:

```
. scatter income_m income_f V118, plotregion(margin(zero))
```

Durch diese Option verkleinert sich die Datenregion und die letzte Achsenbeschriftung ragt auf der Y-Achse bis zum Ende der Grafikregion. Indem wir den Rand der Grafikregion vergrößern, verbessert sich das Aussehen der Grafik:

```
. scatter income_m income_f V118, plotregion(margin(zero))
  graphregion(margin(medlarge))
```

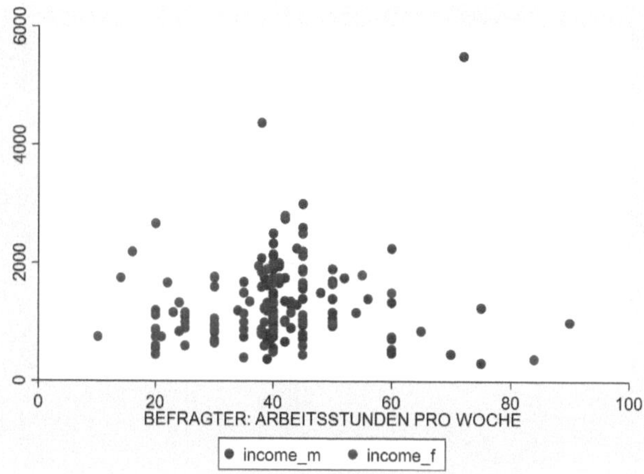

9.2.5. Grafik-Titel

Neben Achsentiteln ist es möglich, Titel und andere Beschriftungen zu Grafiken hinzuzufügen. Stata gibt Information in der Stata-Hilfe mit:

```
. help title_options
```

Vier verschiedene Optionen werden in der Regel dazu verwendet: `title()`, `subtitle()`, `note()` und `caption()`. Mithilfe der ersten beiden Optionen erzeugen wir Titel und Untertitel, wobei Untertitel einen kleineren Schriftgrad aufweisen. Die beiden zuletzt genannten Optionen werden genutzt, um einen Text zu erstellen, der links unterhalb der Grafik steht. `note()` bietet sich an, um Grafiken mit Quellenangaben zu versehen. Die Option `caption()` dient dazu Anmerkungen in größerer Schrift zu erstellen. Einen Titel, Untertitel und eine Quellenangabe für das Streudiagramm erhalten wir mit folgendem Kommando:

```
. scatter V495 V118, title("Streudiagramm")
  subtitle("Arbeitsstunden und Einkommen") note("Quelle:
  Allbus 2014.")
```

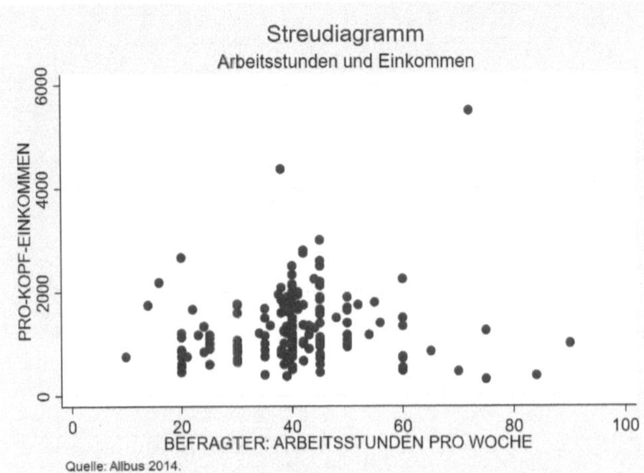

Wollen Sie einen mehrzeiligen Text erstellen, wird für jede Zeile jeweils ein Text in Anführungszeichen angegeben. In Abschnitt 9.2.1 haben wir das Prinzip unter „Achsentitel" besprochen. Einen Titel in kleinerer Schrift über zwei Zeilen und eine Anmerkung erstellt das nachfolgende Kommando:

```
. #delimit ;
. graph bar, over(V296) subtitle("Haeufigkeit""ungerechter
  Kollgenkritik") caption("Diese Grafik dient zur
  Illustration der Titel-Optionen")
. #delimit cr
```

Die verschiedenen Titel-Varianten passen wir durch Unteroptionen an: Die Position der Texte mit der `position()`-Option (vergleiche Abschnitt 9.2.3) oder die Abstände zu den Achsen mit der `margin()`-Option zu verändern (siehe unter anderem Abschnitt 9.2.1 unter Achsentitel).

```
. graph bar, over(V296) subtitle("Haeufigkeit""ungerechter
  Kollgenkritik", position(11)) caption("Diese Grafik dient
  zur Illustration der Titel-Optionen",position(6)
  margin(medlarge))
```

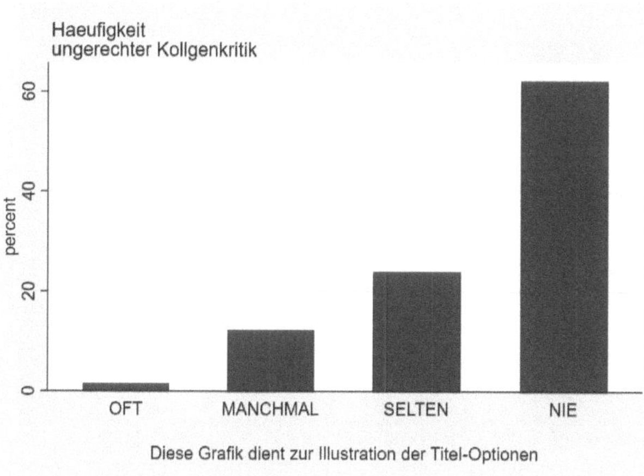

9.2.6. Grafikschemata

[G-4] schemes intro

Wie es möglich ist Farben von Grafiken anzupassen, erläutern wir unter den verschiedenen Grafik-Typen. Neben der Einstellung von Farben für einzelne Grafikelemente wie Balken oder Linien, stellt Stata verschiedene **Grafikschemata** zur Verfügung. Das Aussehen der gesamten Grafik wird dadurch verändert, indem den verschiedenen Elementen neue Farben, Linienstile etc. zugeordnet werden. Das Schema schränkt die Gestaltungsspielräume jedoch keineswegs ein. Wenn Sie ein Balken in der Farbe Rot erscheinen soll, können Sie diesen unabhängig vom angewendeten Schema durch Angabe der Option für die Farbdarstellung erzeugen.

Die Hilfe zum Farbschema finden Sie unter:

```
. help schemes
```

Eine Liste aller installierten Grafikschemata ihrer Stata-Version erhalten Sie mit

```
. graph query, schemes
```

In Version 15 gibt es 12 verschiedene Schemata, wobei `s2color` per Voreinstellung implementiert ist. Zwei Arten von Schemata bilden jeweils eine Gruppe: `s1` und `s2`. Innerhalb der Gruppen weisen die Schemata ähnliche Charakteristika auf. `s2` wird unter anderem im Stata-Handbuch verwendet, `s1` erzeugt Grafiken in schlichter Optik. Zur Veranschaulichung verwenden zeigen wir die Schemata anhand eines Streudiagramms (aus Abschnitt 9.1.5) mit Regressionsgerade und dem Boxplot aus Abschnitt 9.1.4 auf.

```
. scatter V495 V118 || lfit V495 V118, scheme(s2mono)
```

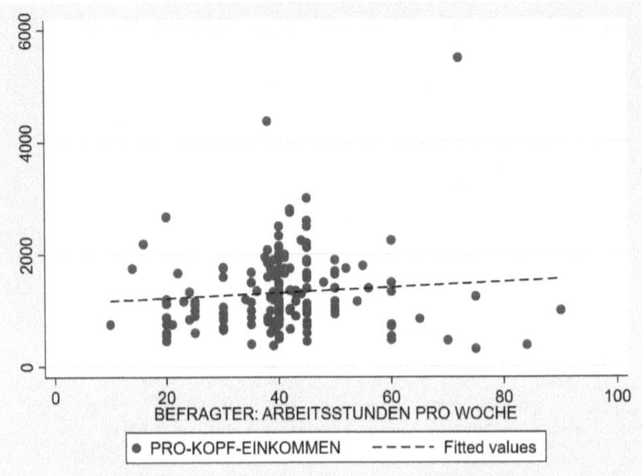


```
. graph hbox V419, scheme(s1manual)
```

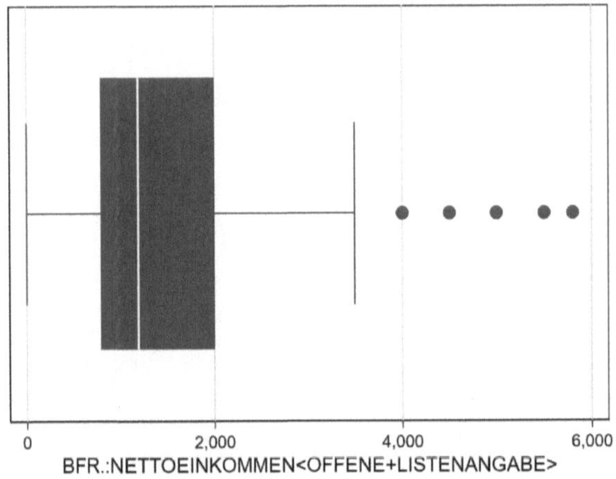

Eine andere Möglichkeit, Schemata und Schriftarten einzustellen, bietet Stata direkt im Grafik-Fenster. Mit der rechten Maustaste klicken wir auf **Prefrences**. Es öffnet sich ein Fenster, in dem Sie die verschiedenen Schemata und Schriftarten entsprechend ihren Wünschen auswählen können.

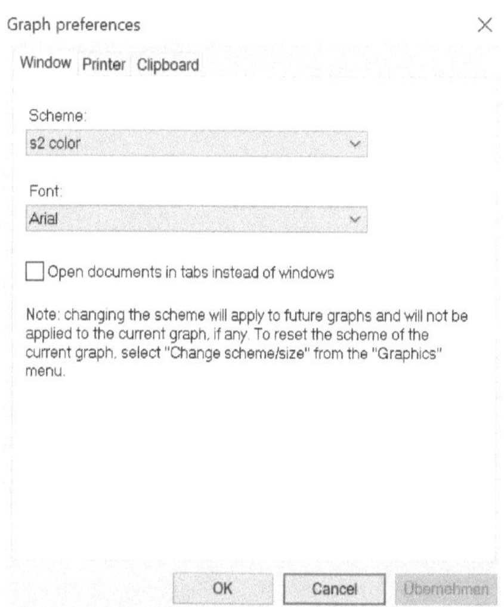

Verschiedene Stata-Anwender haben neue Grafikschemata entwickelt. Ben Jann (2018) hat ein umfangreiches Instrument für Grafikschemata und Farbstile geschrieben. Diese können mit nachfolgendem Kommando, für Versionen ab Stata 9.2, installiert werden. Anschließend finden Sie die dazugehörige Online Hilfe:

```
. ssc install grstyle, replace
. ssc install palettes, replace
. help grstyle
. help palettes
```

9.3 Verschiedene Optionen

9.3.1. By-Option

[G-3] by_option

Bereits in diversen Kapiteln haben wir beschrieben, wie wir Grafiken getrennt für die Ausprägungen einer Variablen erstellen. Dies geschieht mit der `by()` oder `over()`-Option. Allerdings funktioniert die `over()`-Option nicht bei allen Grafik-Typen, während die `by()`-Option bei allen Arten von Grafiken angewandt werden kann. Neben der getrennten Ausgabe verfügt die `by`-Option über Unteroptionen, die das Ändern von Abständen zwischen den Grafiken oder das Ein- oder Ausblenden von Achsen oder deren Elemente ermöglichen. Die Angabe der Unteroption `total` erzeugt zusätzlich eine Gesamt-Grafik, die nicht nach Untergruppen trennt. Mit der Stata Hilfe erhalten Sie weitere Information:

```
. help by_options
```

Eine Grafik für das Streudiagramm getrennt nach dem Geschlecht der Befragten inklusive Gesamt-Grafik erstellen wir mit:

```
. scatter V495 V118, by(V81, total)
```

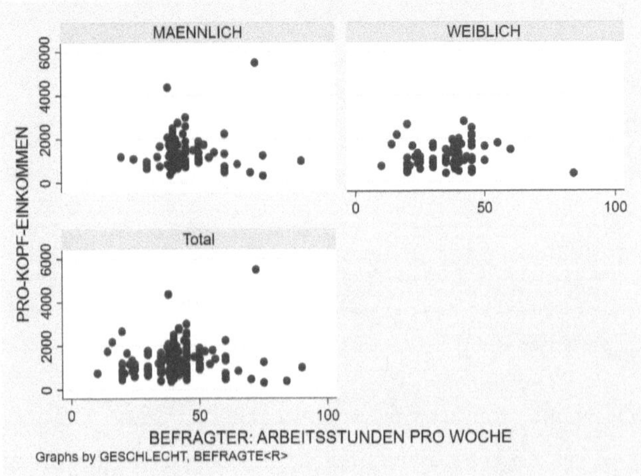

9.3.2. Grafiken speichern

[G-2] graph

Wenn wir mit Grafiken arbeiten, stellt sich die Frage, wie und in welchem Format wir diese speichern. Dazu stehen verschiedene Möglichkeiten bereit. Klicken wir in der Menüleiste oder Toolbar auf **File > Save**, so speichert das Programm die Grafik im Stata-Format `.gph` auf der Festplatte im Arbeitsverzeichnis ab. Mit **File > Save as** können Sie sowohl das Dateiformat als auch der Speicherort auswählen. Das Dateiformat wird mit klicken auf **Dateityp** festgelegt. Stata 15 bietet folgende Formate für Mac, Windows und Unix-Rechner an:

Dateiendung	Dateiformat	Beschränkungen
.ps	PostScript	
.eps	EPS (Encapsulated PostScript)	
.svg	SVG (Scalable Vector Graphics)	
.wmf	Windows Metafile	Nur Windows
.empf	Windows Enhanced Metafile	Nur Windows
.pdf	PDF (Portable Document Format	
.png	PNG (Portable Network Graphics)	
.tif	TIFF (Tagged Image File Format)	

Etwas anders verhält es sich, beim Arbeiten mit der Stata-Syntax. Stata unterscheidet zwischenspeichern im Stata-Format und anderen Dateiformaten. Im Stata-Format `.gph` erfolgt das Speichern mit dem `graph save` Kommando. Ohne Angabe des Speicherorts wird die Grafik im Arbeitsverzeichnis abgelegt, zum Beispiel mit:

```
. graph save scatter_inc
```

Eine bereits vorhandene Grafik-Datei wird nur überschrieben, wenn der Befehl `replace` als Option ergänzt wird:

```
. graph save scatter_inc, replace
```

Die Wahl des Speicherorts steuern wir, durch die Angabe des Pfads in Anführungszeichen:

```
. graph save "D:\Stata15\scatter_inc", replace
```

Beim Mac werden statt des Backslash Schrägstriche verwendet.

Grafiken in anderen Dateiformaten speichert Stata mit dem `graph export`-Kommando in gleicher Weise ab, wie oben beschrieben. Das Dateiformat ist dabei anzugeben. In unserem Beispiel wählen wir Windows Metafile und speichern die Grafik auf der Festplatte D ab:

```
. graph export "D:\Stata15\scatter_inc.wmf", replace
```

Grafiken lassen sich auch kopieren und in andere Dokumente einfügen. Im Grafik-Fenster klicken wir mit der rechten Maustaste auf **Copy** und fügen die Grafik zum Beispiel im Word ein.

9.4 Zusammenfassung der Befehle

Befehl	**Beschreibung**
`by()`	Getrennte Ausgabe
`caption()`	Anmerkungen große Schriftgröße
`color()`	Farboptionen
`graph bar`	Balkendiagramm
`graph box`	Boxplot
`graph display`	Grafik anzeigen, falls Fenster geschlossen
`graph export`	Grafik unter anderem Dateiformat speichern
`graph hbar`	Horizontales Balkendiagramm
`graph hbox`	Horizontaler Boxplot
`graph pie`	Tortendiagramm
`graph save`	Grafik speichern (Stata Format)

Befehl	**Beschreibung**
`histogram`	Histogramm
`kdensity`	Kerndichte-Schätzer
`kdensity varname normal`	Kerndichte-Schätzer mit Normalverteilungskurve
`note()`	Anmerkung kleine Schriftgröße
`schemes()`	Farbschemata
`subtitle()`	Untertitel
`title()`	Grafiktitel
`[twoway] scatter`	Streudiagramm
`xtitle()`	Achsentitel X-Achse
`ytitle()`	Achsentitel Y-Achse

9.5 Übungsaufgaben

☞ Wir verwenden in diesem Kapitel überwiegend die Datei **ESS8DE.dta**

1. Erstellen Sie ein Tortendiagramm für die Variable Geschlecht(*gndr*).
a) Passen Sie die Farben mit unterschiedlichen Farbtönen an und lassen Sie sich Prozentwerte ausgeben.
b) Verändern Sie zusätzlich die Legende mit neuen Labels (Male=Männer; Female=Frauen).
c) Trennen Sie zudem die Tortenstücke voneinander ab.
2. Erzeugen Sie ein Balkendiagramm für die Frage „Wie viel haben Sie vor unserem Gespräch über den Klimawandel nachgedacht?“ (*clmthgt2*) mit unterschiedlichen Balkenfarben mit zwei unterschiedlichen Befehlen:
a) Einmal mit Prozentwerten und einmal mit Häufigkeiten.
b) Verändern Sie die Farben: Alle Balken erhalten eine Farbe, alle Balken erhalten jeweils unterschiedliche Farben.
c) Ergänzen Sie zusätzlich bei Aufgabe b) Beschriftungen mit Prozentwerten auf den Balken, die am unteren Rand der Balken liegen.
d) Ändern Sie zusätzlich bei Aufgabe c) die Legendenposition auf die gedachte Zifferblatt Uhrzeit 12 Uhr.
3. Erstellen Sie für ein Histogramm für die Variable Alter (*age*) mit Normalverteilungskurve und passen Sie die Farbe der Balken und der Normalverteilungskurve an.
4. Für die Variable Bildungsjahre (*eduyrs*) lassen Sie ein horizontaler Boxplot mit dunkelgrüner Box und dunklem navyblauen Ausreißern ausgeben.
a) Schalten Sie den Titel aus und

b) ergänzen Sie folgenden Titel: „Bildung in Jahren“ oben mittig und eine Quellenangabe „Quelle: ESS Deutschland 2016“, die etwas mehr Abstand zur Achse aufweist.
c) Verwenden Sie das Farbschema des Stata Journals.
5. Öffnen Sie die Datei **allbus2014_red.dta** und erzeugen Sie ein Streudiagramm für den Zusammenhang von Alter (*V81*) und Einkommen (*V495*) für Personen über 20 und unter 66 Jahren.
a) Verändern Sie die Farbe der Grafikregion mit einem dunklen Grauton.
b) Ergänzen Sie das Streudiagramm um eine Regressionsgerade mit 99 % Konfidenzintervall mit kleinen Kreisen als Markersymbole in dunklem Orange.
c) Modifizieren Sie die Achsentitel mit „Alter in Jahren" und „Einkommen“. Der Abstand zu den Achsen soll mittelgroß ausfallen.
d) Fügen Sie zusätzliche Teilstriche im 5-Jahres-Abstand mit Wertelabels hinzu.
e) Passen Sie den Rand um die Plotregion an, damit sich die Achsen beim Nullpunkt treffen.
f) Erstellen Sie eine neue Variable für Gebiet (*V7*) und vergeben Sie Wertelabel, die „west“ und „ost“ heißen. Anschließend erstellen Sie ein das Streudiagramm mit Makerlabels für diese Variable.
g) Fertigen Sie getrennte Streudiagramme zu Ost, Westdeutschland und Gesamtdeutschland in einer Grafik.

Lösungen der Übungsaufgaben:

ÜbungenKapitel09.do

10. Vergleich Stata und SPSS Befehle

Einige haben bereits vor dem Einstieg in Stata mit dem Statistikprogramm IBM SPSS gearbeitet. Für den leichteren Umstieg von SPSS S zu Stata haben wir zentrale Befehle aus den Kapiteln denen in SPSS gegenübergestellt (Tabelle 10). Sollten Sie zuvor nicht mit SPSS Syntax gearbeitet haben, können Sie die Syntax-Befehle dennoch über die Ausgabe einsehen, diese wird automatisch ausgegeben.

☞ Zur Veranschaulichung zeigen wir das Vorgehen an der Häufigkeitstabelle für die Variable *ep01* aus dem Datensatz **allbus2016_red**:

```
FREQUENCIES VARIABLES=ep01
  /ORDER=ANALYSIS.
```

Häufigkeiten

WIRTSCHAFTSLAGE IN DER BRD HEUTE

		Häufigkeit	Prozent	Gültige Prozente	Kumulierte Prozente
Gültig	SEHR GUT	33	9,5	9,5	9,5
	GUT	181	51,9	52,0	61,5
	TEILS TEILS	104	29,8	29,9	91,4
	SCHLECHT	25	7,2	7,2	98,6
	SEHR SCHLECHT	5	1,4	1,4	100,0
	Gesamt	348	99,7	100,0	
Fehlend	System	1	,3		
Gesamt		349	100,0		

ERHEBUNGSGEBIET <WOHNGEBIET>: WEST - OST

		Häufigkeit	Prozent	Gültige Prozente	Kumulierte Prozente
Gültig	ALTE BUNDESLAENDER	234	67,0	67,0	67,0
	NEUE BUNDESLAENDER	115	33,0	33,0	100,0
	Gesamt	349	100,0	100,0	

Vor der Ausgabe der Tabelle erscheint die Syntax, die SPSS verarbeitet. Diese können Sie durch Doppelklicken bearbeiten bzw. kopieren und dann in das Syntax Fenster einpflegen. Ausführliche Informationen zu den Stata Befehlen, sind in den angegebenen Kapiteln zu finden. In Stata erscheint mittels des Kommandos `help NameBefehl` die Stata Hilfe, welche ausführliche Information zu den Befehlen bietet. In SPSS wird die Hilfe zur Syntax über **Hilfe > Befehlssyntaxreferenz (Command Syntax Reference)** aufgerufen. Eine PDF-Dokumentation öffnet sich anschließend.

Befehl Stata	Befel SPSS	Beschreibung	(Ab) Kapitel
aweight	-	Analytisches Gewicht	3
bysort	-	Datensatz sortieren und getrennte Ausgabe	3
cibar varname	Grafik Fenster (Balkendiagramme)	Balkendiagramm mit Fehlerbalken	8
clonevar	(SPSS Python/Clone Variables Tool)	Variablen klonen	3
codebook	CODEBOOK	Beschreibt Variablen wie ein Codebuch	2
describe	DISPLAY VARIABLES	Beschreibt den Datensatz	2
destring	AUTORECODE	Recodieren von String Variablen	3
display	-	Statas eigener Taschenrechner	3
drop	DELETE VARIABLES	Löscht Beobachtungen und Variablen	3
(e)return list	-	Zeigt interne Resultate	3
egen	(GENERATE)	Erweiterung des generate-Befehls	3
encode	AUTORECODE	Recodieren von String Variablen	3
esize twosample varname	-	Effektgröße Cohens d	8
foreach	DO REPEAT	Schleife zum Wiederholen von Befehlen	3

Befehl Stata	Befel SPSS	Beschreibung	(Ab) Kapitel
forvalues	-	Schleife zum Wiederholen von Befehlen (Nummernlisten)	3
fre	FREQUENCIES	Häufigkeitstabelle mit Wertelables und Werten	4
fweight	WEIGHT	Häufigkeitsgewicht	3
generate	COMPUTE	Erstellt neue Variablen	2
graph bar	GRAPH BAR	Vertikales Balkendiagramm	4
graph box	EXAMINE	Boxplot	4
graph hbar	GRAPH BAR und über Pivotabelle	Horizontales Balkendiagramm	5
graph hbox	EXAMINE und über Pivotabelle	Horizontaler Boxplot	5
graph matrix	Grafik Fenster (Streudiagramm-Matrix)	Scatterplot-Matrix	6
graph pie	GRAPH PIE	Tortendiagramm	4
histogram	GRAPH HISTOGRAM	Histogramm	4
if	IF	Berechnung unter Bedingung	3
in	-	Beschränkt Befehle auf bestimmte Bedingungen ein	3
input	DATA LIST	Liest Daten in den Dateneditor ein	2
iweight	-	Importance Weight	3

Befehl Stata	Befel SPSS	Beschreibung	(Ab) Kapitel
`keep`	-	Alle nicht genannten Variablen werden gelöscht	3
`label define`	-	Definiert Container für Wertelabels	2
`label list`	-	Zeigt Variablencontainer an	2
`label value`	VALUE LABELS	Ordnet Variablenwerte zu	2
`label variable`	VARIABLE LABELS	Vergibt Variablenlabels	2
`list`	LIST	Listet Variablen oder gesamten Datensatz auf	2
`logistic`	LOGISTIC REGRESSION	Logistische Regression mit Odds	7
`logit`	LOGISTIC REGRESSION	Logistische Regression mit Logits	7
`missing()`	COMPUTE…NMISS()	Zählt fehlende Werte	3
`mvdecode`	MISSING VALUES	Fehlende Werte zuweisen	3
`_n`		Sytemvariable	3
`_N`		Systemvariable	3
`pwcorr`	CORRELATIONS	Korrelationskoeffizient r	6

Befehl Stata	Befel SPSS	Beschreibung	(Ab) Kapitel
pweight	(WEIGHT)	Wahrscheinlichkeitsgewicht[1]	3
qnorm	PPLOT	Normal-Probability Plot	6
ranksum varname	NPTESTS	Wilcoxon-Rangsummen Test	8
recode()	RECODE()	Variablen umcodieren/Funktion zum Gruppieren	3
regress	REGRESSION	Lineare Regressionsanalyse	6
rename	RENAME VARIABLES	Überschreibt Variablennamen	2
replace	COMPUTE	Überschreibt Variablenwerte bestehender Variablen	2
robvar varname	T-TEST	Test auf Varianzhomogenität	8
sfrancia	Siehe Shapiro-Wilk Test	Shapiro-Francia Test auf Normalverteilung	6
signrank varname	NPAR TESTS /WILCOXON	Wilcoxon-Vorzeichen-Rang-Test	8
sort	SORT CASES	Datensatz sortieren	3
spearman	CORRELATIONS CROSSTABS	Spearmanscher Korrelationskoeffizient	6

[1] Siehe UCLA (2020): https://stats.idre.ucla.edu/other/mult-pkg/faq/what-types-of-weights-do-sas-stata-and-spss-support/

Befehl Stata	Befel SPSS	Beschreibung	(Ab) Kapitel
summarize	SUMMARIZE	Berechnet diverse univariate Statistiken (z. B.: arithmetisches Mittel)	2
swilk	EXAMINE	Shapiro-Wilk Test auf Normalverteilung	6
table	-	Flexible Tabellen für zusammenfassende Statistiken	5
tabstat	EXAMINE	Univariate Statistiken	4
tabulate	FREQUENCIES (eindimensional) CROSSTABS (zweidinemnsional)	Erstellt Häufigkeitstabellen	2
tabulate varname1 varname2	CROSSTABS	Kontingenztabellen (auch Zusammenhangsmaße)	5
tabulate, generate()	-	Erstellen von Dummyvariablen	5
tabulate, summarize()	MEANS	Verschiedene deskriptive Statistiken	4
ttest varname ==#	T-TEST	Ein-Stichproben t-Test (Mittelwerte)	8
ttest varname, by(groupvar)	T-TEST	t-Test unabhängige Stichproben (Gruppen)	8

Befehl Stata	Befel SPSS	Beschreibung	(Ab) Kapitel
`ttest varname, by(var) unequal`	T-TEST	t-Test unabhängige Stichproben, Varianzungleichheit	8
`ttest varname1 == varname2`	T-TEST	t-Test unabhängige Stichproben (Variablen)	8
`ttest varname1 == varname2`	T-TEST GROUPS	t-Test abhängige Stichproben	8
`[twoway] scatter yx`	GRAPH SCATTERPLOT	Streudiagramm	6
`use`	GET FILE	Läd Datensatz in den Arbeitsspeicher	2
`varmanage`	-	Öffnet Variablenmanager	2

Tabelle 10.1: Stata und SPSS Befehle

11. Literatur

Acock, Alan C. 2014. *A gentle introduction to Stata.* 4. ed. College Station, Tex.: Stata Press.

Aiken, Leona S., und Stephen G. West. 1991. *Multiple regression. Testing and interpreting interactions.* 1. print. Newbury Park, Calif. u.a.: Sage.

Allison, Paul D. 2013. What's the Best R-Squared for Logistic Regression? https://statisticalhorizons.com/r2logistic (Zugegriffen: 28. Februar 2019).

Allison, Paul D. 2014. Alternatives to the Hosmer-Lemeshow Test. https://statisticalhorizons.com/alternatives-to-the-hosmer-lemeshow-test (Zugegriffen: 12. Februar 2019).

Andreß, Hans-Jürgen, Jacques A. Hagenaars und Steffen Kühnel. 1997. Analyse von Tabellen und kategorialen Daten. Log-lineare Modelle, latente Klassenanalyse, logistische Regression und GSK-Ansatz. Berlin, Heidelberg: Springer.

Backhaus, Klaus, Bernd Erichson, Wulff Plinke und Rolf Weiber. 2018. *Multivariate Analysemethoden. Eine anwendungsorientierte Einführung.* 15., vollständig überarbeitete Auflage. Berlin, Germany: Springer Gabler.

Bauer, Gerrit. 2010. Graphische Darstellung regressionsanalytischer Ergebnisse. In *Handbuch der sozialwissenschaftlichen Datenanalyse*, Hrsg. Christof Wolf und Henning Best, 905-927. Wiesbaden: VS Verlag für Sozialwissenschaften.

Baum, Christopher F. 2016. *An introduction to Stata programming.* Second edition. College Station, Texas: StataCorp LP.

Ben Jann. 2007. FRE: Stata module to display one-way frequency table. https://ideas.repec.org/c/boc/bocode/s456835.html (Zugegriffen: 6. November 2019).

Benninghaus, Hans. 2017. *Deskriptive Statistik. Eine Einfhrung für Sozialwissenschaftler.* [S.l.]: VS Verlag für Sozialwissenschaften.

Berry, William D., Matt Golder und Daniel Milton. 2012. Improving Tests of Theories Positing Interaction. *The Journal of Politics* 74:653–671.

Best, Henning, und Christof Wolf. 2010. Logistische Regression. In *Handbuch der sozialwissenschaftlichen Datenanalyse*, 827-854. Wiesbaden: VS, Verlag für Sozialwissenschaften.

Best, Henning, und Christof Wolf. 2012. Modellvergleich und Ergebnisinterpretation in Logit- und Probit-Regressionen. *KZfSS Kölner Zeitschrift für Soziologie und Sozialpsychologie* 64:377–395.

Bill Rising. 2010. Stata tip 86: The missing function. *Stata Journal* 10:303–304.

BMUB. 2015. *Umweltbewusstsein in Deutschland 2014:* Bundesministerium für Umwelt, Naturschutz, Bau und Reaktorsicherheit, Berlin.

Bollen, Kenneth A., und Robert W. Jackman. 2013. Regression Diagnostics: An Expository Treatment of Outliers and Influential Cases. In *Fundamentals of Regression Modeling.* SAGE Benchmarks in Social Research Methods, Hrsg. Salvatore J. Babones, 11-35. London: Sage.

Bortz, Jürgen, Gustav A. Lienert und Klaus Boehnke. 2008. *Verteilungsfreie Methoden in der Biostatistik.* 3., korrigierte Auflage. Berlin, Heidelberg: Springer.

Bortz, Jürgen, und Christof Schuster. 2010. *Statistik für Human- und Sozialwissenschaftler.* 7., vollständig überarbeitete und erweiterte Auflage. Berlin, Heidelberg: Springer Berlin Heidelberg.

Bortz, Jürgen, und Christof Schuster. 2016. *Statistik für Human- und Sozialwissenschaftler. Mit 163 Tabellen.* Limitierte Sonderausgabe, 7., vollständig überarberarbeitete und erweiterte Auflage. Berlin, Heidelberg: Springer.

Brambor, Thomas, William Clark, Matt Golder, Nathaniel Beck, Fred Boehmke, Michael Gilligan, Sona Golder und Jonathan Nagler. 2005. Understanding interaction models: Improving empirical analyses. *Political Analysis* 13:1–20.

Breen, Richard, Kristian B. Karlson und Anders Holm. 2018. Interpreting and Understanding Logits, Probits, and Other Nonlinear Probability Models. *Annual Review of Sociology* 44:39–54.

Breusch, T. S., und A. R. Pagan. 1979. A simple test for heteroscedasticity and random coefficient variation. Econometrica : journal of the Econometric Society, an internat. society for the advancement of economic theory in its relation to statistics and mathematics 47:1287–1294.

Brüderl, Josef. 2000. Regressionsverfahren in der Bevölkerungswissenschaft. In *Handbuch der Demographie 1: Modelle und Methoden*, Hrsg. Ulrich Mueller, Bernhard Nauck und Andreas Diekmann, 589-642. Berlin, Heidelberg: Springer Berlin Heidelberg.

Cleveland, William S. 1994. *The elements of graphing data.* Rev. ed. Murray Hill, NJ: AT&T Bell Laboratories.

Cohen, Jacob, Patricia Cohen, Stephen G. West und Leona S. Aiken. 2003. *Applied multiple regression/correlation analysis for the behavioral sciences.* 3rd ed. Mahwah, N.J.: L. Erlbaum Associates.

Cohen, Jacob. 1992. A power primer. *Psychological Bulletin* 112:155–159.

Cook, R. Dennis, und Sanford Weisberg. 1999. *Applied regression including computing and graphics.* New York: Wiley.

Cox, Nicholas J. 2004. Speaking Stata: Graphing categorical and compositional data. *Stata Journal* 4:190–213.

Cox, Nicholas J. 2014. *Speaking stata graphics. A collection from the stata journal.* Texas: Stata Press.

Cumming, Geoff, und Finch Sue. 2005. Inference by eye: Confidence intervals and how to read pictures of data. *American Psychologist:*170–180.

Cumming, Geoff. 2012. Understanding the new statistics. Effect sizes, confidence intervals, and meta-analysis. New York: Routledge.

Darlington, Richard B., und Andrew F. Hayes. 2017. *Regression analysis and linear models. Concepts, applications, and implementation.* New York, London: The Guilford Press.

Degen, Horst. 2010. Graphische Datenexploration. In *Handbuch der sozialwissenschaftlichen Datenanalyse*, Hrsg. Christof Wolf und Henning Best, 91-116. Wiesbaden: VS Verlag für Sozialwissenschaften.

Diaz-Bone, Rainer. 2013. *Statistik für Soziologen.* 2. überarb. Aufl. Konstanz.

Ellis, Paul. 2014. The essential guide to effect sizes. Statistical power, meta-analysis, and the interpretation of research results. 7. print.

European Social Survey. 2014. Weighting European Social Survey Data. https://www.europeansocialsurvey.org/docs/methodology/ESS_weighting_data_1.pdf (Zugegriffen: 30. August 2019).

European Social Survey. 2019. Weighting: Survey weights in the ESS (Zugegriffen: 24. August 2019).

Field, Andy. 2013. *Discovering statistics using IBM SPSS statistics. And sex and drugs and rock 'n' roll.* 4th edition. Los Angeles, London, New Delhi, Singapore, Washington DC: Sage.

Fox, John. 2016. *Applied regression analysis and generalized linear models.* 3. Edition. Los Angeles, London, New Delhi: Sage.

Frauke Kreuter, und Richard Valliant. 2007. A survey on survey statistics: What is done and can be done in Stata. *Stata Journal* 7:1–21.

Gabler, Siegfried, Hrsg. 2013. *Gewichtung in der Umfragepraxis.* ZUMA-Publikationen. Wiesbaden: VS Verlag für Sozialwissenschaften.

Gabler, Siegfried, und Matthias Ganninger. 2010. Gewichtung. In *Handbuch der sozialwissenschaftlichen Datenanalyse*, Hrsg. Christof Wolf und Henning Best, 143-164. Wiesbaden: VS Verlag für Sozialwissenschaften.

Gehring, Uwe W., und Cornelia Weins. 2009. *Grundkurs Statistik für Politologen und Soziologen*. 5., überarb. Aufl. Wiesbaden: VS, Verl. für Sozialwiss.

Gilles E. Gignac, und Eva T. Szodorai. 2016. Effect size guidelines for individual differences researchers. *Personality and Individual Differences* 102:74–78.

Gould, William, Jeffrey Pitblado und Brian Poi. 2010. *Maximum likelihood estimation with Stata*. 4. ed. College Station, Tex.: Stata Press Publ.

Hamilton, Lawrence C. 2013. *Statistics with Stata*. 8. ed., internat. ed. Belmont, Calif.: Brooks/Cole Cengage Learning.

Hardy, Melissa. 1993. *Regression with Dummy Variables*. Newbury Park, California.

Harris, T., und J. W. Hardin. 2013. Exact Wilcoxon signed-rank and Wilcoxon Mann-Whitney ranksum tests. *Stata Journal* 13:337-343(7).

Hosmer, David W., Stanley Lemeshow und Rodney X. Sturdivant. 2013. *Applied logistic regression*. 3. [expanded] ed. Hoboken, NJ: Wiley.

Hosmer, David W., und Nils L. Hjort. 2002. Goodness-of-fit processes for logistic regression: simulation results. *Statistics in Medicine* 21:2723–2738.

Jaccard, James, und Robert Turrisi. 2003. *Interaction effects in multiple regression*, Bd. 72. 2. ed. Thousand Oaks, Calif: Sage.

Janczyk, Markus, und Roland Pfister. 2015. *Inferenzstatistik verstehen. Von A wie Signifikanztest bis Z wie Konfidenzintervall.* 2., überarb. und erw. Aufl. Berlin: Springer Spektrum.

Jann, Ben. 2009. Diagnostik von Regressionsschätzungen bei kleinen Stichproben (mit einem Exkurs zu logistischer Regression). In *Klein aber fein!: Quantitative empirische Sozialforschung mit kleinen Fallzahlen*, Hrsg. Peter Kriwy und Christiane Gross, 93-125. Wiesbaden: VS Verlag für Sozialwissenschaften.

Jann, Ben. 2011. *Einführung in die Statistik*. 2., bearb. Aufl. München: Oldenbourg.

Jann, Ben. 2018. Color palettes for Stata graphics. *Stata Journal* 18:765-785(21).

Jessen, Robin, und Davud Rostam-Afschar. 2020. graph3d for Stata. http://davud.rostam-afschar.de/graph3d/graph3d.htm (Zugegriffen: 30. Oktober 2020).

Kam, Cindy D., und Robert J. Franzese. 2007. *Modeling and Interpreting Interactive Hypotheses in Regression Analysis*: University of Michigan Press.

Karaca-Mandic, Pinar, Edward C. Norton und Bryan Dowd. 2012. Interaction terms in nonlinear models. *Health services research* 47:255–274.

Kish, Leslie. 1990. Weighting: Why, When, and How? VII. Theory and Issues in Weighting Survey Data. *Proceedings of the Survey Research Methods Section, ASA*:121–130.

Kohler, Ulrich, und Frauke Kreuter. 2017. *Datenanalyse mit Stata. Allgemeine Konzepte der Datenanalyse und ihre praktische Anwendung.* 5., aktualisierte Auflage. München: Oldenbourg.

Kopp, Johannes, und Daniel Lois. 2014. *Sozialwissenschaftliche Datenanalyse. Eine Einführung.* 2., überarbeitete und aktualisierte Auflage. Wiesbaden: Springer VS.

Korn, Edward L., und Barry I. Graubard. 2011. *Analysis of Health Surveys.* 1., Auflage. New York, NY: John Wiley & Sons.

Kuckartz, Udo, Stefan Rädiker, Thomas Ebert und Julia Schehl. 2013. *Statistik. Eine verständliche Einführung.* 2., überarbeitete Auflage. Wiesbaden: Springer VS.

Kühnel, Steffen, und Dagmar Krebs. 2007. *Statistik für die Sozialwissenschaften. Grundlagen, Methoden, Anwendungen*, Bd. 55639. Orig.-Ausg., 4. Aufl. Reinbek bei Hamburg: Rowohlt-Taschenbuch-Verl.

Kühnel, Steffen, und Dagmar Krebs. 2012. *Statistik für die Sozialwissenschaften. Grundlagen, Methoden, Anwendungen.* Orig.-Ausg., 6., völlig überarb. Neuaufl. Reinbek bei Hamburg: Rowohlt-Taschenbuch-Verl.

Langer, Wolfgang. 2003a. Das multiple lineare Regressionsmodell mit dem Interaktionseffekt zentrierter Prädiktoren. https://langer.soziologie.uni-halle.de/methoden4/pdf/regrint2.pdf (Zugegriffen: 8. Dezember 2018).

Langer, Wolfgang. 2003b. Die multiple lineare Regression mit Individualdaten. https://langer.soziologie.uni-halle.de/methoden4/pdf/regxeno2.pdf (Zugegriffen: 8. Dezember 2018).

Lohmann, Henning. 2010. Nicht-Linearität und Nicht-Additivität in der multiplen Regession. Interaktionseffekte, Polynome und Splines. In *Handbuch der sozialwissenschaftlichen Datenanalyse*, 677-706. Wiesbaden: VS, Verlag für Sozialwissenschaften.

Lohr, Sharon L. 2009. *Sampling. Design and analysis.* Internat. student ed. Pacific Grove, Calif.: Duxbury Press.

Long, J. S., und Jeremy Freese. 2001. FITSTAT: Stata module to compute fit statistics for single equation regression models. https://EconPapers.repec.org/RePEc:boc:bocode:s407201.

Long, J. Scott, Freese, Jeremy. 2014a. *Regression models for categorical and limited dependent variables*. 3. edition. Texas: Stata Press.

Long, J. S., und Jeremy Freese. 2014b. SPost13: Post-estimation analysis using Stata. www.indiana.edu/~jslsoc/spost.htm (Zugegriffen: 11. März 2020).

Long, J. Scott. 1997. *Regression models for categorical and limited dependent variables*, Bd. 7. Thousand Oaks, Calif. u.a.: Sage Publ.

Ludwig-Mayerhofer, Wolfgang, Uta Liebeskind und Ferdinand Geißler. 2015. *Statistik. Eine Einführung für Sozialwissenschaftler.* Weinheim: Beltz Juventa.

Lum, Jessica. 2016. Bullying and human capital accumulation. Evidence from the national longitudinal survey of youth, 1997.

Lumley, Thomas, Paula K. Diehr, Scott S. Emerson S. und Lu Chen. 2002. The importance of the normality assumption in large public health data sets. *Annual review of public health* 23:151–169.

Mallows, Colin L. 1986. Augmented Partial Residuals. *Technometrics* 28:313–319.

Meindl, Claudia. 2011. Methodik für Linguisten. Eine Einführung in Statistik und Versuchsplanung. Tübingen: Narr.

Menard, Scott W. 2002. *Applied logistic regression analysis*, Bd. 106. 2. ed. Thousand Oaks, Calif: Sage.

Messerli, Franz H. 2012. Chocolate Consumption, Cognitive Function, and Nobel Laureates. *New England Journal of Medicine 367* 367:1562–1564.

Mitchell, Michael N. 2012. *A visual guide to stata graphics*. 3. ed. College Station, Tex.: Stata Press.

Mitchell, Michael N. 2012. *Interpreting and visualizing regression models using Stata*. 1. ed. College Station, Tex.

Mukhopadhyay, Parimal. 2018. *Complex Surveys. Analysis of Categorical Data.* Softcover reprint of the original 1st edition 2016. Puchong, Selangor D.E.: Springer Singapore; Springer.

Nicholas J. Cox. 2000. EGENMORE: Stata modules to extend the generate function. https://ideas.repec.org/c/boc/bocode/s386401.html (Zugegriffen: 20. März 2020).

Nicholas J. Cox. 2002. Speaking Stata: How to move step by: step. *Stata Journal* 2:86–102.

Ott, Lyman, und Michael Longnecker. 2009. *An introduction to statistical methods and data analysis*. 6th ed., International ed. Pacific Grove, Calif., United Kingdom: Brooks/Cole.

Quatember, Andreas. 2015. Statistischer Unsinn. Wenn Medien an der Prozenthürde scheitern.

Raftery, A. (1995). Bayesian Model Selection in Social Research. *Sociological Methodology*, 25, 111–163.

Rößler, Irene, und Albrecht Ungerer. 2016. Statistik für Wirtschaftswissenschaftler. Berlin, Heidelberg: Springer Berlin Heidelberg.

Roy Wada. 2005. OUTREG2: Stata module to arrange regression outputs into an illustrative table: Boston College Department of Economics.

Royston, P. 2013. marginscontplot: Plotting the marginal effects of continuous predictors. *Stata Journal* 13:510-527(18).

Sawilowsky, Shlomo S. 2009. New Effect Size Rules of Thumb. *Journal of Modern Applied Statistical Methods* 8:597–599.

Schnell, Rainer. 2015. *Graphisch gestützte Datenanalyse*. Berlin, Boston: Oldenbourg Wissenschaftsverlag.

Schonlau, Matthias, und Ellen Peters. 2008. Graph Comprehension: An Experiment in Displaying Data as Bar Charts, Pie Charts and Tables With and Without the Gratuitous 3rd Dimension.

Seier, Edith. 2002. Comparison of tests of univariate normality. *Interstat* 1.

Spence, Ian. 2005. No Humble Pie: The Origins and Usage of a Statistical Chart. *Journal of Educational and Behavioral Statistics* 30:353–368.

Starr, Evan, und Brent D. Goldfarb. 2018. A Binned Scatterplot is Worth a Hundred Regressions: Diffusing a Simple Tool to Make Empirical Research Easier and Better. *SSRN Electronic Journal*.

Stata Press. 2017. STATA Base Reference Manual. Release 15. https://www.stata.com/bookstore/base-reference-manual/ (Zugegriffen: 18. Dezember 2019).

Stata Program. 2017. Help Advice.

StataCorp LLC. 2019. Visual overview for creating graphs. https://www.stata.com/support/faqs/graphics/gph/stata-graphs/ (Zugegriffen: 1. Juni 2019).

StataCorp LLC. 2019a. Publication-quality graphics. https://www.stata.com/features/publication-quality-graphics/ (Zugegriffen: 10. November 2019).

StataCorp LLC. 2019b. Visual overview for creating graphs. https://www.stata.com/support/faqs/graphics/gph/stata-graphs/ (Zugegriffen: 4. Mai 2019).

Statistisches Bundesamt. 2018. Statistisches Jahrbuch 2018. 14. Verdienste und Arbeitskosten. https://www.destatis.de/DE/Themen/Querschnitt/Jahrbuch/jb-verdienste-arbeitskosten.pdf?__blob=publicationFile (Zugegriffen: 14. August 2019).

Staudt, Alexander. 2020. CIBAR: Stata module to plot bar graphs and confidence intervals over groups. https://EconPapers.repec.org/RePEc:boc:bocode:s457805 (Zugegriffen: 10. Juli 2020).

Stepner, Michael. 2018. Binscatter. A stata program to generate binned scatterplots. https://michaelstepner.com/binscatter (Zugegriffen: 10. September 2018).

Tabachnick, Barbara G., und Linda S. Fidell. 2014. *Using multivariate statistics*. 6. ed., Pearson new internat. ed. Harlow, Essex: Pearson.

Tue Tjur. 2009. Coefficients of Determination in Logistic Regression Models—A New Proposal: The Coefficient of Discrimination. *The American Statistician* 63:366–372.

Tukey, John W. 1997. *Exploratory data analysis*. Reading, Mass.: Addison-Wesley.

UCLA Institute for Digital Research and Education (2020): What types of weights do SAS, Stata and SPSS support? Online verfügbar unter https://stats.idre.ucla.edu/other/mult-pkg/faq/what-types-of-weights-do-sas-stata-and-spss-support/ (Zugegriffen: 10.12.2020).

UCLA Institute for Digital Research and Education. 2011. What are Pseudo R-Squares? https://stats.idre.ucla.edu/other/mult-pkg/faq/general/faq-what-are-pseudo-r-squareds/ (Zugegriffen: 28. Februar 2019).

UCLA: Statistical Consulting Group. 2019. Counting from _N to _N. https://stats.idre.ucla.edu/stata/seminars/notes/counting-from-_n-to-_n/ (Zugegriffen: 11. August 2019).

Urban, Dieter, und Jochen Mayerl. 2018. Angewandte Regressionsanalyse: Theorie, Technik und Praxis. 5., überarbeitet Aufl. 2018.

Weesie, Jeroen. 2002. On Pearson's X^2 for categorical response variables 7: Stata Users Group.

Wenzelburger, Georg, Sebastian Jäckle und Pascal König. 2014. Weiterführende statistische Methoden für Politikwissenschaftler. Eine anwendungsbezogene Einführung mit Stata. München: Oldenbourg.

White, Halbert. 1980. A heteroskedasticity-consistent covariance matrix estimator and a direct test for heteroskedasticity. Econometrica : journal of the Econometric Society, an internat. society for the advancement of economic theory in its relation to statistics and mathematics 48:817–838.

Williams, Richard. 2012. Using the Margins Command to Estimate and Interpret Adjusted Predictions and Marginal Effects. *The Stata Journal* 12:308–331.

Williams, Richard. 2015. Interpreting Interaction Effects; Interaction Effects and Centering. https://www3.nd.edu/~rwilliam/stats2/153.pdf (Zugegriffen: 28. Februar 2019).

Williams, Richard. 2019a. The Latent Variable Model in Binary Regressions. https://www3.nd.edu/~rwilliam/stats3/L03.pdf (Zugegriffen: 10. März 2020).

Williams, Richard. 2019b. Understanding & Interpreting the Effects of Continuous Variables: The MCP (MarginsContPlot) Command. https://www3.nd.edu/~rwilliam/stats3/Margins03.pdf (Zugegriffen: 25. Februar 2020).

Register

M

N

O

P